FLUID MECHANICS

유체역학

문제 및 해설

최인수 지음

GS인터비전

머리말

유체역학은 자동차공학을 비롯하여 기계, 항공, 조선공학 등에서 필수적인 기초 학문으로 중요한 비중을 차지하고 있다. 따라서 유체역학과 관련된 서적들이 많이 있지만, 대부분 상당한 수준의 수학 및 물리 지식을 필요로 하는 서적들이 대부분이어서 유체역학을 처음 접하는 초보자들이 유체가 놓인 여러 가지 조건에서 역학적 관계를 이해하기에는 어려운 내용들이 많다. 따라서 가능한 수학적 표현을 배제하면서 유체역학의 기본원리를 충분히 이해하고 응용할 수 있는 서적이 필요하였다.

아울러 대부분의 기초역학과 관련된 서적들이 이론적인 내용을 주로 기술하였으며, 그와 관련된 이론을 실제 문제들에 어떻게 적용하고 해결하는지에 대한 설명이 부족한 형편이다. 따라서 이 책은 유체역학의 기본원리들을 이해하고 실제 문제들을 해결할 수 있는 능력을 배양할 수 있도록 가능한 많은 예제들을 설명하고, 각장마다 연습문제들에 대한 해설을 부가하였다. 그리고 유체역학의 많은 내용을 광범위하게 다루지 못하였으나, 유체역학을 처음 공부하는 초보자들을 대상으로 다음과 같은 점들을 고려하였다.

첫째, 유체역학의 기본 흐름을 이해할 수 있도록 기본 개념과 원리 및 최근의 기술흐름을 반영하였다. 이를 위해 유체역학과 관련된 분야의 핵심 사항을 최근의 정보에 기초하여 이론과 실제 현상을 면밀히 비교하였다.

둘째, 세계적인 추세에 따라 국제공용단위인 SI단위를 주로 사용하였으며, 산업현장에서 일부 사용하고 있는 공학단위도 부가하였다. 아울러 예제는 이론 부분에 이어 가능한 많이 삽입하였고, 기본 이론과 관련된 물리적인 현상뿐만 아니라 이를 정량적으로 기술하는 방법도 습득할 수 있도록 알기 쉽게 단계적으로 기술하였다.

마지막으로, 유체역학의 전반적인 이해를 돕기 위하여 기본지식은 물론 핵심 지식을 다양한 형태로 제시하였다. 하지만 이 책은 유체역학의 전반적인 이해를 돕기 위한 입문서이므로, 보다 전문적이고 상세한 학문적인 내용은 우수한 저서 및 참고문헌들을 통해 공부할 것을 추천한다.

아울러 이 책을 집필하는데 나름대로 유체역학의 길잡이가 되도록 노력하였으나 부족한 부분이 많으리라 생각한다. 미흡한 부분은 앞으로 수정 및 보완해 나갈 것을 약속드리며, 끝으로 이 책에 인용된 여러 참고문헌들의 저자나 출판을 위해 도움을 주신 도서출판 위즈덤플 여러분들께 깊은 감사를 드립니다.

2025년 1월

저자 씀

목차

1 유체역학의 기초 ········ **1**

1.1 유체의 정의 ········ 2

1.2 차원과 단위 ········ 6

연습문제 ········ 11

2 유체의 특성 ········ **13**

2.1 압력 ········ 14

2.2 온도 ········ 19

2.3 밀도, 비중량, 비체적 및 비중 ········ 20

2.4 압축성 ········ 25

2.5 점성 ········ 29

연습문제 및 해설 ········ 38

3 유체 정역학-압력 ········ **47**

3.1 한 점에서의 압력 ········ 48

3.2 액체에서 압력 변화 ········ 51

3.3 기체에서 압력 변화 ········ 56

3.4 액주계 ········ 62

3.5 압력계 ········ 70

연습문제 및 해설 ········ 73

4 유체 정역학-힘 ······ 83

4.1 물체 표면에 작용하는 기체의 힘 ······ 84
4.2 평면에 작용하는 액체의 힘 ······ 86
4.3 곡면에 작용하는 액체의 힘 ······ 97
4.4 부력 ······ 101
4.5 부양체의 안정성 ······ 108
4.6 운동 유체의 상대적 정지 ······ 111
연습문제 및 해설 ······ 117

5 유체 운동학의 기초 ······ 135

5.1 연속방정식 ······ 136
5.2 베르누이 방정식 ······ 141
5.3 토리첼리의 정리 ······ 145
5.4 피토-정압관 ······ 149
5.5 유량 측정기구 ······ 152
5.6 일반적인 에너지방정식 ······ 162
5.7 에너지 전달 장치 ······ 165
5.8 운동에너지 수정계수 ······ 169
연습문제 및 해설 ······ 171

6 운동량 이론 및 응용 ······ 191

6.1 운동량 방정식 ······ 192
6.2 관로 유동에서 운동량 변화 ······ 194
6.3 고정 물체에 충돌하는 분류 ······ 198
6.4 이동 물체에 충돌하는 분류 ······ 202
6.5 분사 추진 ······ 205
6.6 프로펠러 ······ 208

6.7 풍력 터빈 212
6.8 각운동량의 원리 215
6.9 운동량 수정계수 218
연습문제 및 해설 219

7 점성유체의 유동 233
7.1 층류 및 난류 유동 234
7.2 층류 유동에서 마찰손실 238
7.3 관로 마찰손실의 기초식 243
7.4 난류 유동에서 마찰손실 246
7.5 관로에서의 부차손실 255
7.6 복합 관로에서의 손실 265
연습문제 및 해설 271

8 펌프의 특성 및 응용 289
8.1 펌프의 분류 290
8.2 용적형 펌프 291
8.3 유체형 펌프 300
8.4 유효흡입수두 304
8.5 상사법칙 308
8.6 비속도 312
8.7 펌프의 선정 315
연습문제 및 해설 319

9 기체 유동 및 공기기계 327
9.1 기체 유동의 개요 328
9.2 팬 및 송풍기 329

9.3 압축기 ········· 333
9.4 공기압 장치 ········· 338
9.5 음속 및 마하수 ········· 341
9.6 등엔트로피 유동 ········· 345
연습문제 및 해설 ········· 355

10 외부 유동 ········· 367
10.1 외부 유동의 개요 ········· 368
10.2 항력 ········· 369
10.3 자동차의 공기저항 ········· 377
10.4 고속 효과 ········· 381
10.5 익형의 양력 및 항력 ········· 383
연습문제 및 해설 ········· 388

부록 ········· 393
A.1 물의 물리적 성질 (표준대기압 조건) ········· 394
A.2 공기의 물리적 성질 (표준대기압 조건) ········· 395
A.3 기체의 물리적 성질 (표준 대기 조건) ········· 396
A.4 도심 및 관성모멘트 ········· 397
찾아보기 ········· 400

1 유체역학의 기초

유체역학은 유체에 작용하는 힘과 그에 따른 유체의 운동 및 유체를 사용하는 기기의 응용에 관한 학문이다. 유체역학의 주제는 정역학과 동역학의 두 범주로 분류되는데, 유체 정역학은 정지해 있는 유체를 다루는 반면에 유체 동역학은 움직이는 유체를 다룬다.

유체 동역학은 다시 수력학과 기체역학으로 세분된다. 수력학은 유체 밀도가 크게 변하지 않는 유동현상을 다루며, 비압축성 유동이라고 부르는 이 분야는 액체의 유동과 100 m/s 이하의 기체의 유동에 적용된다. 반면에 기체역학은 유체 밀도가 일반적으로 5% 이상 현저히 변하는 압축성 유동의 문제들을 다룬다. 제트 엔진의 배기 노즐에서 고속 기류는 기체역학의 한 예이다.

1.1 유체의 정의

1.1.1 유체 및 고체

모든 물질(substance)은 존재하는 상태에 따라 그림 1.1과 같이 고체(solid)와 유체(fluid)가 있고, 다시 유체는 액체(liquid), 기체(gas) 및 플라즈마(plasma) 등의 물리적 형태로 분류된다. 플라즈마는 이온화된 분자 상태이며 우주의 거의 모든 물질로 추정되지만, 지구상에서는 미량 존재한다.

공학적으로는 물질에 작용하는 전단력(shear force)에 대한 반응에 따라 고체와 유체 물질을 구분한다. 고체의 경우 전단력이 작용하면 변형은 일어나지만, 탄성한계를 넘지 않을 경우 전단력이 제거되면 원형으로 되돌아간다. 그러나 유체는 매우 작은 전단력에도 저항하지 못하고 계속해서 변형을 일으키며 원래의 상태로 되돌아가지 않는다. 그림 1.2에서 보는 바와 같이 두 개의 금속판이 리벳으로 체결된 상태를 보면 알 수 있다.

두 장의 평판에 힘 F가 양방향으로 작용할 때 금속 리벳은 위치 $a-b$의 단면에서 전단력을 받게 되는데, 전단력은 힘이 작용하는 면과 평행한 힘이다. 그러나 두 판에 작용하는 힘이 너무 커서 리벳이 절단되지 않는다면 평판은 서로 미끄러지지 않는다. 이 때 전단응력(shear stress)의 크기 τ는 전

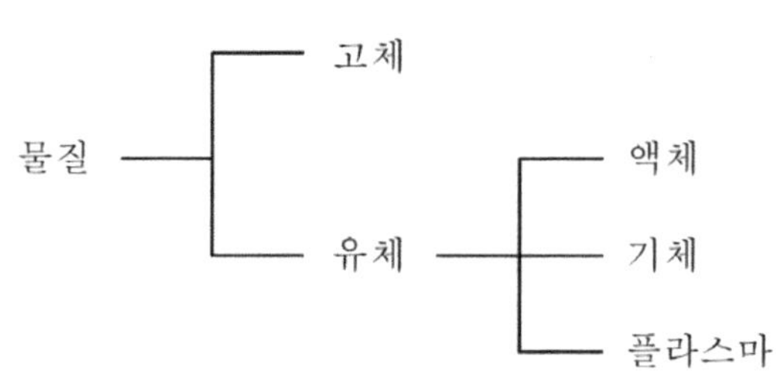

그림 1.1 물질의 종류

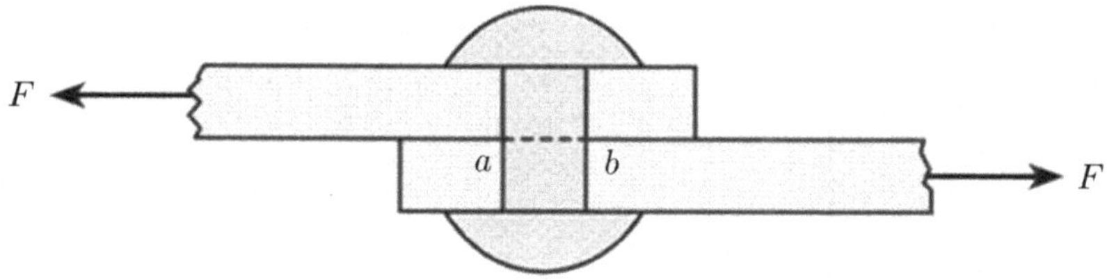

그림 1.2 전단력을 흡수하는 금속 리벳

단력을 이에 저항하는 리벳 단면적 A로 나눈 것과 같다. 그러므로 주어진 크기의 리벳에서 전단응력은 전단력에 정비례한다.

$$\tau = \frac{F}{A} \tag{1.1}$$

이제 금속 리벳을 유체로 만든 리벳으로 대체할 때 어떠한 일이 일어나는가를 상상해보자. 금속 리벳을 단지 조인트로부터 제거하는 경우 리벳은 공기로 만들어진 것이 되고, 물이 담긴 용기에 놓여 있게 되면 물로 만든 리벳이 된다. 유체로 만든 리벳의 경우 아주 작은 양의 힘이 작용하여도 두 판은 서로 미끄러진다. 이는 유체가 전단력에 저항하여 정지해 있을 수 없기 때문이다.

유체의 경우 고정된 임의의 위치에서는 전단응력이 존재하지 않는다. 이는 인접 분자 사이의 거리가 고체에 비해 유체에서 매우 크며 매우 작은 분자 간 인력을 갖기 때문이다. 반면에, 고체의 경우 분자는 훨씬 더 조밀하게 채워지며 분자 간에 매우 큰 인력을 갖게 된다. 따라서 금속 리벳과 같은 고체 물체는 전단력을 유지하게 되며 정지해 있도록 해준다.

1.1.2 액체 및 기체

유체라는 용어는 액체와 기체 모두를 의미한다. 액체에서 인접 분자 간의 공간은 고체의 경우보다 훨씬 크고, 액체 분자는 고체보다 훨씬 더 자유롭게 움직이므로 액체는 흐를 수 있다. 기체에서 인접 분자간의 공간은 액체보다 훨씬 더 크다. 그러므로 기체는 액체보다 훨씬 더 쉽게 흐르며, 외부의 압력이 미치지 않으면 무한히 팽창한다.

고체는 딱딱한 물질이며 쉽게 변형되지 않는 반면에, 유체는 부드러운 물질이며 쉽게 변형된다. 여기서 이해해야 할 핵심 개념은 아무리 작다고 할지라도 전단응력의 영향을 받을 때 유체는 연속적으로 계속하여 변형(이것을 흐름이라고 한다)이 일어나는 물질인 점이다. 그러므로 정지 유체에서는 전단응력이 존재할 수 없다.

아울러 주어진 질량의 어떤 액체는 그 용기의 크기나 모양과는 상관없이 유한한 체적을 갖는 유체이다. 비록 액체를 용기의 형상이라고 가정하더라도 액체는 그 액체량의 체적과 동일한 용기의 일부

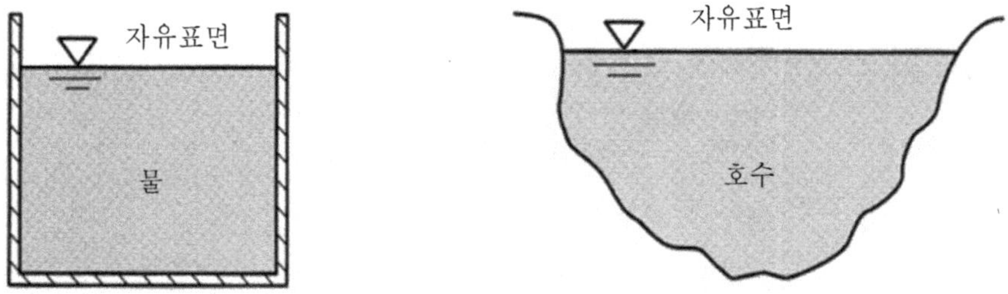

그림 1.3 액체의 자유표면

체적만 채우게 된다. 그러므로 대기에 개방된 용기에 물을 부었을 때 물의 분량이 용기를 가득 채우기에 충분하지 않으면 그림 1.3에서와 같은 자유표면(free surface)이 형성된다. 또한 그림의 호수 수면과 같이 대기와 접하여 자유표면을 이룬다.

1.1.3 유체의 압축성

액체는 압력의 변화에 대하여 그 체적이 변하지 않는 유체, 즉 밀도가 일정한 비압축성 유체(incompressible fluid)로 간주된다. 이는 정확히 옳지는 않지만, 압력 변화에 의한 체적 변화는 대부분의 공학 응용에서 무시할 만큼 매우 작다. 이러한 비압축성이라는 가정으로부터의 오차는 2.4절에서 체적탄성계수를 정의할 때 설명한다.

반면에 기체는 작은 압력 변화에도 쉽게 압축되고 팽창한다. 따라서 기체의 체적은 이를 수용하고 있는 용기를 채우기 위해 변한다. 그림 1.4는 빈 밀폐 용기에 일정 질량의 기체가 주입된 예이다. 주어진 질량에서 유한한 체적을 갖는 액체와 다르게 기체는 무한정 팽창하여 용기를 가득 채우게 된다.

기체는 작은 압력에도 쉽게 체적 및 밀도가 변화하는 압축성 유체(compressible fluid)라 하다. 온도가 변하지 않는다고 가정할 때, 압력이 증가하면 기체의 체적은 줄어들고, 압력이 감소하면 기체는 팽창한다. 이 관계는 2.4절의 이상기체의 법칙에서 설명한다.

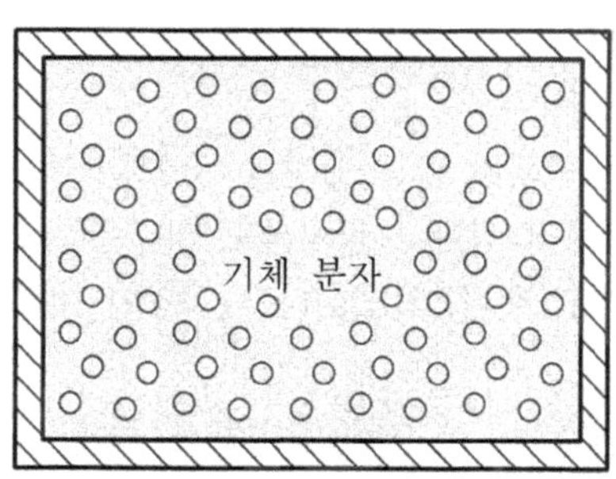

그림 1.4 기체의 팽창

일반적으로 상온에서의 액체는 비압축성 유체로 보며, 저속으로 자유유동(자동차 주위의 공기 흐름 등)을 하는 기체도 비압축성 유체로 취급한다. 반면에 압축기에서 압축되는 공기 등과 같은 기체와 초음속 비행기 주위를 고속으로 유동하는 공기는 압축성 유체로 취급한다. 이는 제9장의 기체 유동에서 자세히 설명한다.

1.1.4 연속체

유체는 액체와 기체를 불문하고 모두 분자들로 구성되어 있다. 하지만 대부분의 공학에서는 분자 개개의 운동을 다루지 않고, 유체 분자 전체의 평균을 잡아서 유체를 균질 연속체(homogeneous continuous medium)로 취급하는 것이 일반적이다.

연속체(continuum)란 분자와 분자 사이의 공간과 구멍이 존재하지 않는 물질을 의미하며, 분자들의 평균자유행로(mean free path)가 물체의 특성길이보다 매우 작아야 한다. 일반적인 공학 문제에서는 희박기체(rarefied gas)가 아닌 경우 모두 연속체로 가정할 수 있다.

1.2 차원과 단위

1.2.1 차원

모든 물리적 현상은 길이, 질량(또는 중량), 시간 등을 기본량으로 하고 이들의 조합으로 나타낼 수 있다. 여기서 기본량들을 기본차원(primary dimension)이라 하고, 기본차원으로 유도되는 차원을 유도차원(dependent dimension)이라 한다.

기본량으로 무엇을 쓰느냐에 따라 질량을 기본 차원으로 하는 MLT계와 중량(힘)을 기본 차원으르 하는 FLT계의 두 가지 차원 표시법이 있다.

표 1.1 MLT와 FLT계의 비교

MLT 계		
기본량	차원	단위
질량 (Mass)	M	kg
길이 (Length)	L	m
시간 (Time)	T	s

FLT 계		
기본량	차원	단위
힘 (Force)	F	kg_f
길이 (Length)	L	m
시간 (Time)	T	s

1.2.2 단위

모든 물리량을 정량적으로 표현하기 위하여 정해 놓은 기본량을 단위(unit)라 한다. 질량, 길이 및 시간을 기본단위로 하고, 이들 단위를 기본으로 하여 다른 단위를 유도하는 단위계를 절대단위계라 한다. 일반적으로 자연과학분야에서는 이와 같은 절대단위계를 사용한다. 하지만 공학에서는 힘, 길이 및 시간을 기본단위로 하는 중력단위계(공학단위계)도 사용하고 있다.

과거의 단위계는 국가 또는 학문분야에 따라 서로 다른 단위들을 사용하여 불편하였다. 이러한 불편을 해소하기 위하여 1960년 국제도량형총회에서 제창한 국제단위계(International System of Units; SI단위라 약칭)가 보급되기에 이르렀다.

국제표준화기구(ISO)의 국제규격 및 한국산업표준(KS)도 SI단위를 채용하고 있다. 국제적으로는 단위의 통일을 위하여 SI단위가 통용되고 있지만, 아직도 산업현장에서는 공학단위를 부분적으로 사용하고 있다. 오래지 않아 국제단위계로 완전히 변환되어 사용되겠지만, 당분간은 두 단위계가 병용되어 사용될 것이므로 생각된다. 그러므로 이 책에서는 SI단위를 주로 사용하나, 각 단위계를 이해하는데 도움이 주기 위하여 제한적으로 두 가지의 단위를 모두 사용한다.

【예제 1.1】

FLT계에서 질량의 차원 및 단위를 구하라.

☞ 풀이

가. Newton의 제2운동법칙으로부터 $F = ma$ 또는 $W = mg$이다. 따라서

$$[F] = [M][LT^{-2}] = [MLT^{-2}]$$

$$[M] = \frac{[F]}{[LT^{-2}]} = [FL^{-1}T^{2}]$$

여기서 대괄호[ ]는 물리량의 차원을 의미한다.

나. MLT계에서 질량 $[M]$은 기본차원이지만, FLT계에서 기본차원은 중량(힘) $[F]$이고 질량 $[M]$은 유도차원이다. 따라서 FLT계에서 질량의 단위는 유도단위인 $\mathrm{kg_f \cdot s^2/m}$이다.

1.2.3 SI단위의 장점

공학 분야에서 SI단위의 장점은 열(heat)과 일(work)의 환산이 불필요하다는 사실이다. 아래의 표 1.2에서 정리한 바와 같이 1 J의 열은 1 N·m의 일과 같다. 물리적으로 열과 일은 동일하지만, 공학단위에서는 열과 일이 일치하지 않아서 환산이 필요하다.

공학단위에서는 열에너지에 한하여 [cal]란 단위를 사용하는데, 물 1 g을 온도 14.5℃에서 15.5℃까지 1℃를 올리는데 필요한 열량인 1 cal는 일 0.4268 $\mathrm{kg_f \cdot m}$(공학단위) 및 4.1855 N·m(SI단위)로 환산하여야 한다.

또한 국제단위계의 주요한 장점 중의 하나는 주어진 매개변수의 양을 지정하는 경우 10의 거듭제곱(power)에 기초하여 나타낸다는 점이다.

표 1.2 열과 일의 단위 비교

	SI단위	공학단위
열 (Heat)	J	cal
일 (Work)	N·m	$\mathrm{kg_f \cdot m}$
단위 환산	1 J = 1 N·m	$1\ \mathrm{cal} \neq 1\ \mathrm{kg_f \cdot m}$

표 1.3 단위 접두어와 기호

승인수	접두어	기호	승인수	접두어	기호
10^{12}	tera	T	10^{-1}	deci	d
10^{9}	giga	G	10^{-2}	centi	c
10^{6}	mega	M	10^{-3}	milli	m
10^{3}	kilo	k	10^{-6}	micro	μ
10^{2}	hecto	h	10^{-9}	nano	n

1.2.4 질량, 중량 및 동력

절대단위계 및 SI단위계에서 질량은 기본 측정 단위이며 kg을 사용하며, 중량은 항상 N을 사용한다. 1 N은 뉴턴의 운동법칙을 사용하여 질량 1 kg인 물체(또는 유체)를 힘이 작용하는 방향으로 1 m/s^2의 가속도를 갖게 하는데 필요한 힘의 양으로 정의되며, 다음과 같이 기술할 수 있다.

$$1\,N = 1\,kg \times 1\,m/s^2 = 1\,kg \cdot m/s^2 \tag{1.2}$$

지구상에서 물체가 가지는 무게, 즉 중량은 지구가 물체에 작용하는 인력의 힘으로 볼 수 있다. 그리고 이때의 가속도를 중력가속도로 표시할 수 있다. 중력가속도는 행성의 질량에 따라 다르며, 지구상에서 중력가속도 g의 표준값은 9.80665 m/s^2이나 고도에 따라서도 달라지므로 여기에서는 편의상 $g \approx 9.8\,m/s^2$으로 사용한다.

표 1.4 질량, 중량 및 동력의 단위 비교

	절대단위 (MLT계)	SI단위 (MLT계)	공학단위 (FLT계)
질량(Mass)	kg	kg	$kg_f \cdot s^2/m$
중량(Weight) 힘(Force)	$kg \cdot m/s^2$	N	kg_f
동력(Power)	$kg \cdot m^2/s^3$	W	$kg_f \cdot m/s$

반면에 공학단위계(중력단위계)에서는 힘의 단위로서 질량 1 kg인 물체에 미치는 중력(gravity), 즉 물체의 중량을 사용한다. 이것을 1 kg중(重)이라 하며, kg_f로 표시한다. 물리량의 환산 예는 다음과 같으며, 그 차이는 중력가속도에 있다.

지구 표면에서 중력가속도 $g \approx 9.8\ \text{m/s}^2$이므로, SI단위의 질량 1 kg 및 공학단위의 중량 $1\ \text{kg}_f$은 다음과 같다.

- 질량: 1 kg (SI단위) $\Leftrightarrow \dfrac{1\ \text{kg}_f}{9.8\ \text{m/s}^2} = 0.102\ \text{kg}_f \cdot \text{s}^2/\text{m}$ (공학단위)
- 중량: $1\ \text{kg}_f$ (공학단위) $\Leftrightarrow 1\ \text{kg} \times 9.8\ \text{m/s}^2 = 9.8\ \text{kg} \cdot \text{m/s}^2 = 9.8\ \text{N}$ (SI단위)

【예제 1.2】

20 N의 힘을 질량 5 kg인 물체에 적용할 때 가속도를 구하라.

☞ 풀이

$$a = \frac{F}{m} = \frac{20\ \text{N}}{5\ \text{kg}} = \frac{20\ \text{kg} \cdot \text{m/s}^2}{5\ \text{kg}} = 4\ \text{m/s}^2$$

【예제 1.3】

가. 지구 표면에서 중량이 20 N인 물체의 질량을 구하라.

나. 이 물체를 중력가속도가 지구 표면의 1/6인 달 표면에서 측정하였을 때 물체의 질량과 중량을 구하라.

☞ 풀이

가. 지구에서의 질량 $m = \dfrac{20\ \text{N}}{9.8\ \text{m/s}^2} = \dfrac{20\ \text{kg} \cdot \text{m/s}^2}{9.8\ \text{m/s}^2} = 2.04\ \text{kg}$

나. 달에서의 질량 = 지구에서의 질량

달에서의 중량 $W = mg = 2.04\ \text{kg} \times \dfrac{9.8\ \text{m/s}^2}{6} = 3.33\ \text{N}$

이는 지구에서 측정한 중량의 1/6이다.

아울러 단위 시간 동안에 한 일의 양을 나타내는 일률(동력, power)은 SI단위계에서는 kW(kilowatt) 또는 PS(Pferdestärke)로 나타낸다. 그리고 HP(Horse Power)는 영국계의 공학단위에서 사용되는 마력으로, 미터 마력인 PS와 다소 차이가 있다.

- 일률 $1\,\mathrm{kW} \approx \dfrac{1000\,\mathrm{N\cdot m/s}}{9.8\,\mathrm{N/kg_f}} \approx 102\,\mathrm{kg_f\cdot m/s}$ (공학단위)
- 동력 $1\,\mathrm{PS} = 75\,\mathrm{kg_f\cdot m/s}$ (공학단위) $\approx 735\,\mathrm{W}$ (SI단위)

  $1\,\mathrm{HP} \approx 76\,\mathrm{kg_f\cdot m/s}$ (공학단위) $\approx 745\,\mathrm{W}$ (SI단위)

연습문제

1.1 공학단위(중력단위)에서 $1\ \mathrm{kg_f}$ 및 $1\ \mathrm{lb}$의 힘을 SI단위의 N으로 환산하라. 참고로 영미 단위계에서 중량과 질량의 단위로 각각 lb(pound)와 slug를 사용하며, $1\ \mathrm{lb} = 1\ \mathrm{slug} \times 1\ \mathrm{ft/s^2}$로 정의한다. 또한 파운드 힘(pound-force, $\mathrm{lb_f}$)과 파운드 질량(pound-mass, $\mathrm{lb_m}$)도 사용하는데, $1\ \mathrm{slug} = 32.174\ \mathrm{lb_m}$이다.

【해설】 중량(힘)은 질량에 중력가속도를 곱한 값과 같다.

$$1\ \mathrm{kg_f} \Leftrightarrow 1\ \mathrm{kg} \times 9.8\ \mathrm{m/s^2} = 9.8\ \mathrm{N}$$

$$1\ \mathrm{lb}\,(\mathrm{lb_{f}}) \Leftrightarrow 0.454\ \mathrm{kg_f} \Leftrightarrow 0.454\ \mathrm{kg} \times 9.8\ \mathrm{m/s^2} = 4.45\ \mathrm{N}$$

1.2 영국은 고속도로에서 자동차의 최고제한속도를 80 mph로 상향 조정하려고 한다. 80 mph를 km/h로 환산하라. 참고로 $1\ \mathrm{mi(mile)} = 1760\ \mathrm{yd\,(yard)}$이고,$1\ \mathrm{yd} = 3\ \mathrm{ft} = 36\ \mathrm{in}$이다.

【해설】 $V_{limit} = 80\ \mathrm{mph} \times 1.609\ \mathrm{km/mile} \approx 130\ \mathrm{km/h}$

1.3 1분에 1500회 회전하는 물체의 회전속도(rpm)를 각속도(rad/s)로 환산하라.

【해설】 $1\text{회전} = 360°\,(\mathrm{degree}) = 2\pi\ \mathrm{rad}\,(\mathrm{radian})$

$$\omega = 1500\ \mathrm{rpm} \times \frac{2\pi}{60} = 157.08\ \mathrm{rad/s}$$

1.4 자동차가 정지 상태에서 등가속도 운동하였을 때, 가속도와 자동차 이동거리의 관계식 $S = at^2/2$에서 단위가 일치함을 보여라. 여기서 거리 S의 단위는 m, 가속도 a의 단위는 $\mathrm{m/s^2}$ 그리고 시간 t의 단위는 s(초)이다.

【해설】 $S\,[\mathrm{m}] = a\left[\dfrac{\mathrm{m}}{\mathrm{s^2}}\right] \times \dfrac{t^2\,[\mathrm{s^2}]}{2} = [\mathrm{m}]$

1.5 내용적 24 m^3을 cc 및 ℓ로 나타내라.

【해설】 $V = 24\times10^3\,\ell = 24\times10^6\,\mathrm{cc}$

1.6 30 kg의 질량을 갖는 물체의 중량을 구하라.

【해설】 $W = mg = 30 \times 9.8 = 294\,\mathrm{N}$

1.7 질량 4 kg인 물체를 5 m/s^2로 가속시킬 때, 물체에 작용하는 힘을 구하라.

【해설】 $F = ma = 4\,\mathrm{kg} \times 5\,\mathrm{m/s^2} = 20\,\mathrm{N}$

1.8 연료 탱크의 중량이 2.5 kN인 경우, 이의 질량을 kg의 단위로 구하라.

【해설】 $m = \dfrac{W}{g} = \dfrac{2.5\times10^3\,\mathrm{N}}{9.8\,\mathrm{m/s^2}} = 255.1\,\mathrm{kg}$

1.9 질량이 1400 kg인 자동차가 54 km/h로 이동하고 있다. 이 자동차의 운동에너지를 구하라.

【해설】 $V = 54\,\mathrm{km/h} = \dfrac{54\times10^3}{3600} = 15.0\,\mathrm{m/s}$

$$KE = \frac{mV^2}{2} = \frac{1400\,\mathrm{kg}\times15^2\,\mathrm{m^2/s^2}}{2} = 157.5\,\mathrm{kN\cdot m\,(kJ)}$$

2 유체의 특성

유체의 특성은 주어진 유동장 내에서 유체의 흐름을 결정하는 특수한 성질이다. 이러한 특성은 유체마다 다르며, 어느 정도 압력과 온도에 따라 다르게 나타난다. 압력과 온도가 변할 때 부피를 고려하는 것이 기체의 경우에서는 매우 중요하나, 대체적으로 액체의 경우는 압력변화에 따른 부피의 변화는 무시한다. 그러므로 유체역학의 문제들을 다룰 때 유체의 특성에 대한 정확한 값을 사용하는 것이 매우 중요하다.

이 장에서는 압력, 온도, 밀도, 비중량, 비체적, 비중, 체적탄성계수 및 점성과 같은 유체의 주요 특성을 상세히 논의하고, 이런 유체 변수들의 작용에 의한 효과는 다음 장에서 설명한다.

2.1 압력

2.1.1 압력의 정의

유체가 놓여있는 임의의 표면에 작용하는 힘이 존재하는데, 움직이는 유체와 접촉하고 있는 표면에는 법선력(수직력)과 접선력(전단력)이 작용한다. 법선력(normal force)은 표면에 수직한 반면에, 접선력(tangental force)은 표면의 접선 방향으로 작용하는 힘의 성분이다. 그리고 수직력과 전단력을 각각 압축력 및 마찰력이라고도 부른다. 하지만 정지 유체에는 유체층 사이의 마찰이 존재하지 않으므로 유체저항에 의한 전단력이 있을 수 없고, 따라서 접촉 표면에 대한 수직력만이 존재한다.

압력(pressure)은 접촉 표면의 단위 면적당 작용하는 압축력의 수직성분인 법선력의 크기로 정의된다. 그러므로 압력(P)은 단위 면적(A)에 걸쳐 수직으로 작용하는 힘(F)의 크기와 같다.

$$P = \frac{F}{A} \tag{2.1}$$

SI단위계에서 압력의 단위는 $\mathrm{N/m^2}$이며, Pascal로 부르며 약어로 Pa이다. 따라서 $1\,\mathrm{Pa} = 1\,\mathrm{N/m^2}$이다. 공학(중력)단위계에서는 $\mathrm{kg_f/cm^2}$의 압력단위를 주로 사용하며, $1\,\mathrm{kg_f/cm^2} \approx 98.0665\,\mathrm{kPa}$이다. 그리고 영미 공학단위계에서는 $\mathrm{lb/in^2}$(psi)를 사용하며, $1\,\mathrm{lb/in^2} \approx 6.895\,\mathrm{kPa}$이다.

2.1.2 계기압력 및 절대압력

대부분의 기계식 압력측정기는 대기압 조건에서 눈금이 0(영)을 지시하므로, 유체의 압력을 측정하는 것은 대기압과의 압력 차이를 계측하는 것이다. 특별한 언급이 없다면 일반적인 압력은 계기압력을 의미하므로, 압력의 크기를 나타낼 때 절대압력과 계기압력을 구분하여야 한다.

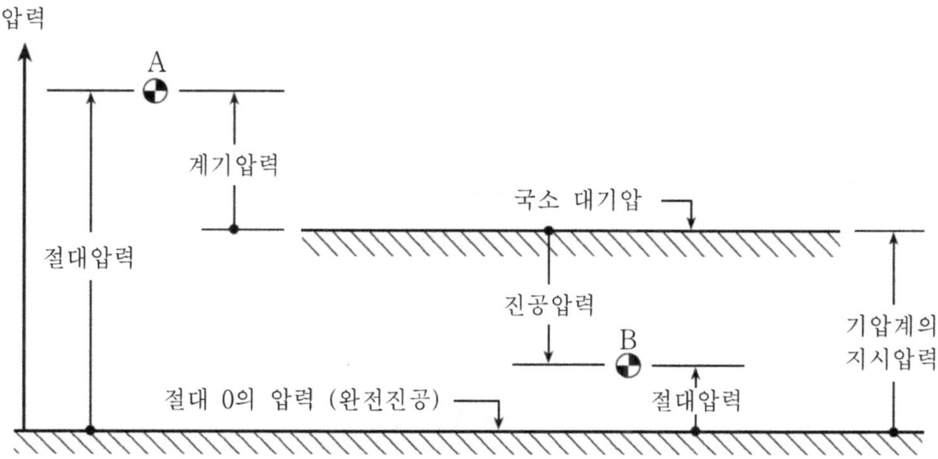

그림 2.1 절대압력과 계기압력

계기압력(gauge pressure)은 대기에 대하여 측정하는 반면에, 절대압력(absolute pressure)은 완전 진공에 대하여 측정한다. 그러므로 절대압력과 계기압력을 구별하기 위하여 압력 수치에 '절대(abs)' 혹은 '계기(g)'를 첨가한다.

$$\text{절대압력}\ (P_{abs}) = \text{국소대기압}\ (P_{atm}) \pm \text{계기압력}\ (P_g) \tag{2.2}$$

그림 2.1은 절대압력과 계기압력의 차이를 그림으로 표시하고 있다. 그림에서 A는 대기압(atmospheric pressure)보다 높은 압력을 의미하고, B는 낮은 압력을 표시한다. 대기압보다 낮은 압력은 음(-)의 계기압력으로서, 보통 진공압력(vacuum pressure)이라 한다. 아울러 기압계(barometer)가 지시하는 압력은 절대 영(0) 이상의 압력이기 때문에 절대압력이다.

2.1.3 대기압

대기가 단위 면적에 미치는 힘을 대기압이라 하고, 압력 측정점 상부에 존재하는 공기 기둥의 무게에 의해 생기는 대기의 압력이다. 따라서 국소대기압은 위도와 고도 및 기상상태 등에 따라 대략 95～105 kPa 범위에서 변한다. 그러므로 통일된 표준값이 요구되는데, 위도 40도의 해수면에서 측정한 대기 압력을 연간 평균한 값을 표준대기압(standard atmospheric pressure)이라 한다.

압력의 단위는 각 분야에서 여러 가지를 사용하고 있는데, 수은주로 나타낼 때는 mmHg(Torr Torr), 수주(물기둥)로는 mAq(mH_2O)의 기호도 쓰인다.

- ■ 표준기압 1 atm = 101.325 kPa
  = 760 mmHg (0℃)
  = 10.322 mAq (4℃)
- ■ 공학기압 1 at. = $1\ kg_f/cm^2$ (0℃)
  = 735.56 mmHg (0℃)
  = 10.0 mAq (4℃)
- ■ 이학단위 1 bar = 100 kPa
  = 750.06 mmHg (0℃)
  = 10.197 mAq (4℃)

토리첼리(Torricelli)는 1643년 그림 2.2와 같은 기구를 사용하여 대기압을 측정하였다. 한쪽 끝이 막힌 1 m의 관에 수은을 가득 채운 다음, 관의 열린 쪽을 수은이 담긴 용기에 넣고 관을 수직으로 세우면 수은 기둥은 높이 h에 도달할 때까지 떨어진다. 이때 용기는 대기에 개방되어 있으므로 수은의 자유표면에 작용하는 압력이 대기압이다.

그림 2.2의 수은 자유표면에 작용하는 대기압은 다음과 같이 나타낼 수 있다.

$$P_{atm} = \gamma_{Hg} h + P_v \tag{2.3}$$

압력 P_v는 수은관 상부 공간에서의 수은 증기압이나, 이는 완전 진공상태에 가까우므로 일반적으로 무시한다. 따라서 수은주 높이 h는 대기압을 나타내며, 760 mm 정도이다.

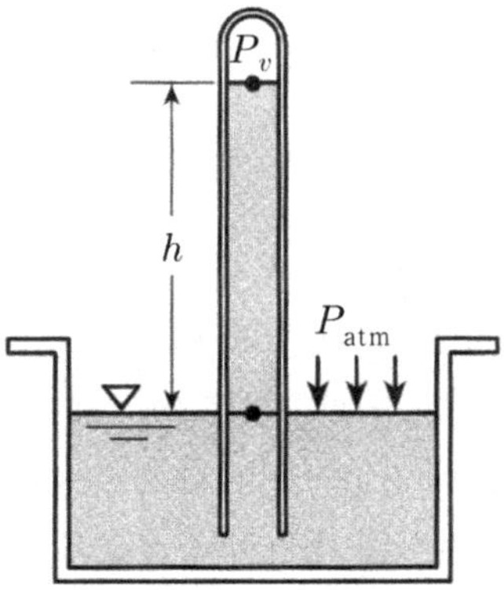

그림 2.2 수은 기압계

2.1.4 압력의 방향과 크기

그림 2.3은 평평한 바닥에 설치된 댐에 의해 가둬진 물의 형태를 보여주고 있다. 수압이 작용하는 방향은 화살표로 나타낸 바와 같이 바닥의 수평면뿐만 아니라 댐의 경사면에 대하여 모두 수직이다.

하지만 유체 내의 압력의 크기는 일반적으로 일정한 값이 아니다. 예를 들어, 압력의 크기는 댐에 갇힌 물의 자유표면 a에서 댐의 바닥 b, c로 수심이 깊어질수록 증가한다. 그러나 유체 전체에 걸쳐 얼마만큼 압력이 변하고 어떻게 압력을 측정하는가의 두 가지 주제는 제3장에서 상세히 설명한다.

압력의 방향을 보여주는 또 다른 예는 그림 2.4와 같은 공기 실린더이다. 피스톤과의 접촉 표면적에 작용하는 공기 압력이 중량 W를 들어 올릴 수 있는 상향 수직력을 만들거나, 피스톤 하중을 매개로 외력 F를 구동하는 힘을 만든다. 수학적으로 피스톤 하중은 피스톤 표면에 작용하는 압력과 면적의 곱이다.

$$W(F) = P_{air} \times A_{piston} \tag{2.4}$$

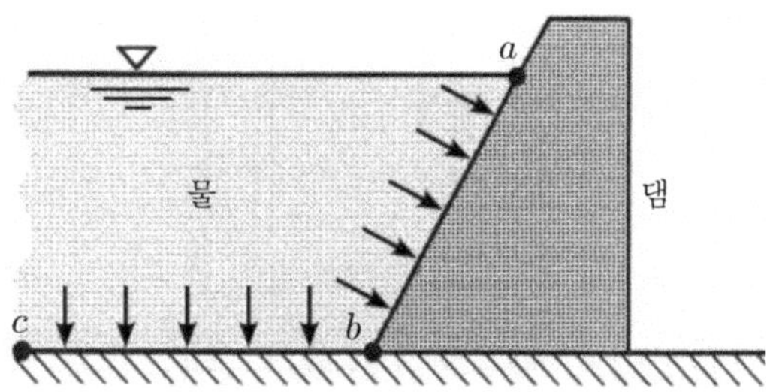

그림 2.3 접촉 표면에 수직한 수압의 방향

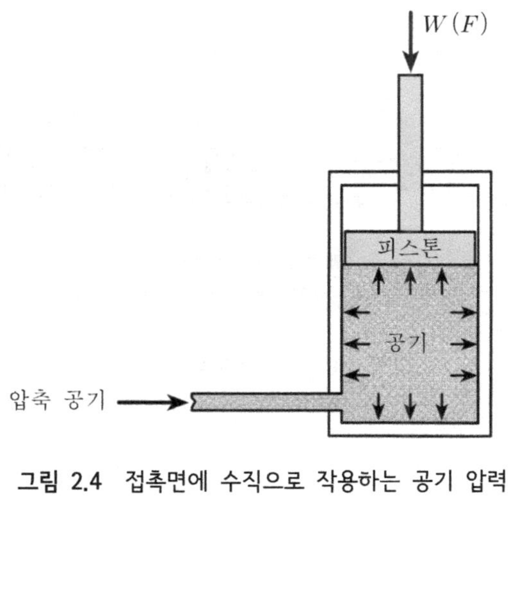

그림 2.4 접촉면에 수직으로 작용하는 공기 압력

그림 2.5는 차량정비소 등에서 자동차를 들어 올리는데 사용되는 유압식 인양장치(lifter)로 유체 압력을 이용하는 실제적인 예이다. 그림에서와 같이 압축기에서 압송된 공기가 실린더 내부의 오일을 밀고, 양쪽 실린더의 단면적의 비에 따라 힘은 증폭되어 필요한 인양력(uplift force)을 얻게 된다.

또한 그림 2.6은 실제로 사용되고 있는 유압 실린더의 구조를 보여주고 있다. 이러한 유압 실린더와 공기 실린더는 자동차 제동장치 및 동력 조향장치, 유압 서보기구의 자동제어장치, 크레인, 프레스, 재료 취급 및 토목공사용 장비 등의 주요 부품으로 사용되며, 산업현장에서 유용한 작업을 수행하는데 필요한 동력을 제공하도록 다양하게 설계 및 제작된다.

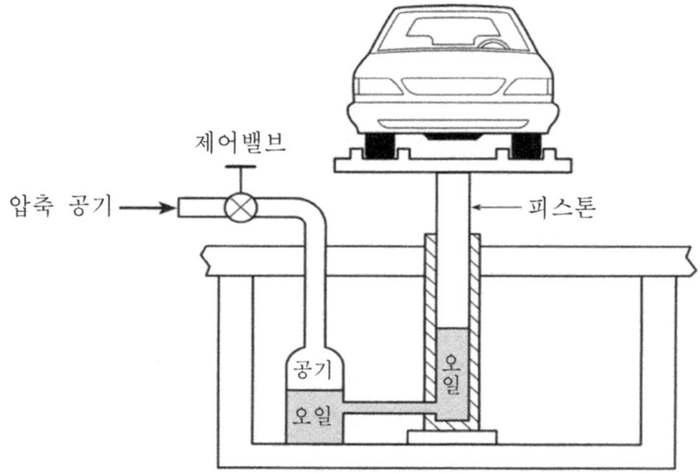

그림 2.5 유압을 이용한 자동차 인양장치

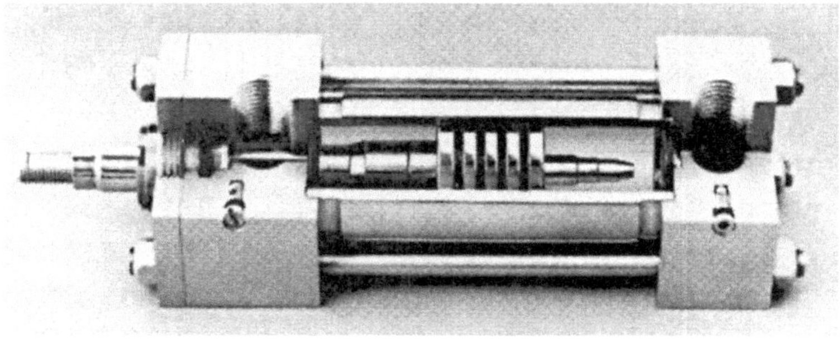

그림 2.6 유압 실린더의 구조

2.2 온도

온도는 일반적으로 섭씨온도(Celsius temperature, ℃), 화씨온도(Fahrenheit temperature, °F) 및 절대온도(absolute temperature, K)의 눈금(scale)으로 사용된다. 우리가 가장 많이 사용하는 섭씨온도는 표준대기압(1 atm)에서 물의 어는점(freezing point)을 0℃ 그리고 끓는점(boiling point)을 100℃로 정하여 그 사이의 온도 범위를 100등분한 온도단위이다. 그리고 영국이나 미국 등에서 일부 사용하고 있는 화씨온도는 물의 어는점과 끓는점을 각각 32°F와 212°F로 정하여 그 사이 구간을 180등분한 것이다.

그리고 19세기 캘빈경(Lord Kelvin)이 정한 온도 눈금인 절대온도는 국제 표준으로 사용하는 온도 체계이며, 절대온도 0 K는 이론적으로 가능한 최저온도이며 이상기체의 부피가 0이 되는 온도로 -273℃(정확히는 -273.15℃)에 해당된다. 따라서 섭씨온도와 절대온도 척도의 관계는 다음과 같다.

$$T(\mathrm{K}) = T(^\circ\mathrm{C}) + 273 \qquad (2.5)$$

이 관계를 그림으로 나타내면 그림 2.7과 같다. 아울러 식 (2.5)와 그림 2.7로부터 절대 영(0)의 온도(0 K)는 섭씨온도로 -273℃일 때 일어난다. 그리고 절대온도 K에서는 도 부호(°)는 사용하지 않는다.

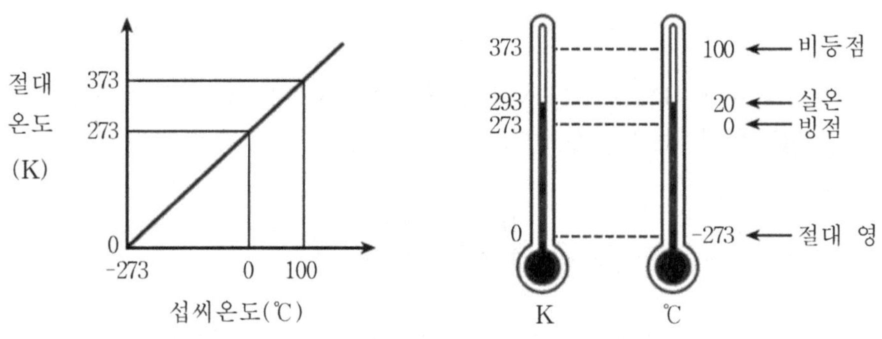

그림 2.7 섭씨온도(℃)와 절대온도(K)의 비교

2.3 밀도, 비중량, 비체적 및 비중

2.3.1 밀도

유체의 밀도(density)는 단위 체적당의 질량으로 정의하며, 기호 ρ(rho)로 나타낸다.

$$\rho = \frac{m}{V} \ [\mathrm{kg/m^3}] \tag{2.6}$$

여기서 SI단위를 사용할 때 질량 m의 단위는 kg이고, 체적 V의 단위는 $\mathrm{m^3}$이다.

2.3.2 비중량

비중량(specific weight)은 단위 체적당의 중량으로 정의하며, 기호 γ(gamma)로 나타낸다. 비중량은 현재 공학문제에서 자주 이용되고 있으며, SI단위와 공학(중력)단위의 표기에 주의해야 한다.

$$\gamma = \frac{W}{V} \ [\mathrm{N/m^3}] \tag{2.7}$$

SI단위를 사용할 때 중량 W의 단위는 N이고, 체적 V의 단위는 $\mathrm{m^3}$이다. 아울러 중량 $W = mg$이므로, 비중량과 밀도의 관계는 다음과 같다.

$$\gamma = \frac{W}{V} = \frac{mg}{V} = \rho g \tag{2.8}$$

참고로 표준대기압(1 atm), 4℃에서 SI단위를 사용한 경우 순수한 물의 밀도 $\rho_w = 1000\ \mathrm{kg/m^3}$이고 비중량 $\gamma_w = 9800\ \mathrm{N/m^3}$이다. 하지만 공학단위의 경우 물의 비중량 $\gamma_w = 1000\ \mathrm{kg_f/m^3}$이 되어, 수치상 SI단위의 밀도 ρ_w의 값과 동일하므로 단위 사용에 유의하여야 한다. 그리고 공학단위의 밀도 값은 비중량의 값을 중력가속도 g로 나누어야 하며, SI단위의 밀도와 수치가 다르다. 이는 표 1.3의 질량과 중량의 단위 비교를 보면 알 수 있다.

2.3.3 비체적

비체적(specific volume, v_s)은 단위 질량당의 체적으로 정의한다.

$$v_s = \frac{V}{m} \ [\mathrm{m^3/kg}] \tag{2.9}$$

식 (2.9)의 비체적 v_s은 식 (2.6)의 밀도 ρ에 대한 역수이다. 그리고 식 (2.9)는 SI단위의 표시이고, 공학(중량)단위에서는 식 (2.10)과 같이 단위 중량당의 체적으로 나타낸다. 이 또한 수치는 같지만, 단위가 다르므로 유의하여야 한다.

$$v_s = \frac{V}{W} \ [\mathrm{m^3/kg_f}] \tag{2.10}$$

2.3.4 비중

유체의 비중(relative density or specific gravity)은 일반적으로 액체의 경우 액체 밀도를 4℃ 물의 밀도로 나눈 것 또는 액체의 비중량을 4℃ 물의 비중량으로 나눈 것으로 정의한다. 따라서 4℃ 물의 비중은 1이다.

$$S = \frac{\rho}{\rho_{w\ at\ 4℃}} = \frac{\gamma}{\gamma_{w\ at\ 4℃}} \tag{2.11}$$

한편 기체의 비중은 기체 밀도를 1 atm, 0℃의 공기 밀도로 나눈 것이다. 그리고 비중은 단위가 없는 무차원(dimensionless) 변수임을 유의하기 바란다.

【예제 2.1】

체적이 2.0 $\mathrm{m^3}$인 유체의 중량이 16.17 kN이다. 이 유체의 밀도, 비중량, 비체적 및 비중을 각각 SI단위와 공학단위로 구하라.

☞ 풀이

가. SI 단위

$$\text{비중량 } \gamma = \frac{W}{V} = \frac{16170\ \mathrm{N}}{2.0\ \mathrm{m^3}} = 8085\ \mathrm{N/m^3}$$

$$밀도 \quad \rho = \frac{m}{V} = \frac{\gamma}{g} = \frac{8085\ \mathrm{N/m^3}}{9.8\ \mathrm{m/s^2}} = 825.0\ \mathrm{kg/m^3}$$

$$비체적 \quad v_s = \frac{V}{m} = \frac{1}{\rho} = \frac{1}{825.0\ \mathrm{kg/m^3}} = 1.212 \times 10^{-3}\ \mathrm{m^3/kg}$$

$$비중 \quad S = \frac{\rho}{\rho_{w\ at\ 4℃}} = \frac{825.0\ \mathrm{kg/m^3}}{1000\ \mathrm{kg/m^3}} = 0.825$$

나. 공학 단위

SI단위의 중량 16.17 kN은 공학단위로 1650 $\mathrm{kg_f}$이므로,

$$비중량 \quad \gamma = \frac{W}{V} = \frac{1650.0\ \mathrm{kg_f}}{2.0\ \mathrm{m^3}} = 825.0\ \mathrm{kg_f/m^3}$$

$$밀도 \quad \rho = \frac{\gamma}{g} = \frac{825.0\ \mathrm{kg_f/m^3}}{9.8\ \mathrm{m/s^2}} = 84.184\ \mathrm{kg_f \cdot s^2/m^4}$$

$$비체적 \quad v_s = \frac{V}{W} = \frac{1}{\gamma} = \frac{1}{825.0\ \mathrm{kg_f/m^3}} = 1.212 \times 10^{-3}\ \mathrm{m^3/kg_f}$$

$$비중 \quad S = \frac{\gamma}{\gamma_{w\ at\ 4℃}} = \frac{825.0\ \mathrm{kg_f/m^3}}{1000\ \mathrm{kg_f/m^3}} = 0.825$$

2.3.5 온도 변화에 대한 밀도 변화

이어지는 2.4절의 체적탄성계수 및 이상기체의 법칙에서 자세히 기술하겠지만, 대부분의 경우 액체의 밀도는 압력 변화에 따라 크게 변하지 않는다. 하지만 온도 변화에 대해서는 액체 밀도는 다소 변화하고, 기체의 경우는 압력 및 온도에 따라 밀도가 현저히 변화한다.

그림 2.8은 온도에 대하여 물의 밀도가 어떻게 변화하는가를 보여주고 있는데, 온도가 크게 변화하여도 물의 밀도는 큰 차이가 없음을 알 수 있다. 예를 들어 온도가 4℃에서 95℃로 높아질 때 밀도는 1000 $\mathrm{kg/m^3}$에서 962.6 $\mathrm{kg/m^3}$로 작아지며, 그 변화율은 단지 3.7%에 불과하다. 실제로 우리가 직면하는 대부분의 공학 문제의 경우 압력 및 온도 변화에 따른 액체의 밀도 변화는 무시할 수 있을 만큼 작다.

표 2.1은 표준대기압, 20℃에서 일반적인 액체의 비중량과 밀도 값을 보여주고 있으며, 표 2.2는 일반적인 기체에 대한 비중량과 밀도 값이다.

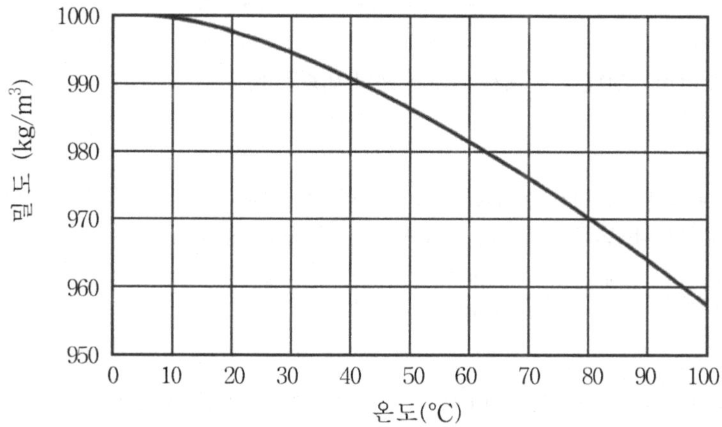

그림 2.8 온도에 대한 물의 밀도 변화

표 2.1 일반적인 액체의 비중량과 밀도

액체	비중량 (N/m³)	밀도 (kg/m³)
4염화탄소	15600	1590
알콜	7730	788
휘발유	6630	676
수은	133000	13580
SAE30 오일	8720	889
바닷물	10050	1024
물	9790	998

표 2.2 일반적인 기체의 비중량과 밀도

기체	비중량 (N/m³)	밀도 (kg/m³)
공기	11.8	1.204
헬륨	1.63	0.166
수소	0.822	0.0838
메탄	6.54	0.667
질소	11.4	1.16
산소	13.0	1.33

【예제 2.2】

표준대기압(1 atm), 20℃ 조건에서 공기와 물의 비중을 비교하라.

☞ 풀이

가. 1 atm 및 20℃의 대기 상태에서, 공기의 비중은 다음과 같다. 참고로 기체의 비중은 공기 밀도와 비교하나, 물과 비교하기 위하여 물의 밀도를 사용한다.

$$S_{air} = \frac{\rho_{air\ at\ 20℃}}{\rho_{w\ at\ 4℃}} = \frac{1.204}{1000} = 1.2 \times 10^{-3}$$

나. 20℃ 물의 밀도는 $998.2\,\mathrm{kg/m^3}$이다. 그러므로 물의 비중은 다음과 같다.

$$S_{w\ at\ 20℃} = \frac{\rho_{w\ at\ 20℃}}{\rho_{w\ at\ 4℃}} = \frac{998.2}{1000} = 0.998$$

다. 물의 비중 0.998은 1의 값과 약 0.2% 차이가 나므로, 온도 변화에 대한 물의 밀도 변화는 매우 작다. 그리고 물은 동일한 조건의 공기에 비하여 약 975배 무겁다.

2.4 압축성

2.4.1 체적탄성계수

유체는 고체와 같이 외부에서 압력을 받으면 수축하여 체적이 감소하고, 이 과정에서 탄성에너지는 유체 내부에 저장된다. 다시 유체에 가해진 압력을 제거하면 압축된 유체는 저장된 탄성에너지에 의해 원래의 상태로 팽창하게 된다. 고체에서 탄성의 척도로서 강체(rigid body)에 작용하는 응력과 길이 변형율의 비인 탄성계수(modulus of elasticity)를 사용한다. 하지만 유체는 변형에 저항하는 성질이 없고 일정하게 정해진 형태도 없으므로, 작용하는 압력과 체적변화율 사이의 관계를 나타내는 체적탄성계수(bulk modulus of elasticity)를 사용한다. 체적탄성계수는 유체의 비압축성 척도를 나타내는 계수이며, 이 값이 크면 클수록 압축하기 어렵다는 것을 의미한다.

그림 2.9에 나타낸 것과 같이 초기 압력 P_1, 체적 V_1인 탄성 유체에 가하는 압력을 P_2로 증가시키면 유체의 체적은 V_2로 감소한다. 유체의 온도가 일정하다면 체적탄성계수 E_v는 식 (2.12)와 같이 체적 변화율에 대한 증가된 압력으로 정의한다. 여기서 (-)부호는 압력이 증가할 때 체적이 감소한다는 의미이며, 그 반대의 경우도 성립한다.

$$E_v = \frac{P_2 - P_1}{\frac{-(V_2 - V_1)}{V_1}} = \frac{\Delta P}{-\frac{\Delta V}{V_1}} \quad [\mathrm{N/m^2, Pa}] \tag{2.12}$$

V와 ΔV의 단위가 동일하므로 체적탄성계수의 단위는 압력 단위와 같다. 그리고 압축 전후에 질량 변화가 없다면, 체적탄성계수를 식 (2.13)과 같이 비체적(v_s) 및 밀도(ρ)의 변화율로 체적탄성계수를 나타낼 수 있다.

$$E_v = -v_s \frac{dP}{dv_s} = \rho \frac{dP}{d\rho} \tag{2.13}$$

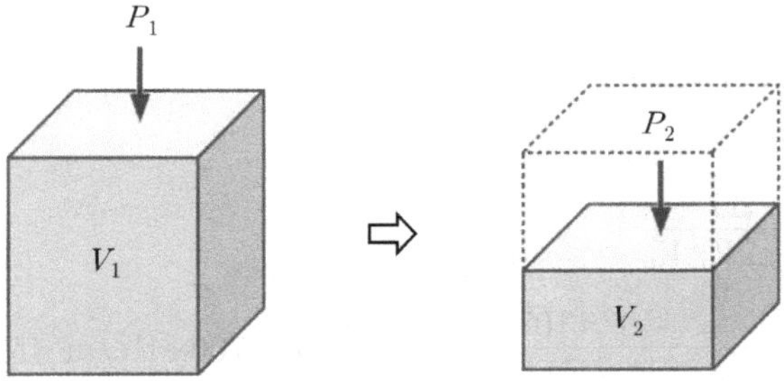

그림 2.9 압력 변화에 의한 유체의 체적변화

표 2.3 일반적인 액체의 체적탄성계수

액 체	체적탄성계수(MPa)
4염화탄소	1310
글리세린	4320
물	2150
바닷물	2340
벤젠	1030
수은	28500
SAE30 오일	1500
알콜	1060
휘발유	1300

액체의 경우는 체적탄성계수의 값이 매우 크므로 대부분의 공학 문제에서 액체는 비압축성 유체로 간주된다. 반면에 기체는 높은 압축성을 가지므로 기체의 압축성을 결정하는데 체적탄성계수는 보통 사용하지 않으며, 기체의 압축성은 다음에 설명하는 이상기체의 상태방정식을 사용하여 결정한다.

표 2.3은 표준대기압, 20℃에서 몇 가지 일반적인 액체의 체적탄성계수의 전형적인 값을 보여주고 있다. 물론 액체의 체적탄성계수도 압력과 온도에 따라 변하지만 주어진 값은 대부분의 실제 공학문제에서 대표적인 값으로 사용된다.

물은 표준대기압, 20℃에서 대략 $2.15 \times 10^9\ \mathrm{N/m^2}$, 공기는 $1.03 \times 10^5\ \mathrm{N/m^2}$정도의 체적탄성계수를 갖는다. 그리고 체적탄성계수의 역수를 압축률이라고 하는데, 공기는 물보다 약 20,000배, 물은 강철보다 약 200배의 압축률을 갖는다. 따라서 액체는 기체에 비하여 압축하기가 매우 어려우며, 대부분의 공학문제에서 액체는 비압축성 유체로 다루는 것이 일반적이다.

【예제 2.3】

어떤 액체가 10 ℓ의 체적을 갖는 강체 실린더 속에서 7 MPa의 압력을 받고 있다. 이때 압력이 14 MPa로 증가될 때, 액체의 체적이 9.9 ℓ으로 수축된다면 이 액체의 체적탄성계수 E_v는 얼마인가?

☞ 풀이

$$\Delta P = P_2 - P_1 = 7\ \mathrm{MPa}$$

$$\Delta V = V_2 - V_1 = -0.1\ \ell$$

$$E_v = \frac{\Delta P}{-\Delta V / V_1}$$

$$= \frac{7 \times 10^6}{-(-0.1 \times 10^{-3})/(10 \times 10^{-3})} = 700\ \mathrm{MN/m^2}\ (\mathrm{MPa})$$

2.4.2 기체의 상태방정식

이상기체(ideal gas)는 실제 존재하지 않으나 대부분의 기체는 다른 물질보다 상대적으로 분자간의 거리가 멀고 분자력도 작으며 체적도 무시할 수 있을 정도로 작으므로, 공업적으로 이용되는 공기나 수소, 산소, 질소 등은 이상기체로 취급한다.

액체와 다르게 기체의 체적은 압력 및 온도에 따라 변화하는 압축성 유체이다. Boyle 및 Charles의 법칙을 따르는 가상적인 기체를 이상기체 또는 완전기체(perfect gas)라 하며, 이러한 이상기체의 법칙들로부터 유도한 관계식 (2.14)를 **이상기체의 상태방정식**이라 한다.

$$Pv_s = RT \tag{2.14}$$

여기서 절대압력 P의 단위는 Pa(N/m^2), 비체적 v_s는 m^3/kg, 기체상수 R은 J/kg·K 그리고 절대온도 T는 K이다. 그리고 식 (2.14)를 기체의 질량(m), 몰수(n)및 분자량(M)으로 나타내면 다음과 같다.

$$PV = mRT = nMRT \tag{2.15}$$

기체상수는 실제기체의 종류에 따라 그 값이 다르지만, 기체상수 R과 분자량 M의 곱은 모든 기체에 대하여 같다. 즉 '같은 압력과 온도 조건에서 모든 기체는 같은 부피 속에 같은 수의 분자를 포함한다'는 Avogadro의 법칙을 적용하여 일반기체상수(universal gas constant)를 계산할 수 있다. 표준대기압(1 atm)에서 모든 기체는 1 kmol당 22.4 m^{3}의 체적을 가지므로, 일반기체상수(R_u)는 식 (2.16)과 같다. 그리고 어떤 기체 또는 혼합 기체의 분자량을 알면, 그 기체의 기체상수를 계산할 수 있다.

$$R_u = MR = 8314\ \mathrm{J/kg \cdot K} \tag{2.16}$$

이상기체의 법칙은 실제로 이상기체에 대한 상태방정식이다. 따라서 압력과 온도의 통상적인 공학 범위에서는 일반기체를 완전기체로 보고 계산하여도 무방하다. 하지만 압력과 온도가 임계압력(critical pressure)의 1/5 및 임계온도(critical temperature)의 2.5배 이상이면, 즉 포화점에 근접하거나 극히 저온이나 고압에서는 일반기체가 이상기체의 상태방정식을 정확히 따르지는 못한다.

【예제 2.4】

(가) 표준대기압(1 atm), 20℃에서 공기의 밀도를 계산하라.

(나) 표 2.2에서 주어진 값과 그 결과를 비교하라.

☞ 풀이

가. 공기가 체적비로 질소 79%와 산소 21%로 구성된 것으로 보면, 공기의 평균분자량 및 기체상수는 다음과 같다.

$$M_{air} = \Sigma M_i \cdot y_i = 0.79 \times 28 + 0.21 \times 32 = 28.84\,\mathrm{kg/kmol}$$

$$R_{air} = \frac{8314\,\mathrm{J/kmol \cdot K}}{28.84\,\mathrm{kg/kmol}} = 288.28\,\mathrm{J/kg \cdot K}$$

이상기체 상태방정식을 사용하여 공기의 밀도를 구하면,

$$\rho_{air} = \frac{P}{RT} = \frac{101325}{288.28 \times (273+20)} = 1.2\,\mathrm{kg/m^3}$$

나. (가)에서 계산한 값인 1.2 $\mathrm{kg/m^3}$은 표 2.2에서 주어진 1.204 $\mathrm{kg/m^3}$과 비교하여 큰 차이가 없다.

【예제 2.5】

압축 공기 탱크의 체적이 3 $\mathrm{m^3}$이다. 절대압력이 500 kPa이고 절대온도가 300 K일 때, 압력용기에 차있는 공기의 중량을 구하라. 공기의 기체상수 $R = 287\,\mathrm{J/kg \cdot K}$이다.

☞ 풀이

$$\rho = \frac{P}{RT} = \frac{500000}{287 \times 300} = 5.807\,\mathrm{kg/m^3}$$

$$m = \rho \times V = 5.807 \times 3 = 17.42\,\mathrm{kg}$$

$$W = m \times g = 17.42 \times 9.8 = 170.72\,\mathrm{N}$$

2.5 점성

2.5.1 점성의 정의

비중, 밀도 및 비중량은 유체의 특성을 나타내는 성질이지만, 유체가 얼마나 쉽게 유동하는지에 대해서는 적절히 나타내지 못한다. 예를 들어, 어떤 두 유체가 동일한 밀도를 가지더라도 움직이는 특성은 현저히 다를 수 있다. 그러므로 유체의 거동을 기술하는 또 다른 특성이 있어야 한다.

유체의 각 부분이 층을 이루고 있다고 가정하고, 서로 접하는 유체 층에 전단력이 작용하여 상대운동이 발생할 때 이에 저항하려는 특성이 있다. 이러한 유동에 대한 유체저항을 유체마찰이라 하고, 유체마찰을 일으키는 성질을 점성(viscosity)이라 한다. 기체의 점성은 온도와 더불어 증가하는 경향이 있고, 액체의 경우는 반대로 온도가 상승하면 점성이 감소한다. 왜냐하면 기체의 주된 점성은 분자 상호간의 마찰로 인하여 결정되는데 온도가 상승하면 분자간의 충돌이 심해지기 때문이다. 이에 비해 액체는 분자간의 인력(응집력)이 점성을 좌우하기 때문이다.

2.5.2 Newton의 점성법칙

점성에 대한 정량적인 수학적 관계를 보기 위하여 그림 2.10에 예시한 바와 같이 두 개의 평행 평판 사이에 채워져 있는 유체를 살펴보자. 그림과 같이 평판 사이의 간격 H은 비교적 좁고 아래 평판은 고정되어 있을 때, 위 평판을 힘 F로 밀면 속도 U로 움직이는 경우를 생각해 보자.

유체 입자는 고체 표면과의 인력, 즉 부착력에 의하여 접촉면에 부착되고, 그 사이의 미끄럼은 발생하지 않는다고 가정한다. 그러므로 아래 고정판에 접한 유체 입자 ⓐ의 속도는 0이며, 위 이동판에 접한 유체 입자 ⓒ의 속도는 U이다. 그리고 아래 고정 평판으로부터 거리가 y인 곳에 위치한 임의의 유체 입자 ⓑ의 속도는 u이다. 거리 y가 0에서 H까지 증가하면 유체 속도는 0에서 U로 증가하는데, 두 평행 평판의 간격이 충분히 작으면 그 사이의 속도 u와 고정판으로부터 거리 y의 관계는 선형적이며 일정한 기울기를 갖는다.

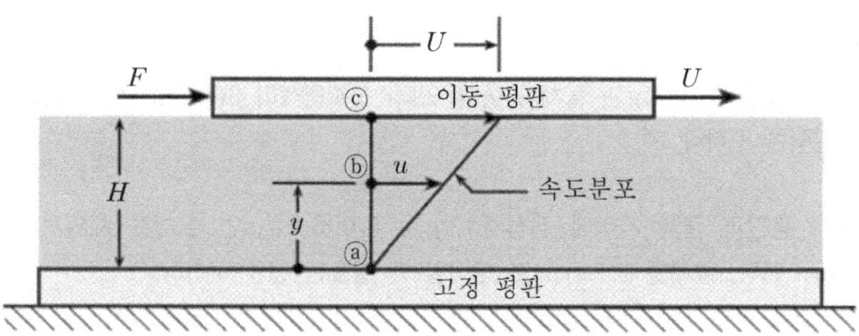

그림 2.10 점성에 의한 평행 평판 사이의 유체 속도분포

이러한 전단유동을 쿠에트 흐름(Couette flow)이라고 부른다. 그림 2.10과 같은 평행 평판의 실험에 의하면 식 (2.17)과 같이 전단력 F는 면적 A(유체와 접촉하고 있는 이동 평판의 면적)와 이동 평판의 속도 U에 비례하지만, 평판 사이의 간격 H에는 반비례한다.

$$\frac{F}{A} \propto \frac{U}{H} \tag{2.17}$$

따라서 평판의 이동속도와 접촉 면적이 크고 유막 두께가 작을수록 더 큰 힘이 필요하게 된다. F/A는 유체에서 발달되는 전단응력이며, 이동 평판의 바닥 표면에서 운동방향과 반대로 작용한다. 유체와 접촉하는 단위 면적당 받는 전단력의 크기를 전단응력 τ로 나타내면 식 (2.18)과 같다. 여기에서 비례상수 μ를 점성계수(coefficient of viscosity or dynamic viscosity)라고 부른다.

$$\tau = \frac{F}{A} = \mu \frac{U}{H} \tag{2.18}$$

식 (2.18)에서 전단응력은 속도기울기(velocity gradient)에 비례함을 보여주고 있으며, 두 평행 평판의 경우에 전단응력은 일정하다. 하지만 그림 2.10과 같이 속도분포가 y방향으로 직선이 아닐 경우에는 전단응력이 위치에 따라 달라지므로, 속도기울기는 y에 대한 u의 도함수 du/dy로 구한다.

$$\tau = \mu \frac{du}{dy} \tag{2.19}$$

식 (2.19)는 Newton의 점성법칙이며, 속도기울기가 일정하지 않은 일반적인 경우에 이를 이용하여 유동 경로의 임의의 위치에서 전단응력을 구할 수 있다. 또한 이 법칙을 만족하는 유체를 뉴턴 유체(Newtonian fluid)라고 부른다.

【예제 2.6】

(가) 평판 위에 질량이 30 kg인 물체가 놓여 있다. 접촉면적이 360 cm^2이고 마찰계수가 0.2일 때, 마찰력을 구하라.

(나) (가)에서 평판과 물체 사이에 점성계수 $\mu = 0.096\ \mathrm{Pa \cdot s}$인 유체가 채워져 있고, 간극이 0.25 mm이다. 물체를 2.1 m/s로 움직일 때 필요한 힘을 구하라.

☞ 풀이

가. 고체마찰 : 마찰력 = 마찰계수 × 중량(수직력)

$$F = \mu_s \times W = 0.2 \times 30 \times 9.8 = 58.8\,\text{N}$$

나. 유체마찰 : 전단력 = 전단응력 × 접촉면적

$$\tau = \mu \frac{du}{dy} = 0.096 \times \frac{2.1 - 0}{0.25 \times 10^{-3}} = 806.4\,\text{N/m}^2$$

$$F = \tau \times A = 806.4 \times 360 \times 10^{-4} = 29.03\,\text{N}$$

【예제 2.7】

그림 2.11에서 보는 바와 같이 직경 150 mm인 피스톤이 내경 150.2 mm의 실린더 내에 조립되어 있고, 피스톤이 실린더 안에서 5 m/s의 속도로 움직인다. 이때 실린더 내벽으로부터 피스톤을 분리시키는 윤활유 유막의 점성계수는 0.4 Pa·s이다. 피스톤과 실린더의 간극에 채워진 오일의 속도분포가 선형이라고 가정하여 다음을 구하라.

(가) 전단응력
(나) 전단력 : 주어진 운동을 유지하는데 필요한 힘
(다) 피스톤의 운동에 필요한 동력

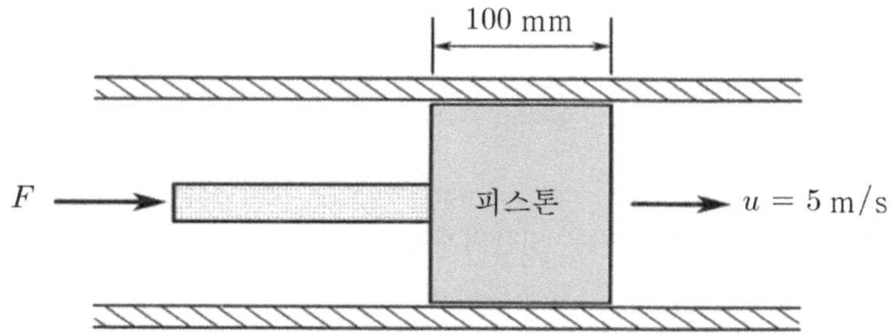

그림 2.11 예제 2.7의 설명도

☞ 풀이

가. 전단응력 : Newton의 점성법칙의 식 (2.19)를 사용하여 구한다.

$$\tau = -\mu \frac{du}{dr} = -0.4 \times \frac{0 - 5.0}{\frac{0.1502}{2} - \frac{0.15}{2}} = 20\,\text{kN/m}^2$$

참고 : 이 문제의 경우 속도기울기 du/dr의 값이 음수이므로 (-)부호를 추가하여 양수의 전단응력 값을 얻는다.

나. 실린더 내벽과 피스톤 중간 지점의 원주 면적 및 전단력

$$A = \pi D_i l = \pi \times \frac{0.15 + 0.1502}{2} \times 0.1 = 4.716 \times 10^{-2}\,\mathrm{m}^2$$

$$F = \tau \times A = 20000 \times 4.716 \times 10^{-2} = 943.2\,\mathrm{N}$$

만약 속도기울기가 선형이 아닌 경우에는 다음과 같이 적분 방법을 사용하여야 한다.

$$F = \tau \times A = -\mu \frac{du}{dr} \times 2\pi r l$$

$$\int_{u_1}^{u_2} du = -\frac{F}{2\pi l \mu} \times \int_{r_1}^{r_2} \frac{dr}{r}$$

$$F = -2\pi l \mu \times \frac{u_2 - u_1}{\ln(r_2/r_1)}$$

$$= -2\pi \times 0.1 \times 0.4 \times \frac{(0 - 5.0)}{\ln\left(\dfrac{0.0751}{0.075}\right)} = 943.11\,\mathrm{N}$$

하지만 피스톤과 실린더 벽 사이의 간극이 매우 작아 속도기울기가 선형에 가까우므로 두 가지 방법으로 구한 전단력의 차이는 크지 않다.

다. 피스톤의 운동에 필요한 동력

$$L_s = F \cdot u = 943.2 \times 5.0 = 4.72\,\mathrm{kW}$$

2.5.3 점성계수의 단위

식 (2.19)에서 점성계수 μ(mu)의 차원은 SI단위계에서 다음과 같이 유도된다.

$$[\mu] = \frac{[\text{힘} / \text{면적}]}{[\text{속도} / \text{길이}]} = \frac{[F/L^2]}{[L/T]/[L]} = [FTL^{-2}]$$

그러므로 μ의 단위는 SI단위로 $\mathrm{N \cdot s/m^2}$ 또는 $\mathrm{Pa \cdot s}$이다. 하지만 점성계수에 대한 많은 양의 자료가 CGS단위계로 출간되어 CGS계에서 SI단위로 변환할 필요가 있다. CGS단위계의 점성계수의 단위는 푸아즈(Poise, 기호 P)이다. 정의에 의해,

$$1\,\mathrm{P} = 1\,\mathrm{dyne \cdot s/cm^2} = 0.1\,\mathrm{N \cdot s/m^2} = 0.1\,\mathrm{Pa \cdot s}$$

가 된다. 또한 실용단위로 기술 자료에서 센티푸아즈(cP)를 많이 사용하며, 20℃ 물의 점성계수는 약 1 cP로 0.01 P이다.

2.5.4 동점성계수의 단위

유체의 유동문제를 다룰 때, 동점성계수(kinematic viscosity)를 사용하기도 한다. 동점성계수 ν (nu)는 점성계수 μ를 밀도 ρ로 나눈 값이다.

$$\nu = \frac{\mu}{\rho} \tag{2.20}$$

SI단위계에서 동점성계수 ν의 단위는

$$\frac{\mathrm{N \cdot s/m^2}}{\mathrm{kg/m^3}} = \frac{\mathrm{kg/m \cdot s}}{\mathrm{kg/m^3}} = [\mathrm{m^2/s}]$$

이다. 그리고 CGS단위계에서 Stokes(St)의 단위를 사용하며, 다음과 같이 정의된다.

$$1\,\mathrm{St} = 1\,\mathrm{cm^2/s} = 1 \times 10^{-4}\,\mathrm{m^2/s}$$
$$1\,\mathrm{cSt} = 1\,\mathrm{mm^2/s} = 1 \times 10^{-6}\,\mathrm{m^2/s}$$

표 2.4 일반적인 액체의 점성계수 및 동점성계수

액체	온도(T)	점성계수(μ)	동점성계수(ν)
	℃	$\mathrm{N \cdot s/m^2}$	$\mathrm{m^2/s}$
4염화탄소	20	9.58×10^{-4}	6.03×10^{-7}
알콜	20	1.19×10^{-3}	1.51×10^{-6}
휘발유	15.6	3.10×10^{-4}	4.60×10^{-7}
수은	20	1.57×10^{-3}	1.15×10^{-7}
SAE 30 oil	15.6	3.80×10^{-1}	4.20×10^{-4}
바닷물	15.6	1.20×10^{-3}	1.17×10^{-6}
물	15.6	1.12×10^{-3}	1.12×10^{-6}

동점성계수는 유체의 밀도에 좌우되므로, 일반적으로 액체인 경우 동점성계수는 온도만의 함수이고, 기체인 경우는 온도와 압력의 함수이다. 표 2.4는 주어진 온도에서 일반적인 액체들의 점성계수 및 동점성계수의 값을 보여주고 있다. 그리고 표 2.5는 표준대기압의 특정 온도에서 일반적인 기체들의 점성계수와 동점성계수의 값이다.

표 2.5 일반적인 기체의 점성계수와 동점성계수 (표준대기압 조건)

기체	온도(T)	점성계수(μ)	동점성계수(ν)
	℃	$N \cdot s/m^2$	m^2/s
공기	15.6	1.79×10^{-5}	1.46×10^{-5}
헬륨	20	1.94×10^{-5}	1.15×10^{-4}
수소	20	8.84×10^{-6}	1.05×10^{-4}
메탄	20	1.10×10^{-5}	1.65×10^{-5}
질소	20	1.76×10^{-5}	1.52×10^{-5}
산소	20	2.04×10^{-5}	1.53×10^{-5}

2.5.5 온도에 따른 점성 변화

점성에 대한 압력 변화의 효과는 보통 무시할 수 있을 만큼 작지만, 온도 변화에 따라서는 현저하게 영향을 받는다. 그림 2.12와 2.13은 온도에 따른 여러 가지 액체와 기체의 점성계수 및 동점성계수의 변화를 각각 보여주고 있다.

액체의 점성계수는 온도가 상승하면 작아지는 반면에, 기체의 점성계수는 온도가 상승함에 따라 커진다. 그림 2.12에서 SAE 10W 오일의 점성 변화를 살펴하면, 온도가 30℃에서 -20℃로 떨어질 때 오일의 점성계수는 56배 정도로 커진다. 온도 상승에 따라 액체의 점성은 저하되지만, 반대로 기체의 점성이 상승하는 요인은 액체와 기체의 밀도 차이에서 찾아볼 수 있다.

액체는 기체보다 분자들이 훨씬 더 조밀하게 분포되어 있다. 따라서 액체에서 분자간의 인력(응집력)이 서로 충돌하는 분자간의 운동량 변화보다 우세하다. 그러므로 온도가 상승하면 액체의 경우 분자간의 인력은 감소하고 따라서 점성이 저하된다. 그러나 기체의 경우는 충돌하는 분자간의 운동량 교환이 응집력보다 우세하므로, 온도 상승에 비례하여 분자의 충돌에 의한 운동량 교환도 증가되어 흐름에 더 저항하게 되고 점성이 증가한다.

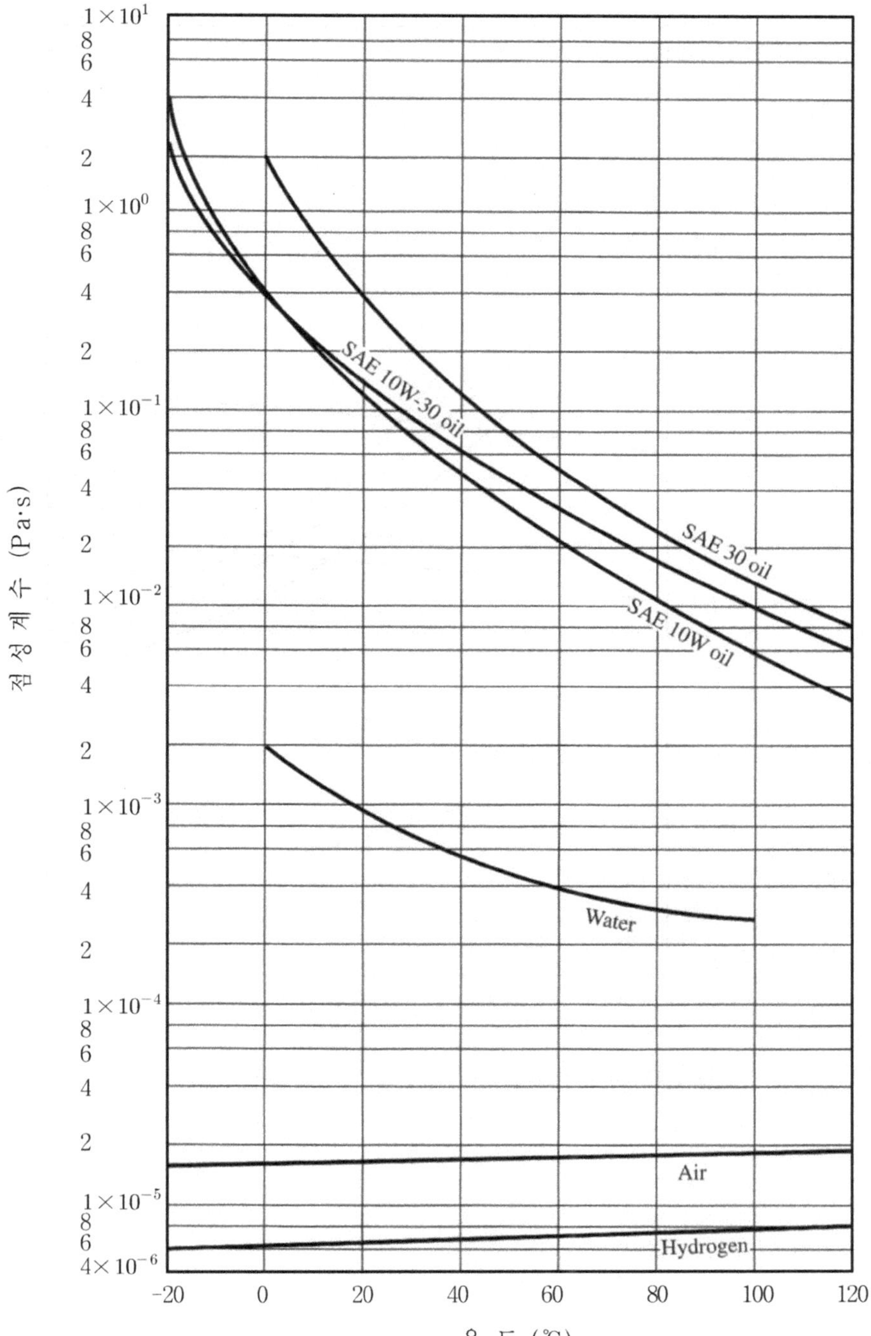

그림 2.12 온도변화에 따른 액체 및 기체의 점성계수 변화

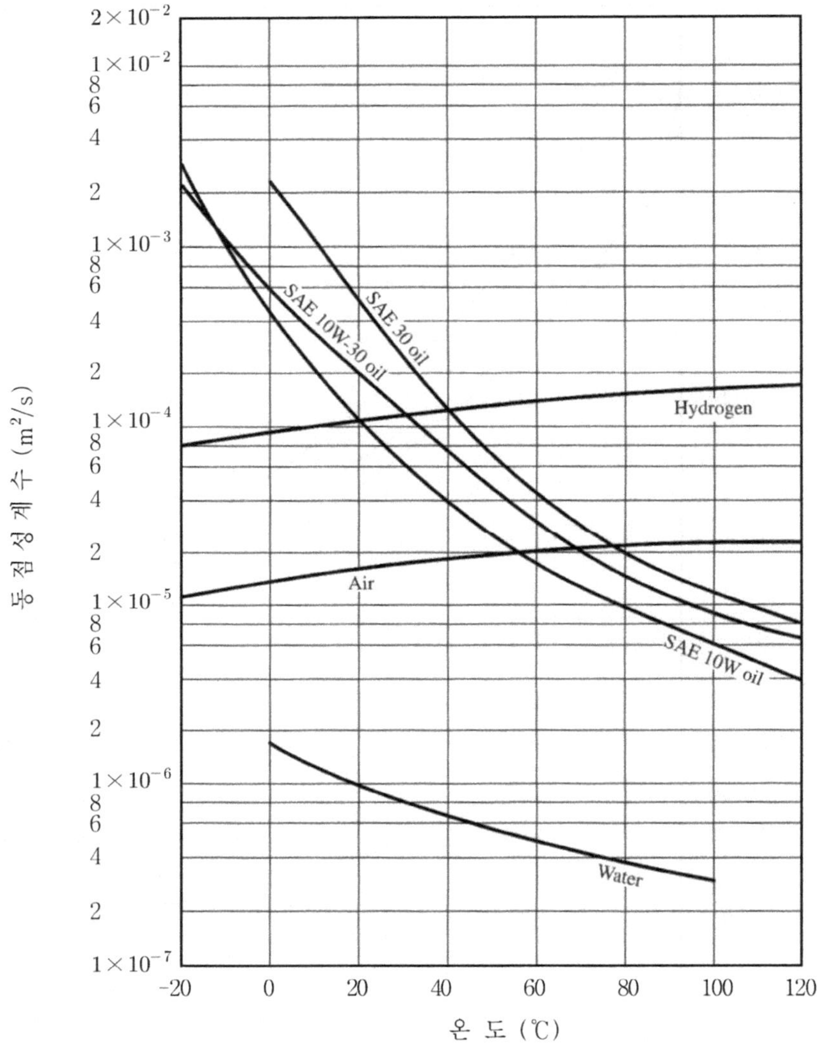

그림 2.13 온도변화에 따른 액체 및 기체의 동점성계수 변화

2.5.6 뉴턴 유체 및 비뉴턴 유체

일반적으로 유체의 점성계수는 주어진 온도에서 일정하다. 그러므로 식 (2.19)의 Newton의 점성법칙은 일정 온도에서 주어진 유체의 전단응력 τ는 속도기울기 du/dy와 선형적인 관계가 된다. 그림 2.14는 점성계수 μ와 동일한 직선의 기울기를 보여주고 있다.

뉴턴 유체의 경우 점성계수 μ는 속도기울기 du/dy에 관계없이 일정한 값을 갖으며, 점성계수는 온도 변화에 의해서만 달라진다. 공기, 메탄, 탄화수소, 에틸 알콜, 가솔린, 오일 및 물을 포함하여 대부분의 유체는 뉴턴 유체로 취급한다. 반면에 전단응력과 속도기울기의 관계가 직선이 아닌 유체를 비뉴턴 유체(non-Newtonian fluid)라고 부르며, 같은 온도 및 압력 조건이라도 점성계수가 일정하지 않다.

Bingham 소성체는 전단응력이 항복응력보다 클 경우 뉴턴 유체처럼 유동하나, 항복응력보다 작을 때는 강체처럼 변형되지 않는다. 따라서 이상 플라스틱(ideal plastic)이라고 하며, 치약, 케첩, 겨자, 초콜릿 혼합물, 마요네즈, 아스팔트 및 특정의 그리스 등이 있다.

Pseudo 소성체는 전단박화(shear thinning) 유체라고도 하며, 속도기울기가 증가함에 따라 겉보기 점성계수(apparent viscosity)이 작아진다. 전단응력의 증가는 속도기울기의 증가를 가져오고 그 반대도 성립한다. 폴리머 용액, 콜로이드 현탁액, 에틸렌글리콜과 같은 고분자 및 펄프 용액 등이 여기에 속한다.

Dilatant 유체는 전단농화(shear thickening) 유체라고 하며, 속도기울기가 증가하면 겉보기 점성계수(apparent viscosity)도 커진다. 전분의 현탁액이나 모래의 현탁액 등과 같은 팽창성 유체가 여기에 속한다.

이 외에도 연질석고, 진흙과 같이 시간이 경과함에 따라 점성이 변화하는 시간의존성 유체, 밀가루 반죽과 같이 점성과 탄성을 동시에 가지는 유체도 있다. 이와 같은 비뉴턴 유체들은 유변학(rheology)에 관한 문헌들을 참고하기 바란다.

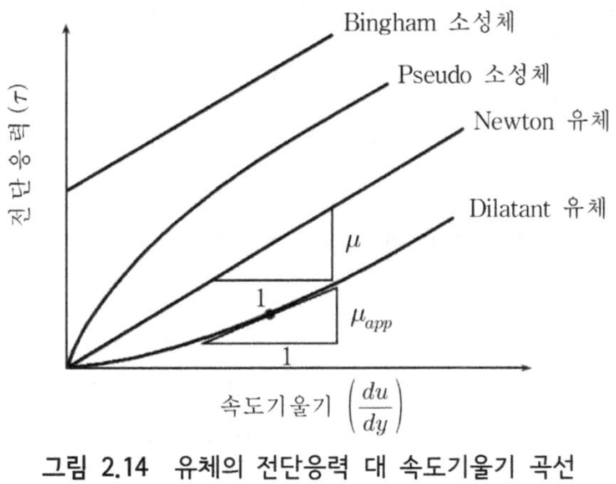

그림 2.14 유체의 전단응력 대 속도기울기 곡선

연습문제 및 해설

2.1 어떤 승용차의 타이어 공기압을 32 psi로 추천하고 있다. 이를 kPa로 환산하라.

【해설】 psi는 영미 단위계에 기반한 압력의 단위로, 1 제곱인치 면적당 1 파운드의 힘이 가해질 때의 압력의 단위이다. 자동차 타이어의 공기압을 나타내는데 널리 사용된다. 참고로 대기압은 약 14.7 psi이다.

$$1\,\text{psi} = 1\,\text{lb}_f/\text{in}^2 \approx \frac{0.454\times 9.8}{(2.54\times 10^{-2})^2} \approx 6.895\,\text{kN/m}^2(\text{kPa})$$

$$32\,\text{psi} = 32\times 6.895\,\text{kPa/psi} \approx 220\,\text{kPa}$$

2.2 인체의 혈압은 최소 압력과 최대 압력으로 나타내며, 주어진 단위는 mmHg이다. 만약 혈압이 80/125인 경우, 이를 kPa로 환산하라. 수은의 비중은 약 13.6이다.

【해설】 $760\,\text{mmHg} \approx 13.6\times 9800\times 0.76 = 101.3\,\text{kPa}$(정확히 $101.325\,\text{kPa}$)이므로

$$80\,\text{mmHg} = 80\times\frac{101.325}{760} = 10.67\,\text{kPa}$$

$$125\,\text{mmHg} = 125\times\frac{101.325}{760} = 16.67\,\text{kPa}$$

2.3 85 kPa의 압력을 수주(물기둥)의 단위 mAq로 변환하라.

【해설】 $P = \gamma h$이고, 물의 비중량 $\gamma_w = 9800\,\text{N/m}^3$이다. 따라서

$$h_w = \frac{P}{\gamma_w} = \frac{85000}{9800} = 8.67\,\text{mAq}(\text{mH}_2\text{O})$$

2.4 국소 대기압이 100 kPa일 때, 압력계의 읽음이 $-0.2\,\text{kg}_f/\text{cm}^2$이다. 이 계기압력은 절대압력으로 몇 kPa인가?

【해설】 $P_{atm} = 100000\,\text{Pa}$

$$P_g = -0.2\,\text{kg}_f/\text{cm}^2 = -0.2\times 9.8\times 10^4 = -19600\,\text{Pa}$$

$$P_{abs} = P_{atm} + P_g = 100 - 19.6 = 80.4\,\text{kPa}$$

2.5 화씨온도 95℉를 섭씨온도 ℃로 환산하라. 참고로 화씨온도는 1 atm의 압력조건에서 물의 어는점을 32℉ 끓는점을 212℉로 정하고 두 점 사이를 180등분한 것이다.

【해설】 $95°\text{F} = (95-32)\times\dfrac{100}{180} = 35℃$

2.6 섭씨온도 20℃를 절대온도 K로 환산하라. 참고로 모든 입자의 에너지가 최소 상태일 때를 절대 영(0)도로 정의하는데, 절대 영도는 이론적인 온도의 최저점으로 -273.15℃에 해당한다.

【해설】 $20℃ = 20 + 273.15 = 293.15\ \text{K}$ (간략히 293 K)

2.7 오일의 체적이 $2\ \text{m}^3$이고 질량은 1600 kg이다. 이 오일의 밀도, 비중량, 비체적 및 비중을 구하라.

【해설】 밀도 $\rho = \dfrac{m}{V} = \dfrac{1600}{2} = 800\ \text{kg/m}^3$

비중량 $\gamma = \dfrac{W}{V} = \dfrac{1600\times 9.8}{2} = 7840\ \text{N/m}^3$

비체적 $v = \dfrac{V}{m} = \dfrac{2}{1600} = 1.25\times10^{-3}\ \text{m}^3/\text{kg}$

비중 $S = \dfrac{\rho}{\rho_w} = \dfrac{8000}{1000} = 0.8$

2.8 물과 에탄올(C_2H_5OH)을 체적비 7 : 3으로 혼합하였다. 이 혼합액의 밀도는 얼마인가? 그리고 혼합액 2.0 ℓ에 희석된 에탄올의 질량은 얼마인가? 에탄올 비중은 0.79이다.

【해설】 물의 체적 $V_w = 2.0\times0.7 = 1.4\ \ell = 1.4\times10^{-3}\ \text{m}^3$

물의 질량 $m_w = V_w\times\rho_w = 1.4\times10^{-3}\times1000 = 1.4\ \text{kg}$

에탄올 체적 $V_{et} = 2.0\times0.3 = 0.6\ \ell = 0.6\times10^{-3}\ \text{m}^3$

에탄올 밀도 $\rho_{et} = S_{et}\times\rho_w = 0.79\times1000 = 790\ \text{kg/m}^3$

에탄올 질량 $m_{et} = V_{et}\times\rho_{et} = 0.6\times10^{-3}\times790 = 0.474\ \text{kg}$

혼합액 밀도 $\rho_m = \dfrac{1.4+0.474}{2.0\times10^{-3}} = 937.0\ \text{kg/m}^3$

2.9 원통형 용기에 비중량이 $2000\,\mathrm{N/m^3}$인 액체를 가득 채울 경우, 이 액체의 질량은 몇 kg인가? 원통형 용기의 내경은 $0.63\,\mathrm{m}$이며 높이는 $2.9\,\mathrm{m}$이다.

【해설】 $V_c = \dfrac{\pi \times d^2}{4} \times h = \dfrac{\pi \times 0.63^2}{4} \times 2.9 = 0.904\,\mathrm{m^3}$

$$m_f = \frac{\gamma_f}{g} \times V_c = \frac{2000}{9.8} \times 0.904 = 184.49\,\mathrm{kg}$$

2.10 어떤 유체의 체적을 구하니 $180\,\mathrm{cc}$이다. 이 유체의 비중이 2.5인 경우 중량은 얼마인가?

【해설】 $\rho = S \times \rho_w = 2.5 \times 1000 = 2500\,\mathrm{kg/m^3}$

$$m = \rho \times V = 2500 \times 180 \times 10^{-6} = 0.45\,\mathrm{kg}$$

$$W = m \times g = 0.45 \times 9.8 = 4.41\,\mathrm{N}$$

2.11 비체적이 $1.43\,\ell/\mathrm{kg}$인 유체의 질량이 $2800\,\mathrm{kg}$이다. 이 유체의 체적 및 비중은 얼마인가?

【해설】 $V = v \times m = 1.43 \times 10^{-3} \times 2800 = 4.004\,\mathrm{m^3}$

$$\rho = \frac{m}{V} = \frac{2800}{4.004} = 699.3\,\mathrm{kg/m^3}$$

$$\rho = \frac{1}{v} = \frac{1}{1.43 \times 10^{-3}} = 699.3\,\mathrm{kg/m^3}$$

$$S = \frac{\rho}{\rho_w} = \frac{699.3}{1000} = 0.699$$

2.12 물의 체적을 1% 줄이는데 얼마만큼의 압력이 증가되어야 하는가? 물의 체적탄성계수는 $2.15\,\mathrm{GPa}$이다.

【해설】 $\Delta P = E_v \times (-\Delta V/V) = 2.15 \times 10^9 \times 0.01 = 21.5\,\mathrm{MPa}$

2.13 어떤 액체를 실린더에서 압축하는데, 압축 전의 체적과 압력이 각각 1 ℓ와 1 MPa인 반면에 압축 후의 최종 값은 각각 0.995 ℓ와 2 MPa이다. 이 액체의 체적탄성계수를 구하라.

【해설】 $E_v = \dfrac{P_2 - P_1}{-(V_2 - V_1)/V_1} = \dfrac{(2-1)\times 10^6}{-(0.995-1)/1} = 200\ \mathrm{MPa}$

2.14 압력용기 내의 공기 온도가 20° C로 일정할 때, 내부 압력이 표준대기압(1 atm)에서 910 kPa로 증가하는 경우 공기 1 kg의 체적 변화를 계산하라.

【해설】 등온변화이므로 $P_1 V_1 = P_2 V_2 = mRT =$ 일정

$$V_2 = \frac{P_1}{P_2} V_1 = \frac{101.325}{101.325 + 910} V_1 = 0.1\, V_1$$

등온 조건에서 절대압력이 10배 증가하면, 체적은 1/10로 수축된다.

2.15 비행선의 체적이 50000 m^3이며 표준대기압 및 10℃ 온도의 헬륨을 함유하고 있다. 헬륨의 기체상수는 2080 J/kg·K이다. 헬륨의 질량을 구하라.

【해설】 $\rho = \dfrac{P}{RT} = \dfrac{101325}{2080\times(273+10)} = 1.721\times 10^{-1}\ \mathrm{kg/m^3}$

$$m = \rho \times V = 0.1721 \times 50000 \approx 8605\ \mathrm{kg}$$

2.16 두 공기탱크의 초기 조건은 그림 2.15에서 보는 바와 같이 압력과 온도가 모두 다르다. 내부 관로를 연결하는 밸브를 열어 두 탱크 내의 공기 압력이 같아질 때 최종 공기 온도는 전체에 걸쳐 30℃가 된다. 이때 최종 공기 압력을 구하라. 공기의 기체상수는 287 J/kg·K이다.

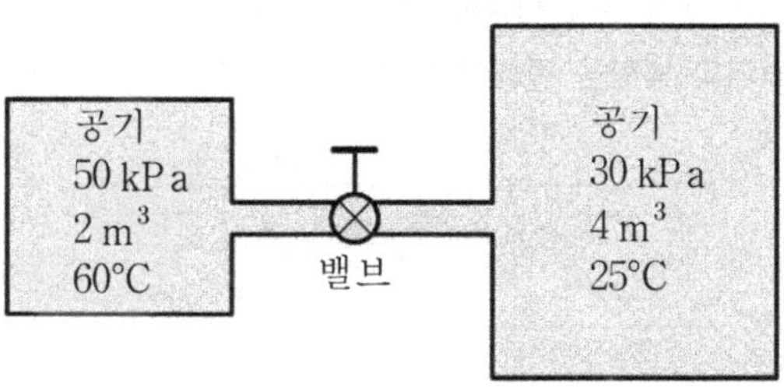

그림 2.15 문제 2.16의 설명도

【해설】 밸브의 개방전과 개방후의 질량이 동일하다.

$$m_1 = \frac{P_1 V_1}{R T_1} = \frac{(101325 + 50000) \times 2}{287 \times (273 + 60)} = 3.167\ \mathrm{kg}$$

$$m_2 = \frac{P_2 V_2}{R T_2} = \frac{(101325 + 30000) \times 4}{287 \times (273 + 25)} = 6.142\ \mathrm{kg}$$

$$P_3 = \frac{(m_1 + m_2) R T_3}{V_1 + V_2} = \frac{(3.167 + 6.142) \times 287 \times (273 + 30)}{2 + 4}$$

$$= 134.92\ \mathrm{kPa}(\text{절대압}) = 33.595\ \mathrm{kPa}(\text{계기압})$$

2.17 압축 산소가스를 120 atm 및 35℃에서 40 ℓ의 압력용기에 완전 충전하였다. 얼마 사용 후에 가스 압력이 90 atm이고 온도가 20℃이면, 초기 충전 질량의 몇 %를 사용하였는가?

【해설】 특별한 언급이 없이 Pa, $\mathrm{kg_f/cm^2}$ 등의 단위로 압력이 주어지면 계기압력이므로, 절대압력으로 변환하여 계산한다. 하지만 atm의 단위로 주어진 압력은 표준대기압(1 atm)의 배수 압력이며 절대압력을 의미한다. 따라서 120 atm의 압력은 절대압 12.159 MPa이다.

$$m_1 = \frac{P_1 V}{R T_1} = \frac{120 \times 101325 \times 40 \times 10^{-3}}{R \times (273 + 35)} = \frac{1579.091}{R}\ \mathrm{kg}$$

$$m_2 = \frac{P_2 V}{R T_2} = \frac{90 \times 101325 \times 40 \times 10^{-3}}{R \times (273 + 20)} = \frac{1244.949}{R}\ \mathrm{kg}$$

$$\text{사용율} = \frac{m_1 - m_2}{m_1} = \frac{1579.091/R - 1244.949/R}{1579.091/R} \times 100 = 21.16\%$$

2.18 움직일 수 있는 얇은 평판이 그림 2.16에서 보는 바와 같이 두 개의 고정판 사이에 위치하고 있고, 그 사이에는 15.6℃의 SAE 30 오일이 채워져 있다. 가운데 이동판이 1 m/s의 속도로 움직일 때 평판에 작용하는 전단응력의 크기와 방향을 결정하라. 오일의 점성계수 $\mu = 0.38\ \mathrm{N \cdot s/m^2}$이다.

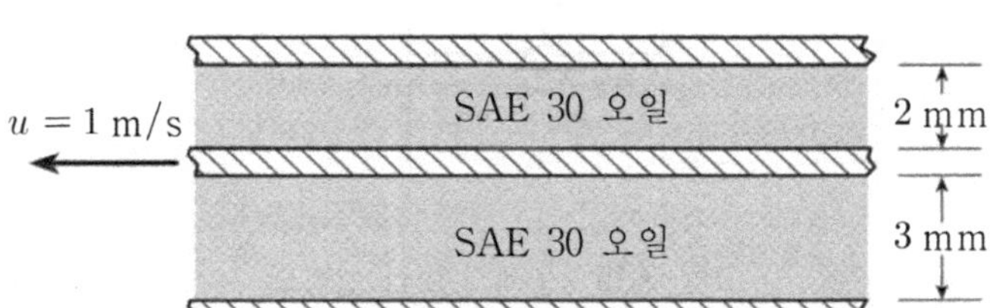

그림 2.16 문제 2.18의 설명도

【해설】 가운데 이동판의 상부와 하부에 작용하는 전단응력을 각각 계산하여 합하며, 전단력은 평판의 이동 방향과 반대로 작용한다.

$$\tau_1 = \mu \frac{\Delta u}{\Delta y} = 0.38 \times \frac{1-0}{2 \times 10^{-3}} = 190\,\mathrm{N/m^2}$$

$$\tau_2 = \mu \frac{\Delta u}{\Delta y} = 0.38 \times \frac{1-0}{3 \times 10^{-3}} = 126.667\,\mathrm{N/m^2}$$

$$\tau = \tau_1 + \tau_2 = 190 + 126.667 = 316.67\,\mathrm{N/m^2}$$

2.19 안지름이 100.1 mm인 실린더 안에서 지름 100 mm인 피스톤이 왕복운동하고 있고, 실린더 내벽과 피스톤 사이에는 SAE 10W 오일이 채워져 있다. 만약 오일의 온도가 0℃에서 100℃로 상승할 때 피스톤을 움직이는데 필요한 힘의 감소율을 구하라. SAE 10W 오일의 점성계수는 그림 2.12를 참고하라.

【해설】 동일한 조건에서 속도기울기가 같다면, 전단응력은 점성계수에 비례한다.

$$\mu_{at\,0℃} = 0.4\,\mathrm{Pa.s}$$

$$\mu_{at\,100℃} = 6 \times 10^{-3}\,\mathrm{Pa.s}$$

$$감소율 = \frac{\mu_{0℃} - \mu_{100℃}}{\mu_{0℃}} = \frac{0.4 - 6 \times 10^{-3}}{0.4} \times 100 = 98.5\%$$

2.20 그림 2.17과 같이 지름 150 mm의 축이 저널베어링에 지지되어 1800 rpm으로 회전하고 있다. 저널베어링의 안지름은 151 mm이고 길이는 200 mm이다. 그리고 축과 베어링 사이에는 점성계수 $\mu = 0.02\,\mathrm{Pa \cdot s}$인 윤활유가 채워져 있다. 이 축을 구동시키는데 점성마찰로 인한 손실동력은 얼마인가?

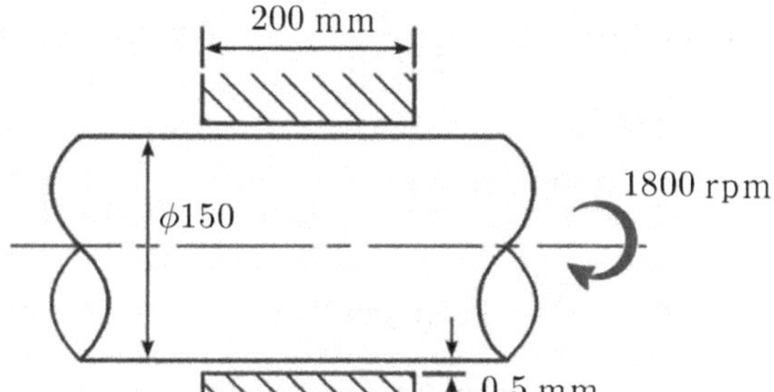

그림 2.17 문제 2.20의 설명도

【해설】 회전축의 표면에서 선속도(원주속도)

$$u = \frac{\pi d_s N}{60} = \frac{\pi \times 0.15 \times 1800}{60} = 14.137\ \mathrm{m/s}$$

$$\tau = -\mu \frac{du}{dr} = -0.02 \times \frac{0 - 14.137}{(0.151 - 0.15)/2} = 565.48\ \mathrm{N/m^2}$$

축과 베어링 사이는 환상이므로 지름에 따라 원주 면적이 달라진다. 그러므로 축과 베이링 사이의 중간 지점의 면적으로 전단력을 계산한다.

$$F = \tau A = \tau \times \pi D_i l$$

$$= 565.48 \times \pi \times \frac{(0.151 + 0.15)}{2} \times 0.2 = 53.473\ \mathrm{N}$$

점성마찰로 인한 동력손실

$$L = F \cdot u = 53.473 \times 14.137 = 755.95\ \mathrm{W}$$

보다 정확한 해는 적분을 사용하여 얻을 수 있으나, 최종값은 거의 차이가 없다.

2.21 그림 2.17과 유사하게 지름 80 mm의 축이 저널베어링에 지지되어 1000 rpm으로 회전하고 있다. 축과 베어링 사이의 간극은 0.5 mm이고, 틈새에는 비중 0.9, 동점성계수 0.85 St의 윤활유가 채워져 있다. 이 축을 회전시키는데 필요한 회전력(torque) 및 동력(power)은 각각 얼마인가? 또한 베어링의 폭이 60 mm이고 윤활유의 비열이 2.1 kJ/kg·K인 경우, 점성마찰로 인한 손실에너지가 모두 열에너지로 변하여 윤활유의 온도를 상승시킨다면 단위시간당 온도상승은 얼마인가?

【해설】 회전축의 원주속도, 전단응력, 전단력, 회전력 및 손실동력

$$u = \frac{\pi d_s N}{60} = \frac{\pi \times 0.08 \times 1000}{60} = 4.189\ \mathrm{m/s}$$

$$\tau = -\mu \frac{du}{dr} = -\rho \nu \frac{du}{dr}$$

$$= -900 \times 0.85 \times 10^{-4} \times \frac{0 - 4.189}{0.5 \times 10^{-3}} = 640.917\ \mathrm{N/m^2}$$

$$F = \tau A = \tau \times \pi D_i l$$

$$= 640.917 \times \pi \times \frac{(0.08 + 0.081)}{2} \times 0.06 = 9.725\ \mathrm{N}$$

$$T = F \cdot r = 9.725 \times \frac{0.08}{2} = 0.389\ \mathrm{N \cdot m}$$

$$L = T \cdot \omega = 0.389 \times \frac{2\pi \times 1000}{60} = 40.736\ \mathrm{W}$$

또는 $L = F \cdot u = 9.725 \times 4.189 = 40.738\ \mathrm{W}$

마찰손실 에너지가 모두 열에너지로 변한다면, 축과 베어링 사이에 채워진 윤활유의 단위시간당 에너지 증가량은 손실동력과 같고, 윤활유의 단위시간당 온도상승은 다음과 같다.

$$L = mC\frac{\varDelta T}{\varDelta t}, \quad \frac{\varDelta T}{\varDelta t} = \frac{L}{mC}$$

축과 베어링 사이에 채워진 윤활유의 질량 및 단위시간당 온도상승

$$m = \rho V_c = 900 \times \frac{\pi \times (0.081^2 - 0.08^2)}{4} \times 0.06 = 6.828 \times 10^{-3}\,\mathrm{kg}$$

$$\frac{\varDelta T}{\varDelta t} = \frac{L}{mC} = \frac{40.738}{6.828 \times 10^{-3} \times 2100} = 2.84\,\mathrm{K/s}$$

실제로는 축과 베어링을 통하여 일부 열이 발산되지만, 과도한 온도상승이 발생하지 않도록 윤활유를 지속적으로 공급하여 운동부를 냉각시킨다.

3 유체 정역학-압력

유체 정역학은 유체가 정지해 있거나 균일한 운동을 하는 경우의 문제들을 다룬다. 어느 경우에나 유체분자 사이에 상대운동이 없으므로 전단응력이 존재하지 않으며, 유체의 흐름에 점성은 아무런 영향을 주지 않는다. 그러므로 유체 정역학에서 다루는 모든 자유물체의 표면에 작용하는 힘은 유체 압력에 의한 수직력(표면력)과 유체 자체의 중량에 의한 힘이 있다.

이 장에서는 정지 유체에서 압력이 어떻게 발달되고 변하는가를 살펴보고, 압력을 측정하는 방법들을 알아본다. 그리고 4장에서는 유체 속에 잠겨있는 물체의 표면에 작용하는 압력 및 힘들의 결정과 유체 속에 잠겨있는 물체나 부유 물체의 안정성 등을 살펴본다.

정지 유체에는 전단력이 없으므로 유동 유체의 분석보다 훨씬 간단하고, 유체의 운동 양상을 기술하는 방정식은 실험 기법에 의존하지 않고 이론적으로 쉽게 유도할 수 있다. 따라서 댐, 수문, 압력 용기, 보트, 부표, 비행선, 유압 프레스 및 압력 측정 기구를 포함한 수많은 공학 문제들에 대하여 비교적 간단한 분석이 이루어질 수 있다.

3.1 한 점에서의 압력

17세기 프랑스 수학자인 파스칼(Blaise Pascal)은 유체 압력에 대하여 다음과 같이 정의하였다.

'압력은 정지 유체 속의 임의 지점에서 모든 방향으로 균일하게 작용한다.'

이를 **파스칼의 원리**라고 하며, 정지 유체내의 임의의 점 O에 위치한 치수 h인 작은 입방체의 유체를 보여주고 있는 그림 3.1을 참조하여 힘의 방정식을 유도할 수 있다.

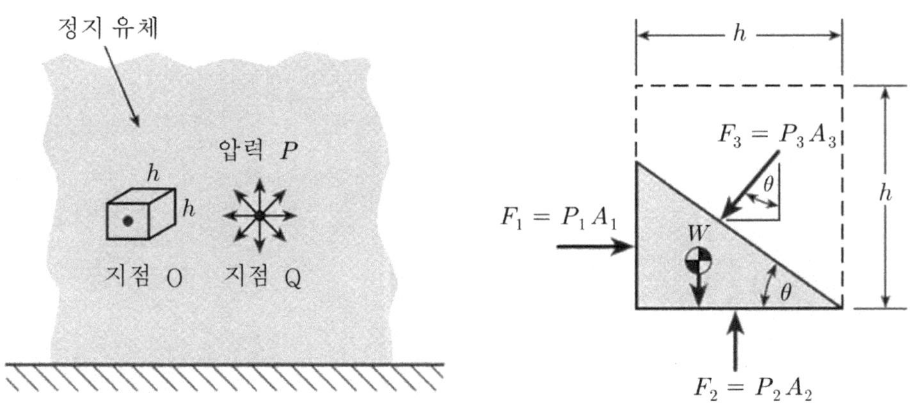

(a) 임의 지점에서 입방체와 압력　　(b) 입방체의 자유물체선도

그림 3.1 정지 유체 속의 작은 유체 입방체

그림 3.1(b)에서 임의 각도 θ인 쐐기모양 입자의 자유물체선도를 보자. 유체의 표면에는 전단응력이 존재하지 않으므로 압력 P_1, P_2 및 P_3는 유체 요소의 3변에 대해 수직 방향으로 작용한다. 따라서 자유물체선도에 다음과 같은 4가지 힘이 존재한다.

- F_1은 압력 P_1에 의한 작용력이며 오른쪽으로 작용한다.
- F_2는 압력 P_2에 의한 작용력이며 위로 작용한다.
- F_3는 압력 P_3에 의한 작용력이며 경사면에 수직으로 작용한다.
- W는 유체 요소의 중량이며 따라서 아래로 작용한다.

수평 방향의 힘들이 균형을 이루면, 그들의 합은 0이 되므로

$$\begin{aligned}\sum F_x &= F_1 - F_3 \sin\theta \\ &= P_1 A_1 - P_3 A_3 \sin\theta = 0\end{aligned}$$

이다. 그리고 기하학적인 관계에서 $A_1 = A_3 \sin\theta$ 이다. 따라서

$$P_1 = P_3 \tag{3.1}$$

수직 방향에 대하여도 반복하면

$$\begin{aligned}\sum F_y &= F_2 - F_3 \cos\theta - W \\ &= P_2 A_2 - P_3 A_3 \cos\theta - \gamma V = 0\end{aligned}$$

이다. 여기서 $A_2 = A_3 \cos\theta$이고, 입방체의 크기 h가 작아지면 체적 V는 0에 접근한다. 따라서

$$P_2 = P_3 \tag{3.2}$$

이고, 식 (3.1)과 식 (3.2)를 결합하면 결국 모든 방향의 압력은 동일하다.

$$P_1 = P_2 = P_3 \tag{3.3}$$

그러므로 유체 요소의 3변에 작용하는 압력은 요소의 크기가 점에 접근하면 동일하게 된다. 각도 θ가 임의의 값을 가지므로 정지 유체 속의 임의의 점에서 유체 압력은 그림 3.1(a)의 점 Q에서와 같이 모든 방향으로 동일하게 작용한다.

【예제 3.1】

그림 3.2의 수압기에서 100 N의 힘을 작은 피스톤에 가할 때, 큰 피스톤에서 얻을 수 있는 힘 F_2를 구하라. 피스톤의 지름은 각각 50 mm 및 200 mm이다.

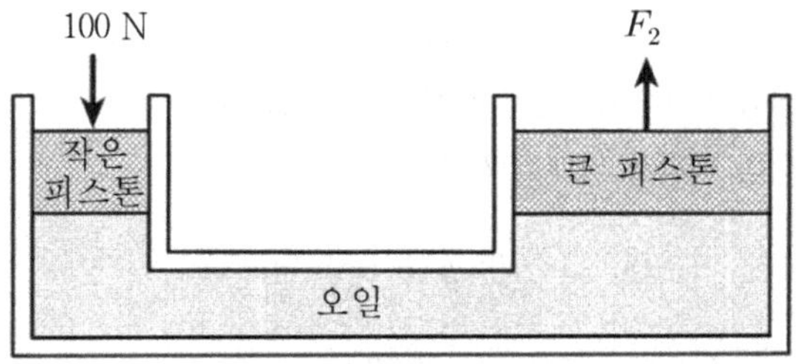

그림 3.2 예제 3.1의 수압기 원리

☞ 풀이

Bramah는 파스칼의 원리를 응용하여 힘을 증폭시키는 장치인 수압기(hydraulic press)를 고안하였다. 수압기의 두 피스톤의 고도가 같다면 피스톤 밑면에 작용하는 오일의 압력은 동일하게 연직 상향으로 작용한다.

$$P_1 = P_2 \, , \qquad \frac{F_1}{A_1} = \frac{F_2}{A_2}$$

그러므로 피스톤의 단면적에 비례하여 16배의 큰 힘을 얻게 된다.

$$F_2 = F_1 \frac{A_2}{A_1} = 100 \times \left(\frac{0.2}{0.05} \right)^2 = 1600 \text{ N}$$

3.2 액체에서 압력 변화

앞 절에서 파스칼의 원리를 증명하였는데, 이는 유체 내에서 위치가 달라질 때 압력이 어떻게 변하는가를 알려주지는 않는다. 그러므로 이 절에서는 비압축성 유체 내에서 압력 변화의 관계식을 구하고, 다음 절에서는 기체에 대한 관계식을 구하기로 하자.

그림 3.3(a)에서 호수의 물을 정지 유체로 나타내었는데, 단면적이 A이고 높이가 H인 원통의 액체 체적을 살펴보자.

호수의 자유표면에서 원통형 체적의 상부와 하부까지의 깊이를 각각 h_1, h_2라고 하고, 임의의 깊이 h에 위치하고 미소 높이인 dh인 액체 원통 부분을 고려한다. 그리고 그림 3.3(b)는 중량이 dW, 체적이 dV, 비중량이 γ인 미소 요소의 자유물체선도를 보여주고 있다.

그림 3.3(b)의 자유물체선도를 보면, 수평방향 힘의 합이 0인 경우 압력이 수평면의 모든 점에서 같다고 결론지을 수 있다. 이는 압력이 매우 짧은 원통 요소의 전체 원주면에 수직으로 작용하기 때문이다. 따라서 수평방향 힘의 합이 0인 경우, 압력의 크기는 매우 짧은 요소의 외부 주위에서 모두 일정해야 한다. 그러므로 임의의 정지 유체 속에서 압력은 동일한 깊이인 경우 모든 지점에서 같고, 압력은 깊이에 따라서만 변한다.

자유표면으로부터 깊이에 따른 압력변화를 살펴보기 위하여, 그림 3.3(b)의 자유물체도와 같이 미소 깊이 dh에 따른 압력 변화 dP가 일어날 때 식 (3.4)와 같이 수직력의 합을 0으로 놓는다.

$$\sum F_y = (P+dP)A - PA - dW = 0 \tag{3.4}$$

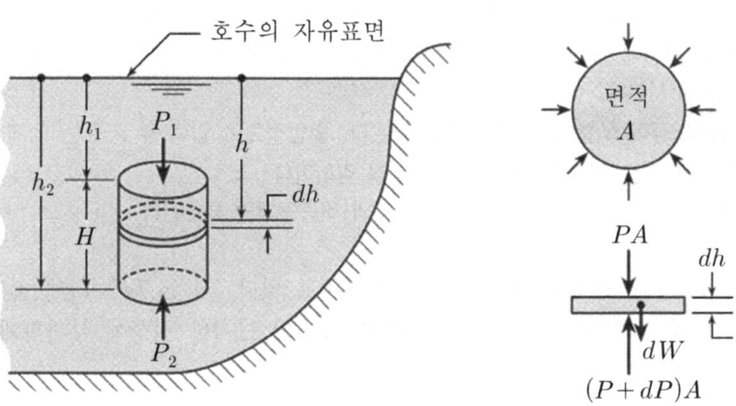

(a) 호수에서 원통형 체적　　(b) 요소의 자유물체선도

그림 3.3 정지 액체에서 압력 관계

이를 정리하면 $A\,dP - \gamma A\,dh = 0$이므로

$$dP = \gamma\,dh \tag{3.5}$$

이다. 그리고 식 (3.5)를 원통의 전체 높이 H에 걸쳐 적분하면 다음과 같다.

$$P_2 - P_1 = \gamma\,(h_2 - h_1) = \gamma H \tag{3.6}$$

그러므로 임의 두 지점에서의 압력 차이는 비중량에 깊이 차이를 곱한 것과 같다. 따라서 깊이 변화가 없으면 압력의 변화도 없다. 액체의 자유표면에서 $h_1 = 0$이면 계기압력 $P_1 = 0$이며 자유표면에서 임의 깊이 $h_2 = h$이므로, 식 (3.6)은 다음과 같이 정리된다.

$$P = \gamma h \tag{3.7}$$

여기서 식 (3.7)은 액체 속에서 유체 압력과 깊이의 관계를 나타내고 있으며, 다음과 같은 결과에 주목해야 한다.

- 정지 유체 내에서 압력은 깊이에 따라 선형적으로 증가하며, 비중량은 직선관계의 기울기이다. 그림 3.4는 액체가 깊이 H로 채워진 개방 용기의 측면 벽에 작용하는 압력 분포를 보여주고 있다. 자유표면에서의 압력을 0(계기압)으로 생각하는 경우, 바닥에서의 압력 $P = \gamma H$와 같다.
- 깊이는 자유표면에서 아래 방향을 (+)로 정의하고, 깊이가 증가할수록 압력은 상승하고, 깊이가 감소할수록 압력은 대기압에 가까워진다.
- 기체는 압축성 유체이며 고도에 따라 비중량이 변화하므로 식 (3.7)을 사용할 수 없다. 그리고 기체의 경우 액체에 비하여 높이 차이에 대한 압력 변화가 크지 않으므로 대부분의 공학문제에서는 고도 차이에 의한 기체의 압력 변화는 무시한다.
- 그림 3.4에서 액체의 깊이 H를 압력 수두라고 부른다. 일반적으로 압력 수두 h는 액체 기둥의 자유표면에서 압력 $P = \gamma h$가 되는 비중량 γ인 액체의 수직 깊이이다.
- 압력은 정지 액체의 자유표면으로부터의 깊이와 액체의 비중량에만 의존한다.

그림 3.5는 다양한 모양과 크기를 갖는 용기를 보여주고 있다. 식 (3.7)에 의해 깊이가 H인 모든 지점에서 압력은 동일하다. 따라서 액체가 동일하다면 용기의 크기나 형상에 무관하게 깊이 H인 지점에서의 압력은 모두 같게 된다.

$$P_1 = P_2 = P_3 = P_4 = P_5 \tag{3.8}$$

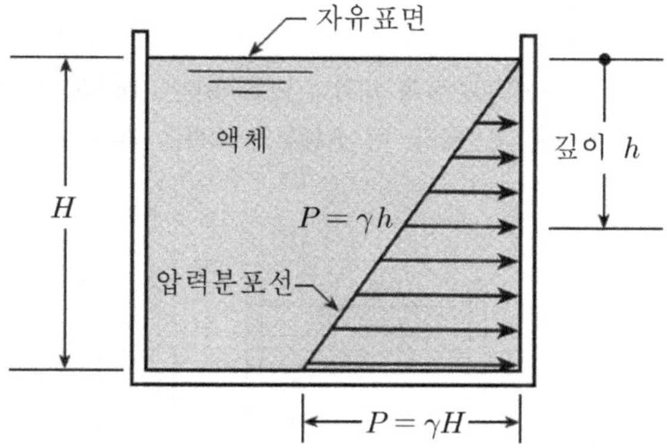

그림 3.4 개방 용기의 측면 벽에서 압력 분포

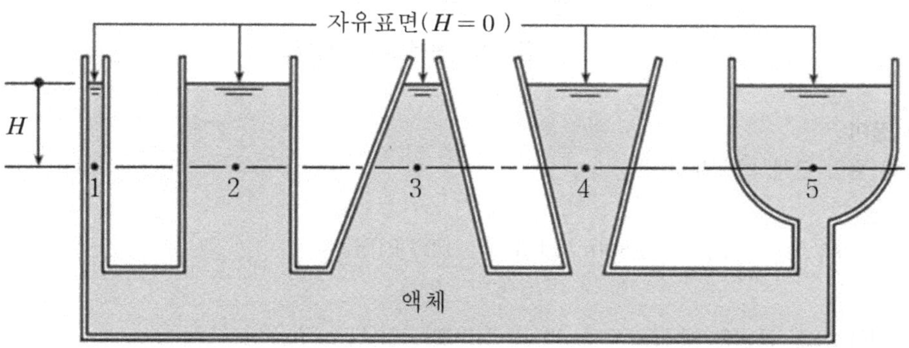

그림 3.5 액체의 압력은 저장용기의 크기나 형상과는 무관

이러한 개념은 가정, 사업장 및 공장에서와 같이 최소 압력을 유지해야 하는 도시 수도장치의 운용에서 매우 중요하다. 한 예로 큰 압력 수두를 얻기 위해 물을 저장하는 저수탑을 높은 위치에 두고, 수요가 최고일 때 물을 예비로 공급하기 위해서 저수탑의 압력 수두를 이용하여 낮은 고도에서 충분한 수압을 유지할 수 있다.

【예제 3.2】

그림 3.6과 같이 2중 원통형 용기에 물이 채워져 있고 상부는 대기에 개방되어 있다. 용기의 바닥 위치 ①과 ②에서의 압력을 계산하라. 큰 원통부의 지름은 70 cm이고, 작은 원통부 지름은 15 cm이다.

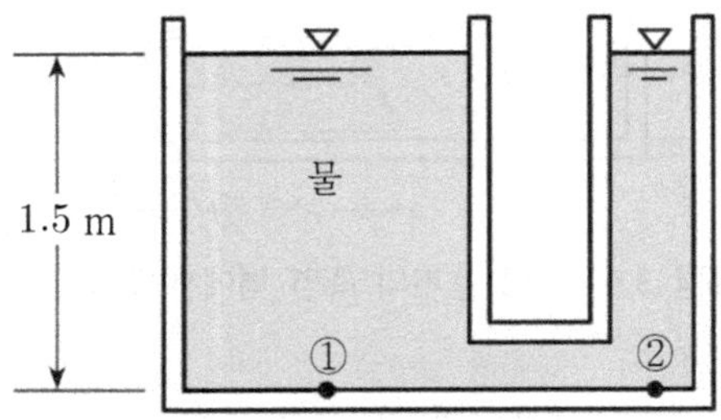

그림 3.6 예제 3.2의 설명도

☞ 풀이

압력-깊이 관계식으로부터

$$P_1 = \gamma_1 h_1 = 9800 \times 1.5 = 14.7\,\mathrm{kPa}$$

이 된다. 또한 동일한 액체($\gamma_1 = \gamma_2$)이고, 깊이도 동일($h_1 = h_2$)하므로

$$P_2 = P_1 = 14.7\,\mathrm{kPa}$$

이다. 즉, 주어진 정지 유체에서 두 지점이 동일한 깊이이면 압력도 동일하다.

【예제 3.3】

그림 3.7에서 보는 바와 같이 힘 $F_1 = 100\text{ N}$을 작은 피스톤에 적용한다. 오일의 밀도는 900 kg/m^3이고, 피스톤의 직경은 각각 $D_1 = 100\text{ mm}$ 및 $D_2 = 300\text{ mm}$이다.

(가) 출력 힘 F_2는 얼마인가?

(나) 만약 $h = 0$인 경우, 출력 힘 F_2는 얼마가 되는가?

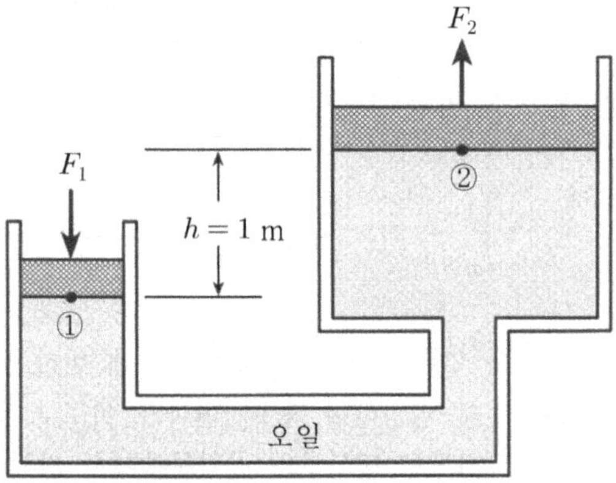

그림 3.7 예제 3.3의 설명도

☞ 풀이

가. 압력은 단위 면적당 작용하는 힘이므로, 지점 ①에서의 압력은

$$P_1 = \frac{F_1}{A_1} = \frac{100}{\pi \times 0.1^2 / 4} = 12.732\text{ kPa}$$

지점 ②는 지점 ①보다 1 m 높이 위치하므로, 그만큼 압력이 하강한다.

$$P_2 = P_1 - \gamma_{oil}\, h = 12732 - 900 \times 9.8 \times 1.0 = 3.912\text{ kPa}$$

출력 힘 F_2는

$$F_2 = P_2\, A_2 = 3912 \times \frac{\pi \times 0.3^2}{4} = 276.52\text{ N}$$

나. (가)에서 $h = 0$이면 $P_2 = P_1 = 12.732\text{ kPa}$이다. 따라서 새로운 F_2의 값은

$$F_2 = P_2\, A_2 = 12732 \times \frac{\pi \times 0.3^2}{4} = 899.97\text{ N}$$

그러므로 큰 피스톤이 수평 위치(두 실린더의 바닥이 동일한 고도)에서 1.0 m까지 움직일 때, 출력이 약 900 N에서 277 N으로 감소한다.

3.3 기체에서 압력 변화

3.3.1 기체의 압축성 효과

액체는 대부분의 공학문제에서 비압축성으로 취급하지만, 기체는 압축성 유체이므로 압력에 따라 비중량도 변화한다. 그러므로 기체에서의 압력 변화를 분석할 때 식 (3.5)의 적분이 더 복잡해지게 된다. 기체의 비중량은 액체의 비중량에 비해 매우 작다는 점에 주목해야 한다. 예를 들어, 해수면의 표준 대기 조건에서 물 비중량과 공기 비중량의 비는

$$\left(\frac{\gamma_{water}}{\gamma_{air}}\right)_{at\ SL} = \frac{9790\ \mathrm{N/m^3}}{11.8\ \mathrm{N/m^3}} = 829.66$$

과 같다. 그 결과 고도에 따른 기체의 압력 변화는 액체의 경우에 비하여 매우 작다. 대기 중에서 압력은 기본적으로 200 m의 고도에 걸쳐 일정하며, 높이 변화가 이보다 낮은 경우에 압력 변화는 무시할 만큼 작다고 생각할 수 있다. 그러므로 대부분의 공학문제에서 기체 압력은 고도와 관계없이 일정한 것으로 간주한다.

3.3.2 대기에서 압력 변화

고도에 따른 기체의 압력 변화를 고려해야 할 경우의 예는 지구로부터 수백 km 연장된 대기이다. 그림 3.8(a)에서 보는 바와 같이 해수면을 기준으로 한 고도가 h_1이고 상부 표면 고도가 h_2인 대기 내에 위치한 공기의 원통형 체적을 살펴보자.

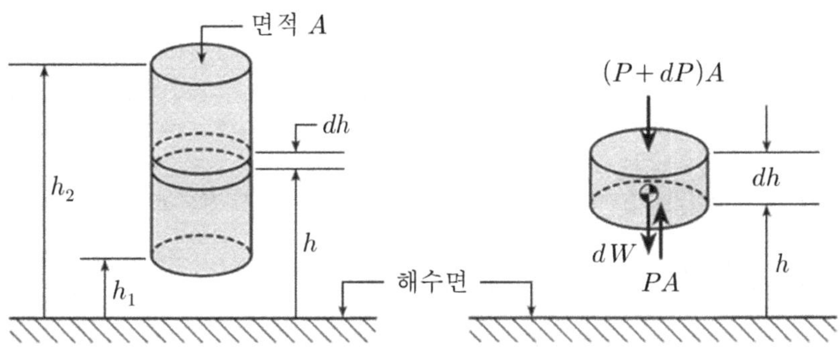

(a) 기체 원통의 위치 (b) 원통의 자유물체선도

그림 3.8 대기 중에서 압력 변화

또한 그림 3.8(b)는 임의 고도 h에 위치하고 미소 높이가 dh인 원통의 자유물체선도를 보여주고 있다. 원통의 단면적은 A이며, 고도 h에서 공기의 비중량은 γ이다. 이때 수직 방향으로 힘의 방정식은 다음과 같다.

$$\sum F_y = PA - (P + dP)A - \gamma A\,dh = 0 \tag{3.9}$$

이를 정리하면

$$dP = -\gamma\,dh \tag{3.10}$$

이다. 식 (3.10)에서 (-)부호는 식 (3.5)에서 (+)부호인 액체의 경우와 반대이다. 대기 중에서 고도에 대한 부호 규약(sign convention)은 상승하는 방향이 (+)인 반면에, 액체에서 깊이에 대한 부호 규약은 하강하는 방향이 (+)이기 때문에 이러한 차이가 있다.

그림 3.8(b)의 자유물체선도를 보면 중량 dW가 고도 차이 dh에 걸쳐 압력 변화 dP의 원인이 된다. 따라서 지구와 대기 중의 공기 사이에 작용하는 인력에 의해 대기압이 형성된다. 그리고 식 (3.10)을 적분하기 위하여 필요한 비중량 γ는 이상기체 상태방정식 (2.14)을 사용하여 압력과 온도의 함수로 나타낼 수 있다.

$$dP = -\rho g\,dh = -\frac{Pg}{RT}\,dh$$

여기서 중력가속도 g와 기체상수 R은 상수들이므로, 식 (3.11)과 같이 적분 형태로 정리할 수 있다.

$$\int_{P_1}^{P_2} \frac{dp}{P} = -\frac{g}{R}\int_{h_1}^{h_2} \frac{dh}{T} \tag{3.11}$$

고도에 따른 온도 변화를 아는 경우 식 (3.11)을 적분할 수 있는데, 대기온도가 T_0로 일정한 것으로 가정하여 적분하면 다음과 같은 압력-고도의 관계식을 얻는다.

$$\ln\left(\frac{P_1}{P_2}\right) = \frac{g}{RT_0}(h_2 - h_1) \tag{3.12}$$

만약 지점 ①이 해수면에 놓여있으면 $h_1 = 0$이고, P_1은 해수면에서의 대기압과 같고 대기온도 $T_0 = 15℃$이다. 또한 지점 ②를 임의 고도의 지점으로 놓으면 $P_2 = P$이고 $h_2 = h$가 된다. 따라서 최종 결과를 지수 형태로 다시 기술하면 다음과 같다.

$$P = \frac{P_{SL}}{e^{gh/RT_{SL}}} \tag{3.13}$$

이상기체의 상태방정식과 일치시키기 위해 식 (3.13)의 압력과 온도는 절대단위여야 한다. 그리고 식 (3.13)을 이용하여 해수면으로부터 최대 1.5 km 이내의 고도에서는 비교적 정확한 압력을 예측할 수 있다. 그러나 1.5 km 이상의 높은 고도에서는 온도 변화를 고려해야 한다.

예제 3.4의 결과는 수백 미터 이상으로 고도가 변하지 않으면 고도에 의한 기체의 압력 변화는 무시한다고 앞에서 언급한 것을 입증시켜준다. 하지만 실제 대기 중의 임의 고도에서 압력과 온도는 시간에 대해 지속적으로 변한다. 따라서 주어진 지점에서 압력과 온도에 대한 특정한 값이 없다. 이러한 이유로 비행기, 헬리콥터 및 비행선과 같은 항공기 설계를 위한 표준 대기가 설정되어 있고, 항공기 성능 특성은 표준 대기에서 고도에 따른 압력과 온도 변화에 기초하고 있다.

식 (3.13)은 해수면으로부터 고도가 상승하더라도 온도 변화가 없는 조건에서 유도되었지만, 실제의 대기는 등온변화 또는 단열변화 조건에 부합하지 않는다. 일반적으로 대기는 다음과 같이 일정한 온도의 기울기를 갖는다고 가정한다.

$$T = T_{SL} + \beta h \tag{3.14}$$

표준 대기에서는 성층권에 이르기까지 $\beta = -0.00651\ \mathrm{K/m}$이다. 즉, 고도가 100 m 상승함에 따라 대기 온도는 약 0.651℃ 강하한다. 아울러 식 (3.14)를 식 (3.11)에 대입하면

$$\int_{P_1}^{P_2} \frac{dP}{P} = -\frac{g}{R}\int_{h_1}^{h_2} \frac{dh}{T_{SL} - \beta h} \tag{3.15}$$

이다. 해수면에서 $h_1 = 0$이므로 $P_1 = P_{SL}$, 그리고 $h_2 = h$이므로 $P_2 = P$인 조건에서 식 (3.15)를 적분하면 다음과 같다.

$$P = P_{SL}\left(1 - \frac{\beta h}{T_{SL}}\right)^{g/\beta R} \tag{3.16}$$

식 (3.16)은 대류권(troposphere)에서 고도와 압력의 관계를 나타내고 있는 반면에, 식 (3.13)은 온도가 일정한 대류권의 아래 부분(대기경계층)에서 고도와 압력의 관계를 나타낸다. 고도가 높아지면 대기압은 낮아지며, 압력은 해발고도 30 km에서 거의 0에 근접한다. 이는 해수면에서 표준대기압의

1.2%에 불과한 1.21 kPa이다. 또한 대류권 상부 한계(고도 약 11 km)에서 대기압은 약 23 kPa이다. 공기 밀도는 고도가 상승함에 따라 감소하는데, 해수면에서 공기 밀도 1.2 kg/m^{3}으로부터 고도 30 km에서는 0.018 kg/m^{3}까지 감소한다. 이는 해수면 밀도의 1.5%에 불과하다.

이와 같이 압축성 유체인 기체에서도 높이에 따라 식 (3.13) 또는 (3.16)과 같이 압력이 변화하지만 압력 변화 정도가 극히 작으므로, 고도 차이가 현저히 큰 경우를 제외하고는 압력 변화를 무시하는 경우가 많다.

【예제 3.4】

어느 항공기의 기압계는 해수면에서 760 mmHg를 지시하며, 미지의 고도에서는 735 mmHg를 가리킨다. 해수면의 온도가 15℃이면 이 항공기의 고도는 얼마인가?

☞ 풀이

식 (3.12)로부터 고도 h를 구하면

$$h = \frac{RT_0}{g} \times \ln\left(\frac{P_{SL}}{P}\right) = \frac{287 \times (273+15)}{9.8} \times \ln\left(\frac{760}{735}\right) = 282.1 \text{ m}$$

이다. 해수면으로부터 282.1 m 고도가 상승하면 25 mmHg(3.33 kPa)의 압력 변화가 일어남을 알 수 있다. 이 압력 변화는 다음과 같다.

$$\frac{760 - 735}{760} \times 100 = 3.3\%$$

【예제 3.5】

그림 3.9와 같이 부분 내벽을 갖는 밀폐 용기는 공기와 15℃ 물을 함유하고 있다. 지점 ①의 압력이 75 kPa(절대압)이면 지점 ③의 절대 압력은 얼마인가? 참고로 밀폐 공간 내의 공기의 압력 P_2, P_3 및 P_4는 대기압과 동일하지 않을 수 있다.

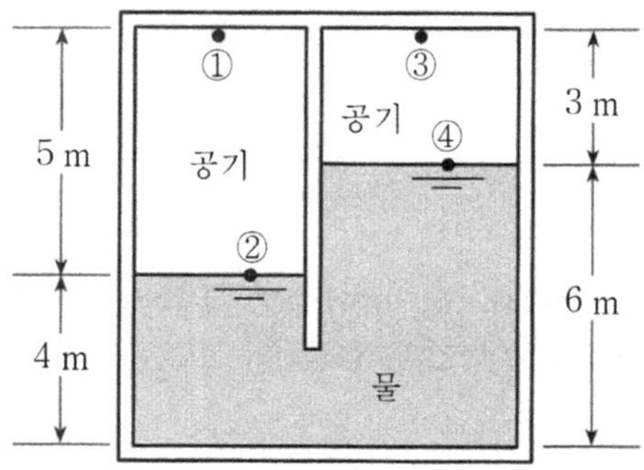

그림 3.9 예제 3.5의 설명도

☞ 풀이

기체의 경우 고도 차이에 의한 압력 변화는 무시할 수 있으므로 $P_2 = P_1$이다. 그리고 지점 ④의 압력은 식 (3.7)을 이용하여 구한다.

$$P_4 = P_2 - \gamma_w (h_2 - h_4)$$

$$= 75000 - 9800 \times (6-4) = 55400 \text{ Pa(abs)}$$

지점 ③과 ④는 동일한 기체이므로, $P_3 = P_4 = 55.4 \text{ kPa(abs)}$이다.

【예제 3.6】

자동차에 장착된 연료량 지시기는 연료 탱크 바닥의 압력과 비례하는 값을 나타내도록 설계되었다. 그림 3.10과 같이, 탱크의 전체 깊이는 35 cm이고 압력계는 바닥에 연결되어 있다. 대기에 노출된 탱크에는 실수로 5 cm 높이의 물이 채워져 있다. 이때 연료 계기가 'Full'을 지시하고 있으면, 실제로 탱크 체적의 몇 %가 가솔린으로 채워져 있는가? 가솔린의 비중은 0.68이다.

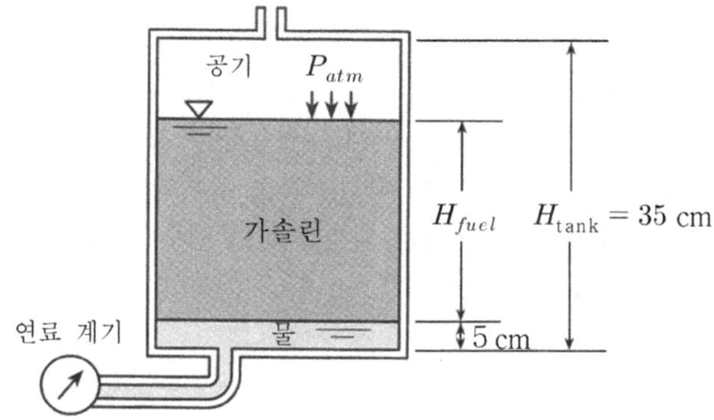

그림 3.10 예제 3.6의 설명도

☞ 풀이

연료 탱크를 가솔린으로 가득 채운 경우에 압력계의 수치는

$$P_{full} = \gamma_{fuel} H_{\rm tank} = 0.68 \times 9800 \times 0.35 = 2332.4 \text{ Pa}$$

이다. 그리고 그림과 같이 물이 5 cm 채워진 경우에서는 다음과 같다.

$$P_{full} = \gamma_{water} H_{water} + \gamma_{fuel} H_{fuel}$$

$$H_{fuel} = \frac{P_{full} - \gamma_{water} H_{water}}{\gamma_{fuel}} = \frac{2332.4 - 9800 \times 0.05}{0.68 \times 9800} = 0.276 \text{ m}$$

연료 탱크에 채워진 가솔린의 실제 비율은

$$\frac{0.276}{0.35} \times 100 = 78.9\,\%$$ 이다.

3.4 액주계

액주계는 압력을 측정하기 위한 가장 오래된 수단 중의 하나이며, 보일(R. Boyle)은 1662년 정밀한 압력을 측정하기 위하여 수은을 채운 유리관을 사용하였다. 액주계는 액체 기둥을 사용하여 압력차를 측정하는 관형(tube-type)기구이며, 모세관현상으로 인한 오차를 줄이기 위하여 내경이 8~12 mm로 일정한 관을 사용한다. 압력 측정의 원리는 측정하려는 유체 압력에 의한 힘과 정지하고 있는 유체의 중량이 서로 평형을 이루도록 하는 것이다.

액주계는 사용하는 유체에 따라 피에조미터(piezometer)와 마노미터(manometer)로 구별하기도 한다. 피에조미터는 측정하려는 유체를 액주계의 액체로 사용하는 경우인데, 측정 유체가 액체이고 그 압력이 비교적 낮을 때 사용한다. 반면에 마노미터는 측정 유체와 액주계의 액체가 다른 경우로서, 측정 유체의 압력이 클 때 U자관에 비중이 높은 액체를 넣어 액주 높이를 낮추어 사용한다.

3.4.1 피에조미터

그림 3.11은 가장 간단한 액주계의 예로 피에조미터를 보여주고 있다. 측정관의 상부는 대기에 개방시키고 하부는 액체 압력을 측정하려는 관로 혹은 용기에 부착하여 액주의 높이를 읽는다.

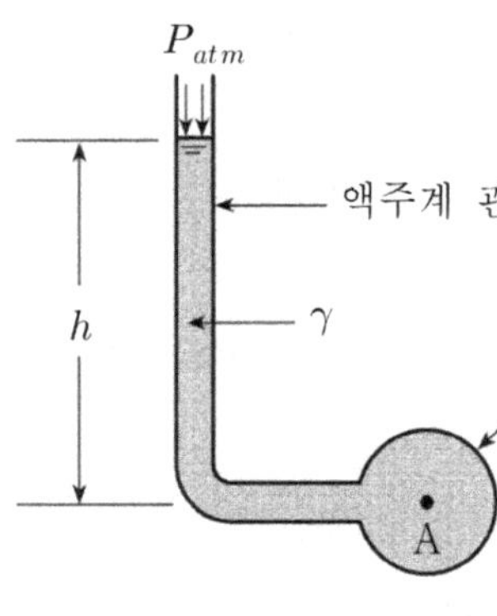

그림 3.11 피에조미터

액주의 높이가 h까지 상승할 때, 관로의 지점 A에서 절대압력은 다음과 같다.

$$P_{A,abs} = P_{atm} + \gamma h \tag{3.17}$$

그리고 식 (3.17)에서 대기압(P_{atm})을 0의 계기값으로 놓을 경우 P_A는 계기압력이 된다.

한편 피에조미터가 정확하고 사용하는데 편리하지만 다음과 같은 단점이 있다.

- 피에조미터는 기체가 아닌 액체에서만 사용할 수 있다.
- 피에조미터는 매우 높은 압력을 측정할 수 없다.
- 피에조미터는 진공 압력을 측정할 수 없다.

3.4.2 마노미터

마노미터는 U자관 액주계라고도 부르며, 피에조미터로 측정할 수 있는 압력보다 더 높은 압력 및 진공압력도 측정할 수 있다. 그림 3.12는 단순 마노미터의 예를 보여주고 있다. 압력을 측정하려는 유체는 액체 혹은 기체 모두 가능하고, U자관에는 측정하려는 유체와 서로 혼합되지 않는 제2의 액체를 사용한다.

그림 3.12와 같이 관로 A에는 비중량 γ_1 인 유체가 흐르고 U자관에는 혼합되지 않고 비중량도 다른 유체 γ_2 인 유체가 채워져 있을 때, A점의 압력은 다음과 같은 순서로 측정한다.

서로 다른 유체 1과 2가 접하는 고도를 기준으로 한다. 여기서 기준점 B와 C점 아래의 유체는 동일하고 고도가 같으므로 압력도 식 (3.18)과 같이 동일하다.

$$P_B = P_C \tag{3.18}$$

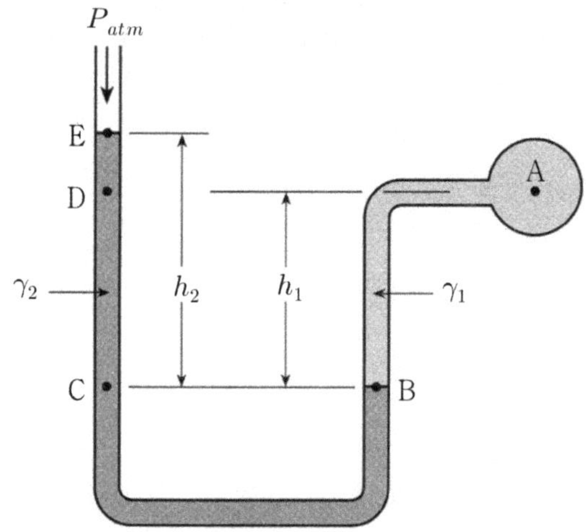

그림 3.12 U자관 마노미터

U자관 우측과 좌측의 압력을 고도에 따라 산출하여 계산한다. 이때 고도가 낮아지면 압력이 증가하고, 높아지면 압력이 감소한다는 사실에 유념해야한다.

$$P_B = P_A + \gamma_1 h_1 \tag{3.19}$$

$$P_C = P_{atm} + \gamma_2 h_2 \tag{3.20}$$

식 (3.19)와 (3.20)을 식 (3.18)에 대입하여 정리하면 관로의 A점에서 유체의 압력을 구할 수 있다.

$$P_{A,abs} = P_{atm} + \gamma_2 h_2 - \gamma_1 h_1 \tag{3.21}$$

식 (3.21)에서 A점의 압력은 절대압력을 나타낸다. 그러므로 계기압력을 구하는 경우 대기압 $P_{atm} = 0$으로 한다. 여기서 대기와 접하고 있는 E점의 압력 P_E는 대기압과 같다.

또한 측정하려는 유체가 기체인 경우 $\gamma_1 h_1$은 $\gamma_2 h_2$에 비해 무시할 수 있을 만큼 작다. 따라서 측정하려는 기체의 계기압력은 U자관에 채워진 유체의 압력 수두와 같다.

$$P_{A,g} = \gamma_2 h_2 \tag{3.22}$$

그리고 측정하려는 압력이 매우 크면 수은과 같은 큰 비중의 액체를 사용해야 한다. 반대로 작은 압력인 경우에는 물과 같은 액체를 사용한다.

아울러 그림 3.12에서 측정 유체의 지점 A와 비교하여 U자관의 지점 D를 주목하기 바란다. 비록 지점 A와 D가 동일한 고도일지라도 두 지점 아래의 유체 비중량이 동일하지 않으므로 압력 P_A는 P_D와 같지 않다.

【예제 3.7】

그림 3.13에서 보는 바와 같이 밀폐 용기에 물이 채워져 있는데, 수면 위의 공기 압력을 구하라.

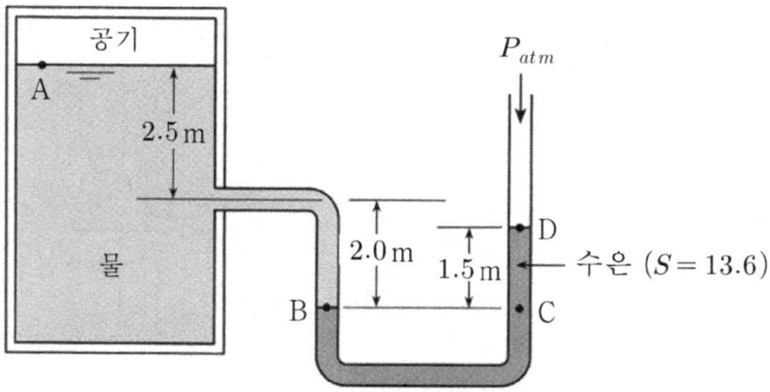

그림 3.13 예제 3.7의 설명도

☞ 풀이

액주계 내의 서로 다른 두 유체가 접하는 B점을 기준으로 한다.

$$P_{air} = P_A = P_B - 9800 \times (2.5 + 2.0) = P_B - 44100\,\mathrm{Pa}$$

또한 B점과 C점의 고도가 같고 두 지점 아래의 유체도 동일하므로 압력이 같다.

$$P_B = P_C = P_{atm} + 13.6 \times 9800 \times 1.5 = P_{atm} + 199920\,\mathrm{Pa}$$

따라서 밀폐 용기 내의 공기의 절대 압력은

$$P_{air} = 101325 + 199920 - 44100 = 257.15\,\mathrm{kPa(abs)}$$

만약 대기압 $P_{atm} = 0$으로 하면, 공기의 계기압 $P_{air} = 155.82\,\mathrm{kPa}$이다.

3.4.3 경사 마노미터

측정 압력이 낮거나 보다 정확하게 액주 높이를 측정해야 할 경우에는 그림 3.14와 같은 경사 마노미터(inclined manometer)를 사용한다. 경사각 α는 30° 이상으로 하며, 경사각이 너무 작으면 가는 관에서는 표면장력으로 인한 모세관 상승이 일어나서 오히려 자체 오차가 증가한다. 그러나 지름이 15 mm 이상의 관에서는 모세관 상승을 무시할 수 있다.

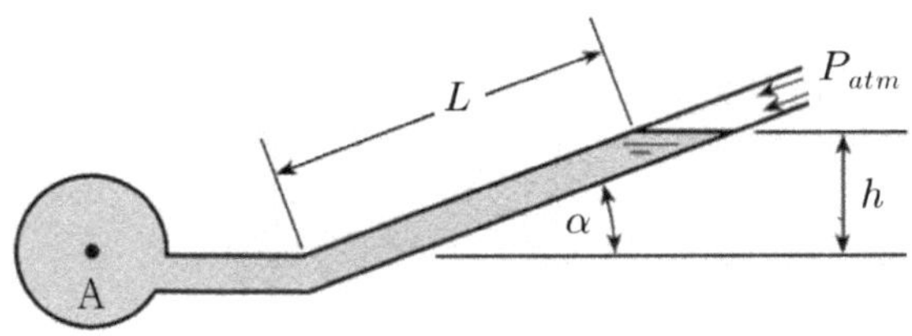

그림 3.14 경사 마노미터

그림 3.14에서 액주의 수직 높이 $h = L \cdot \sin\alpha$이므로, 관로 지점 A에서의 계기압력은 다음과 같다

$$P_{A,g} = \gamma h = \gamma L \sin\alpha \tag{3.23}$$

이러한 방법으로 관과 나란한 경사 길이 L을 측정하여 압력을 구한다. $\sin\alpha$의 값은 1보다 작으므로 경사 길이 L은 수직 높이 h보다 크다. 따라서 주어진 압력에서 더 큰 정확도를 얻을 수 있다.

3.4.4 차압 액주계

유체 장치에서 두 지점간의 압력 차이를 측정하는데 사용되는 또 다른 유형의 액주계가 차압 액주계 또는 시차 액주계(differential manometer)이다. 그림 3.15는 관로 두 지점간의 압력 차이를 측정하는데 사용되는 차압계를 보여주고 있다. 그림에서와 같이 유체가 지점 A에서 지점 B로 관로를 흐를 때 점성 마찰로 인해 압력 손실이 존재한다.

비중량이 γ_1인 유체 1은 관로를 흐르는 유체이고, 비중량 γ_2의 유체 2는 압력 측정에 사용되는 유체이다. 이때 두 지점간의 차압(pressure difference)을 측정하는 방법도 U자관 마노미터의 경우와 마찬가지로 액주계 내의 두 유체가 접하는 C점의 고도를 기준으로 한다.[1] 여기서 C점과 D점은 동일한 고도이므로 압력 $P_C = P_D$이다.

1) 액주계 내의 두 유체가 접하는 E점에서 압력은 F점의 압력과 동일하지 않다.

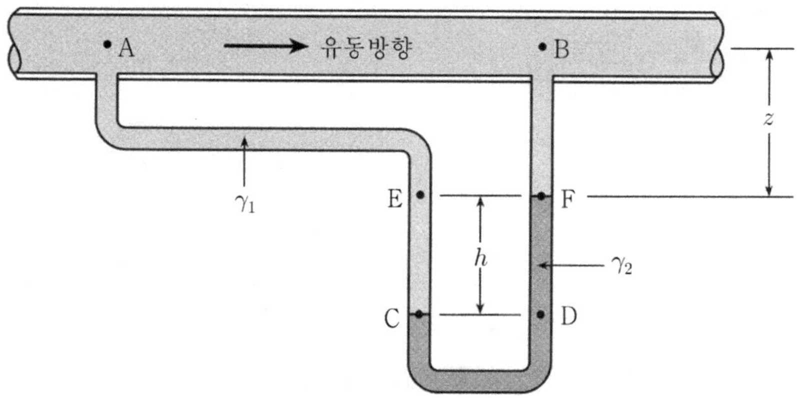

그림 3.15 관로의 압력강하 측정을 위한 차압 액주계

그리고 U자관 좌측의 압력 P_C와 우측의 압력 P_D는 각각 다음과 같다.

$$P_C = P_A + \gamma_1(z+h)$$

$$P_D = P_B + \gamma_1 z + \gamma_2 h$$

따라서 지점 A와 B에서의 압력차는 식 (3.24)와 같다.

$$P_A - P_B = (\gamma_2 - \gamma_1)h \tag{3.24}$$

만약 관로에 흐르는 유체가 기체이면 γ_1는 γ_2에 비해 매우 작으므로 무시할 수 있고, 관로에서 압력차는 식 (3.25)와 같이 액주계 유체의 차압 수두와 같게 된다.

$$P_A - P_B = \gamma_2 h \tag{3.25}$$

차압 액주계의 일반적인 응용은 임의의 두 지점간의 압력 차이를 측정하는 것이다. 이번에는 그림 3.16에서 보여주는 것과 같이 서로 다른 유체가 흐르는 두 관로의 차압을 살펴보자.

액주계 내의 두 유체가 접하는 E점을 기준으로 하고, $P_E = P_D$이다.

$$P_D = P_A + \gamma_1 h_1 + \gamma_2 h_2$$

$$P_E = P_B + \gamma_3 h_3$$

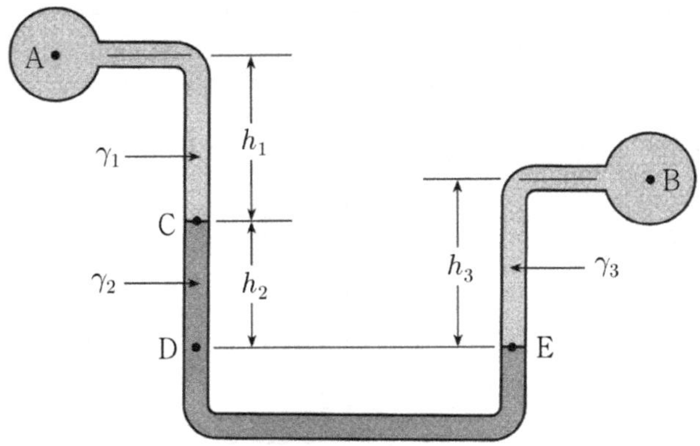

그림 3.16 차압 액주계

그러므로 두 관로에 흐르는 유체의 압력차는 다음과 같다.

$$P_A - P_B = \gamma_3 h_3 - \gamma_1 h_1 - \gamma_2 h_2 \tag{3.26}$$

만약 두 관로에 모두 기체가 흐른다면, 식 (3.26)는 다음과 같이 정리된다.

$$P_A - P_B = -\gamma_2 h_2 \tag{3.27}$$

그 결과 압력차는 단지 액주계 유체의 압력 수두 차이와 같으므로, 차압 액주계는 판독하기가 훨씬 쉽다.

【예제 3.8】

그림 3.17과 같이 두 관로에 물이 흐르고 있을 때, 역 U자관 마노미터를 사용하여 관로 A와 B의 압력 차이를 측정하려고 한다. 그리고 기압계의 읽음이 730 mmHg이고 B 관로의 압력 $P_B = 12.8\,\text{kPa}$이면, A 관로의 절대압력 $P_{A,abs}$는 얼마인가?

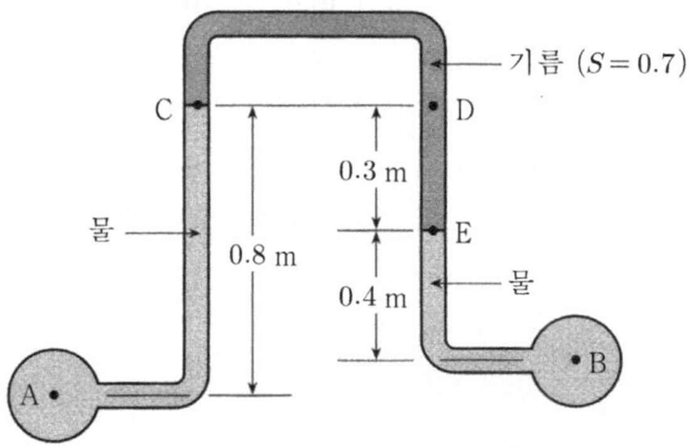

그림 3.17 예제 3.8의 설명도

☞ 풀이

액주계 내의 서로 다른 두 유체가 접하는 C점을 기준으로 한다. 또한 C점과 D점의 고도가 같고 두 지점 위의 유체도 동일하므로 압력이 같다.

$$P_C = P_D$$

$$P_A - \gamma_w h_1 = P_B - \gamma_w h_2 - \gamma_{oil} h_3$$

$$P_A - P_B = \gamma_w h_1 - \gamma_w h_2 - \gamma_{oil} h_3$$

가. 두 관로의 압력 차이

$$P_A - P_B = 9800 \times 0.8 - 9800 \times 0.4 - 0.7 \times 9800 \times 0.3 = 1862\,\text{Pa}$$

나. A 관로의 압력

$$P_{atm} = 730\,\text{mmHg} = 13.6 \times 9800 \times 0.73 = 97.294\,\text{kPa}$$

$$P_{A,g} = P_B + 1862 = 12800 + 1862 = 14.662\,\text{kPa}$$

$$P_{A,abs} = P_{atm} + P_{A,g} = 97.294 + 14.662 = 111.96\,\text{kPa}$$

3.5 압력계

유체 압력을 측정하기 위하여 다양한 압력 측정 기구가 사용되는데, 앞에서 설명한 액주계는 가격이 저렴하고 정확하지만 고압을 측정하는데 용이하게 사용할 수 없다. 또한 액주계는 액주의 길이를 측정해야하기 때문에 디지털 계측장비에 연결하여 빠른 시간에 정확한 값을 처리할 수 없는 단점이 있다.

먼저 압력계라고 부르는 순수한 기계적 측정 기구들을 살펴보고, 압력 변환기라고 부르는 보다 정교한 전자 기기를 살펴본다. 대부분의 압력 측정 기구는 압력이 기계 부재에 작용하여 부재가 변형되는 원리로 작동하고, 변형량의 크기로 적용 압력을 간접적으로 산출한다.

3.5.1 Bourdon 압력계

일반 공업용으로 가장 많이 사용되는 압력계는 Bourdon 압력계이다. 그림 3.18에서 보는 것처럼 압력계는 원형으로 구부러진 금속제 중공관(hollow tube)으로 이루어져 있으며, 한 쪽 끝은 막혀있고 타원형 단면을 가진 관(부르동관)이 유체 압력을 측정하도록 연결되어 있다. 관 내부에 압력이 작용하면 타원형 단면이 원형으로 변형되고 내부와 외부 지름간의 면적 차이로 인해 관은 일직선으로 펴지려고 한다. 그림에서와 같이 막힌 관의 끝이 연결기구를 통해 피니언 기어 장치에 연결되어 있으므로, 부르동관이 직선으로 펴지면 계기면의 압력을 지시하기 위해 지침이 피니언과 함께 회전한다.

Bourdon 압력계는 관의 외부 면이 대기압에 노출되어 관 내부와 외부의 압력 차이를 감지하기 때문에 계기압력을 나타낸다. 따라서 부르동관의 내부 압력이 대기압일 때 지시침은 0의 눈금을 지시한다. 일반적으로 부르동관 속의 압력이 대기압보다 크면 지침이 오른쪽으로 돌고, 대기압보다 낮으면 왼쪽으로 회전한다. 이 때 대기압보다 큰 쪽의 읽음이 계기압력이고, 작은 쪽의 압력이 진공압력이다.

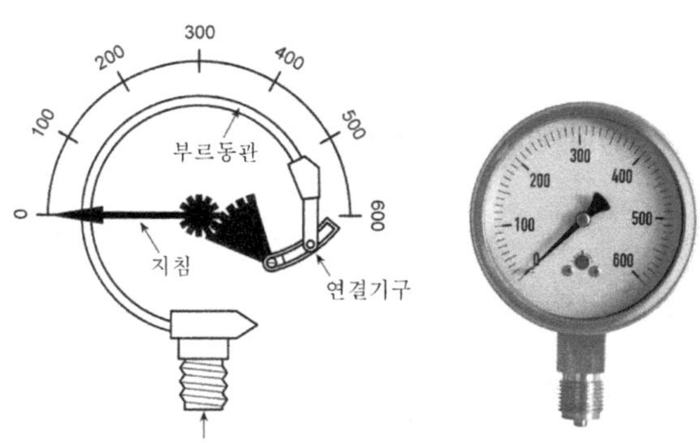

유체 유입 실물 사진

그림 3.18 Bourdon 압력계

3.5.2 플런저 압력계

널리 사용되는 또 다른 유형의 압력계는 플런저 압력계이다. 그림 3.19에서 보는 바와 같이 플런저 압력계는 유체 압력에 연결된 플런저, 편향 스프링(bias spring), 지침 및 원하는 단위로 눈금을 나타내는 계기판으로 이루어진다.

그림에서와 같이 유체의 압력이 상승하면 플런저는 바이어스 스프링의 힘과 반대로 작용하는 압력에 의해 아래로 움직인다. 그리고 지침은 연결 기구를 통해 플런저에 연결되게 되어 계기면의 압력을 지시한다. 따라서 플런저 압력계는 내구성이 우수하고 경제적이다.

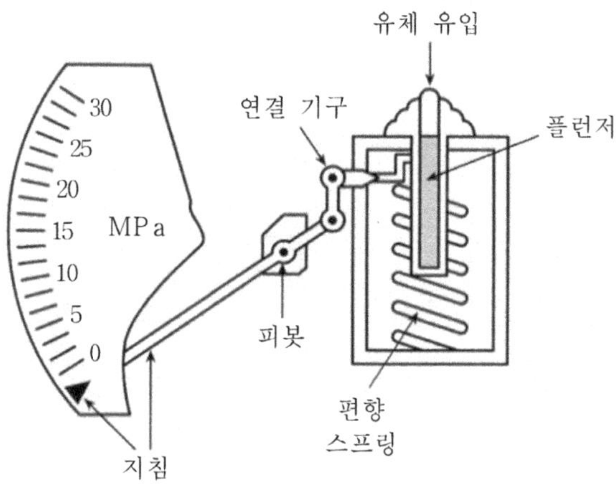

그림 3.19 플런저 압력계

3.5.3 압력 변환기

압력 변환기(pressure transducer)는 유체의 압력을 검출하고, 계측이나 제어에 사용하기 쉬운 전기신호로 변환하여 전송하는 기기이다. 넓은 뜻으로는 압력 센서(pressure sensor)와 같은 의미로 쓰이며, 전기 저항 변화형, 정전 용량형, 자기 발전형 또는 이들을 회로의 일부에 내장시킨 것 등이 있다. 최근에는 실리콘을 재료로 한 변형게이지형의 압력센서가 개발되어 정밀한 압력 계측에 사용되고 있다. 또한 집적회로를 동일한 기판 위에 만들어 넣어 신호처리까지 하는 집적화 압력센서들도 개발되어 있다.

압력의 크기를 전기적인 신호로 출력하는 압력 변환기는 기계식 압력계에 비해 다음과 같은 장점들이 있다.

- 임의의 원격 위치로 압력 수치를 전달할 수 있다.

- 디지털 형태로 압력을 표시할 수 있다.
- 영구 기록용 저장 매체에 시간의 함수로 압력신호 출력을 기록할 수 있다.

광범위하게 사용되고 있는 스트레인 게이지(strain gage) 압력 변환기는 그림 3.20에서 보여주는 것과 같이 원통형 하우징 내에 다이어프램(diaphragm)과 압력에 의한 다이어프램의 변위를 전기량으로 변환해서 증폭시키는 전기회로로 이루어졌다.

다이어프램을 경계로 스트레인 게이지가 부착된 면은 대기압 또는 완전 진공 상태이고, 반대편은 측정하려는 유체의 압력이 작용한다. 양쪽의 압력 차이에 의해 다이어프램이 변형을 일으키고, 이로 인해 스트레인 게이지의 전기적 저항이 변화하게 된다. 그리고 이 저항의 변화는 휘트스톤 브리지(Wheatstone bridge)라고 부르는 전기회로로 측정한다.

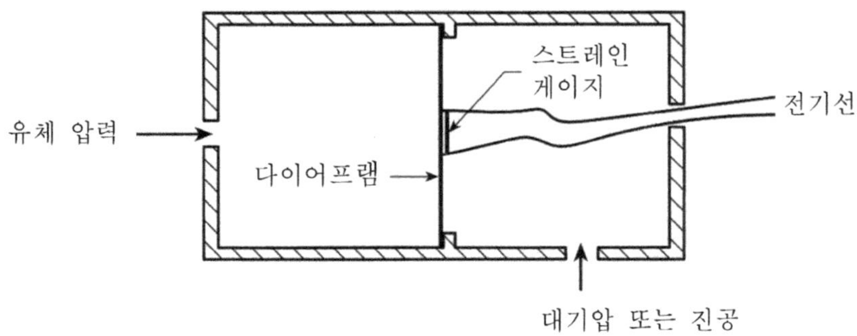

그림 3.20 스트레인 게이지의 압력 측정 원리

그림 3.21은 스트레인 게이지 압력 변환기의 실물 사진 및 단면 그림이다. 이 압력 변환기는 일반적으로 0.15%의 정확도로 3.5 MPa까지 압력을 측정할 수 있으며, 온도 변화에 따른 스트레인 게이지 저항을 보상하는 전기 회로를 함유하고 있다.

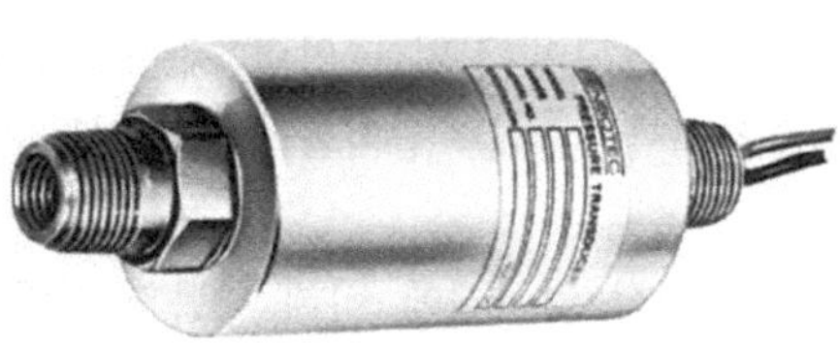

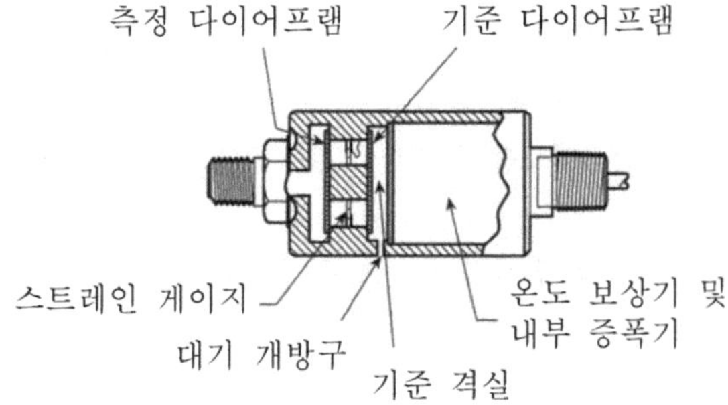

그림 3.21 스트레인 게이지 압력 변환기

연습문제 및 해설

3.1 바다 속 50 m의 깊이에서 수압을 계기압력과 절대압력으로 나타내라. 바닷물의 비중은 1.025이다.

【해설】 $P_g = \gamma_{sw} h = 1.025 \times 9800 \times 50 = 502250\ \mathrm{Pa}$

$$P_{abs} = P_{atm} + P_g = 101325 + 502250 = 603575\ \mathrm{Pa}$$

3.2 액주계에서 물을 사용하는 것보다 수은을 사용하는 것이 더 편리한 이유는 무엇인가?

【해설】 수은의 비중이 물의 비중보다 13.6배 크므로, 측정 압력이 매우 높을 경우 액주 높이를 1/13.6로 낮출 수 있다.

3.3 그림 3.22에서 보는 바와 같이 직경 200 mm의 강체 실린더에 오일이 채워져 있다. 작은 피스톤의 직경이 25 mm일 때, 질량 900 kg의 물체를 지탱하기 위해 레버 끝에 가해야 하는 힘은 얼마인가?

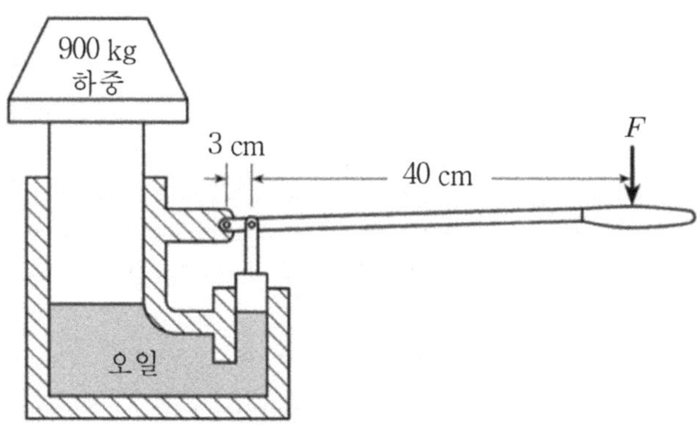

그림 3.22 문제 3.3의 설명도

【해설】 하중에 의한 오일의 압력

$$P_{oil} = \frac{900 \times 9.8}{\pi \times 0.2^2/4} = 280.749\ \mathrm{kPa}$$

작은 피스톤에 의해 상향으로 작용하는 힘

$$R = P_{oil} \times A_s = 280.749 \times \frac{\pi \times 0.025^2}{4} = 137.812\ \mathrm{N}$$

레버의 회전핀을 중심으로 균형을 이루면 모멘트의 합은 0이다.

$$\sum M_h = F \times 0.43 - R \times 0.03 = 0$$

$$F = 137.812 \times \frac{0.03}{0.43} = 9.61\ \mathrm{N}$$

따라서 매우 작은 힘 9.61 N으로 900 kg의 물체를 움직일 수 있다.

3.4 그림 3.23과 같은 자동차 승강기의 유압장치에서 공기 압력이 550 kPa이다. 유압 피스톤의 지름다 25 cm이면 1.5 m 들어 올릴 수 있는 자동차의 최대 질량은 얼마인가? 오일의 비중은 0.92이고, 피스톤의 무게는 무시한다.

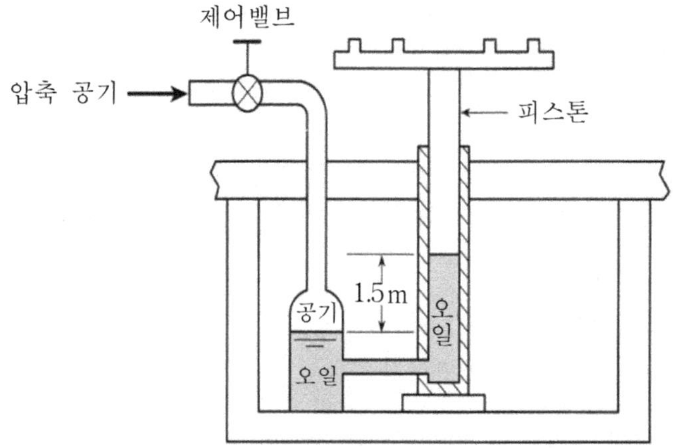

그림 3.23 문제 3.4의 설명도

【해설】 유압 피스톤의 하부에서 지지하는 압력

$$P = P_{air} - \gamma_{oil} h = 550000 - 0.92 \times 9800 \times 1.5 = 536476\ \mathrm{Pa}$$

유압에 의해 지지할 수 있는 자동차 중량 및 질량

$$W(F) = P \times A = 536476 \times \frac{\pi \times 0.25^2}{4} = 26334.205\ \mathrm{N}$$

$$m = \frac{W}{g} = \frac{26334.205}{9.8} = 2687.16\ \mathrm{kg}$$

3.5 그림 3.24와 같이 실린더의 아래는 비중 0.9인 오일이 담겨 있고, 피스톤 상부에는 물이 채워져 있다. 피스톤의 중량은 무시할 수 있으며, 실린더 내에서 매끄럽게 상하로 움직인다. 압력 P_1, P_2 및 P_3을 구하라.

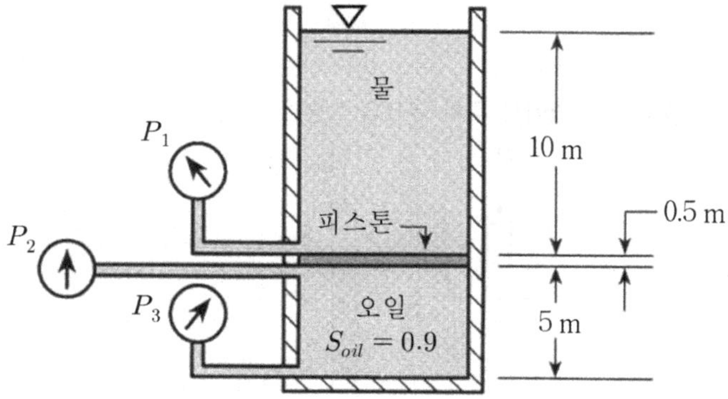

그림 3.24 문제 3.5의 설명도

【해설】 $P_1 = \gamma_w h = 9800 \times 10 = 98\,\text{kPa}$(계기압)

누설이 없고 피스톤의 중량을 무시하면,

$P_2 = P_1 = 98\,\text{kPa}$

$P_3 = P_2 + \gamma_{oil} h = 98000 + 0.9 \times 9800 \times 5 = 142.1\,\text{kPa}$(계기압)

3.6 그림 3.25에서 보는 바와 같이 휘발유 탱크에 물이 1 m 채워져 있다. 대기에 노출된 탱크 측면의 물기둥 높이 H를 구하라.

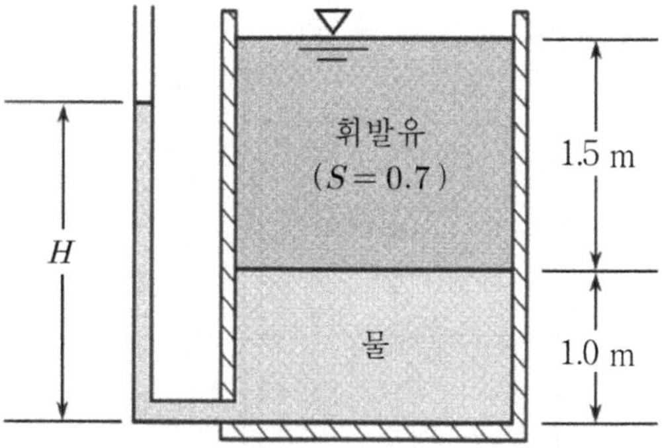

그림 3.25 문제 3.6의 설명도

【해설】 양쪽 모두 바닥에 작용하는 압력은 동일

$$\gamma_w H = \gamma_{oil} h_1 + \gamma_w h_2$$

$$H = S_{oil} h_1 + h_2 = 0.7 \times 1.5 + 1.0 = 2.05 \text{ m}$$

3.7 그림 3.26과 같은 U자관 액주계에서 미지 유체의 비중을 구하라.

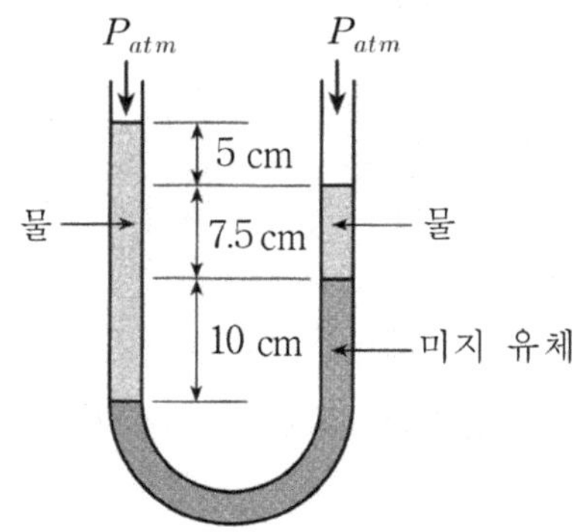

그림 3.26 문제 3.7의 설명도

【해설】 U자관 좌측의 두 유체가 접하는 고도에서 U자관 양쪽의 압력은 동일

$$\gamma_w \times (0.05 + 0.075 + 0.1) = \gamma_w \times 0.075 + \gamma_f \times 0.1$$

$$S_f = \frac{0.15}{0.1} = 1.5$$

3.8 그림 3.27과 같이 여러 가지 유체가 채워진 용기 바닥에 작용하는 절대 압력이 250 kPa이다. 대기압이 101 kPa인 경우, 미지 액체의 비중량을 구하라.

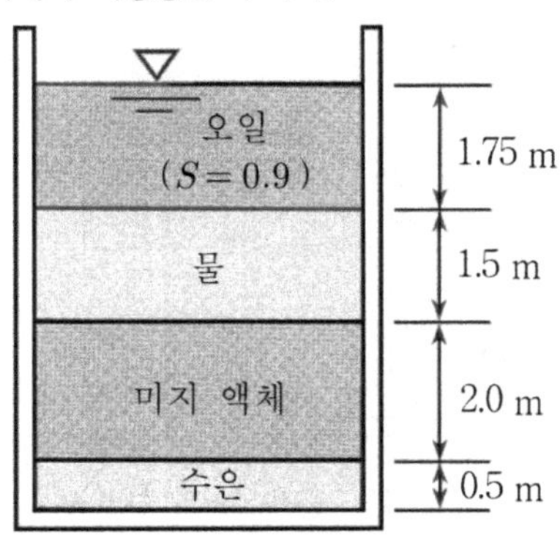

그림 3.27 문제 3.8의 설명도

【해설】 $P_B = P_{atm} + \gamma_{oil}h_1 + \gamma_w h_2 + \gamma_f h_3 + \gamma_{Hg}h_4$

$$\gamma_f = \frac{P_B - P_{atm} - \gamma_{oil}h_1 - \gamma_w h_2 - \gamma_{Hg}h_4}{h_3}$$

$$= \frac{(250 - 101 - 0.9\times9.8\times1.75 - 9.8\times1.5 - 13.6\times9.8\times0.5)\times10^3}{2.0}$$

$$= 26112.5\ \mathrm{N/m^3}$$

3.9 그림 3.28과 같이 관로 A에는 물이 흐르고 있는데, 액주계를 사용하여 압력을 측정하려고 한다. U자관에 채워진 유체는 비중 13.6인 수은일 때, 관로 중심에서 물의 절대압력 P_A는 얼마인가?

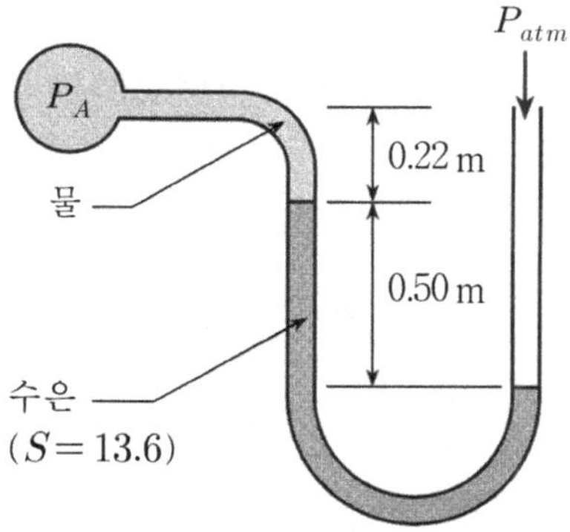

그림 3.28 문제 3.9의 설명도

【해설】 $P_A = P_{atm} - \gamma_{Hg}\times0.5 - \gamma_w\times0.22$

$= 101325 - 13.6\times9800\times0.5 - 9800\times0.22 = 32529\ \mathrm{Pa}$(절대압)

3.10 문제 3.9에서 관로에 흐르는 유체는 공기이고, 액주계의 유체가 물이면, 관로의 공기 계기압력 P_A는 얼마인가?

【해설】 고도에 따른 공기의 압력 변화는 무시

$P_A = 0 - \gamma_w\times0.5 = -4900\ \mathrm{Pa}$

3.11 그림 3.29와 같이 밀폐 용기 내의 가스 압력을 측정하기 위하여 U자관에 경사 마노미터를 연결하였다. 가스의 계기압력은 얼마인가?

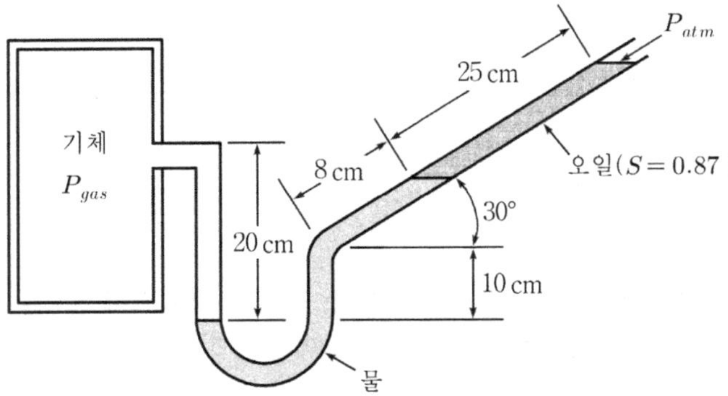

그림 3.29 문제 3.11의 설명도

【해설】 고도 차이에 의한 가스의 압력 변화는 무시

$$
\begin{aligned}
P_{gas} &= \gamma_{oil}\, y_{oil} \sin 30° + \gamma_w\, y_w \sin 30° + \gamma_w h_w \\
&= (0.87 \times 0.25 + 0.08) \times 9800 \times \sin 30° + 9800 \times 0.1 \\
&= 2437.75\ \text{Pa}
\end{aligned}
$$

3.12 관로에 흐르는 물의 유량을 측정하기 위하여 그림 3.30과 같이 유량계를 설치하였다. 액주계의 액치 비중은 2.9이고, 액주 높이 $R = 0.3\,\text{m}$이다. 유량을 계산하기 위하여 필요한 오리피스 앞·뒤의 압력 차를 구하라.

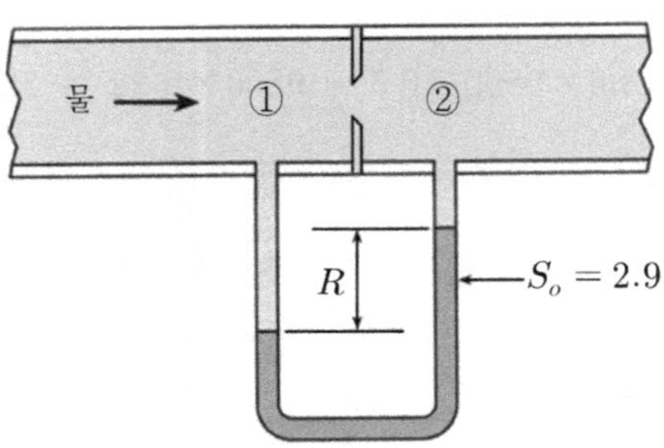

그림 3.30 문제 3.12의 설명도

【해설】 U자관 좌측의 두 유체가 접하는 고도에서 U자관 양쪽의 압력은 동일

$$P_1 + \gamma_w R = P_2 + 2.9 \times \gamma_w R$$

$$\Delta P = P_1 - P_2 = 1.9 \times 9800 \times 0.3 = 5586\ \text{Pa}$$

3.13 그림 3.31과 같이 물이 흐르는 수직 관로에 차압 액주계를 설치하였다. A-B 두 지점간의 압력차 $P_A - P_B$를 구하라. 거꾸로 세워진 U자관에는 비중 0.89인 오일이 채워져 있다.

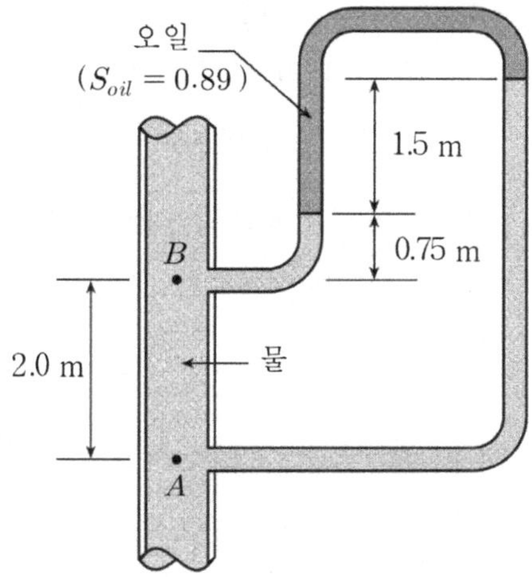

그림 3.31 문제 3.13의 설명도

【해설】 역U자관 우측의 물과 오일이 접하는 고도를 기준으로 양쪽 압력은 동일

$$P_A - \gamma_w \times (2.0 + 0.75 + 1.5) = P_B - \gamma_w \times 0.75 - \gamma_{oil} \times 1.5$$

$$P_A - P_B = \gamma_w \times (2.0 + 1.5) - \gamma_{oil} \times 1.5$$

$$= 9800 \times 3.5 - 0.89 \times 9800 \times 1.5 = 21.22\,\mathrm{kPa}$$

3.14 그림 3.32과 같이 두 밀폐 용기의 상부에 존재하는 기체의 압력 차이를 구하라. U자관에는 비중 13.6인 수은이 채워져 있다.

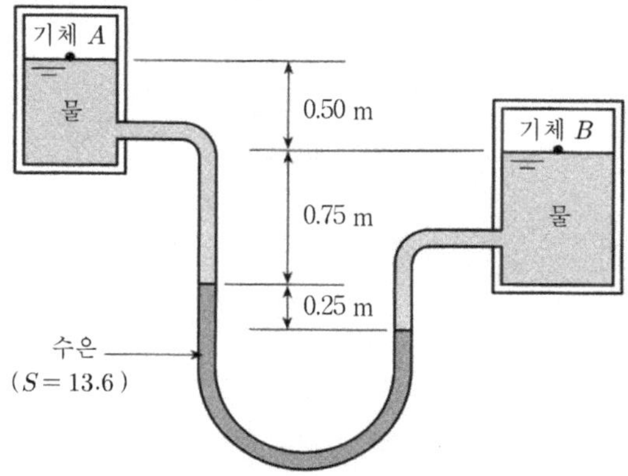

그림 3.32 문제 3.14의 설명도

【해설】 U자관 우측의 수은과 물이 접하는 고도를 기준으로 양쪽 압력은 동일

$$P_A + \gamma_w \times (0.5 + 0.75) + \gamma_{Hg} \times 0.25 = P_B + \gamma_w \times (0.75 + 0.25)$$

$$P_A - P_B = -\gamma_w \times 0.25 - \gamma_{Hg} \times 0.25$$

$$= -9800 \times 0.25 - 13.6 \times 9800 \times 0.25 = -35.77\ \text{kPa}$$

3.15 그림 3.33과 같이 밀폐 용기 내에 차있는 물 위의 공기 계기압력을 구하라.

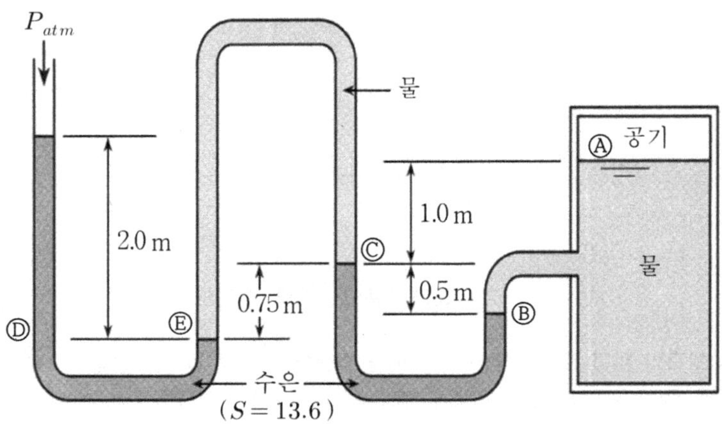

그림 3.33 문제 3.15의 설명도

【해설】

$$P_D = P_E = \gamma_{Hg} \times 2 = 13.6 \times 9800 \times 2 = 266560\ \text{Pa}$$

$$P_C = P_D - \gamma_w \times 0.75 = 266560 - 9800 \times 0.75 = 259210\ \text{Pa}$$

$$P_B = P_C + \gamma_{Hg} \times 0.5 = 259210 + 13.6 \times 9800 \times 0.5 = 325850\ \text{Pa}$$

$$P_A = P_B - \gamma_w \times 0.5 = 325850 - 9800 \times 1.5 = 311150\ \text{Pa(계기압)}$$

3.16 그림 3.34와 같이 물이 담긴 원통 속에 피스톤이 위치하고 있고, U자관 마노미터가 연결되어 있다. 피스톤 직경이 34 cm일 때, 그림과 같은 상태를 유지하도록 피스톤 위에 작용하는 힘은 얼마인가? 피스톤의 무게는 무시할 만하다.

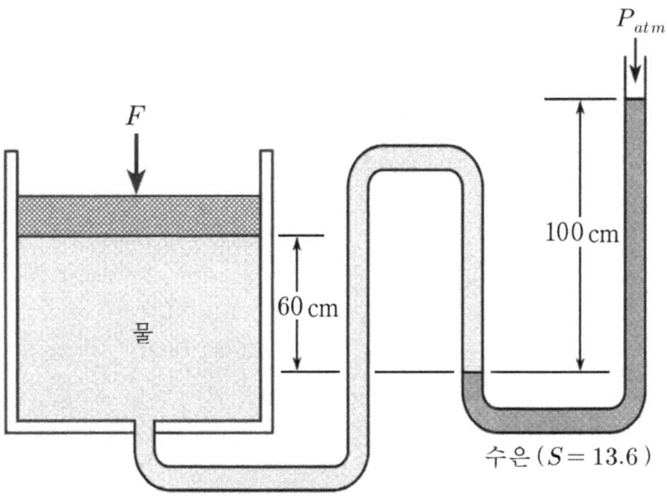

그림 3.34 문제 3.16의 설명도

【해설】 U자관의 수은과 물이 접하는 고도를 기준으로 양쪽의 압력은 같고 대기압도 양쪽에 동일하게 작용하므로, 피스톤 하부의 작용 압력은 다음과 같다.

$$P_p = \gamma_{Hg} \times 1.0 - \gamma_w \times 0.6$$
$$= 13.6 \times 9800 \times 1.0 - 9800 \times 0.6 = 127400\ \text{Pa}$$
$$F = P_p \times A_p = 127400 \times \frac{\pi \times 0.34^2}{4} = 11.57\ \text{kN}$$

4 유체 정역학-힘

제3장에서는 정지 유체에서 압력이 어떻게 달라지고, 그 압력을 측정하는 방법들에 대하여 살펴보았다. 이 장에서는 물체가 정지 유체 속에 잠겨있을 때 압력에 의해 물체의 표면에 작용하는 힘의 크기, 작용점 및 방향을 살펴본다. 이러한 유체의 압력은 매우 크며, 특히 액체를 다룰 때는 더욱 그러하다. 압력을 정확하게 계산할 수 있는 능력은 댐, 수문, 저장 탱크, 유속계, 보트, 부표(buoy), 열기구 및 비행선과 같이 유체역학과 관련된 장치들을 설계할 때 필수적이다.

물체의 표면에 작용하는 유체의 압력을 결정할 때 대기압을 고려해야 하지만, 많은 경우에 대기압에 대한 합력은 0이다. 예를 들어, 종이를 붙잡고 있는 사람은 종이의 양쪽 면에 작용하는 압력을 느끼지 못한다. 만약 종이의 치수가 210×297 mm이고 면적이 623.7 cm^2이면, 101.3 kPa의 대기압이 종이의 양쪽 표면에 약 6.32 kN의 힘으로 작용한다. 그러나 대기압이 종이의 양쪽에 균일하게 작용하므로 서로 상쇄되어 0의 합력을 만들어내기 때문에 우리는 이 힘을 느끼지 못한다. 따라서 주어진 유체 문제에서 압력을 결정할 때 대기압이 상쇄되는지 여부를 확인하는 것이 중요하다.

한편 유체 속에 잠긴 물체의 표면에 작용하는 압력에 따라 물체가 가라앉거나 뜨게 된다. 그리고 부양체가 약간의 외력을 받을 때 원래의 평형 위치로 되돌아오는 능력은 물체의 특성에 부가하여 작용하는 압력에 따라 좌우된다. 그러므로 부양체의 안정성 문제는 유체에 잠긴 물체에 작용하는 압력과 관련이 된다.

아울러 상대운동이 없는 유체에서는 전단응력이 발생하지 않으므로 정지 유체와 유사하다. 따라서 상대적인 이동이 없이 움직이는 유체의 평형상태도 살펴본다.

4.1 물체 표면에 작용하는 기체의 힘

앞장에서 언급한 바와 같이, 대기 중에서 수백 미터 이상의 고도가 변화하는 경우를 제외하고는 기체 전반에 걸친 압력은 일정하다고 생각할 수 있다. 따라서 물체 표면에 작용하는 기체의 작용력은 비교적 간단하게 계산할 수 있다.

그림 4.1(a)의 압력용기 내의 기체 압력은 3가지 가능한 방향(수직면 ①, 수평면 ② 및 경사 표면 ③)으로 작용한다. 압력 P_g는 각 평면의 면적 A_1, A_2 및 A_3에 걸쳐 일정할 뿐만 아니라, 그림 4.1(b)와 같이 모든 면에 수직 방향으로 작용한다.

각 표면에 작용하는 힘은 간단히 압력에 작용 면적을 곱한 것과 같으며, 용기의 외부 표면에는 대기압이 작용하므로 이 대기압도 고려해야 한다.

용기의 각 외부 표면에 대기압도 수직으로 작용하고 용기 내부의 기체 압력과 반대 방향이다. 기체의 계기압력은 모든 방향에 동일($P_g = P_1 = P_2 = P_3$)하므로 각각의 표면에 작용하는 순수한 작용력은 기체의 계기압력과 면적을 곱한 것과 같다.

$$F_{1,\,net} \;=\; (P_{g,abs} - P_{atm})A_1 \;=\; P_g\,A_1 \tag{4.1}$$

$$F_{2,\,net} \;=\; (P_{g,abs} - P_{atm})A_2 \;=\; P_g\,A_2 \tag{4.2}$$

$$F_{3,\,net} \;=\; (P_{g,abs} - P_{atm})A_3 \;=\; P_g\,A_3 \tag{4.3}$$

그림 4.1의 경우와 달리 곡면에 작용하는 유체의 힘은 4.3절에서 자세히 기술하지만, 수평 성분과 수직 성분으로 나누어 계산할 수 있다. 하지만 기체의 경우는 고도에 따른 압력 변화가 없으므로, 수평 성분과 수직 성분의 힘은 기체의 계기압력에 곡면의 수평 투영면적 및 수직 투영면적을 각각 곱한 것과 같다. 따라서 합력은 기체 계기압력에 곡면 면적을 곱한 것과 같고, 합력의 작용점은 곡면의 도심과 일치하게 된다.

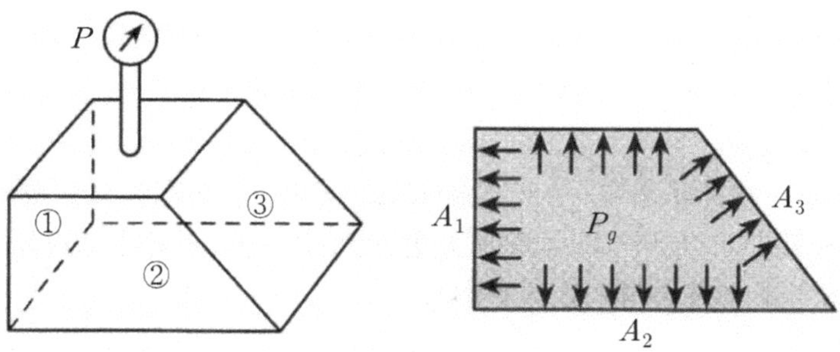

(a) 평면 ①, ②및 ③　　(b) 평면 A_1, A_2, A_3에 대한 압력

그림 4.1 압력용기 속에서 기체 압력

4.2 평면에 작용하는 액체의 힘

4.2.1 수평 평면에 미치는 액체 작용력

수평면에 있는 모든 점의 고도는 동일하므로, 액체 속에 잠겨있는 물체의 수평 표면에 작용하는 액체의 압력도 일정하다. 그림 4.2는 바닥이 수평인 용기에 일정 높이의 액체가 채워져 있고, 상부에는 대기에 개방되어 자유표면을 이루는 상태를 보여주고 있다.

예시한 바와 같이, 용기 바닥에 작용하는 액체의 압력은 일정하며, 그 압력(계기압)의 크기는 액체의 비중량 γ와 용기 바닥 위에 존재하는 액체의 수두 h를 곱한 것과 같다.

$$P_B = \gamma h \tag{4.4}$$

그리고 용기 바닥에 작용하는 힘은 바닥에서의 액체 계기압 P_B와 용기 바닥 면적 A_B를 곱한 것과 같다.

$$F_B = P_B A_B = \gamma h A_B \tag{4.5}$$

여기서 대기압은 용기 바닥의 아래쪽에도 작용하므로 대기압의 효과는 서로 상쇄된다. 그러므로 용기 바닥에 작용하는 힘은 오직 액체의 중량에 의한 것이다. 또한 압력이 일정하므로 작용력(합력)은 용기 바닥 면적의 중심에 연직 하향으로 작용한다.

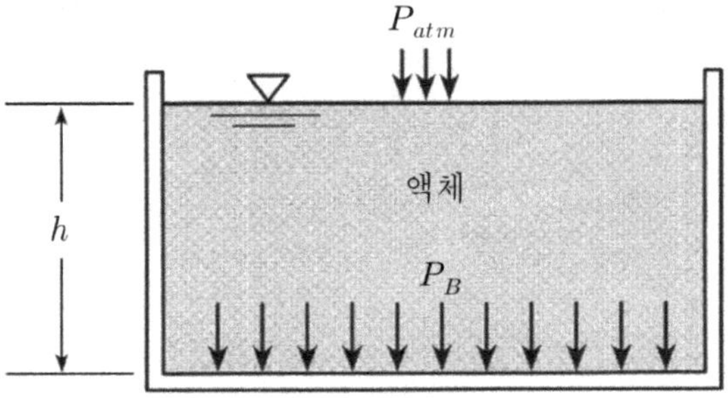

그림 4.2 액체로 채워진 용기

【예제 4.1】

그림 4.3과 같이 상부가 개방된 용기에 물이 채워져 있다. 용기의 길이는 5 m이고, 사다리꼴 단면을 갖는 경우, 다음을 구하라.

가. 용기에 채워진 물의 중량

나. 용기 바닥에 작용하는 합력

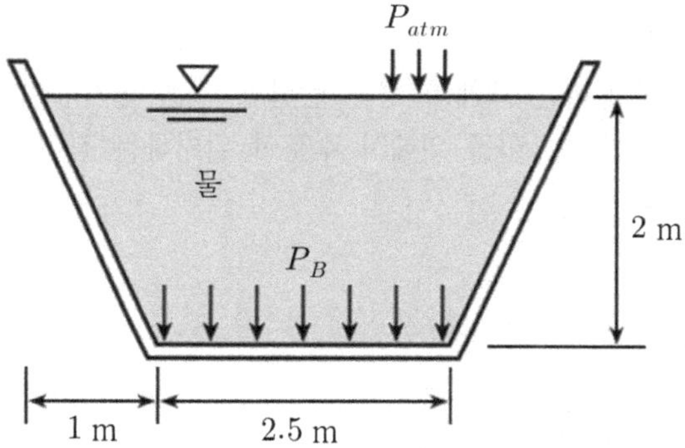

그림 4.3 물이 채워진 사다리꼴 용기

☞ 풀이

가. 물의 중량은 그 체적에 비중량을 곱한 것과 같다. 그리고 용기의 단면은 직사각형과 두 개의 삼각형으로 나눠진다. 그러므로 체적 V는 다음과 같다.

$$V = (\text{직사각형 면적} + 2\text{개의 삼각형 면적}) \times (\text{용기의 길이})$$
$$= \left(2.5 \times 2 + 2 \times \frac{1 \times 2}{2}\right) \times 5 = 35 \text{ m}^3$$

그리고 용기에 차있는 물의 중량 W는 다음과 같다.

$$W = \gamma_w V = 9800 \times 35 = 343 \text{ kN}$$

나. 용기 바닥에 작용하는 힘은 바닥에서의 압력과 면적을 곱한 것과 같다.

$$F_B = P_B A_B = \gamma_w h A_B = 9800 \times 2 \times (2.5 \times 5) = 245 \text{ kN}$$

용기의 단면이 사각형이 아닌 경우 용기 바닥에 작용하는 힘은 용기에 채워진 물의 중량과 같지 않다는 점에 유의해야 한다. 용기 바닥에 작용하는 힘은 용기 바닥 바로 위(직사각형 부분)에 채워진 물의 중량과 같다. 그러므로 용기 바닥과 수직한 상부에 채워진 물의 중량 W_B는 다음과 같다.

$$W_B = \gamma_w V_B = 9800 \times 2.5 \times 2 \times 5 = 245 \text{ kN}$$

이 값은 용기 바닥에 작용하는 힘 F_B와 일치함을 알 수 있다. 이는 정지 유체에서 압력은 물체의 표면에 수직으로 작용하고, 압력은 단위 면적당 작용하는 수직력이기 때문이다.

4.2.2 수직 평면에 미치는 액체 작용력

(1) 작용력의 크기

액체 속에 잠겨있는 수직 평면의 경우를 살펴보기 위하여 그림 4.4와 같이 댐에 수직으로 설치된 사각형 수문을 사용하기로 하자. 댐에 가둔 물의 흐름을 제어하기 위하여 이 수문은 개폐할 수 있으며, 액체의 자유표면으로부터 원하는 깊이를 유지한다.

기체의 경우와 다르게 액체 속에서는 압력이 자유표면으로부터 깊이에 따라 달라지므로, 수문에 작용하는 작용력 F는 수문에 작용하는 액체의 평균 압력과 수문 면적 A를 곱한 것과 같아진다. 따라서 작용력은 전압력이라고도 하는데, 이를 위해서 수문이 위치하는 깊이 및 수문 높이에 따른 액체의 평균 압력을 먼저 구해야 한다.

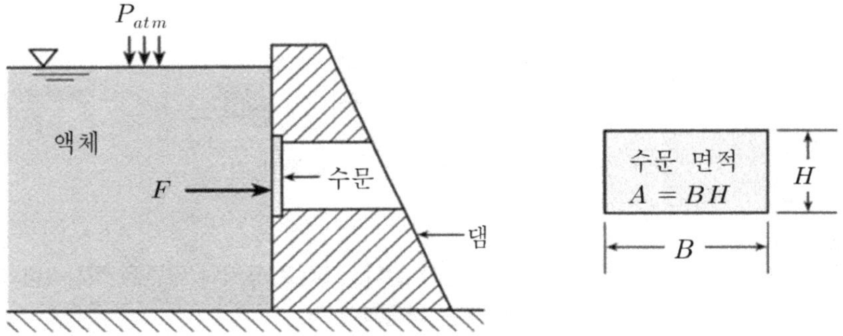

그림 4.4 댐의 사각형 수문

한편 그림 4.5는 액체 수두에 의하여 수문의 왼쪽 표면에 작용하는 압력을 표시하고 있다. 자유표면으로부터 임의의 깊이 h에서 액체의 압력(계기압) P는 γh와 같고, 깊이에 따라 선형적으로 변하는 정압(static pressure)이다. 여기서 사각형 수문의 높이는 H이고 폭이 B이며, 수문 상부 및 하부의 깊이는 각각 h_1 및 h_2이다.

수문의 왼쪽 수직면에 작용하는 액체의 합력(작용력)을 구하기 위하여, 깊이 h에서 미소 깊이 dh에 해당하는 미소 면적 dA를 살펴보기로 하자. 이 미소면적에 작용하는 미소력 dF는

$$dF = P\,dA = \gamma h\,dA$$

이다. 유체의 합력 F를 구하기 위해서는 수문의 전체 면적에 걸쳐 적분을 하여야 한다. 비중량 γ와 수문 폭 B는 일정하므로, 작용력 F는

$$F = \int_{h_1}^{h_2} \gamma h B\,dh = \gamma B \frac{(h_2^2 - h_1^2)}{2}$$

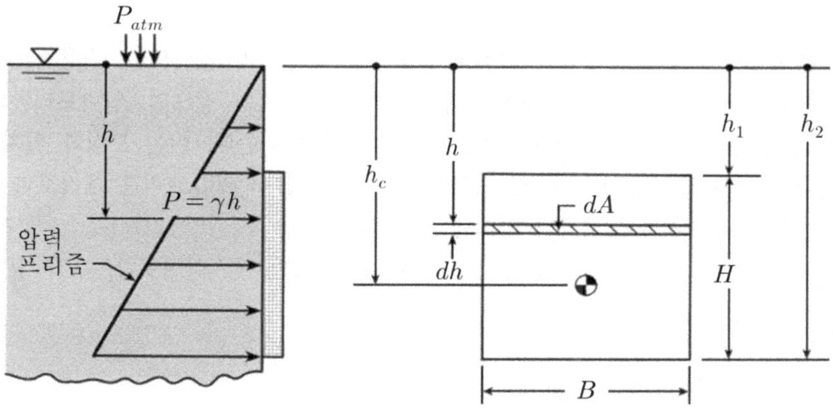

그림 4.5 액체 속에 잠겨있는 사각형 수문

이다. 앞의 식을 정리하여 다시 쓰면 다음과 같다.

$$F = \gamma\left(\frac{h_2 + h_1}{2}\right) B\,(h_2 - h_1) \tag{4.6}$$

식 (4.6)에서 $(h_1 + h_2)/2$는 자유표면에서 수문 면적의 중심까지의 깊이이다. 이는 수면에서 도심까지의 수직 깊이 h_c로 나타내며, 도심에 대한 정의는 부록 A.4를 참조하기 바란다. 또한 수문의 면적 $A = B\,(h_2 - h_1)$이므로 작용력은 다음과 같다.

$$F = \gamma h_c A = P_m A \tag{4.7}$$

식 (4.7)에서 P_m은 수문에 작용하는 유체의 평균 압력으로 수문의 도심에 작용하는 압력과 같다. 그러므로 사각형 수직 평면에 작용하는 힘은 도심에서의 압력에 평판 면적의 크기를 곱한 것이다. 따라서 면적은 원, 반원, 4분원, 삼각형, 사다리꼴 혹은 임의의 평면 면적이 될 수 있다.

물론 도심의 깊이는 액체의 자유표면과 관련한 평면 면적의 위치에 의존하며, 또한 액체 자유표면에서 도심까지의 깊이를 구할 수 있도록 평면 도심의 위치를 부록 A.4에 설명한 것과 같이 결정해야 한다.

한편 대기압은 고도에 상관없이 일정하므로, 수직면에 미치는 압력 분포는 균일한 대기 성분에 수문 왼편의 액체 수두 성분을 더한 것으로 이루어진다. 그러나 수문의 오른편에도 대기압은 동일한 크기이면서 반대방향으로 작용한다. 그러므로 대기압에 의한 힘은 서로 상쇄되고, 수문에 작용하는 합력은 식 (4.7)의 $\gamma h_c A$와 같다.

(2) 작용점: 압력중심

액체 속에 잠겨있는 물체의 수직면에 작용하는 압력은 균일하지 않으므로, 작용력(합력)은 수직면의 도심에 작용하지 않는다. 작용력의 크기는 압력프리즘의 체적과 같으며, 압력프리즘의 중심에 작용한다. 합력의 작용점을 압력중심(center of pressure)이라고 하는데, 이는 도심과 일치하지 않는다. 그림 4.6에 나타낸 바와 같이 도심 상부의 프리즘 체적은 도심 하부의 프리즘 체적보다 작다. 따라서 압력프리즘의 중심(압력중심)은 도심보다 아래에 위치한다.

압력중심 h_p를 구하기 위하여 O축에 대한 수직 평면의 모멘트를 살펴보자. 수직 평면의 미소 면적 dA에 작용하는 힘은

$$dF = P\,dA = \gamma\, h\, dA \tag{4.8}$$

이다. 그리고 액체의 자유표면에 위치한 O축에 대한 이 미소 작용력의 모멘트는

$$dM = dF \times h = P\,dA \times h = \gamma\, h^2\, dA$$

이다. 따라서 전체 면적 A에 걸쳐 작용하는 모멘트는 다음과 같다.

$$M = \int_A dM = \int_A P\,dA \times h = \gamma \int_A h^2\, dA \tag{4.9}$$

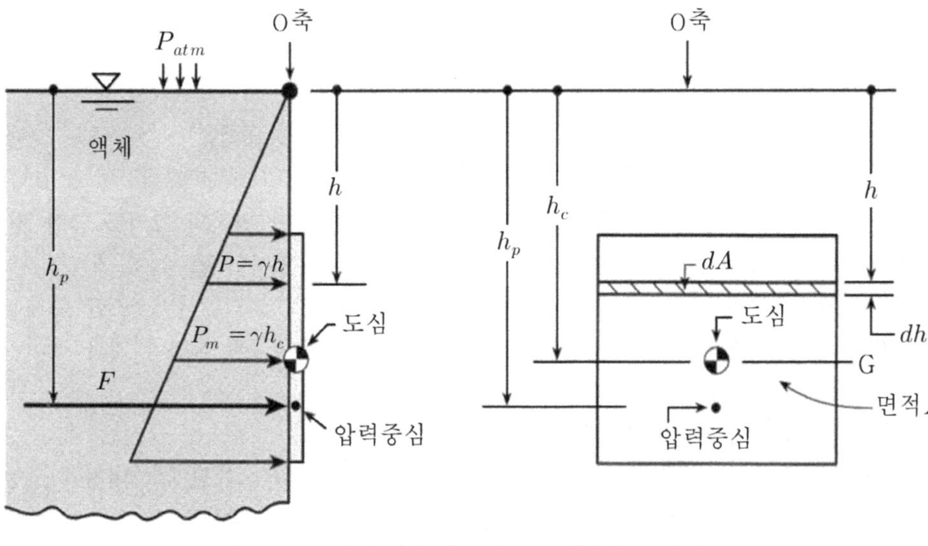

그림 4.6 액체 속에 잠긴 수직면에 작용하는 압력분포

또한 모든 모멘트의 합은 O축에 대한 전압력 F의 모멘트와 같아야 한다.

$$M = F \times h_p \tag{4.10}$$

그러므로 식 (4.9) 및 (4.10)을 이용하여 자유표면에서 압력중심까지의 수직 깊이 h_p를 다음과 같이 구할 수 있다.

$$h_p = \frac{1}{F}\int_A dM = \frac{\gamma}{\gamma h_c A}\int_A h^2\,dA = \frac{1}{h_c A}\int_A h^2\,dA \tag{4.11}$$

한편 부록 A.4에 설명한 식 (a.6)과 같이 O축에 대한 면적 A의 2차 모멘트(관성모멘트)는 항상 양수이며 다음과 같다.

$$I_x = \int_A h^2\,dA \tag{4.12}$$

식 (4.12)를 식 (4.11)에 대입하면 압력중심 h_p를 구할 수 있다.

$$h_p = \frac{I_x}{h_c A} \tag{4.13}$$

그리고 도심을 통과하는 G축에 대한 관성모멘트는 부록의 식 (a.8)과 같이

$$I_G = I_x - h_c^2 A \tag{4.14}$$

이다. 그러므로 이를 정리하여 식 (4.13)에 대입하면 합력의 작용점인 압력중심의 식을 얻게 된다.

$$h_p = h_c + \frac{I_G}{h_c A} \tag{4.15}$$

식 (4.15)는 압력중심이 도심보다 항상 아래에 위치한다는 것을 뒷받침해주고 있다. 주어진 평면에서 깊이가 깊을수록 도심과 압력중심 간의 거리는 더 작아진다. 이는 수문의 경우 수심이 깊어지면 수문의 상부에서부터 바닥까지 압력 증가율이 낮아지기 때문이다.

한편 표 4.1은 몇 가지 일반적인 유형의 평면에 대한 면적, 도심 위치 및 관성모멘트를 계산하는 공식을 포함하고 있다. 이를 활용하여 특수한 문제와 관련된 평면의 3가지 특성 값을 쉽게 결정할 수 있다.

표 4.1 각종 도형에 대한 면적, 도심 및 관성모멘트

도 형	표 시	면 적	도 심	관성모멘트
직사각형	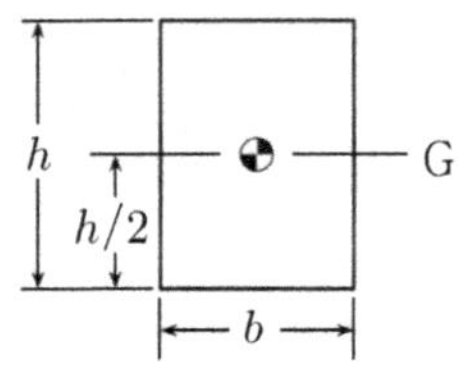	bh	$\frac{h}{2}$	$\frac{bh^3}{12}$
삼각형	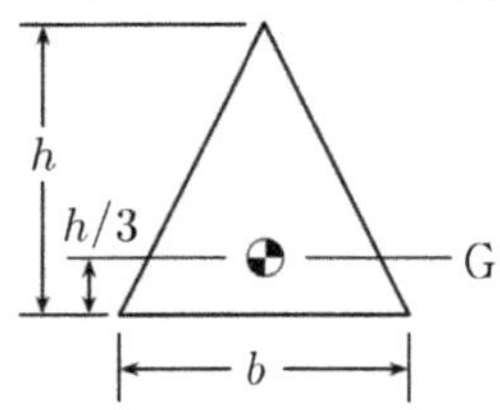	$\frac{bh}{2}$	$\frac{h}{3}$	$\frac{bh^3}{36}$
원	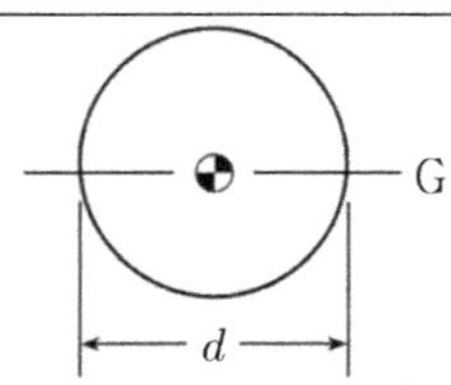	$\frac{\pi d^2}{4}$	$\frac{d}{2}$	$\frac{\pi d^4}{64}$
반 원	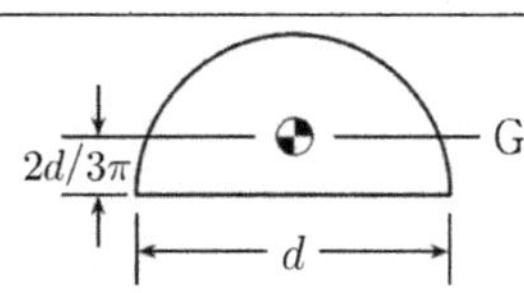	$\frac{\pi d^2}{8}$	$\frac{2d}{3\pi}$	$\left(\frac{1}{2}-\frac{32}{9\pi^2}\right)\times\frac{\pi d^4}{64}$
사분원	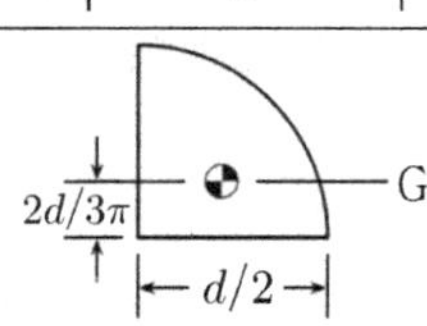	$\frac{\pi d^2}{16}$	$\frac{2d}{3\pi}$	$\left(\frac{1}{2}-\frac{32}{9\pi^2}\right)\times\frac{\pi d^4}{128}$
타 원	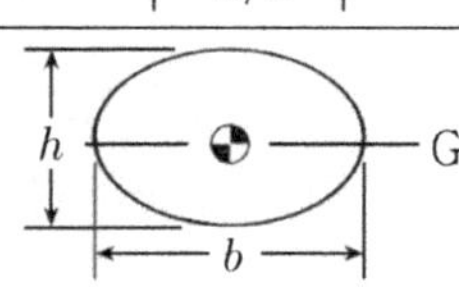	$\frac{\pi bh}{4}$	$\frac{h}{2}$	$\frac{\pi bh^3}{64}$

【예제 4.2】

그림 4.7과 같은 물탱크의 개구부를 지름 1 m의 원형 평판이 막고 있다. 다음을 구하라.

(가) 합력(작용력)의 크기

(나) 합력의 작용점(압력중심)

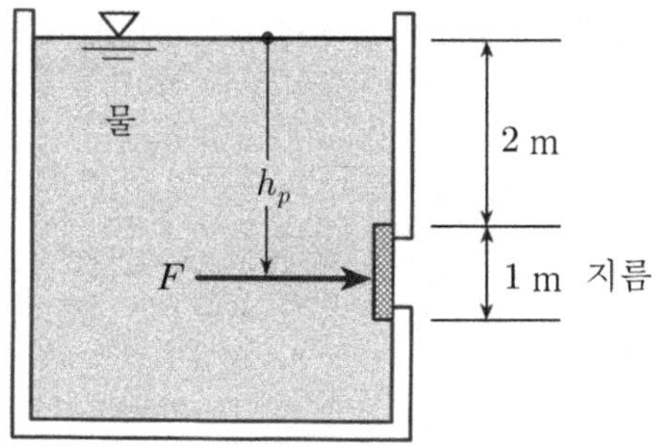

그림 4.7 예제 4.2의 설명도

☞ 풀이

가. 합력(작용력)

$$F = P_m A = \gamma_w h_c A$$

$$= 9800 \times (2 + \frac{1}{2}) \times \frac{\pi \times 1^2}{4} = 19.24\,\mathrm{kN}$$

나. 합력의 작용점은 압력중심에 있다.

$$h_p = h_c + \frac{I_G}{h_c A} = h_c + \frac{\pi d^4/64}{h_c \times \pi d^2/4}$$

$$= 2.5 + \frac{\pi \times 1^4/64}{2.5 \times \pi \times 1^2/4} = 2.525\,\mathrm{m}$$

따라서 압력중심은 물탱크의 자유표면에서 2.525 m 아래에 위치한다. 원형 평판의 도심은 자유표면에서 2.5 m 아래에 위치하므로, 압력중심은 원형 평판의 도심보다 25 mm 아래에 있다.

4.2.3 경사 평면에 미치는 액체 작용력

(1) 작용력의 크기

액체 속에 잠겨있는 경사진 평면에 작용하는 힘을 구하기 위하여 그림 4.8과 같이 상부가 개방된 액체 용기의 사각형 수문을 살펴보기로 하자. 수문의 경사각도는 α이며 수문의 평면이 기준점 O의 자유표면을 교차하고, 그림에서 보는 바와 같이 Y축이라고 부르는 새로운 축이 기준점 O로부터 수문의 평면을 따라간다.

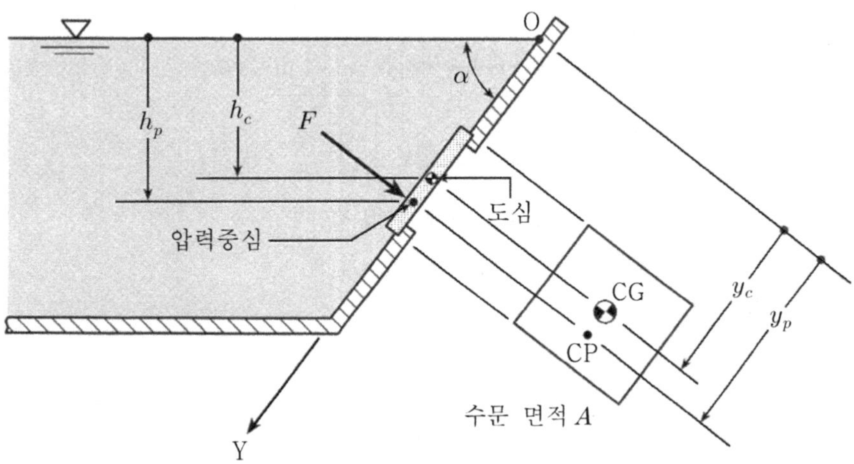

그림 4.8 경사 평면에 작용하는 합력

앞에서 설명한 수직면의 경우와 마찬가지로, 경사진 수문의 평면에 작용하는 합력(작용력)도 동일하게 수문 도심에 작용하는 압력 P_m 및 액체의 자유표면에서 수문 도심까지의 수직 깊이 h_c로 유도할 수 있다.

$$F = P_m A = \gamma h_c A \tag{4.16}$$

그러므로 작용력의 크기를 나타내는 식 (4.16)은 수직 평면에 대한 식 (4.7)과 동일하다. 그리고 도심까지의 수직 깊이 $h_c = y_c \sin\alpha$이므로 식 (4.16)은 다음과 같이 쓸 수 있다.

$$F = \gamma y_c A \sin\alpha \tag{4.17}$$

여기서 y_c는 액체의 자유표면에 위치하는 기준점 O에서 수문의 도심까지 Y축과 나란한 경사 거리이다.

(2) 작용점 : 압력중심

G축은 수문 면적 A의 도심을 통해 가는 축이며, 수문의 관성모멘트를 계산할 때 G축이 작용면에 대하여 수직임을 주목하기 바란다. 그러므로 경사면에 대한 압력중심도 수직면의 경우와 유사하게 구할 수 있다.

$$y_p = \frac{I_x}{y_c A} = y_c + \frac{I_G}{y_c A} \tag{4.18}$$

여기서 y_p는 액체의 자유표면에 위치하는 기준점 O에서 압력중심(합력의 작용점)까지 Y축과 나란한 경사 거리이다. 수직면에서 압력중심의 식 (4.15)와 경사면의 식 (4.18)간의 차이점은 수직 깊이 h를 경사 거리 y로 대체했다는 점이다. 또한 삼각법으로부터 $h_p = y_p \sin\alpha$이므로, 경사각 $\alpha = 90°$일 때 도심, 작용력(합력) 및 압력중심 모두 일치하게 된다.

그리고 경사면에 있어서 작용력의 식 (4.16) 및 (4.17)과 압력중심의 식 (4.18)은 사각형 평면뿐만 아니라 다른 형상의 경사 평면에도 적용할 수 있다.

【예제 4.3】

그림 4.9와 같이 댐에 설치된 직사각형 수문이 닫힌 상태를 유지하려면 수문 끝단에 필요한 수직력 R은 얼마인가? 균일한 재질의 수문의 중량은 5 kN이며, 수문의 폭은 4 m이다.

☞ 풀이

자유 수면에서 도심까지의 수직 깊이 h_c는 전체 수심 깊이에서 바닥부터 도심까지의 수직 거리를 빼준 것과 같다.

$$h_c = 6 - 1.5 \sin 60° = 4.70 \text{ m}$$

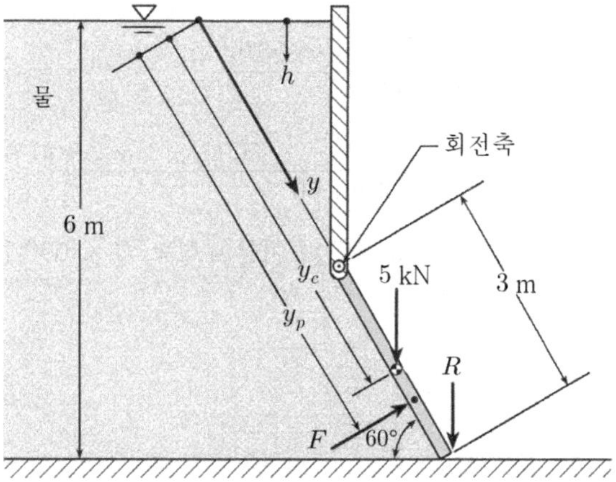

그림 4.9 예제 4.3의 설명도

사각 수문의 면적

$$A = 3 \times 4 = 12\ \mathrm{m}^2$$

작용력(합력)

$$F = \gamma_w h_c A = 9800 \times 4.7 \times 12 = 552.72\ \mathrm{kN}$$

도심까지의 경사 깊이

$$y_c = \frac{h_c}{\sin 60°} = \frac{4.70}{\sin 60°} = 5.427\ \mathrm{m}$$

사각 수문의 관성모멘트

$$I_G = \frac{bh^3}{12} = \frac{4 \times 3^3}{12} = 9\ \mathrm{m}^4$$

압력중심(자유 수면에서 작용점까지의 경사 깊이)

$$y_p = y_c + \frac{I_G}{y_c A} = 5.427 + \frac{9}{5.427 \times 12} = 5.565\ \mathrm{m}$$

자유 수면에서 수문 회전축까지의 경사 깊이

$$y_o = \frac{6}{\sin 60°} - 3 = 3.928\ \mathrm{m}$$

수문 회전축(hinge)에 대한 모멘트의 합을 0으로 놓으면 다음과 같다.

$$\sum M_o = W \times 1.5\cos 60° + R \times 3\cos 60° - F \times (y_p - y_o) = 0$$

이 식을 정리하여 각각의 값들을 대입하면,

$$R = \frac{F \times (y_p - y_o) - W \times 1.5\cos 60°}{3\cos 60°}$$

$$= \frac{552720 \times (5.565 - 3.928) - 5000 \times 1.5\cos 60°}{3\cos 60°} = 600.7\ \mathrm{kN}$$

이다. 따라서 수문이 열리지 않도록 수문 끝단에 가할 수직력 $R = 600.7\ \mathrm{kN}$이다.

4.3 곡면에 작용하는 액체의 힘

저수조와 같은 유체 저장용기 및 관로 등은 곡면을 가지고 있는데, 이러한 유체와 접촉하는 곡면에 미치는 유체의 작용력을 살펴보자. 그림 4.10의 상부가 개방된 용기는 길이가 L이고, 바닥은 반경 R인 곡면으로 이루어져 있다. 그리고 반원통의 상부에는 비중량이 γ인 액체가 높이 H만큼 채워져 있다.

그림 4.11의 4분 원통에 대한 자유물체선도를 참조하여, 액체 정압에 의하여 용기의 반원통형 바닥 곡면 AB에 작용하는 합력을 수직성분과 수평성분으로 나누어 구해보자.

액체의 작용력(합력)의 수직성분은 표면 OA 바로 위에 존재하는 액체의 중량 W_1과 4분 원통 OAB의 내부에 포함된 액체 중량 W_2의 합과 같다.

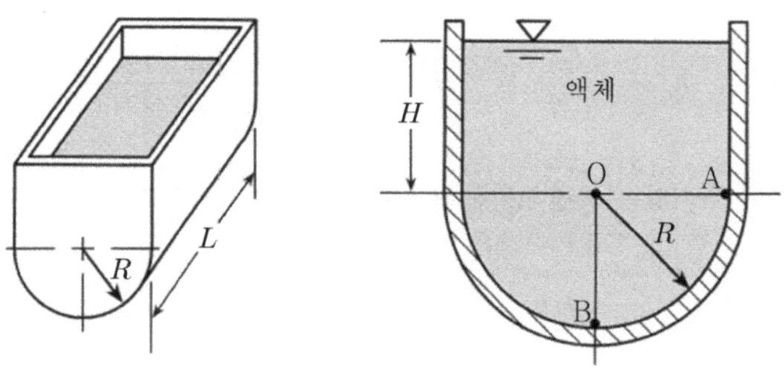

그림 4.10 반원통형 바닥을 갖는 개방 용기

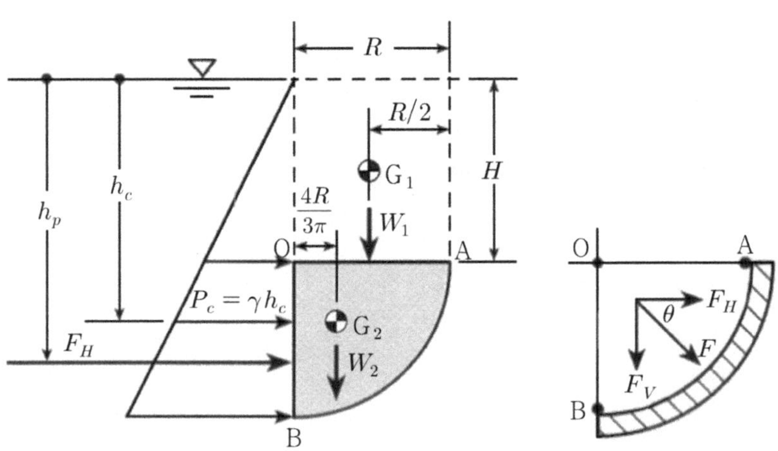

그림 4.11 액체 용기의 바닥 곡면에 작용하는 작용력

$$F_V = W_1 + W_2 = \gamma RHL + \gamma \frac{\pi R^2}{4} L \tag{4.19}$$

중량 W_1의 작용점은 표면 OA 위의 도심 G_1에 있고, 이는 사각형이므로 OA의 중간 지점인 $R/2$에 위치한다. 그리고 중량 W_2의 작용점은 4분원의 도심 G_2에 있고, 4분원 면적의 도심은 $4R/3\pi$이다. 하지만 수직력 F_V는 곡면 AB 위에 존재하는 총 체적의 중심(체심)에 작용한다.

한편 합력의 수평성분은 그림 4.11에 나타낸 바와 같이 액체의 정압 분포에 의해 결정된다. 따라서 수평력 F_H는 잠겨있는 수직 평면 OB(곡면 AB의 수직 투영면적)에 작용하는 힘과 같다. 그리그 수평력 F_H의 작용점은 잠겨있는 수직면 OB의 압력중심에 있다.

$$F_H = \gamma h_c A = \gamma \left(H + \frac{R}{2}\right) RL \tag{4.20}$$

$$h_p = h_c + \frac{I_G}{h_c A} = \left(H + \frac{R}{2}\right) + \frac{LR^3/12}{(H + R/2) \times LR} \tag{4.21}$$

최종적으로 액체 속에 잠겨있는 곡면 AB에 작용하는 합력은 피타고라스의 정리를 사용하여 구한다.

$$F = \sqrt{F_H^2 + F_V^2} \tag{4.22}$$

그리고 작용력의 방향 θ는

$$\theta = \tan^{-1}\left(\frac{F_V}{F_H}\right) \tag{4.23}$$

이다. 원형 곡면에서 합력은 원형 곡선의 기울기 중심을 지나가는 작용선을 갖는다. 그러므로 그림 4.11에서 합력 F의 작용선은 점 O를 통과한다. 이는 액체 압력이 원형 곡선 AB의 표면과 수직이고 기울기 중심점 O를 지나는 방향으로 작용하기 때문이다.

【예제 4.4】

그림 4.11에서 $H = 2\,\mathrm{m}$, $R = 1\,\mathrm{m}$ 그리고 폭이 3 m인 물탱크일 때, 4분 원통의 곡면 AB에 작용하는 합력의 크기와 작용 방향을 구하라.

☞ 풀이

합력의 수직성분

$$F_V = \gamma_w (V_1 + V_2) = 9800 \times \left(2 \times 1 \times 3 + \frac{\pi \times 1^2}{4} \times 3\right) = 81.89\,\mathrm{kN}$$

합력의 수평성분

$$F_H = \gamma_w h_c A = 9800 \times (2 + 1/2) \times 1 \times 3 = 73.5\,\mathrm{kN}$$

합력의 크기

$$F = \sqrt{F_V^2 + F_H^2} = \sqrt{81.89^2 + 73.5^2} = 110.04\,\mathrm{kN}$$

합력의 방향

$$\theta = \tan^{-1}\left(\frac{F_V}{F_H}\right) = \tan^{-1}\left(\frac{81.89}{73.5}\right) = 48.09°$$

【예제 4.5】

반구형 돔(dome)이 육안 관찰용으로 그림 4.12에서 보는 바와 같이 커다란 수조의 바닥에 만들어져 있다. 지름이 2.5 m인 경우 돔에 작용하는 작용력을 구하라.

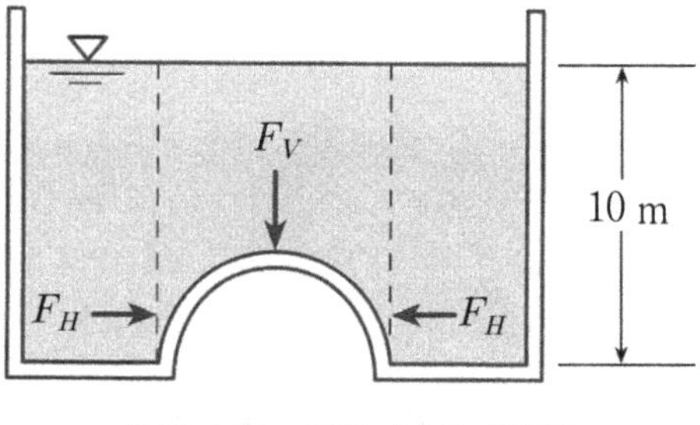

그림 4.12 예제 4.5의 설명도

☞ 풀이

작용력의 수평성분: 좌측과 우측의 수평력은 서로 대칭이므로 상쇄된다.

$$F_H = 0$$

작용력의 수직성분 : 돔의 상부에서 누르는 물의 중량과 같다.

$$F_V = \gamma_w \times (\text{원주의 체적} - \text{반구의 체적})$$

$$= 9800 \times \left(\frac{\pi \times 2.5^2}{4} \times 10 - \frac{1}{2} \times \frac{\pi \times 2.5^3}{6} \right) = 440.97\ \mathrm{kN}$$

4.4 부력

4.4.1 아르키메데스의 원리

유체 속에 완전히 잠겨있는 물체 혹은 부유 물체의 경우 물체에 작용하는 상향력(upward force)이 존재하는데, 이 힘을 부력(buoyant force)이라고 부른다. 부력은 물체에 의해 배제된 유체의 중량과 동일한 크기이며, 배제된 유체 체적의 부력 중심(center of buoyancy)을 지나 연직 상향으로 작용한다. 이것은 아르키메데스(Archimedes)가 기원전 220년경에 발견한 원리이다.

부력은 액체에 잠긴 깊이에 따라 압력이 증가하기 때문에 발생하는데, 물체 하부 표면에 작용하는 상향 압력이 물체의 상부 표면에 하향으로 작용하는 압력보다 크기 때문이다. 부력은 일반적으로 유체 속에 완전히 잠겨있는 물체의 중량과 같지 않는데, 이는 완전히 잠겨있는 물체의 비중이 유체 비중보다 더 크거나 작음에 따라 상향 혹은 하향으로 가속될 수 있기 때문이다. 그러나 부유 물체의 경우 수직 가속도가 없기 때문에, 부유체의 부력은 중량과 같다. 다시 말하여 부유체는 부양할 때 잠긴 부분에 해당하는 유체의 무게를 배제한다.

4.4.2 완전히 잠겨있는 물체

앞 절에서는 유체 속에 잠겨있는 임의 형상의 물체 표면에 작용하는 압력을 결정하고 작용력을 구하는 것에 대하여 설명하였다. 완전히 잠겨있는 물체의 경우, 부력은 그림 4.13을 참조하여 구할 수 있는데, 수직방향에서 이 물체에 작용하는 3가지 힘이 다음과 같이 존재한다. 하지만 수평방향의 작용력은 좌우 양쪽의 압력 크기가 같고 방향이 반대이므로 서로 상쇄된다.

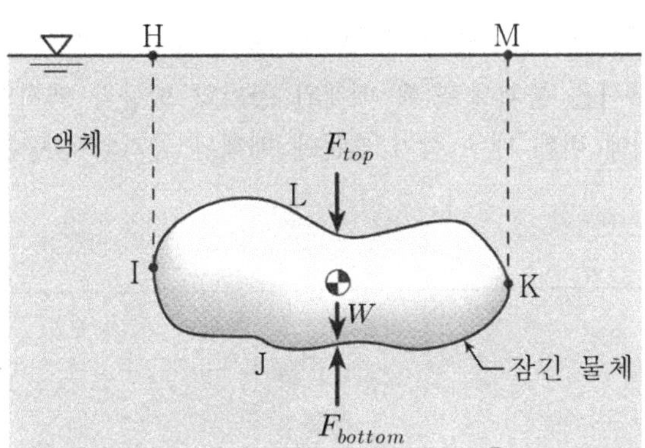

그림 4.13 완전히 잠겨있는 물체에서의 부력

① 잠겨있는 물체의 중량 W는 물체의 체적 IJKLI를 점유한다.
② 수직력 F_{top}은 체적 HILKMH의 액체 중량과 같으며, 물체의 상부 표면에서 하향으로 작용한다.

$$F_{top} = \gamma_{fluid} V_{\mathrm{HILKMH}} \tag{4.24}$$

③ 수직력 F_{bottom}은 체적 HIJKMH를 점유하는 액체의 중량과 같으며, 물체의 하부 표면에서 상향으로 작용한다.

$$F_{bottom} = \gamma_{fluid} V_{\mathrm{HIJKMH}} \tag{4.25}$$

상향력 F_{bottom}이 하향력 F_{top}보다 크고 서로 반대방향으로 작용하므로, 잠겨있는 물체는 상향력과 하향력의 차이($F_{bottom} - F_{top}$)와 같은 부력 F_B를 연직 상향으로 받게 된다. 그리고 이 부력은 물체의 체적 IJKLI(V_{body})에 해당하는 액체 중량과 같다.

$$F_B = F_{bottom} - F_{top} = \gamma_{fluid} V_{body} \tag{4.26}$$

4.4.3 부유 물체

물체의 중량이 액체로부터 받는 부력보다 매우 크게 되면($W \gg F_B$), 물체는 액체 속에 완전히 잠겨 바닥에 가라앉게 된다. 반대로 물체의 중량이 부력보다 매우 작으면($W \ll F_B$), 물체는 액체의 자유표면 위에 떠 있게 된다.

한편 그림 4.14와 같이 물체의 일부만 잠긴 경우는 물체 중량과 부력이 평형($W = F_B$)을 이룬 것이다. 부유 물체가 받는 부력은 물체에 의해 배제된 공기의 중량과 액체의 중량을 더한 것과 같다 하지만 기체의 비중이 액체에 비해 매우 작기 때문에 배제된 공기의 중량은 대부분 무시한다.

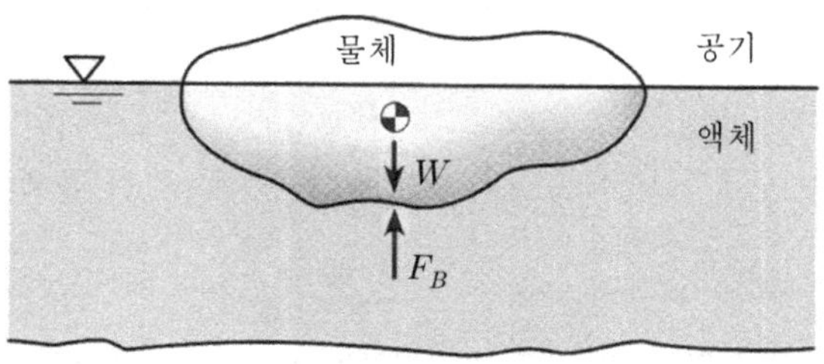

그림 4.14 유체 중에 떠있는 물체

【예제 4.6】

압력과 고도의 관계를 사용하여 액체 속에 완전히 잠겨있는 원기둥이 받는 부력이 원기둥에 의해 배제된 액체의 중량과 같음을 보여라.

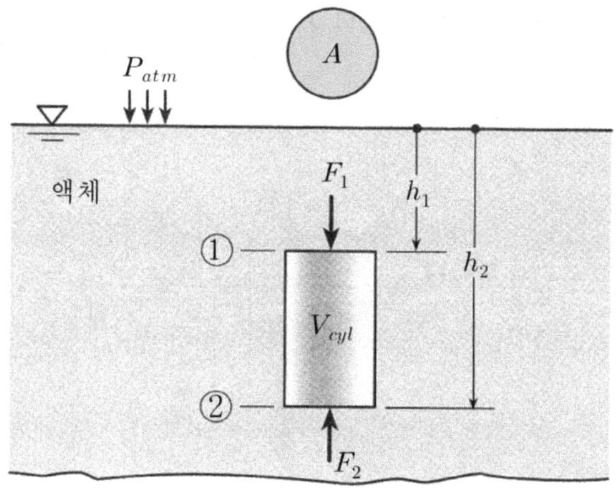

그림 4.15 예제 4.6의 설명도

☞ 풀이

그림 4.15에서 보여주는 것과 같이, 원기둥 체적은 V_{cyl}이고 원기둥 단면적은 A이다. 그리고 부력은 원기둥의 바닥에 작용하는 상향력에서 상부의 하향력을 뺀 것과 같다.

$$F_B = F_2 - F_1 = P_2 A - P_1 A$$

자유수면 아래에서 액체의 압력 $P = \gamma h$이므로

$$F_B = (P_{atm} + \gamma_{liquid} h_2) A - (P_{atm} + \gamma_{liquid} h_1) A$$

이고, 이를 정리하면 다음과 같다.

$$F_B = \gamma_{liquid} (h_2 - h_1) A = \gamma_{liquid} V_{cyl}$$

그러므로 부력 F_B는 원기둥에 의해 배제된 액체의 중량과 동일하다.

【예제 4.7】

그림 4.16과 같이 원기둥의 일부분이 액체 중에 잠겨있다. 원기둥에 작용하는 부력 F_B가 원기둥의 잠긴 부분의 체적에 해당하는 액체의 중량과 같을 때, 이는 또한 원기둥의 중량 W와 같음을 보여라. 또한 공기 중에 노출된 원기둥의 체적에 해당하는 공기의 중량은 무시할 수 있다는 점을 보여라.

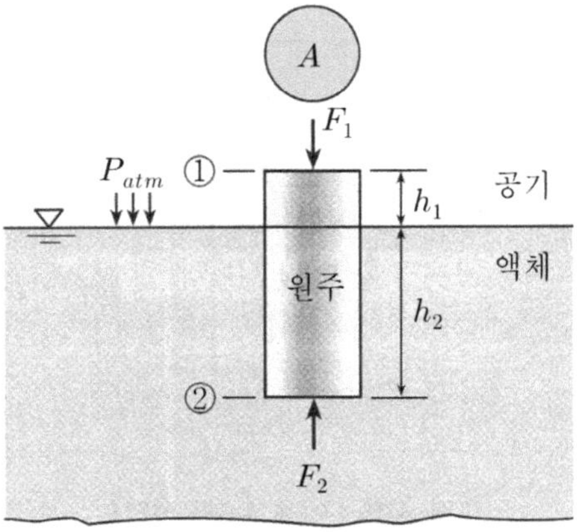

그림 4.16 예제 4.7의 설명도

☞ 풀이

부력은 원기둥 바닥에 작용하는 상향력에서 상부의 하향력을 뺀 것과 같다.

$$\begin{aligned} F_B = F_2 - F_1 &= P_2 A - P_1 A \\ &= (P_1 + \gamma_{air} h_1 + \gamma_{liquid} h_2) A - P_1 A \\ &= \gamma_{liquid} h_2 A + \gamma_{air} h_1 A \end{aligned}$$

따라서 부력 F_B는 원기둥에 의해 배제된 액체 중량과 공기 중량의 합과 같다. 그러나 비중량 γ_{air}는 γ_{liquid}에 비하여 매우 적으므로 $\gamma_{air} h_1 A$는 무시할 수 있다. 그러므로 부력

$$F_B = \gamma_{liquid} h_2 A$$

이고, 이는 원기둥의 잠긴 부분에 의해 배제된 액체의 중량과 같다. 그리고 원기둥 중량이 부력과 평형($F_B = W$)을 이루므로, 원기둥 중량은 배제된 액체의 중량과 같다.

【예제 4.8】

부표(buoy)가 그림 4.17과 같이 케이블로 강바닥에 고정되어 있고, 강의 수면 위에 떠있어서 볼 수 있도록 설계되었다. 그러나 때때로 부표가 완전히 잠기도록 강물의 수위가 상승하기도 한다. 부표의 지름이 1.0 m이고 재료 밀도가 0.75 $\mathrm{kg/m^3}$일 때 케이블의 장력을 구하라.

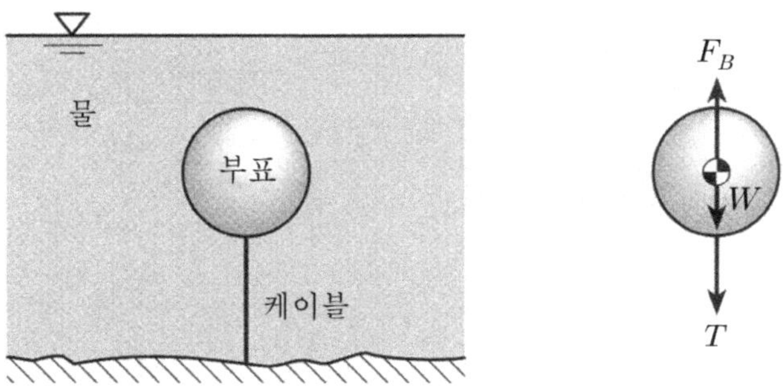

그림 4.17 예제 4.8의 설명도

☞ 풀이

그림 4.17의 자유물체선도와 같이, 부표에 작용하는 수직력은 부표를 잡아당기는 케이블의 장력 T, 부표의 중량 W 및 부력 F_B이다. 이들이 서로 평형을 이루려면

$$F_B - W - T = 0$$

이다. 또한 부력은 부표가 배제한(부표의 체적에 해당하는) 물의 중량과 같으므로

$$F_B = \gamma_w V_{buoy} = 9800 \times \frac{\pi \times 1^3}{6} = 5131.27\,\mathrm{N}$$

이다. 그리고 부표의 중량은 다음과 같다.

$$W = (\gamma V)_{buoy} = 0.75 \times 9.8 \times \frac{\pi \times 1^3}{6} = 3.85\,\mathrm{N}$$

그러므로 케이블의 장력은 부력과 부표 중량의 차이이다.

$$T = F_B - W = 5131.27 - 3.85 = 5127.42\,\mathrm{N}$$

4.4.4 비중계

비중계(hydrometer)는 부력의 원리를 이용하여 액체의 비중을 측정하는 기구이다. 대부분의 비중계는 그림 4.18과 같이 유리구 안에 납 등의 구슬을 채우고 상부는 막대 모양으로 만들어 눈금을 새긴 것이다. 그림 4.18의 (a)에서 증류수 속에 비중계를 넣어 수면과 접촉하는 유리 막대의 위치가 비중 1.0인 눈금이다.

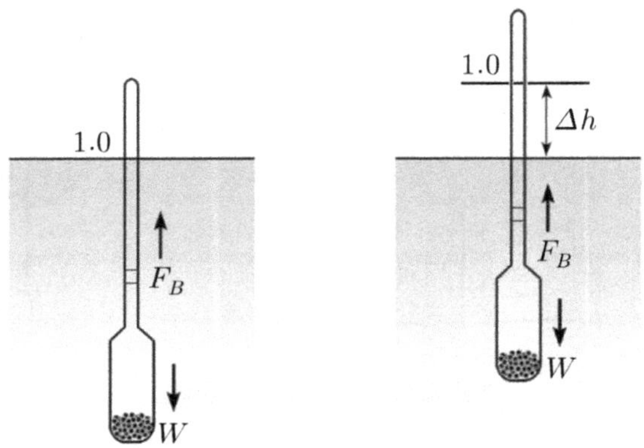

(a) 증류수 (b) 비중 S인 액체

그림 4.18 비중계의 원리

그림 4.18 (a)에서 증류수에 잠긴 부분의 비중계 체적이 V_0일 때, 비중계 중량과 부력이 평형을 이루는 상태이다.

$$W = F_B = \gamma_w V_0 \tag{4.27}$$

그리고 그림 4.18 (b)는 비중 S인 액체에 비중계를 넣었을 때 눈금 1.0의 위치가 Δh만큼 올라온 상태에서 비중계 중량과 부력이 평형을 이룬 것이다. 만약 유리 막대의 단면적이 A이면 부력은 다음과 같다.

$$W = F_B = S\gamma_w (V_0 - \Delta h \cdot A) \tag{4.28}$$

따라서 비중계의 상승 높이 Δh와 액체의 비중 S의 관계는 식 (4.29)와 같으며, 유리 막대가 Δh만큼 상승하여 자유표면과 접한 위치가 비중 S의 값을 의미한다.

$$\Delta h = \frac{V_0}{A}\left(1 - \frac{1}{S}\right) \tag{4.29}$$

【예제 4.9】

어느 고분에서 발견된 금관의 질량을 공기 중에서 측정하니 750 g이다. 그리고 이 금관을 비중 1.0인 물속에 잠긴 상태로 측정하면 700 g일 때, 이 금관의 비중은 얼마인가?

☞ 풀이

공기 중에서 측정한 금관의 중량과 물속에서 측정한 중량의 차이는 부력과 같다. 그러므로 부력은 다음과 같다.

$$F_B = W_{G,a} - W_{G,w} = (0.75 - 0.7) \times 9.8 = 0.49\,\mathrm{N}$$

금관에 의해 배제된 물의 체적 = 금관의 체적

$$V_G = \frac{F_B}{\gamma_w} = \frac{0.49}{9800} = 5 \times 10^{-5}\,\mathrm{m^3}$$

금관의 밀도

$$\rho_G = \frac{m_G}{V_G} = \frac{0.75}{5 \times 10^{-5}} = 15000\,\mathrm{kg/m^3}$$

금관의 비중

$$S_G = \frac{\rho_G}{\rho_w} = \frac{15000}{1000} = 15.0$$

순금의 비중은 19.3이므로, 이 금관에는 금보다 비중이 낮은 물질이 일부 혼입되어 있다.

4.5 부양체의 안정성

4.5.1 완전히 잠긴 물체의 안정성

유체 속에 완전히 잠겨있는 물체들의 예는 대기 중에 떠있는 열기구와 바다 속에서 잠행하는 잠수함이다. 이런 열기구와 잠수함의 경우 기류, 추력 혹은 양력에 의한 약간의 요란이 있은 후에 안정한 평형 위치로 되돌아오는 것이 필수적이다. 완전히 잠겨있는 물체의 안정성에 대한 핵심은 물체의 무게중심과 배제된 유체의 부력중심이 일반적으로 동일한 지점이 아니라는 점이다.

그림 4.19와 4.20은 두 개의 다른 재료로 만들어진 물체가 물속에 완전히 잠겨있는 상태를 보여주고 있다. 한 재료의 비중은 물보다 작고 ($S < 1$), 다른 재료의 비중은 물보다 크다 ($S > 1$). 물체의 평균 비중이 물의 비중보다 크면 물체는 물속에 완전히 잠겨있는데, 잠긴 물체가 안정하기 위해서는 물체의 무게중심(G)이 부력중심(C)보다 아래에 위치하여야 한다.

그림 4.19의 경우 물체의 무게중심이 부력중심보다 아래에 위치하므로, 물체를 평형 위치에서 시계방향으로 약간 회전시키면 상향 부력과 하향 중력이 반시계방향으로 작용하여 물체를 원래의 안정된 평형 위치로 되돌아간다.

이와 반대로 그림 4.20의 경우는 무게중심이 부력중심보다 높은 위치에 있는 불안정한 상태이다. 따라서 물체를 시계방향으로 약간만 움직여도 부력과 중력이 시계방향으로 작용하여 물체는 전복될 것이다.

유체 속에 완전히 잠긴 균일한 재질의 고체인 경우 중력중심과 부력중심은 일치하고, 그러한 물체는 중립 안정성을 갖는다. 그러므로 유체 속에서 위치를 달리하여도 물체는 새로운 위치에 안정되게 된다. 따라서 그림 4.19의 물체는 정(+)의 안정성을 갖는 반면에, 그림 4.20의 물체는 부(-)의 안정성을 갖는다고 말한다.

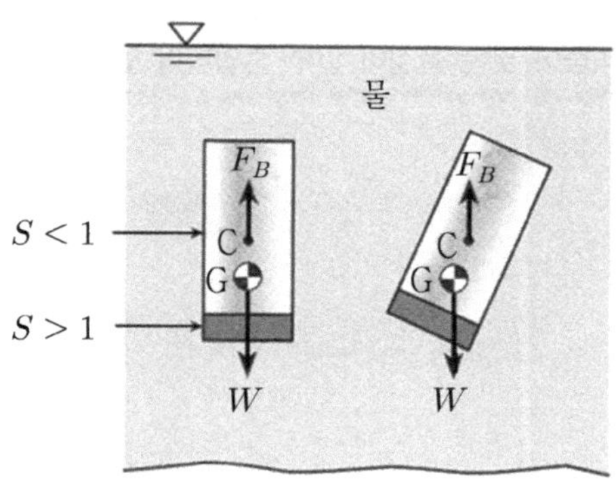

그림 4.19 안정한 물체

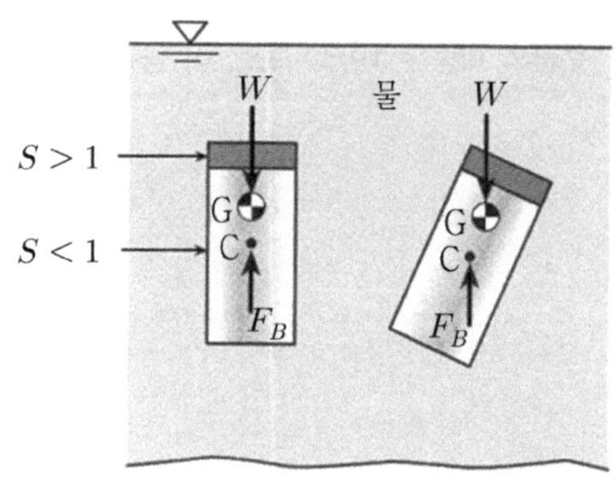

그림 4.20 불안정한 물체

4.5.2 부유 물체의 안정성

유체 중에 일부 잠겨있는 부유 물체의 안정성 문제는 물체가 회전하면 부력중심의 위치가 변하기 때문에 완전히 잠겨있는 물체의 안정성 분석보다 더 복잡하다. 이에 대한 한 가지 결론은 부유 물체의 부력중심이 무게중심보다 낮은 경우에도 회전이 지나치게 크지 않으면 부유 물체는 안정될 수 있다는 점이다.

그림 4.21은 선박과 같이 일부분만 물에 잠겨있는 부유 물체의 단면을 보여주고 있는데, 무게중심 G가 부력중심 B보다 바로 위에 있으면 안정된 평형 상태이다. 하지만 물체가 작은 각도 θ만큼 시계 방향으로 회전할 때 부력중심이 B에서 B′로 이동한다. 이러한 부력중심의 이동은 배제된 액체의 분포가 변하기 때문에 일어나며, 물체 중심선의 오른쪽에 존재하도록 더 많은 액체를 배제하는 원인이 된다. 그 결과 물체가 원래의 평형 위치로 복구되도록 반시계 방향의 복원 부력이 만들어진다.

경심(Metacenter)은 부유 물체의 중심축과 부력의 작용선이 교차하는 지점 M이고, 물체의 무게중심 G와 경심 M 사이의 거리를 경심 높이($\overline{\mathrm{GM}}$)라고 한다.

기울어진 물체를 일으켜 세우려는 복원모멘트는 경심 높이($\overline{\mathrm{GM}}$)에 비례하기 때문에, 경심 높이는 부유 물체의 안정성을 측정하는 직접적인 척도가 된다.

$$M_{couple} \;=\; W \times \overline{\mathrm{GM}}\,\sin\theta \tag{4.30}$$

식 (4.30)을 사용하기 위해서는 경심 높이의 크기를 계산해야 할 필요가 있다. 부가하여, 복원모멘트가 복원 부력인가 또는 전복 부력인가를 결정하기 위해 $\overline{\mathrm{GM}}$의 부호를 확인할 필요가 있다. $\overline{\mathrm{GM}}$의 크기와 부호는 식 (4.31)과 (4.32)를 사용하여 구할 수 있다.

$$\overline{\mathrm{BM}} \;=\; \frac{I_0}{V_s} \tag{4.31}$$

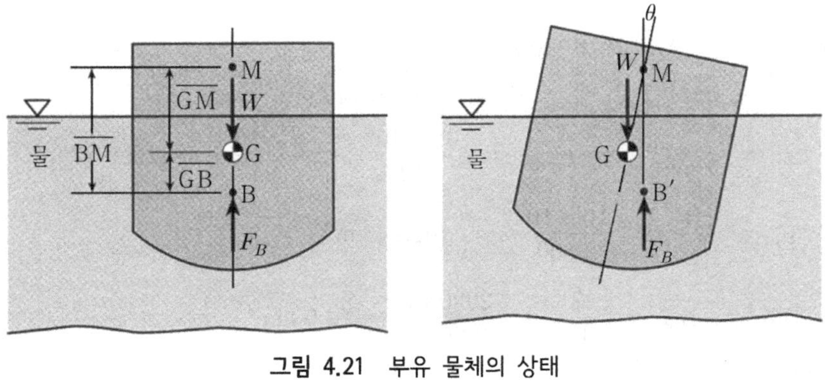

그림 4.21 부유 물체의 상태

$$\overline{GM} = \overline{BM} - \overline{BG} \tag{4.32}$$

여기서 $\overline{BM}$은 부력중심과 경심 사이의 거리, I_0는 부유 물체의 회전축에 대해 수직인 물체 단면의 관성모멘트 그리고 V_s는 부유 물체의 체적에서 유체에 잠긴 부분이다.

경심 M이 무게중심 G보다 높으면 경심 높이($\overline{GM}$)는 양(+)이고 물체의 평형은 안정하다. 반대로 경심 M이 무게중심 G보다 낮으면 경심 높이($\overline{GM}$)는 음(-)이고 불안정하다. 그리고 경심 M과 중심 G가 일치하면 경심 높이는 0이고, 중립 안정성을 나타낸다.

【예제 4.10】

그림 4.22에서 보는 바와 같이 배가 수선(perpendicular)에서 수평 단면을 갖는다. 배와 화물의 중량이 10 MN인 경우, 무게중심이 부력중심보다 높아 배가 안정 상태를 유지할 수 있는 최대 거리 $\overline{BG}$를 구하라.

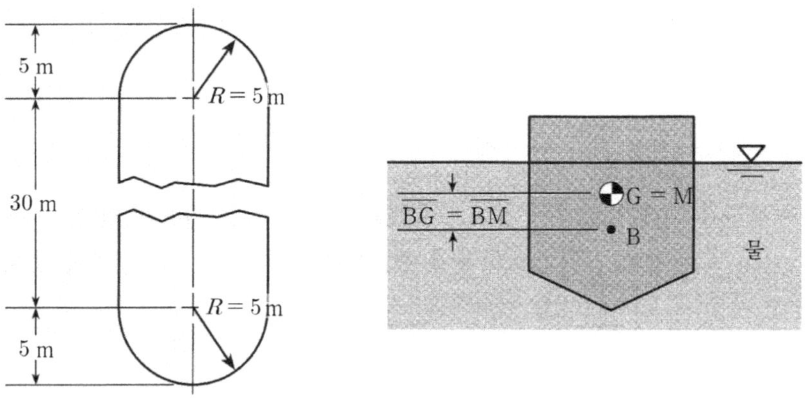

그림 4.22 예제 4.10의 설명도

☞ 풀이

문제에서 경심 높이 $\overline{GM} = 0$이므로, 중립 안정 상태이다.

그리고 $\overline{BG} = \overline{BM}$이므로, 식 (4.31) 및 (4.32)를 사용하여 $\overline{BG}$를 구한다.

$$I_0 = I_{rectangle} + I_{circle} = \frac{30 \times 10^3}{12} + \frac{\pi \times 10^4}{64} = 2990.87 \text{ m}^4$$

$$V_s = \frac{W}{\gamma_w} = \frac{10 \times 10^6}{9800} = 1020.41 \text{ m}^3$$

$$\overline{BM} = \overline{BG} = \frac{I_0}{V_s} = \frac{2990.87}{1020.41} = 2.93 \text{ m}$$

4.6 운동 유체의 상대적 정지

서로 인접한 유체 분자 사이에 상대운동이 없는 등속도 유동에서도 정지 유체와 같이 전단응력이 발생하지 않기 때문에 정지 유체에서의 압력변화에 관한 법칙을 그대로 따르게 된다. 대표적인 경우의 하나는 선형 등가속도운동이고, 다른 하나는 등속 회전운동이다. 이와 같이 상대적인 위치의 변화량이 없이 고체처럼 운동하고 있을 때를 상대적 정지 또는 상대적 평형(relative equilibrium) 상태에 있다고 말한다.

4.6.1 수평 등가속도 운동 유체

그림 4.23과 같이 상부가 개방된 용기에 점선으로 표시된 만큼 액체를 채우고 수평방향 가속도 a_x로 움직이고 있다면, 액체의 표면은 수평면과 θ만큼 경사각을 이룬 상태에서 상대적 평형을 이루게 된다.

그림 4.23의 체적 요소에 뉴턴의 운동방정식을 적용시키면 다음과 같다.

$$\sum F_x = P_1 A - P_2 A = \gamma h_1 A - \gamma h_2 A = \frac{W}{g} a_x \tag{4.33}$$

위 식 (4.33)을 수평 요소의 중량 $W = \gamma A l$로 나누어 정리하면

$$\frac{P_1 - P_2}{\gamma l} = \frac{h_1 - h_2}{l} = \frac{a_x}{g} \tag{4.34}$$

이다. 여기에서 $(h_1 - h_2)/l$는 자유표면의 기울기 $\tan\theta$와 같으므로, 경사각 θ는 식 (4.35)와 같이 구할 수 있다.

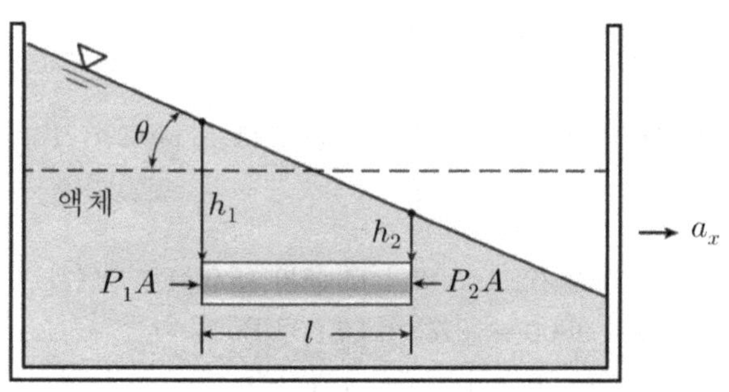

그림 4.23 수평방향 등가속도 운동 유체

$$\theta = \tan^{-1}\left(\frac{h_1 - h_2}{l}\right) = \tan^{-1}\left(\frac{a_x}{g}\right) \tag{4.35}$$

따라서 수평방향의 가속도 a_x가 일정하면, 등압선은 θ만큼 기울어진 수면(자유표면)과 평행하다. 그러므로 이 원리를 이용하여 가속도계를 만들 수 있다.

【예제 4.11】

그림 4.24와 같이 길이 4 m인 물탱크차가 등가속도로 움직일 때, 다음을 구하라.

(가) 수평 가속도 a_x

(나) 가속도의 크기는 유체에 따라 달라지는가?

(다) 바닥 모서리 A점과 B점의 위치에서 압력

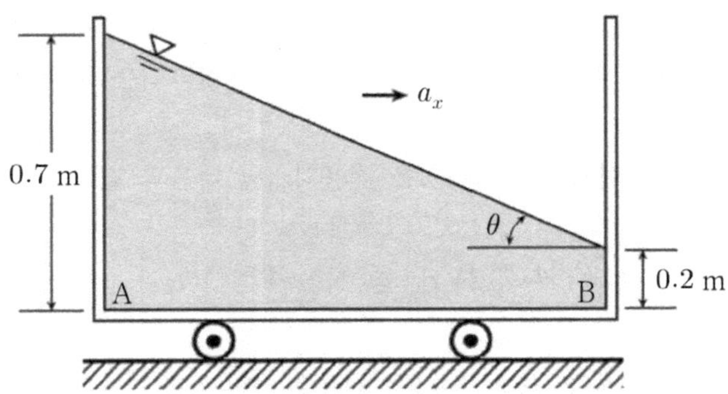

그림 4.24 예제 4.11의 설명도

☞ 풀이

가. 자유표면의 기울기로부터 가속도 a_x를 구한다.

$$\tan\theta = \frac{h_1 - h_2}{l} = \frac{0.7 - 0.2}{4.0} = 0.125$$

$$a_x = g \times \tan\theta = 9.8 \times 0.125 = 1.225 \text{ m/s}^2$$

나. 수면(자유표면)의 경사각 θ는 유체와 상관이 없으므로, 가속도의 크기는 유체에 따라 달라지지 않는다.

다. 경사 수면에서 압력은 대기압이므로, 바닥 모서리에서 압력은 다음과 같다.

$$P_A = \gamma_w h_1 = 9800 \times 0.7 = 6.86 \text{ kPa}$$

$$P_B = \gamma_w h_2 = 9800 \times 0.2 = 1.96 \text{ kPa}$$

4.6.2 수직 등가속도 운동 유체

용기에 액체를 채우고 그림 4.25와 같이 가속도 a_y를 가지고 연직 상향으로 움직이면, 액체의 자유표면은 그대로 수평 상태이고 등압면도 역시 수평선과 일치한다.

그림 4.25의 수직 요소에 뉴턴의 운동방정식을 적용시키면 다음과 같다.

$$\sum F_y = PA - W = \frac{W}{g} a_y \tag{4.36}$$

위 식 (4.36)에 수직 요소의 중량 $W = \gamma h A$를 대입시켜 정리하면

$$P = \gamma h \left(1 + \frac{a_y}{g}\right) \tag{4.37}$$

이다. 위 식 (4.37)에서 가속도 a_y가 0이면, 연직방향의 압력변화는 정지유체 상태와 같다.

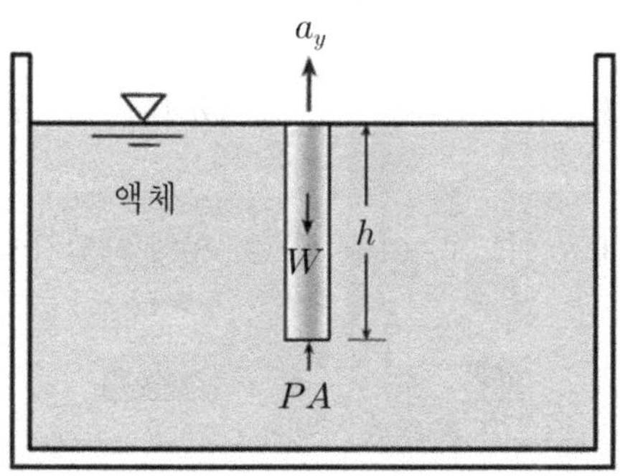

그림 4.25 수직 등가속도 운동 유체

【예제 4.12】

그림 4.25와 같은 용기에 깊이 3 m의 물을 채우고 다음과 움직일 때, 용기 바닥에서 압력을 구하라.

(가) 연직 상향 가속도 $a_y = 4\ \mathrm{m/s^2}$

(나) 자유낙하

☞ 풀이

가. 가속도 $a_y = 4\ \mathrm{m/s^2}$일 때, 식 (4.37)을 사용하여

$$P = \gamma_w h\,(1 + \frac{a_y}{g}) = 9800 \times 3 \times (1 + \frac{4}{9.8}) = 41.4\,\mathrm{kPa}$$

나. 자유낙하의 경우 $a_y = -g$이므로, 용기 내부의 모든 점에서 압력 $P = 0$(계기압)으로 수면에 작용하는 압력과 동일하다.

4.6.3 등속 회전운동 유체

유체 전체가 고체와 같이 회전축을 중심으로 회전하는 것을 강제 와류 운동(forced vortex motion)이라 한다. 이때 모든 유체 입자들은 동일한 각속도를 갖으며, 액체 내에 전단응력은 존재하지 않고 회전축을 향하는 구심가속도만이 발생한다. 그러므로 일정 각속도 ω로 등속 회전운동을 하는 유체는 그림 4.26과 같이 원심력에 의해 바깥쪽 수면이 상승하게 된다.

유체는 일정하게 회전하므로 접선가속도가 없어도 연직 회전축에 대한 법선 가속도는 $r\omega^2$으로 일정한 값을 갖는다. 따라서 미소 체적 요소에 대한 반경 방향의 운동방정식은 다음과 같다.

$$\sum F_r = P\,dA_r - (P + \frac{\partial P}{\partial r}dr)\,dA_r + dm\,r\omega^2 = 0 \tag{4.38}$$

미소 요소의 질량 $dm = \rho\,dA_r\,dr$이므로, 이를 식 (4.38)에 대입시켜 정리하면

$$\frac{dP}{dr} = \rho r \omega^2 = \frac{\gamma r \omega^2}{g}$$

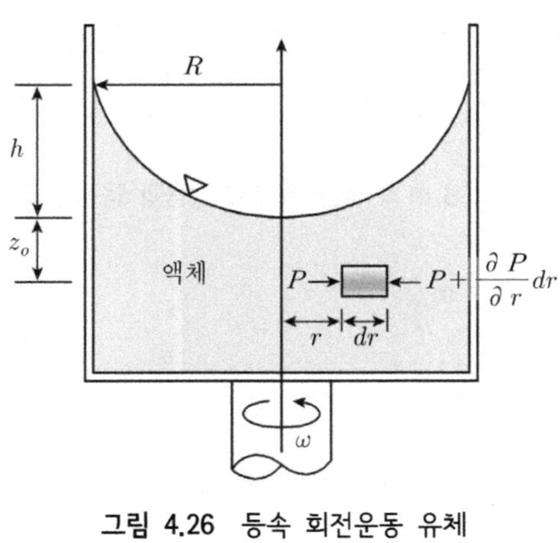

그림 4.26 등속 회전운동 유체

이다. 그리고 이를 적분하면 다음과 같다.

$$P = \frac{\gamma r^2 \omega^2}{2g} + c \tag{4.39}$$

여기서 $r = 0$이고 깊이는 z_o일 때, 적분 상수 $c = P_{atm} + \gamma z_o$이다. 따라서 식 (4.39)는 다음과 같다.

$$P = P_{atm} + \gamma z_o + \frac{\gamma r^2 \omega^2}{2g} \tag{4.40}$$

그리고 $r = R$일 때, 바깥쪽 수면이 용기 중심보다 h만큼 상승하여 깊이는 $z_o + h$이고 압력은 다음과 같다.

$$P = P_{atm} + \gamma (z_o + h)$$

이를 식 (4.40)에 대입시켜 정리하면, 유체의 상승높이 h를 구할 수 있다.

$$h = \frac{R^2 \omega^2}{2g} \tag{4.41}$$

또한 식 (4.41)을 각속도 ω로 변환하면

$$\omega = \frac{1}{R}\sqrt{2gh} \tag{4.42}$$

이다. 즉, 등속 회전운동을 하는 유체의 상승높이를 측정하면 각속도를 알 수 있고, 이 원리를 이용하여 회전계(tachometer)를 만들 수 있다.

【예제 4.13】

직경 45 cm, 높이 60 cm의 원통 용기에 물이 가득 담겨있다. 이를 등속으로 회전시키면 물이 넘쳐흘러 원통 바닥의 중심점이 보인다. 이때의 각속도 ω와 분당 회전수(rpm)를 구하라.

☞ 풀이

식 (4.42)에 원통 중심과 가장자리의 유체 높이차 h를 적용하여 각속도 ω를 계산한다.

$$R = \frac{0.45}{2} = 0.225\ \mathrm{m}$$

$$h = 0.6\ \mathrm{m}$$

$$\omega = \frac{1}{R}\sqrt{2gh} = \frac{1}{0.225}\times\sqrt{2\times 9.8\times 0.6} = 15.241\ \mathrm{rad/s}$$

1회전은 2π radian이므로, 각속도를 다음과 같이 회전속도로 변환한다.

$$N = \omega\times\frac{60}{2\pi} = 15.241\times\frac{60}{2\times\pi} = 145.54\ \mathrm{rpm}$$

연습문제 및 해설

4.1 아래 그림 4.27과 같이, 압축공기 탱크의 우측 경사면에 작용하는 힘의 크기와 방향을 구하라. 공기 탱크의 길이는 1 m이다.

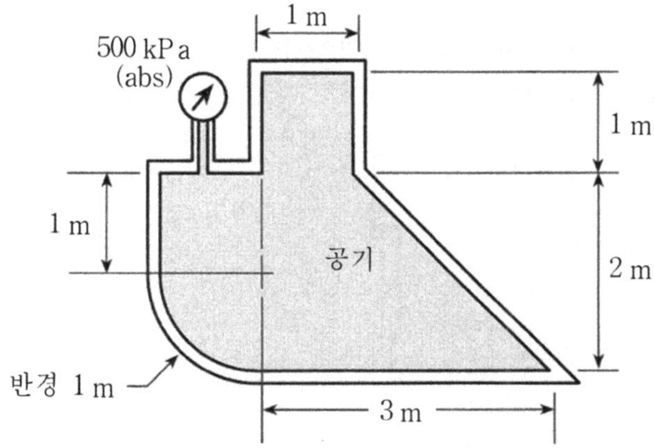

그림 4.27 문제 4.1의 설명도

【해설】 고도 차이에 의한 기체의 압력변화는 무시할 수 있으므로,

$P_{air} = P_{abs} - P_{atm} = 500000 - 101325 = 398675\ \text{Pa}$이다.

탱크 경사면의 면적은 $\sqrt{8}\ \text{m}^2$이므로, 이 경사면에서 작용하는 힘은 다음과 같고 수직으로 작용한다.

$F = P_{air} A = 398675 \times \sqrt{8} = 1.13\ \text{MN}$

4.2 그림 4.28과 같이 물속에 잠겨있는 원추에 작용하는 순수한 힘을 계산하라.

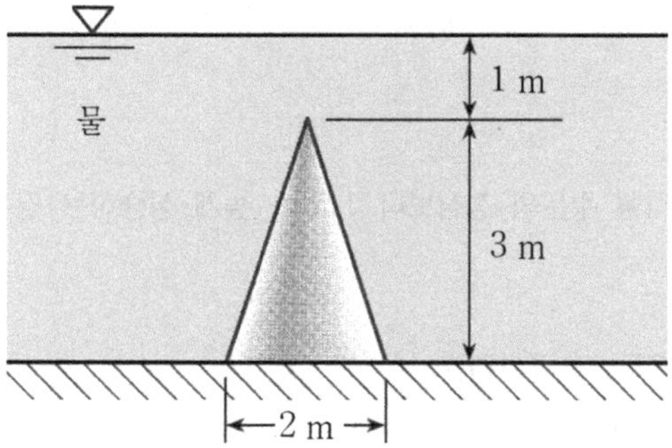

그림 4.28 문제 4.2의 설명도

【해설】 원추에 작용하는 수평성분의 힘은 좌우 대칭이므로 서로 상쇄되고, 수직력만 존재한다. 수직력은 원추 상부에서 존재하는 물의 중량과 같다.

$$F = \gamma_w V = 9800 \times \left[\pi \times 1^2 \times (1+3) - \frac{\pi \times 1^2}{3} \times 3\right] = 92.36\ \mathrm{kN}$$

4.3 그림 4.29와 같은 수문에서 합력과 작용점(압력중심)을 구하라. 수문의 형태는 정삼각형이며, 물의 수의는 수문의 상부 정점과 동일하다.

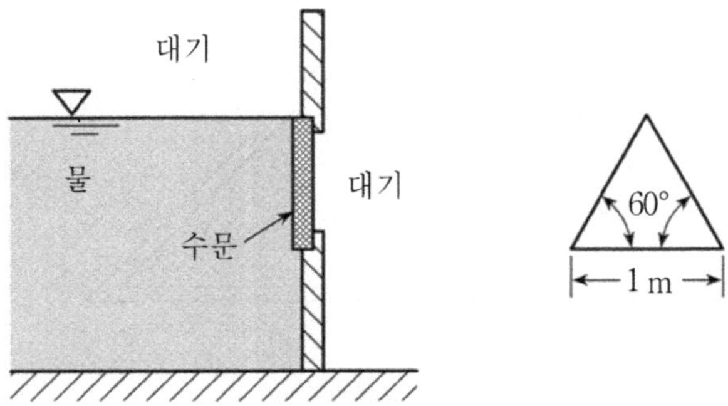

그림 4.29 문제 4.3의 설명도

【해설】 정삼각형 수문의 도심은 꼭지점에서 2/3 지점에 위치

도심 깊이 $$h_c = 0.5 \times \tan 60° \times \frac{2}{3} = 0.577\ \mathrm{m}$$

작용력 $$F = \gamma_w h_c A = 9800 \times 0.577 \times 0.433 = 2.45\ \mathrm{kN}$$

관성모멘트 $$I_G = \frac{bh^3}{36} = \frac{1 \times 0.866^3}{36} = 1.804 \times 10^{-2}\ \mathrm{m}^4$$

압력중심 $$h_p = h_c + \frac{I_G}{h_c A} = 0.577 + \frac{1.804 \times 10^{-2}}{0.577 \times 0.433} = 0.65\ \mathrm{m}$$

4.4 문제 4.3에서 수위가 삼각형 수문의 정점보다 1.5 m 높게 상승하는 경우에 수문에 작용하는 물의 합력과 작용점을 구하라.

【해설】 $$h_c = 1.5 + 0.577 = 2.077\ \mathrm{m}$$

$$F = \gamma_w h_c A = 9800 \times 2.077 \times 0.433 = 8813.54\ \mathrm{N}$$

$$h_p = h_c + \frac{I_G}{h_c A} = 2.077 + \frac{1.804 \times 10^{-2}}{2.077 \times 0.433} = 2.1\ \mathrm{m}$$

4.5 그림 4.30과 같은 원주형 용기에 물이 채워져 있고, 탱크의 상부에서 물을 추가할 수 있도록 주입구를 가지고 있다. 다음의 경우에서 양쪽 원형 벽면에 작용하는 합력과 작용점을 구하라.

(a) $h = 0$

(b) $h = 0.5\ \mathrm{m}$

(c) 주입구 지름이 (a) 및 (b)의 경우에 어떠한 영향을 끼치며, 그 이유를 설명하라.

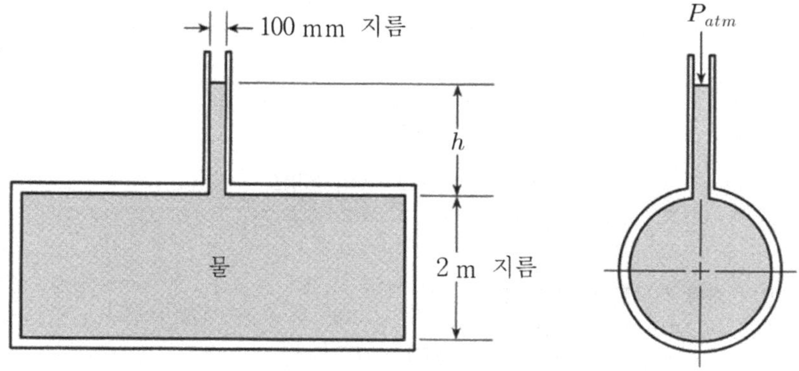

그림 4.30 문제 4.5의 설명도

【해설】 원형 벽면적 $A = \dfrac{\pi D^2}{4} = \dfrac{\pi \times 2^2}{4} = \pi\ \mathrm{m}^2$

관성모멘트 $I_G = \dfrac{\pi d^4}{64} = \dfrac{\pi \times 2.0^4}{64} = 0.25\pi\ \mathrm{m}^4$

(a) $h = 0$

도심 깊이 $h_c = 0 + \dfrac{2.0}{2} = 1.0\ \mathrm{m}$

작용력 $F = \gamma_w h_c A = 9800 \times 1 \times \pi = 30.79\ \mathrm{kN}$

압력중심 $h_p = h_c + \dfrac{I_G}{h_c A} = 1.0 + \dfrac{0.25\pi}{1.0 \times \pi} = 1.25\ \mathrm{m}$

(b) $h = 0.5\ \mathrm{m}$

도심 깊이 $h_c = 0.5 + \dfrac{2.0}{2} = 1.5\ \mathrm{m}$

작용력 $F = \gamma_w h_c A = 9800 \times 1.5 \times \pi = 46.18\ \mathrm{kN}$

압력중심 $h_p = h_c + \dfrac{I_G}{h_c A} = 1.5 + \dfrac{0.25\pi}{1.5 \times \pi} = 1.67\ \mathrm{m}$

(c) 주입구의 지름은 어떠한 영향도 주지 않는다. 탱크 벽면에 작용하는 합력과 작용점은 주입구에 채워진 물의 높이에 따라 달라지기 때문이다.

4.6 그림 4.31과 같은 원형 관로에 원판이 장착되어 있다. 물이 원판의 왼쪽에는 가득 채워져 있고 오른쪽에는 절반 채워져 있다. 그림과 같이 원판이 닫혀 있도록 하기 위해 원판의 회전축에 작용해야 할 회전력(토크)를 계산하라.

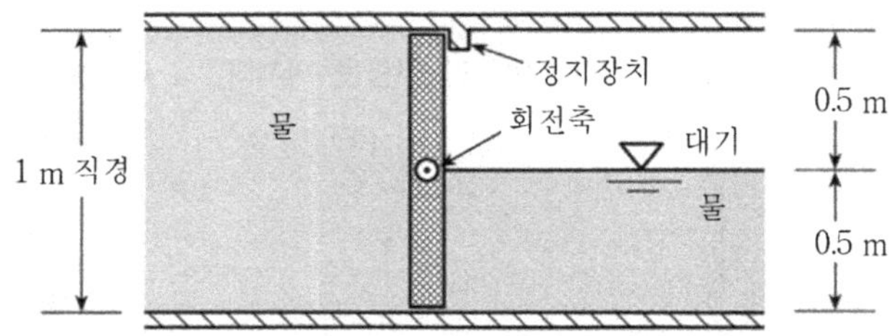

그림 4.31 문제 4.6의 설명도

【해설】

(a) 원판의 좌측 작용력 및 작용점

$$A = \frac{\pi d^2}{4} = \frac{\pi \times 1^2}{4} = 7.854 \times 10^{-1}\ \text{m}^2$$

$$h_c = \frac{1.0}{2} = 0.5\ \text{m}$$

$$F_l = \gamma_w h_c A = 9800 \times 0.5 \times 0.7854 = 3848.46\ \text{N}$$

$$I_G = \frac{\pi d^4}{64} = \frac{\pi \times 1.0^4}{64} = 4.909 \times 10^{-2}\ \text{m}^4$$

$$h_{p,l} = h_c + \frac{I_G}{h_c A} = 0.5 + \frac{4.909 \times 10^{-2}}{0.5 \times 0.7854} = 0.625\ \text{m}$$

(b) 원판의 우측 작용력 및 작용점

$$A = \frac{\pi d^2}{4 \times 2} = \frac{\pi \times 1^2}{8} = 3.927 \times 10^{-1}\ \text{m}^2$$

$$h_c = \frac{2d}{3\pi} = \frac{2 \times 1}{3\pi} = 2.122 \times 10^{-1}\ \text{m}$$

$$F_r = \gamma_w h_c A = 9800 \times 0.2122 \times 0.3927 = 816.64\ \text{N}$$

$$I_G = \left(\frac{1}{2} - \frac{32}{9\pi^2}\right) \times \frac{\pi d^4}{64} = 6.86 \times 10^{-3} \times 1^4 = 6.86 \times 10^{-3}\ \text{m}^4$$

$$h_{p,r} = h_c + \frac{I_G}{h_c A} = 0.2122 + \frac{6.86 \times 10^{-3}}{0.2122 \times 0.3927} = 0.295\ \text{m}$$

(c) $T = \sum M = F_l \times (h_{p,l} - \frac{d}{2}) - F_r \times h_{p,r}$

$$= 3848.46 \times (0.625 - 0.5) - 816.64 \times 0.295 = 240.15\ \mathrm{N \cdot m}$$

시계방향으로 $240\ \mathrm{N \cdot m}$ 이상의 회전력을 가해야 원판이 닫혀있게 된다.

4.7 문제 4.6의 장치에서 원판의 오른쪽에 물이 없을 때 원판이 닫혀 있도록 회전축에 작용해야 할 토크를 계산하라.

【해설】 $T = F_l \times \left(h_{p,l} - \dfrac{d}{2}\right) = 3848.46 \times (0.625 - 0.5) = 481.06\ \mathrm{N \cdot m}$

4.8 그림 4.32와 같이 수위가 어느 정도에 이르면 수문은 열리도록 되어 있다. 직사각형 수문의 폭이 1.5 m일 때, 수문이 열리는 물의 최소 높이 h를 구하라.

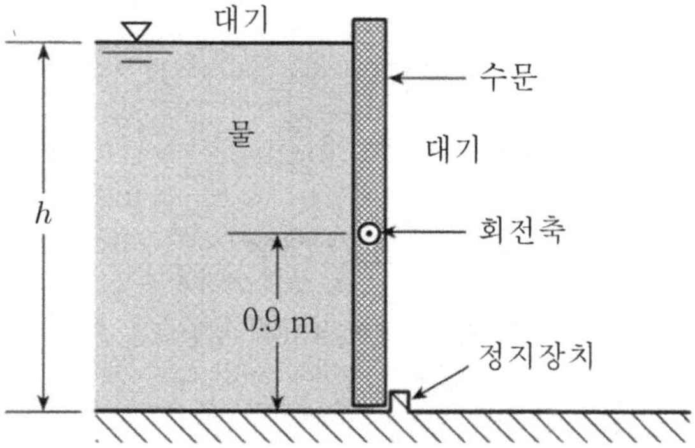

그림 4.32 문제 4.8의 설명도

【해설】 수문의 회전축을 중심으로 수문 상부에 작용하는 회전력이 수문 하부에 작용하는 회전력보다 클 때 수문이 열리기 시작한다. 즉, 작용점(압력중심)이 수문 회전축 깊이와 같을 때 물의 높이 h는 최소이다.

$$h_p = h_c + \frac{I_G}{h_c A} = \frac{h}{2} + \frac{bh^3/12}{\dfrac{h}{2} \times bh} = \frac{4h}{6}$$

$$h_p = \frac{4h}{6} \le h - 0.9$$

$$h \ge 2.7\ \mathrm{m}$$

4.9 문제 4.8에서 수문의 폭이 수문이 열리는데 필요한 최소 수위에 영향을 주느냐? 그 이유를 설명하라.

【해설】 영향을 주지 않는다. 수문의 폭은 작용력에 영향을 주지만 압력중심(작용점)에는 영향을 주지 않는다. 그리고 회전축을 중심으로 수문 상부와 하부에 작용하는 작용력은 모두 수문의 폭에 비례하므로, 수문의 폭은 서로 상쇄되어 회전력 및 수위에는 영향을 주지 않는다.

4.10 그림 4.33과 같은 정사각형 수문에서, 정지장치에 가하는 힘이 40 kN보다 크게 되면 장치가 손상된다. 이 때 물의 수위 h는 얼마인가?

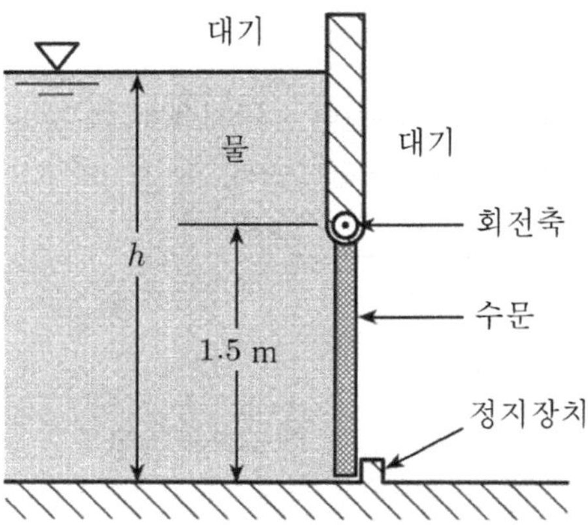

그림 4.33 문제 4.10의 설명도

【해설】 $h_c = h - 1.5 + \dfrac{1.5}{2} = h - 0.75$

$$F = \gamma_w h_c A = 9800 \times (h-0.75) \times 1.5^2 = 22050 \times (h-0.75)$$

$$h_p = h_c + \frac{I_G}{h_c A}$$

$$= (h-0.75) + \frac{\dfrac{1.5 \times 1.5^3}{12}}{(h-0.75) \times 1.5^2} = (h-0.75) + \frac{0.1875}{h-0.75}$$

$$\sum M = F \times (h_p - h + 1.5) - 40000 \times 1.5 = 0$$

$$22050 \times (h-0.75) \times \left(0.75 + \frac{0.1875}{h-0.75}\right) - 40000 \times 1.5 = 0$$

$$h = 4.13 \text{ m}$$

4.11 그림 4.34와 같이 저수조의 사각형 수문이 수면과 60° 각도를 유지하는데 필요한 최소한의 힘 R을 구하라. 수문의 폭은 5 m이고, 수문 오른쪽은 대기에 노출되어 있다.

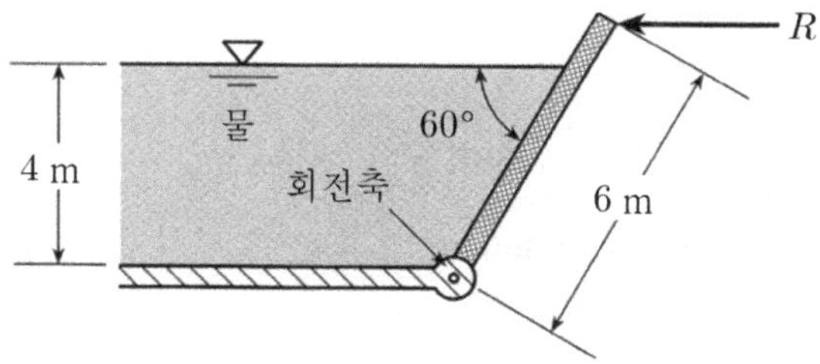

그림 4.34 문제 4.11의 설명도

【해설】 지지력 R의 방향이 수문과 직각이 아님에 유의

$$A = 5 \times \frac{4}{\sin 60°} = 23.094\ \mathrm{m}^2$$

$$F = \gamma_w y_c A \sin 60° = \gamma h_c A = 9800 \times \frac{4}{2} \times 23.094 = 452.642\ \mathrm{kN}$$

$$y_p = y_c + \frac{I_G}{y_c A} = \frac{4/2}{\sin 60°} + \frac{5 \times (4/\sin 60°)^3/12}{\dfrac{4/2}{\sin 60°} \times 23.094} = 3.079\,\mathrm{m}$$

$$\sum M = F \times \left(\frac{4}{\sin 60°} - y_p\right) - R\cos 30° \times 6 = 0$$

$$R = \frac{452.642 \times (4.619 - 3.079)}{6 \times \cos 30°} = 134.15\ \mathrm{kN}$$

4.12 그림 4.35와 같이 밀폐 용기의 경사진 벽면에 지름 2 m의 원형 수문이 설치되어있다. 용기에는 물이 완전히 채워져 있고, 용기 바닥의 압력은 100 kPa(계기압)이다. 원형 수문에 작용하는 합력의 크기와 작용점을 구하라.

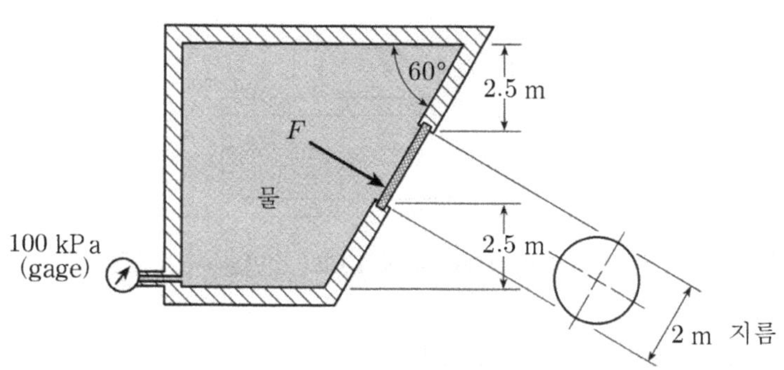

그림 4.35 문제 4.12의 설명도

【해설】 탱크 상부의 압력

$$P_t = P_b - \gamma_w h = 100000 - 9800 \times (2.5 + 2\sin 60° + 2.5) = 34025.9 \text{ Pa}$$

수문의 도심

$$y_c = \frac{2.5}{\sin 60°} + \frac{2}{2} = 3.887 \text{ m}$$

$$h_c = y_c \times \sin 60° = 3.366 \text{ m}$$

도심의 작용 압력

$$P = P_t + \gamma_w h_c = 34025.9 + 9800 \times 3.366 = 67012.7 \text{ Pa}$$

$$A = \frac{\pi d^2}{4} = \frac{\pi \times 2.0^2}{4} = \pi \text{ m}^2$$

작용력 및 작용점(압력중심)

$$F = P \times A = 67012.7 \times \pi = 210.53 \text{ kN}$$

$$I_G = \frac{\pi d^4}{64} = \frac{\pi \times 2.0^4}{64} = 0.25\pi \text{ m}^4$$

$$y_p = y_c + \frac{I_G}{y_c A} = 3.887 + \frac{0.25\pi}{3.887 \times \pi} = 3.95 \text{ m}$$

$$h_p = y_p \times \sin 60° = 3.95 \times \sin 60° = 3.42 \text{ m}$$

4.13 그림 4.36과 같이 폭이 2 m인 60° 각도의 ∠형 수문이 닫혀 있는 상태를 유지하는데 필요한 물으 높이 h를 구하라. 수문 자체의 무게는 무시한다.

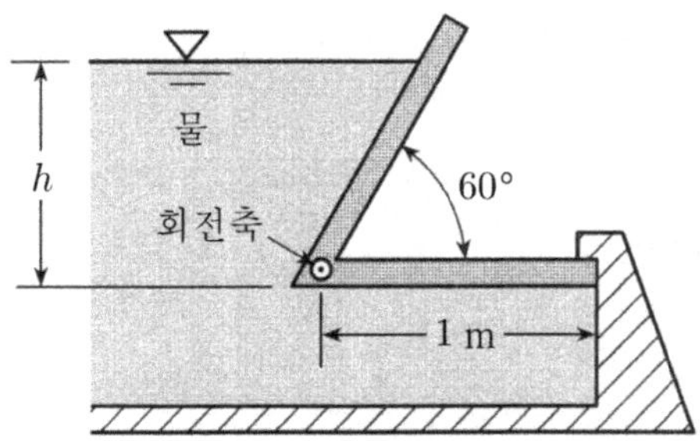

그림 4.36 문제 4.13의 설명도

【해설】 수문의 자유물체선도는 아래와 같고, 회전축 O를 중심으로 한 모멘트 $M_1 \geq M_2$일 때 수문은 닫

혀있는 상태를 유지한다.

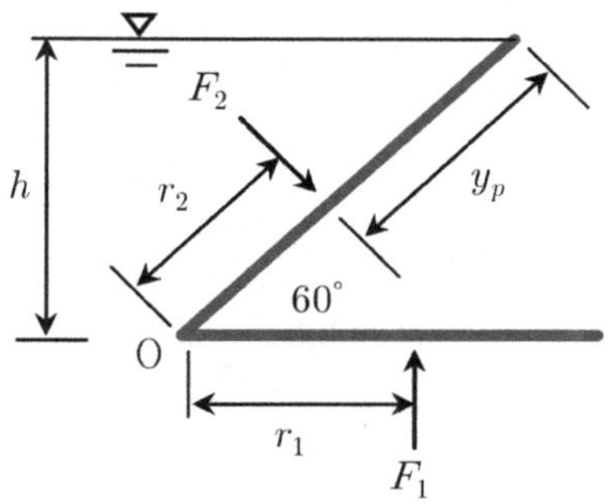

$$F_1 = P_1 A_1 = \gamma_w h A_1 = \gamma_w h \times 1 \times 2$$

$$r_1 = \frac{1}{2} = 0.5 \text{ m}$$

$$F_2 = \gamma_w y_c A_2 \sin 60° = \gamma_w \times \frac{h/2}{\sin 60°} \times \frac{2 \times h}{\sin 60°} \times \sin 60° = \frac{\gamma_w h^2}{\sin 60°}$$

$$y_p = y_c + \frac{I_G}{y_c A_2} = \frac{h/2}{\sin 60°} + \frac{\frac{2 \times (h/\sin 60°)^3}{12}}{\frac{h/2}{\sin 60°} \times \frac{2 \times h}{\sin 60°}} = \frac{2h}{3\sin 60°}$$

$$r_2 = \frac{h}{\sin 60°} - y_p = \frac{h}{\sin 60°} - \frac{2h}{3\sin 60°} = \frac{h}{3\sin 60°}$$

$$F_1 \times r_1 \geq F_2 \times r_2$$

$$2\gamma_w h \times 0.5 \geq \frac{\gamma_w h^2}{\sin 60°} \times \frac{h}{3\sin 60°}$$

$$h \leqq 1.5 \text{ m}$$

수위가 1.5 m 이상으로 높아지면 수문이 시계방향으로 회전하여 열린다.

4.14 그림 4.37과 같이 대기에 개방된 물탱크의 양 측면은 직사각형에 반원을 더한 형태이다. 그림에서와 같이 탱크에 물이 채워져 있을 때 탱크의 측면에 작용하는 힘과 작용점을 구하라.

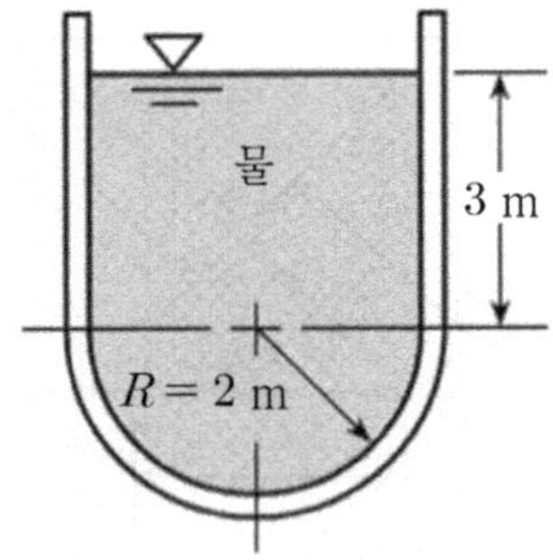

그림 4.37 문제 4.14의 설명도

【해설】 직사각형과 반원형으로 나누어 계산

(a) 상부의 직사각형 측벽에 작용하는 합력 및 작용점

$$F_1 = \gamma_w h_{1,c} A_1 = 9800 \times \frac{3}{2} \times 4 \times 3 = 176.4 \text{ kN}$$

$$h_{p,1} = h_{1,c} + \frac{I_{G,1}}{h_{1,c} A_1} = 1.5 + \frac{4 \times 3^3/12}{1.5 \times 4 \times 3} = 2.0 \text{ m}$$

(b) 하부의 반원형 측벽에 작용하는 합력 및 작용점

$$A_2 = \frac{\pi d^2}{4 \times 2} = \frac{\pi \times 4^2}{8} = 6.283 \text{ m}^2$$

$$h_{2,c} = 3 + \frac{2d}{3\pi} = 3 + \frac{2 \times 4}{3\pi} = 3.849 \text{ m}$$

$$F_2 = \gamma_w h_{2,c} A_2 = 9800 \times 3.849 \times 6.283 = 236.996 \text{ kN}$$

$$I_{G,2} = \left(\frac{1}{2} - \frac{32}{9\pi^2}\right) \times \frac{\pi d^4}{64} = 6.86 \times 10^{-3} \times 4^4 = 1.756 \text{ m}^4$$

$$h_{p,2} = h_{2,c} + \frac{I_{G,2}}{h_{2,c} A_2} = 3.849 + \frac{1.756}{3.849 \times 6.283} = 3.922 \text{ m}$$

(c) 합력 및 작용점

$$F = F_1 + F_2 = 176.4 + 236.996 = 413.4 \text{ kN}$$

자유 수면을 기준으로 모멘트의 합은 0이다.

$$\sum M = F_1 \times h_{p,1} + F_2 \times h_{p,2} - (F_1 + F_2) \times h_p = 0$$

$$h_p = \frac{F_1 \times h_{p,1} + F_2 \times h_{p,2}}{F_1 + F_2} = \frac{176.4 \times 2 + 236.996 \times 3.922}{176.4 + 236.996} = 3.1 \text{ m}$$

4.15 그림 4.38과 같이 상부가 개방된 용기의 곡면 AB에 작용하는 합력을 계산하라. 용기의 폭은 5 m이고, 곡면 AB는 원통의 1/4로 반지름은 3 m이다.

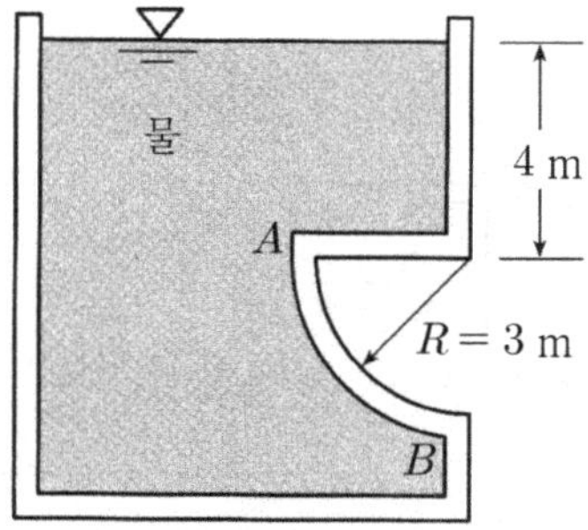

그림 4.38 문제 4.15의 설명도

【해설】 곡면 AB의 자유물체선도

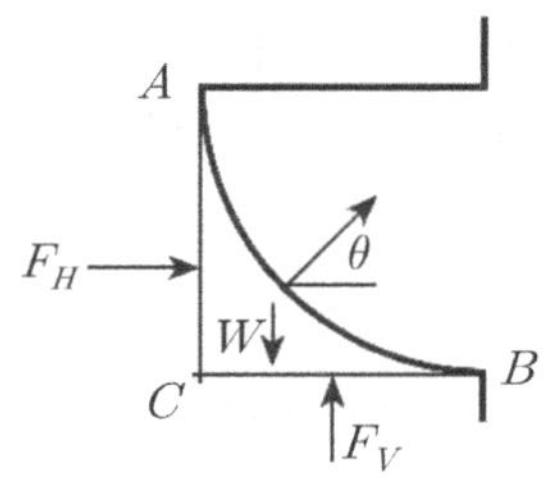

$$F_H = \gamma_w h_c A = 9800 \times \left(4 + \frac{3}{2}\right) \times (3 \times 5) = 808.5\ \mathrm{kN}$$

$$\begin{aligned} F_V &= F_{BC} - W \\ &= 9800 \times (4+3) \times (3 \times 5) - 9800 \times (3 \times 3 - \pi \times 3^2/4) \times 5 \\ &= 934.361\ \mathrm{kN} \end{aligned}$$

$$F = \sqrt{F_H^2 + F_V^2} = \sqrt{808.5^2 + 934.361^2} = 1235.6\ \mathrm{kN}$$

$$\theta = \tan^{-1}\left(\frac{F_V}{F_H}\right) = \tan^{-1}\left(\frac{934.361}{808.5}\right) = 49.13°$$

4.16 그림 4.39와 같이 밀폐된 기름 탱크에 비중 0.9인 오일이 가득 채워져 있다. 그리고 탱크의 상부는 2 m 지름의 반구 돔(dome)으로 이루어져 있다. 압력계의 값이 50 kPa(계기압)일 때 돔에 작용하는 합력을 구하라.

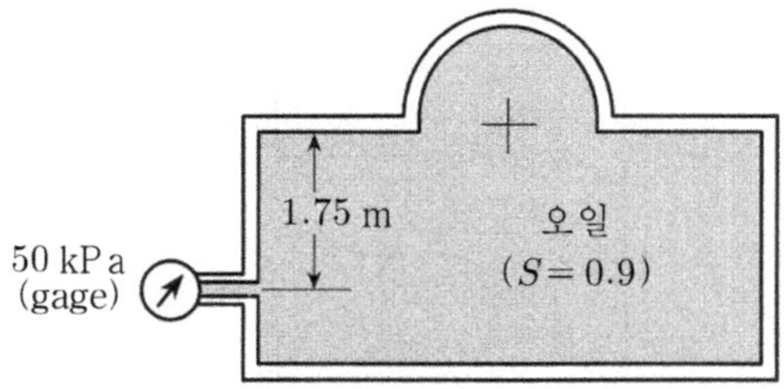

그림 4.39 문제 4.16의 설명도

【해설】 반구는 대칭이므로 수평성분의 작용력은 상쇄된다. 그리고 작용력의 수직성분은 반구 중심면의 압력에 의한 힘에서 반구 내의 오일 중량을 빼주면 된다.

반구 중심면에서 압력 및 돔에 작용하는 합력

$$P_{oil} = 50000 - 0.9 \times 9800 \times 1.75 = 34565\ \text{Pa}$$

$$F_V = P_{oil} \times \frac{\pi d^2}{4} - \gamma_{oil} \times \frac{\pi d^3}{6 \times 2}$$

$$= 34565 \times \frac{\pi \times 2^2}{4} - 0.9 \times 9800 \times \frac{\pi \times 2^3}{12} = 90.12\ \text{kN}$$

4.17 어떤 물체의 질량이 공기 중에서 측정한 경우 35 kg이고, 물속에 완전히 잠긴 상태로 측정한 경우는 25 kg이다. 이 물체의 체적과 비중을 계산하라.

【해설】 부력 = 공기 중에서 물체 중량 - 물속에서 중량

$$F_B = \gamma_w V_m = (35 - 25) \times 9.8 = 98\ \text{N}$$

$$V_m = \frac{98}{\gamma_w} = \frac{98}{9800} = 0.01\ \text{m}^3 = 10\ \ell$$

$$\rho_m = \frac{m_m}{V_m} = \frac{35}{0.01} = 3500\ \text{kg/m}^3$$

$$S_m = \frac{3500}{1000} = 3.5$$

4.18 그림 4.40과 같이 강철 물체의 하부는 수은에 잠겨있고 상부는 물속에 잠겨있다. 강체의 비중은 7.8이고 가로 및 세로 치수는 모두 1 m일 때, 강체가 물과 접촉하게 되는 높이 h를 구하라.

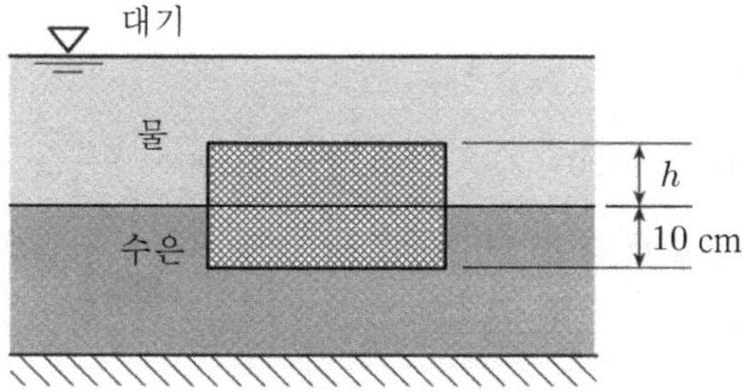

그림 4.40 문제 4.18의 설명도

【해설】 유체 속에 완전히 잠긴 상태이므로 강체의 중량과 부력은 같다.

$$W_s = \gamma_s V_s = S_s \gamma_w V_s$$
$$= 7.8 \times 9800 \times (0.1 + h) \times 1 \times 1 = 7644 + 76440h$$
$$F_B = \gamma_f V_s = (\gamma_{\mathrm{Hg}} \times 0.1 + \gamma_w \times h) \times 1 \times 1$$
$$= 13.6 \times 9800 \times 0.1 + 9800 \times h = 13328 + 9800h$$
$$7644 + 76440h = 13328 + 9800h$$
$$h = 8.53 \times 10^{-2}\ \mathrm{m} = 8.53\ \mathrm{cm}$$

4.19 그림 4.41과 같이 길이가 1 m이고 반경이 2 m인 원기둥이 기름이 넘쳐흐르지 못하도록 막고 있다. 원기둥의 하부 절반은 물과 접하고 있지만, 좌측 상부 절반은 기름과 접하고 있다. 그리고 우측 상부는 대기 중에 노출되어 있을 때, 원기둥의 질량 및 댐의 상부 모서리에 작용하는 힘을 구하라.

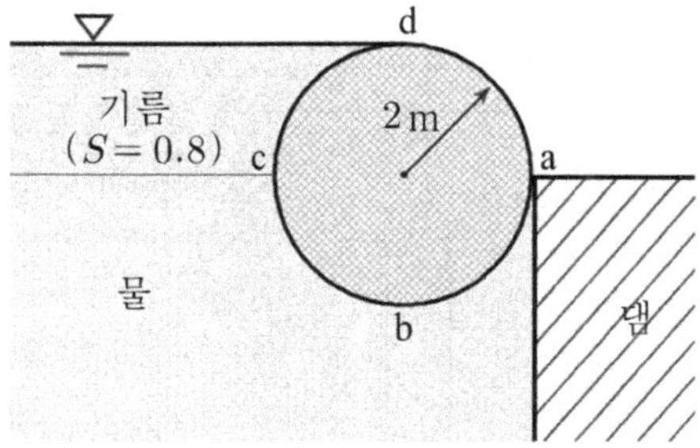

그림 4.41 문제 4.19의 설명도

【해설】

(a) 원기둥의 중량과 작용하는 부력이 같을 때 평형을 이루며, 부력은 원기둥의 하부에서 받치는 힘과 상부에서 누르는 힘의 차이이다.

$$F_{V,abc} = P_{ac} \times A + \gamma_w \times V_{adc}$$
$$= (0.8 \times 9800 \times 2) \times (4 \times 1) + (9800 \times \frac{\pi \times 2^2}{2} \times 1)$$
$$= 124.295 \text{ kN}$$
$$F_{V,cd} = \frac{P_{ac} \times A - \gamma_{oil} \times V_{adc}}{2}$$
$$= (0.8 \times 9800 \times 2) \times (\frac{4 \times 1}{2}) - (0.8 \times 9800 \times \frac{\pi \times 2^2}{4} \times 1)$$
$$= 6.73 \text{ kN}$$
$F_{V,ad} = 0$ (대기 중에 노출)

$$W = F_B = F_{V,abc} - F_{V,adc} = 124.295 - 6.63 = 117.565 \text{ N}$$

(b) 댐의 상부 모서리에 작용하는 힘은 원기둥 좌측 작용력과 우측 작용력의 차이이다.

$$F_a = F_{H,bc} + F_{H,cd} - F_{H,ab} = F_{H,cd}$$
$F_{H,ad} = 0$ (대기 중에 노출)

$F_a = F_{H,cd} = \gamma_{oil} \times h_c \times A_{cd}$(수직 투영면적)

$$= 0.8 \times 9800 \times \frac{2}{2} \times (2 \times 1) = 15.68 \text{ kN}$$

4.20 그림 4.42와 같이 유속계가 미지의 비중인 액체 속에 떠 있다. 유속계의 질량이 100 g인 경우, 액체의 비중은 얼마인가?

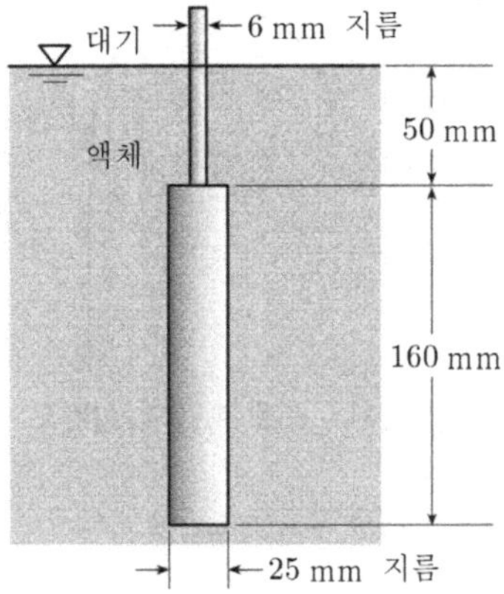

그림 4.42 문제 4.20의 설명도

【해설】 $F_B = W_m = \gamma_f V_m = S_f \gamma_w V_m$

$$V_m = \frac{\pi d_1^2}{4} \times h_1 + \frac{\pi d_2^2}{4} \times h_2$$

$$= \frac{\pi \times 0.006^2}{4} \times 0.05 + \frac{\pi \times 0.025^2}{4} \times 0.16 = 7.995 \times 10^{-5}\ \mathrm{m}^3$$

$$S_f = \frac{W_m}{\gamma_w V_m} = \frac{0.1 \times 9.8}{9800 \times 7.995 \times 10^{-5}} = 1.25$$

4.21 그림 4.43과 같은 직사각형 바지선(barge)의 중량이 10 MN이고, 중력중심은 그림에서 나타낸 것과 같이 위치한다. 이 바지선이 물속에서 안정한가를 결정하라.

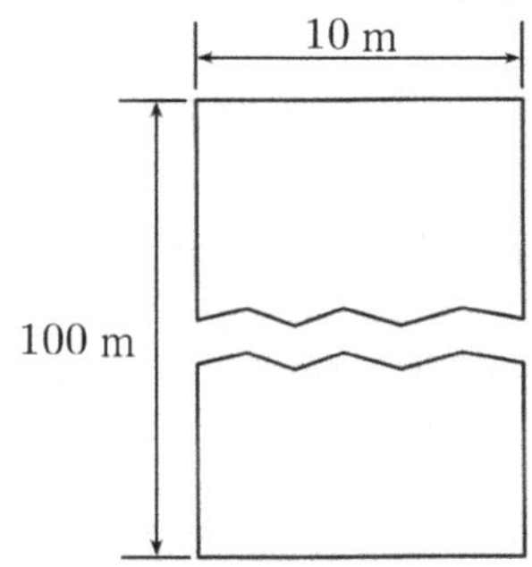

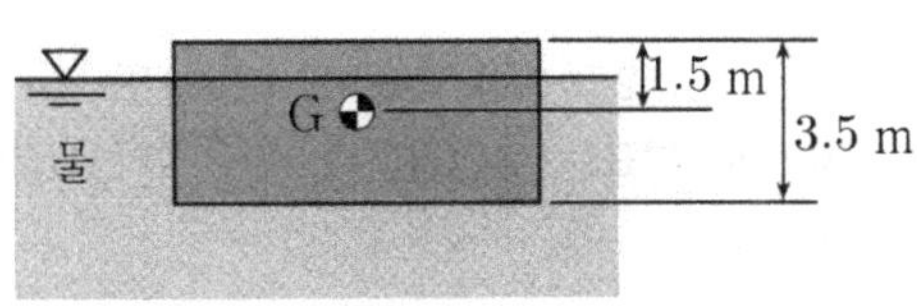

그림 4.43 문제 4.21의 설명도

【해설】 관성모멘트 $I_o = \dfrac{100 \times 10^3}{12} = 8333.333\ \mathrm{m}^4$

잠긴 체적 $V = \dfrac{F_B(= W)}{\gamma_w} = \dfrac{10 \times 10^6}{9800} = 1020.408\ \mathrm{m}^3$

부심과 경심 거리 $\overline{\mathrm{BM}} = \dfrac{I_o}{V} = \dfrac{8333.333}{1020.408} = 8.167\ \mathrm{m}$

잠긴 깊이 $h = \dfrac{V}{A} = \dfrac{1020.408}{100 \times 10} = 1.02\ \mathrm{m}$

부심과 중심 거리 $\overline{BG} = 3.5 - 1.5 - \dfrac{1.02}{2} = 1.49\,\mathrm{m}$

경심 높이 $\overline{GM} = \overline{BM} - \overline{BG} = 8.167 - 1.49 = 6.677\,\mathrm{m}$

경심 높이는 6.68 m로 양(+)의 값이므로 바지선은 안정하다.

4.22 직경 0.3 m, 높이 1.2 m이고 질량이 72 kg인 원통형 부표(buoy)를 물위에 세워서 띄웠다. 물에 잠긴 깊이는 얼마인가? 그리고 부표는 안정한가?

【해설】 물체 중량 $W = mg = 72 \times 9.8 = 705.6\,\mathrm{N}$

잠긴 체적 $V = \dfrac{W}{\gamma_w} = \dfrac{705.6}{9800} = 7.2 \times 10^{-2}\,\mathrm{m}^3$

잠긴 깊이 $h = \dfrac{V}{A} = \dfrac{7.2 \times 10^{-2}}{\pi \times 0.3^2/4} = 1.02\,\mathrm{m}$

관성모멘트 $I_o = \dfrac{\pi d^4}{64} = \dfrac{\pi \times 0.3^4}{64} = 3.976 \times 10^{-4}\,\mathrm{m}^4$

부심과 경심 거리 $\overline{BM} = \dfrac{\mathrm{I_o}}{\mathrm{V}} = \dfrac{3.976 \times 10^{-4}}{7.2 \times 10^{-2}} = 5.522 \times 10^{-3}\,\mathrm{m}$

부심과 중심 거리 $\overline{BG} = \dfrac{1.2}{2} - \dfrac{1.019}{2} = 9.05 \times 10^{-2}\,\mathrm{m}$

경심 높이 $\overline{GM} = \overline{BM} - \overline{BG}$

$= 5.522 \times 10^{-3} - 9.05 \times 10^{-2} = -8.5 \times 10^{-2}\,\mathrm{m}$

경심 높이가 음(-)의 값이므로 부표는 불안정하다. 부유체의 직경을 보다 크게 하고 길이는 줄여야 한다.

4.23 가로×세로×높이가 $7.5\,\mathrm{m} \times 3\,\mathrm{m} \times 4\,\mathrm{m}$인 상자의 질량이 40000 kg이다. 이 상자를 물 위에 띄웠을 때 수면 밑으로 얼마나 가라앉겠는가?

【해설】 물체 중량 $W = mg = 40000 \times 9.8 = 392\,\mathrm{kN}$

잠긴 체적 $V = \dfrac{W}{\gamma_w} = \dfrac{392000}{9800} = 40\,\mathrm{m}^3$

잠긴 깊이 $h = \dfrac{V}{A} = \dfrac{40}{7.5 \times 3} = 1.78\,\mathrm{m}$

4.24 상부가 대기에 개방되고 한 변이 1.2 m인 입방체의 용기가 비중 0.85인 액체를 가득 채운 상태에서 연직 아래로 2.1 m/s^2으로 가속된다면, 용기의 한 측면에 작용하는 힘은 얼마인가?

【해설】 연직 등가속도 운동을 하는 유체에서
바닥에 작용하는 압력

$$P_b = \gamma_f h\left(1 + \frac{a_y}{g}\right) = 0.85 \times 9800 \times 1.2 \times \left(1 - \frac{2.1}{9.8}\right) = 7854 \text{ Pa}$$

용기 벽면에 작용하는 평균 압력

$$P_m = \frac{0 + 7854}{2} = 3927 \text{ Pa}$$

용기 한 벽면에 작용하는 작용력

$$F = P_m A = 3927 \times 1.2^2 = 5.66 \text{ kN}$$

4.25 그림 4.44와 같이 수조차가 경사각 $\alpha = 30°$인 내리막길을 등가속도로 내려가고 있다. 수조의 자유표면과 경사면이 평형하다면 이 수조차의 등가속도는 얼마인가?

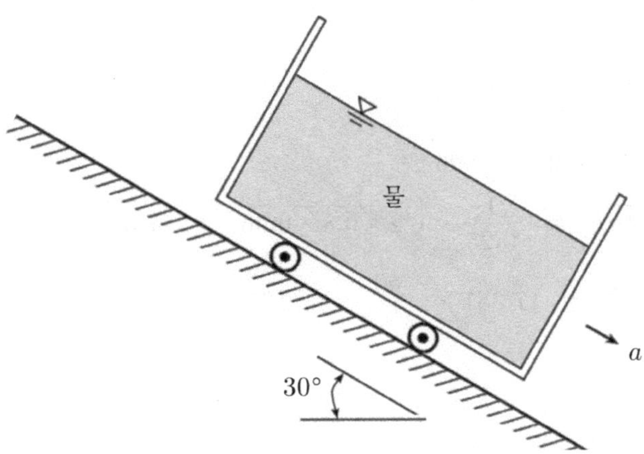

그림 4.44 문제 4.25의 설명도

【해설】 $\sum F_x = P_1 A - P_2 A = m a_x = \dfrac{W}{g} a_x$

$$P_1 = \gamma_w h_1\left(1 + \frac{a_y}{g}\right)$$

$$P_2 = \gamma_w h_2\left(1 + \frac{a_y}{g}\right)$$

$$\gamma_w h_1 \left(1 + \frac{a_y}{g}\right) A \; - \; \gamma_w h_2 \left(1 + \frac{a_y}{g}\right) A \; = \; \frac{\gamma A l}{g} \, a_x$$

$$h_1 (g + a_y) \; - \; h_2 (g + a_y) \; = \; l \, a_x$$

$$\frac{h_1 - h_2}{l} \; = \; \frac{a_x}{g + a_y} \; = \; \tan\theta$$

$$\tan\theta \; = \; \frac{a_x}{g + a_y} \; = \; \frac{\text{수평 가속도}}{\text{수직 가속도}} \; = \; \frac{a\cos\alpha}{g + a\sin\alpha}$$

자유수면이 경사면과 평형하므로 $\theta = 30°$

$$\tan 30° \; = \; \frac{\sin 30°}{\cos 30°} \; = \; \frac{a\cos 30°}{g - a\sin 30°}$$

$$a\cos^2 30° \; = \; g\sin 30° - a\sin^2 30°$$

$$a \; = \; g\sin 30° \; = \; 9.8 \times 0.5 \; = \; 4.9 \text{ m/s}^2$$

4.26 안지름이 50 cm이고 높이가 1.2 m인 원통에 물이 60% 채워져 있다. 이 물통을 등속으로 회전시켰을 때, 물이 넘치지 않을 최대회전속도는 몇 rpm인가?

【해설】 $R \; = \; \dfrac{0.5}{2} \; = \; 0.25 \text{ m}$

$$h \; = \; 1.2 \times 0.4 \times 2 \; = \; 0.96 \text{ m}$$

$$\omega \; = \; \frac{1}{R}\sqrt{2gh} \; = \; \frac{1}{0.25} \times \sqrt{2 \times 9.8 \times 0.96} \; = \; 17.351 \text{ rad/s}$$

$$N \; = \; \omega \times \frac{60}{2\pi} \; = \; 17.351 \times \frac{60}{2 \times \pi} \; = \; 165.69 \text{ rpm}$$

5 유체 운동학의 기초

유체의 운동은 매우 많은 변수와 관련되어 복잡하지만, 몇 가지 간단한 가정을 하면 유동의 기본 개념을 보다 쉽게 이해할 수 있다. 유체가 흐를 때에는 반드시 그 원인이 되는 힘이 작용하는데, 그 힘에는 중력, 압력차에 의한 힘, 유체의 관성력, 점성에 의한 마찰력 또는 전단력, 기체의 경우 압축성에 의한 탄성력 등이 있다.

실제 유체 문제를 다룰 때 비교적 정확한 결과를 얻을 수 있는 가정이 필요한데, 이 장에서는 이상유체(ideal fluid)의 운동을 지배하는 기본방정식 및 그의 응용에 대하여 살펴본다. 일반적으로 물은 압력에 의한 밀도 변화가 거의 없고 점성도 비교적 작기 때문에 마찰력이나 탄성력을 무시할 수 있는 가장 대표적인 비압축성 유체이다. 마찰력이 큰 비중을 차지하지 않는 문제에서 비점성 유체에 대한 가정은 상당히 정확한 결과를 가져온다. 비점성 유체의 유동은 전단응력을 받지 않으며 비압축성 유동은 유체의 밀도 변화가 없으므로, 이상유체의 해석은 비교적 간단하다. 물론 기체의 경우 밀도 변화는 매우 중요하지만, 열전달이 없는 100 m/s 이하의 기체 흐름에서 밀도 변화는 매우 작다. 또한 실제 문제에서 유체는 100 m/s의 속도를 넘지 않으므로 기체의 밀도는 거의 일정하다고 가정할 수 있다.

이 장에서는 질량 보존의 법칙에 의한 연속방정식과 에너지 보존의 법칙에 의한 베르누이 방정식을 논의한다. 그리고 유체 유동이 정상, 비압축성 및 비점성 유동이라는 가정 아래 이러한 두 법칙은 기본적인 유체 유동과 관련된 수많은 문제들을 해결하는데 사용된다.

5.1 연속방정식

5.1.1 검사체적 및 정상 유동

검사체적(control volume)이란 임의로 정한 가상의 유동 공간을 말하며, 유체가 검사체적의 공간으로 흘러 들어오거나 나가는 경우를 해석하는 데 유용하다. 그리고 검사체적을 둘러싼 경계면을 검사면(control surface)이라 한다. 검사체적 안에 들어 있는 물질은 시간에 따라 변하나, 검사체적의 형체는 변하지 않으며 검사체적의 크기와 형태는 관찰이 용이하도록 임의로 설정할 수 있다. 일반적으로 고체 경계면을 일부분으로 하고, 유체의 유입 및 유출 부분은 유동방향에 직각으로 설정함으로써 문제를 단순화할 수 있다.

유체 운동의 기초방정식인 연속방정식 및 베르누이 방정식 등을 유도할 때 이런 개념을 활용한다. 예를 들어 그림 5.1과 같이 관로 유동을 해석하기 위하여 관의 안쪽 벽과 유체가 유입 또는 유출되는 임의의 두 단면으로 둘러 싸여진 공간을 검사체적으로 가정한다. 이 경우 검사체적을 흐르는 유체의 입자는 시간에 따라 변하지만, 검사체적은 변하지 않는다.

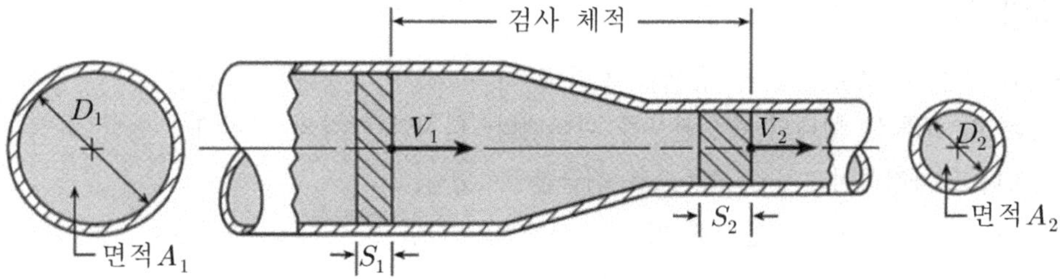

그림 5.1 유체의 연속성

한편 정상 유동의 경우 임의의 지점에서 모든 유동 변수는 시간에 따라 변하지 않는다. 그러므로 지점 ①과 ②에서 유체 요소의 속도가 다른 값을 가져도 각각의 속도는 시간의 변화에 따라 변하지 않고 일정하며, 검사체적으로 유입되는 질량 유량은 이 검사체적에서 유출되는 질량 유량과 같다는 연속방정식이 성립하게 된다.

5.1.2 정상 유동 및 비정상 유동

정상 유동(steady flow)은 유동장의 어느 한 점에서 압력, 속도, 밀도 등과 같은 유동 특성이 시간에 따라 변화하지 않는 흐름이고, 비정상 유동(unsteady flow)은 유체의 상태가 시간에 따라 유동 특성이 변하는 흐름이다.

그림 5.2는 관로의 어떤 지점에서 유체 속도를 시간의 함수로서 나타낸 선도이다. 시간 $t=0$에서 t_A까지는 관로의 밸브가 닫힌 상태이므로 유체가 흐르지 않는다. 그리고 시간 t_A에서 밸브가 열리고 관로를 통해 유체가 흐르기 시작하고, t_A에서 t_B까지 유체의 속도는 0에서 최대치에 이르러 정상 상태(steady state)에 도달한다. 그러므로 시간 t_A에서 t_B까지는 비정상 유동이라 하고, 시간 t_B 이후에는 속도가 변하지 않으므로 정상 유동이라 한다.

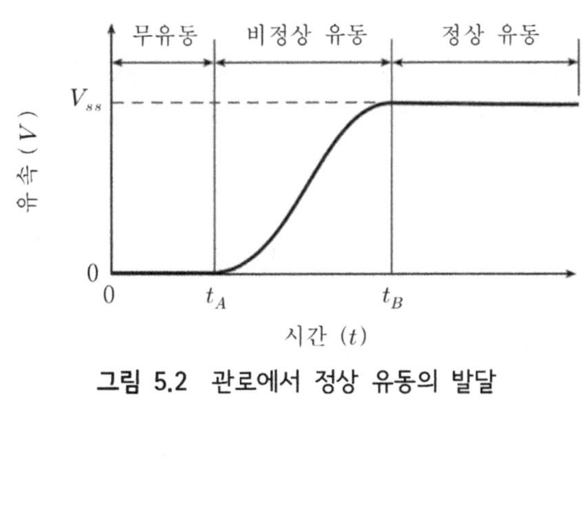

그림 5.2 관로에서 정상 유동의 발달

5.1.3 질량 유량

그림 5.1과 같은 관로를 흐르는 유체를 생각해 보자. 실제 유동에서는 단면 ①과 ②에서 유속은 균일하지 않으며 포물선 형태의 속도분포를 나타낸다. 하지만 각각의 단면에서 평균 유속은 V_1 및 V_2로 일정하다고 가정하여 1차원 유동으로 취급할 수 있다.

정상 유동에서는 질량보존의 법칙에 따라 검사체적의 단면 ①로 흘러 들어오는 질량과 단면 ②로 흘러 나가는 질량이 같아야 한다. 각 단면에서 S는 유체 요소의 길이와 같으므로 질량 $m = \rho A S$이고, 각 단면에서 질량 유량 $\dot{m}$은 질량 m을 검사체적으로 유입 또는 유출되는데 소요되는 시간 Δt로 나눈 것과 같다.

$$\dot{m}_1 = \frac{m_1}{\Delta t} = \frac{\rho_1 A_1 S_1}{\Delta t} = \rho_1 A_1 V_1$$

$$\dot{m}_2 = \frac{m_2}{\Delta t} = \frac{\rho_2 A_2 S_2}{\Delta t} = \rho_2 A_2 V_2$$

그러므로 1차원 정상 유동의 연속방정식 및 각 변수들은 다음과 같다. 그리고 질량 유량 $\dot{m}$의 단위는 kg/s(SI단위)이다.

$$\dot{m} = \rho_1 A_1 V_1 = \rho_2 A_2 V_2 \tag{5.1}$$

ρ : 유체의 밀도 (kg/m^3)

A : 관로 단면적 (m^2)

V : 평균 유속 (m/s)

5.1.4 중량 유량

유체의 중량은 질량에 중력가속도를 곱한 것과 같고($W = mg$), 비중량은 밀도에 중력가속도를 곱한 것과 같다($\gamma = \rho g$). 따라서 질량 유량의 식 (5.1)에 중력가속도 g를 곱해주면, 중량 유량의 연속방정식은 다음과 같다.

$$G = \dot{m} g = \gamma_1 A_1 V_1 = \gamma_2 A_2 V_2 \tag{5.2}$$

여기서 중량 유량 G의 단위는 중량을 시간으로 나눈 것과 같으며, SI단위에서는 N/s이고 공학단위로는 kg_f/s이다.

5.1.5 체적 유량

비압축성 유동인 경우 밀도 변화가 없으므로($\rho_1 = \rho_2$), 식 (5.1)을 밀도 ρ로 나누어주면, 체적 유량의 연속방정식은 다음과 같다.

$$Q = \frac{\dot{m}}{\rho} = A_1 V_1 = A_2 V_2 \tag{5.3}$$

체적 유량은 단위시간당 흐르는 유체의 체적과 같고, 기본 단위는 $\mathrm{m^3/s}$이다. 그리고 체적 유량의 연속방정식은 액체와 같은 비압축성 유체에만 적용할 수 있고, 압축성 유체인 기체나 외부와 열전달을 동반하는 비압축성 유체에서는 밀도 변화가 존재하므로 식 (5.1)의 질량 유량에 관한 연속방정식을 사용하여야 한다.

【예제 5.1】

그림 5.1과 같은 축소 원형 관로에서 단면 ①과 ②의 직경이 각각 100 mm 및 50 mm이다. 상온의 물이 평균 유속 6 m/s로 단면 ①을 흐르고 있을 때 다음을 구하라.

(가) 질량 유량

(나) 중량 유량

(다) 단면 ②에서의 평균 유속

☞ 풀이

가. 질량 유량

$$\dot{m} = \rho A_1 V_1 = 1000 \times \frac{\pi \times 0.1^2}{4} \times 6 = 47.12\,\mathrm{kg/s}$$

나. 중량 유량

$$G = \gamma A_1 V_1 = 9800 \times \frac{\pi \times 0.1^2}{4} \times 6 = 461.81\,\mathrm{N/s}$$

다. 물은 비압축성 유체이므로 밀도 변화가 없으므로, 체적 유량의 연속방정식 $Q = A_1 V_1 = A_2 V_2$을 사용하여 단면 ②에서의 평균 유속을 구한다.

$$V_2 = \frac{A_1}{A_2} \times V_1 = \left(\frac{d_1}{d_2}\right)^2 \times V_1 = \left(\frac{0.10}{0.05}\right)^2 \times 6 = 24.0\,\mathrm{m/s}$$

【예제 5.2】

원형 단면의 관로를 사용하여 압력이 200 kPa(계기압), 온도가 25℃인 공기를 평균 유속 50 m/s로 시간당 1.4 MN을 수송하려고 한다. 원형 관로의 내경을 구하라.

☞ 풀이

공기 밀도는 절대압력 및 절대온도를 사용하여 구한다.

$$\rho = \frac{P}{RT} = \frac{101325 + 200 \times 10^3}{287 \times (273 + 25)} = 3.523\ \mathrm{kg/m^3}$$

관의 내경은 중량 유량의 연속방정식으로부터 구한다.

$$A = \frac{G}{\rho g V} = \frac{1.4 \times 10^6 / 3600}{3.523 \times 9.8 \times 50} = 2.253 \times 10^{-1}\ \mathrm{m^2}$$

$$d = \sqrt{\frac{4A}{\pi}} = \sqrt{\frac{4 \times 0.2253}{\pi}} = 53.56\ \mathrm{cm}$$

5.2 베르누이 방정식

18세기 스위스 과학자인 Bernoulli는 검사체적 내에 존재하는 유체가 가지는 총 에너지는 시간에 따라 변하지 않는다는 점에 유의하여, 다음과 같은 가정 아래 베르누이 방정식을 공식화하였다.

① 유체의 흐름은 시간에 따라 변화하지 않는 정상 유동이다.
② 비압축성 유체이므로 유체의 밀도는 기본적으로 일정하다.
③ 이상유체(비점성 유체)이므로 마찰에 의한 에너지 손실이 없다.
④ 유체로 혹은 유체로부터 전달되는 에너지도 없다.

정상 유동의 경우, 그림 5.3에서 관로 지점 ①에서 유입되는 유체의 중량 W는 지점 ②에서 유출되는 중량과 동일하고, 비압축성 유동의 경우 비중량 γ는 일정하다. 하지만 지점 ①과 ②에서의 평균 유속과 고도는 서로 다르다. 그러므로 이상유체의 정상 유동에서 유체의 단위 중량당 에너지 합은 다음과 같이 표현할 수 있는데, 이를 베르누이의 정리 또는 베르누이 방정식이라 부른다.

$$\frac{P_1}{\gamma} + \frac{V_1^2}{2g} + z_1 = \frac{P_2}{\gamma} + \frac{V_2^2}{2g} + z_2 = H\,(\text{일정}) \tag{5.4}$$

베르누이 방정식에서 각 항들은 압력에너지, 운동에너지 및 위치에너지로 유체의 단위 중량당 에너지를 의미하는데, 이들의 단위를 살펴보면 다음과 같이 모두 길이의 단위를 갖는다. 따라서 각 항들을 수두(head)라고 한다.

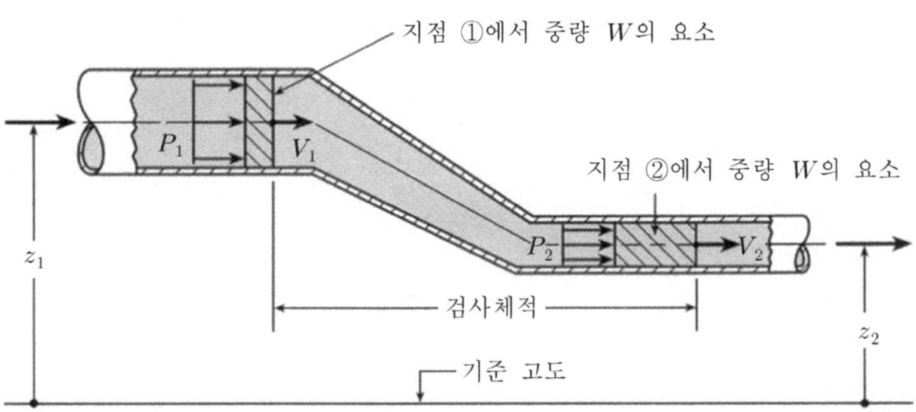

그림 5.3 관로 유동에서 3가지 유형의 유체에너지

◉ 압력 수두(pressure head)

검사체적의 입구와 출구 단면에서 유체 요소가 1 m의 거리를 유동하는 동안 압력에 의한 힘 $(F = PA)$에 의해 이루어진 일을 유체의 중량 W로 나눈 것과 같다.

$$\frac{P}{\gamma} = \frac{[\mathrm{N/m^2}]}{[\mathrm{N/m^3}]} = \frac{[\mathrm{N \cdot m}]}{[\mathrm{N}]} = [\mathrm{m}]$$

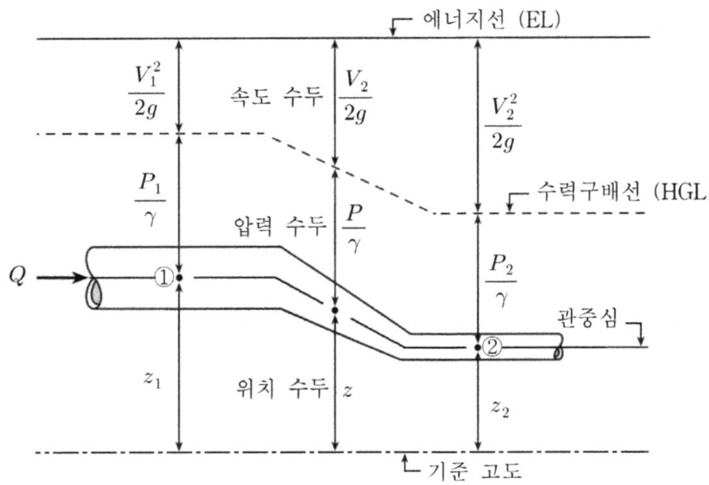

그림 5.4 관로유동의 에너지 선도

◉ 속도 수두(velocity head)

중량 W의 유체 요소는 속도 V로 이동하므로 다음과 같이 운동에너지 $WV^2/2g$을 갖는다. 따라서 속도 수두는 유체의 단위 중량당 운동에너지와 같다.

$$KE = \frac{mV^2}{2} = \frac{WV^2}{2g}$$

$$\frac{V^2}{2g} = \frac{[\mathrm{m^2/s^2}]}{[\mathrm{m/s^2}]} = \frac{[\mathrm{N \cdot m}]}{[\mathrm{N}]} = [\mathrm{m}]$$

◉ 위치 수두(potential head)

중량 W의 유체 요소는 기준면에 대한 고도 z에 의한 위치에너지를 갖는다. 위치수두는 유체의 단위 중량당 위치에너지와 같다.

$$PE = mgz = Wz$$

$$z = \frac{[\mathrm{N \cdot m}]}{[\mathrm{N}]} = [\mathrm{m}]$$

◉ 전 수두(total head)

유체가 지닌 압력 수두, 속도 수두 및 위치 수두를 모두 합한 것이므로 총 수두라고도 한다. 이는 검사체적의 모든 유체 요소에 대하여 일정한 값을 갖는다.

그림 5.4의 에너지 선도는 각 수두를 도식화하여 표현한 것으로, 모든 혹은 임의의 에너지 항의 값은 한 위치에서 다른 위치까지 변할 수 있음을 유의하기 바란다.

위치 수두와 압력 수두의 합을 나타내는 선을 수력구배선(hydraulic grade line : HGL)이라고 부르며, 기준 고도에서 높이 z에 위치한 액주계가 지시하는 값을 합한 것과 같다. 그리고 에너지선(energy line : EL)은 세 수두의 합으로 전 수두 H를 나타내며, 유동 손실이 없다면 모두 일정하므로 수평선이다.

【예제 5.3】

그림 5.5와 같이 관의 내경이 일정한 수평 관로에 물이 흐르고 있다. 정상 상태인 비압축성, 비점성 유동의 베르누이 방정식을 적용하여 두 지점간의 압력 변화를 구하라.

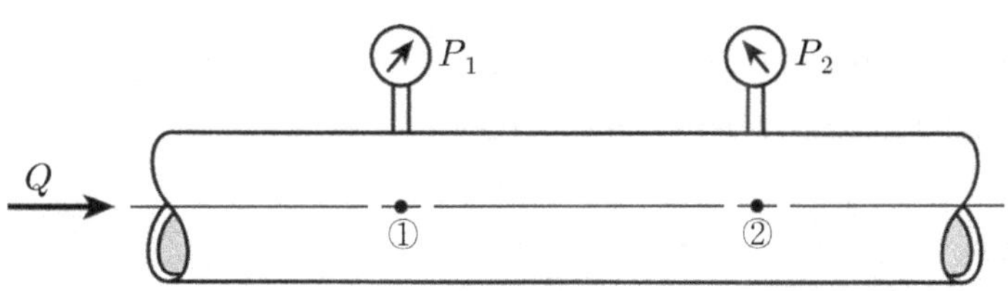

그림 5.5 예제 5.3의 설명도

☞ 풀이

지점 ①과 ② 사이에 각종 손실이 없다면 베르누이 방정식은 다음과 같다.

$$\frac{P_1}{\gamma} + \frac{V_1^2}{2g} + z_1 = \frac{P_2}{\gamma} + \frac{V_2^2}{2g} + z_2 = H$$

여기서 관로가 수평이므로 $z_1 = z_2$이고, 또한 관로의 직경이 일정하므로 $Q = AV$에서 유속 $V_1 = V_2$이다. 그러므로 위의 베르누이 방정식에서 $P_1 = P_2$가 된다.

이 결과는 유체가 지점 ①에서 ②로 흐를 때 압력 손실이 없다는 것을 의미한다. 하지만 실제 유동에서는 점성으로 인한 마찰에 의하여 압력 손실이 발생한다. 그러나 점성마찰에 의한 압력 손실이 실제 장치의 압력과 비교하여 상당히 작으면 그로 인한 오차는 무시할 수 있다.

【예제 5.4】

그림 5.6과 같은 경사진 원형 관로에 물이 위로 흐르고 있다. 단면 ①과 ②의 직경은 각각 50 mm 및 25 mm이다. 그리고 단면 ①에서의 계기압은 345 kPa, 평균 유속은 1.3 m/s이고, 단면 ②에서의 계기압은 320 kPa이다. 유동손실이 없다면, 단면 ②의 고도는 단면 ①보다 얼마나 높은가?

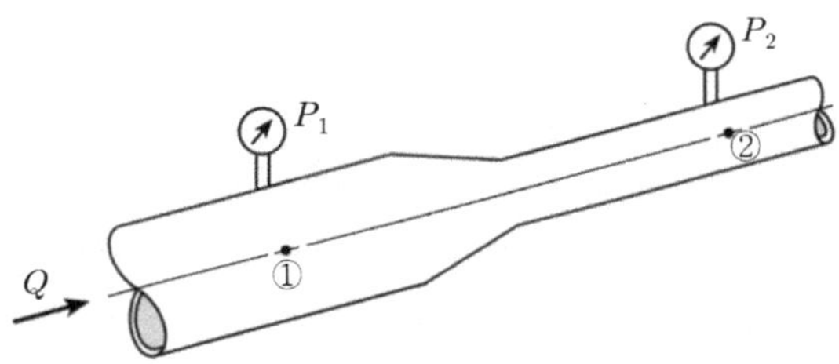

그림 5.6 예제 5.4의 설명도

☞ 풀이

연속방정식 $Q = A_1 V_1 = A_2 V_2$에서 V_2를 구한다.

$$V_2 = \frac{A_1}{A_2} \times V_1 = \left(\frac{d_1}{d_2}\right)^2 \times V_1 = \left(\frac{0.05}{0.025}\right)^2 \times 1.3 = 5.2 \text{ m/s}$$

단면 ①과 ②에서의 베르누이 방정식을 고도 차이 $z_2 - z_1$로 정리하고, 각각의 단면에서 압력 및 유속의 값들을 대입하여 계산하면 다음과 같다.

$$z_2 - z_1 = \frac{P_1 - P_2}{\gamma} + \frac{V_1^2 - V_2^2}{2g}$$

$$= \frac{(345 - 320) \times 10^3}{9800} + \frac{1.3^3 - 5.2^2}{2 \times 9.8} = 1.26 \text{ m}$$

관로의 지점 ①에서 ②로 유체가 흐를 때 관로의 단면적이 작아지므로 유속이 높아지게 된다. 그러므로 유체는 운동에너지를 얻는 반면에 압력에너지는 잃게 된다. 하지만 총 에너지는 일정하므로 고도가 상승하게 되면 압력에너지는 더욱 떨어지게 된다. 이러한 에너지 전환 현상을 베르누이 효과라고 부른다.

5.3 토리첼리의 정리

토리첼리의 정리는 베르누이 정리의 특수한 경우인데, 그림 5.7과 같이 상부가 개방된 용기에 액체가 채워져 있고 측면에 작은 구멍이 있어서 액체가 분출되는 경우를 생각해 보자. 액체의 자유표면에서 유출구의 중심선까지 깊이는 h이고, 유체의 분류는 구멍을 통해 대기 중으로 유출된다.

용기의 액체 자유표면과 측면 유출구의 분류는 모두 대기에 노출되어 있어서 압력은 대기압과 같고($P_1 = P_2 = P_{atm}$), 식 (5.4)의 베르누이 방정식은 다음과 같이 정리할 수 있다.

$$\frac{V_1^2}{2g} + z_1 = \frac{V_2^2}{2g} + z_2 \tag{5.5}$$

또한 비압축성 유체의 연속방정식에서 $A_1 V_1 = A_2 V_2$이고, 액체 자유표면과 분류 중심의 위치수두 차이 $z_1 - z_2 = h$이므로, 이를 식 (5.5)에 대입하여 정리하면

$$V_2 = \sqrt{\frac{2gh}{1 - \left(\frac{A_2}{A_1}\right)^2}} \tag{5.6}$$

로 된다. 만약 유출구의 단면적이 액체의 자유표면 면적보다 매우 작다면 ($A_2 \ll A_1$), 분류의 분출속도에 관한 간편한 식을 다음과 같이 얻을 수 있다.

$$V_2 = \sqrt{2gh} \tag{5.7}$$

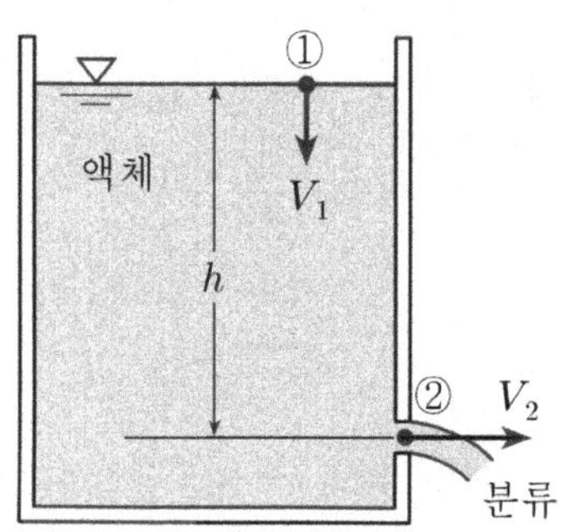

그림 5.7 자유 분류

이는 이탈리아 물리학자 Torricelli가 Bernoulli에 앞서 발견한 것으로 토리첼리의 정리로 알려져 있다. 토리첼리의 정리도 비점성 유체에 기초하고 있으므로 유체의 점성계수 μ는 식 (5.7)의 변수로 나타나지 않는다. 그러나 실제 액체의 경우 점도는 분류 속도의 크기에 다소 영향을 주지만, 액체의 밀도는 유출속도의 크기에 영향을 주지 않는다. 이는 공기 저항의 효과가 무시할 만큼 작으면 기하학적으로 동일한 물체가 대기 중에서 동일한 속도로 자유 낙하하는 것과 유사하다.

【예제 5.5】

그림 5.8과 같이 상부가 개방된 액체 탱크 벽면의 작은 구멍을 통해 액체가 대기 중으로 분출되고 있다. 액체 자유표면으로부터 분출 구멍의 깊이가 1 m로 일정하다면, 분출구로부터 흘러나오는 분류가 지면과 접촉하기 전에 수평으로 분출되는 거리 x를 구하라.

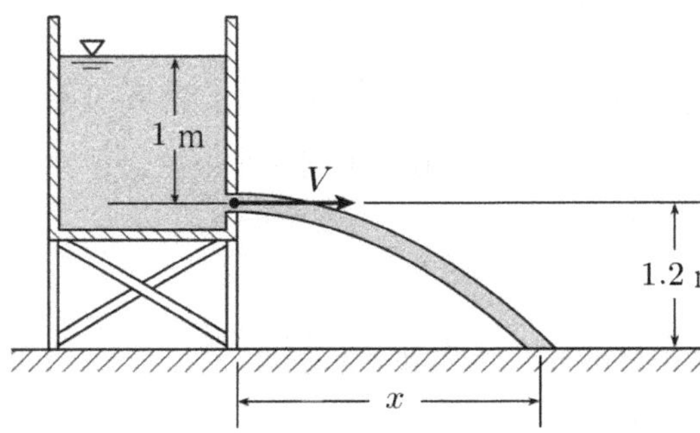

그림 5.8 예제 5.5의 설명도

☞ 풀이

토리첼리의 정리를 사용하여 분류의 속도를 구한다.

$$V = \sqrt{2gh} = \sqrt{2 \times 9.8 \times 1} = 4.427 \text{ m/s}$$

대기 중으로 자유 낙하하는 물체의 경우 저항을 무시하면 수직방향으로는 등가속도 운동을 하고, 수평방향으로는 등속운동을 한다. 그러므로 분류가 지면에 도달하는 시간이 t이면, 수직 낙하거리 y와 수평 분출거리 x는 각각 다음과 같다.

$$y = \frac{g t^2}{2}$$

$$x = Vt$$

여기서 시간 변수 t를 소거하여 위하여 위의 두 식을 결합하면, 다음과 같이 분출거리를 얻는다.

$$x = V \times \sqrt{\frac{2y}{g}} = 4.427 \times \sqrt{\frac{2 \times 1.2}{9.8}} = 2.19 \text{ m}$$

【예제 5.6】

사이펀(siphon)은 펌프를 사용하지 않고 하부 용기로 유체를 흐르게 하는 기구이다. 그림 5.9와 같이 물이 채워진 용기에 사이펀을 설치하여 $6\ \ell/\mathrm{s}$의 유량을 얻으려고 한다. 관의 내경은 50 mm이고, 물탱크의 단면적은 관의 단면적에 비하여 매우 크다. 관로내의 마찰손실을 무시할 때, 다음을 구하라.

(가) 자유 수면과 사이펀 출구의 고도 차이 h

(나) 관로 중간 지점 ②에서 압력 P_2

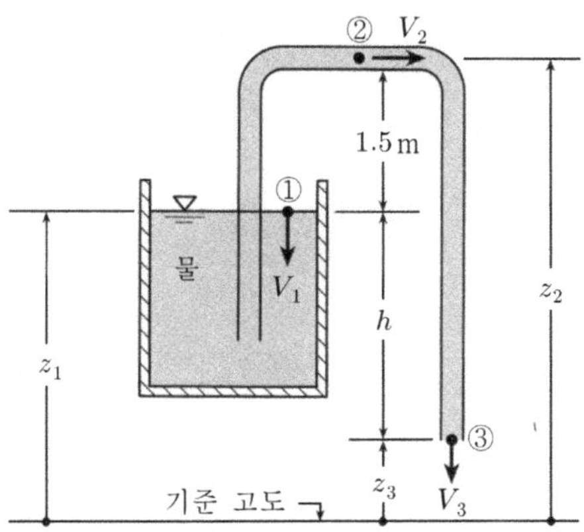

그림 5.9 예제 5.6의 설명도

☞ 풀이

가. 문제에서 주어진 체적 유량으로부터 분류속도는 다음과 같다.

$$V_3 = \frac{Q}{A} = \frac{6\times10^{-3}}{\pi\times0.05^2/4} = 3.056\ \mathrm{m/s}$$

자유 수면과 사이펀 출구는 모두 대기에 노출되어 있으므로, $P_1 = P_3 =$ 대기압이다. 아울러 $A_3 \ll A_1$이므로 식 (5.7)의 토리첼리의 정리를 사용하여 자유 수면의 높이 h를 구한다.

$$h = \frac{V_3^2}{2g} = \frac{3.056^2}{2\times9.8} = 0.476\ \mathrm{m}$$

나. P_3는 대기압으로 0의 계기압이고, 관 직경이 일정하므로 $V_2 = V_3 = 3.056\ \mathrm{m/s}$이다. 그러므로 사이펀의 중간 지점 ②와 끝 지점 ③에서 베르누이 방정식을 적용하여 정리하면, 관로 중간 지점 ②에서 압력 P_2는 다음과 같다.

$$\frac{P_2}{\gamma} + \frac{3.056^2}{2g} + z_2 = \frac{0}{\gamma} + \frac{3.056^2}{2g} + z_3$$
$$P_2 = \gamma(z_3 - z_2) = 9800 \times (-1.5 - 0.476) = -19.36\,\text{kPa}\,(\text{계기압})$$

사이펀 작동의 잠재적인 문제점은 진공압력이 존재하는 것이다. 진공압력은 대기압보다 낮으므로 얇은 관로가 변형될 수 있고, 액체 압력이 증기압보다 낮으면 기포가 생성되어 공동현상이 발생할 수도 있다.

5.4 피토-정압관

베르누이 정리를 응용한 또 다른 예는 유속을 측정하는 기구인 피토-정압관이다. 사실 액주계인 피토관(Pitot tube)이나 정압관(static pressure tube)은 압력 측정기구이나, 피토관과 정압관을 하나로 결합하여 피토-정압관이라고 부른다. 그림 5.10은 관로에 설치된 피토-정압관을 보여주고 있는데, 정압관은 관 벽에 수직으로 그리고 피토관은 관의 중심에 90° 각도로 설치한다. 그 결과 피토관의 안쪽으로 들어오는 유체는 정체하게 된다.

피토관으로 들어온 유체는 정체되므로, 피토관의 액주가 정압관 액주보다 속도 수두에 해당하는 만큼 높은 압력을 나타낸다. 관로의 지점 ①과 ② 사이에 베르누이 방정식을 적용할 수 있는데, 수평관의 경우 위치수두가 서로 같고($z_1 = z_2$), 지점 ②에서 유체는 정체되므로 $V_2 = 0$이다. 따라서 베르누이 방정식은 다음과 같이 표현된다.

$$\frac{P_2}{\gamma} = \frac{P_1}{\gamma} + \frac{V_1^2}{2g}$$

위 식에 유체의 비중량 γ를 곱해주면 식 (5.8)과 같이 압력의 차원으로 정리되며 각각의 항은 다음과 같다.

$$P_2 = P_1 + \frac{\rho V_1^2}{2} \tag{5.8}$$

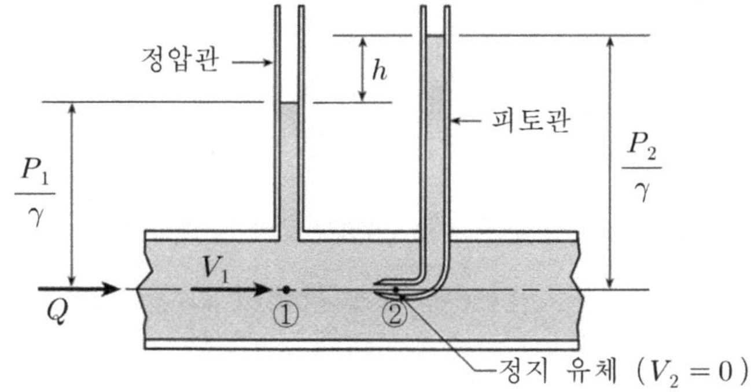

그림 5.10 관로에 설치된 피토관 및 정압관

P_1 : 정압(static pressure)

$\frac{\rho V_1^2}{2}$: 동압(dynamic pressure)

P_2 : 전압(total pressure) 또는 정체압(stagnation pressure)

정압은 정압관으로 측정하며, 전압은 피토관으로 측정한 압력이다. 그러므로 그림 5.10의 두 액주계가 나타낸 액주 차이 h는 동압 수두를 의미하고, 관로에 흐르는 유체의 미지 속도는 다음과 같이 나타낼 수 있다.

$$V_1 = \sqrt{2gh} \tag{5.9}$$

【예제 5.7】

유속이 5 m/s인 강물 속에 피토관을 세웠을 때, 자유 수면으로부터 액주 높이는 얼마인가?

☞ 풀이

강물 유속 $V_1 = 5\ \mathrm{m/s}$이고, 피토관 입구에서 유속 $V_2 = 0$일 때, 베르누이 방정식을 이용하여 액주 높이를 계산한다.

$$\frac{P_2}{\gamma} = \frac{P_1}{\gamma} + \frac{V_1^2}{2g}$$

$$h = \frac{P_2 - P_1}{\gamma} = \frac{V_1^2}{2g} = \frac{5^2}{2 \times 9.8} = 1.28\ \mathrm{m}$$

【예제 5.8】

그림 5.11에서 보는 바와 같이 물이 축소 관로를 통해 흐르고 있을 때, 액주계로 지점 ①과 ②의 압력차 $P_1 - P_2$를 측정하였다. 물의 체적 유량을 구하라.

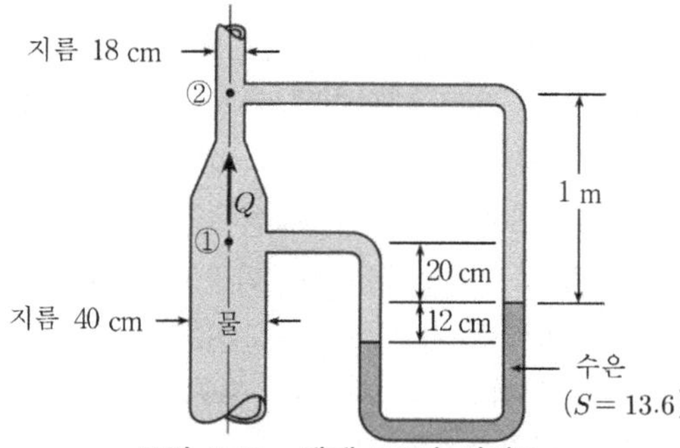

그림 5.11 예제 5.8의 설명도

☞ 풀이

U자관 액주계로부터 압력차를 구한다.

$$P_1 + \gamma_w \times 0.32 = P_2 + \gamma_w \times 1.0 + \gamma_{Hg} \times 0.12$$

$$P_1 - P_2 = 9800 \times (1.0 - 0.32) + 13.6 \times 9800 \times 0.12 = 22657.6\ \mathrm{Pa}$$

연속방정식 $A_1 V_1 = A_2 V_2$로부터

$$V_2 = \frac{A_1}{A_2} V_1 = \left(\frac{d_1}{d_2}\right)^2 V_1$$

이다. 위의 결과를 베르누이 방정식에 적용하여 유속을 구한다.

$$\frac{P_1 - P_2}{\gamma_w} + z_1 - z_2 = \frac{V_2^2 - V_1^2}{2g} = \frac{\left(\frac{d_1}{d_2}\right)^4 - 1}{2g} \times V_1^2$$

$$V_1 = \sqrt{\frac{2g}{\left(\frac{d_1}{d_2}\right)^4 - 1} \times \left(\frac{P_1 - P_2}{\gamma_w} + z_1 - z_2\right)}$$

$$= \sqrt{\frac{2 \times 9.8}{\left(\frac{0.4}{0.18}\right)^4 - 1} \times \left(\frac{22657.6}{9800} + 0.2 - 1.0\right)} = 1.126\ \mathrm{m/s}$$

최종적으로 물의 체적 유량은 다음과 같다.

$$Q = A_1 V_1 = \frac{\pi \times 0.4^2}{4} \times 1.126 \times 1000 = 141.5\ \ell/\mathrm{s}$$

5.5 유량 측정기구

많은 유량 측정기구들은 베르누이 정리를 기초로 하여 유량을 계량한다. 피토-정압관은 정체압력과 정압의 차이를 이용하여 흐르는 유체의 한 지점에서 속도를 측정하는 기구의 예이다. 유체가 이상유체이며 균일한 속도 분포를 가질 경우 유동 단면적에 측정 속도를 곱하면 유량을 구할 수 있다. 그러나 점성유체의 경우 속도 분포가 균일하지 않으므로, 피토관을 사용하여 관로의 유량을 측정하기 위해서는 관 반경에 대하여 수많은 속도를 계측하여 적분 과정을 수행해야 한다.

베르누이 방정식이 적용되는 유량 측정기구들은 벤투리관(venturi tube), 관 노즐(pipe nozzle), 관 오리피스(pipe orifice) 등이 있다. 이러한 기구들은 관로 유동에서 속도가 증가할 때 압력강하가 발생한다는 원리에 기초하고 있으며, 압력강하의 측정은 유량을 산출하는데 사용된다. 그리고 정확한 유량을 얻기 위해서는 점성에 의한 마찰손실을 고려하기 위해 수정계수를 적용해야 한다.

아울러 이러한 유량 측정기구 중에 어느 것을 선택하느냐는 비용, 공간, 정확도 등의 요건에 따라 달라진다. 관 오리피스는 이들 기구 중 가장 적은 공간이 필요하고, 가장 저렴하지만 정밀도는 가장 떨어진다. 반면에 벤투리관은 보다 많은 공간이 필요하고 비싸지만, 정밀도가 가장 높다. 상용화된 유량계들은 일반적으로 ±0.5~2% 정도의 정밀도를 보인다.

5.5.1 벤투리 유량계

벤투리관(venturi tube)은 유량을 측정하기 위하여 관로에 설치되는 축소-확대관이다. 벤투리관은 일정 지름의 원관에 이어서 원추형의 수축부, 중간에 원통형의 목 부분 그리고 원래의 지름으로 점차 확대되는 원추부로 이루어진다. 벤투리관의 입구 및 출구 지름은 측정 관로의 관 내경과 같다. 그림 5.12에서 보는 바와 같이, 축소 단면의 최대 경사각은 22° 이며, 유동 손실을 매우 작은 값으로 유지시켜주는 확대부의 최대 경사각은 8° 이다. 물론 이러한 각도를 최대 권장값보다 작게 만들 경우 손실은 작아지지만, 벤투리관이 너무 길어져서 설치공간이 늘어나고 가격이 높아지는 단점이 있다.

정확한 측정을 위해서 유량계 유입부에는 최소한 안지름의 10배에 상당하는 직선 관로가 필요하다. 그리고 벤투리관 입구에서 목 부분까지의 유동속도는 점차 증가하고 압력은 이에 상응하여 점진적으로 감소한다. 비압축성 유동의 경우, 유량은 액주계가 지시하는 압력 강하($P_1 - P_2$)의 함수이다.

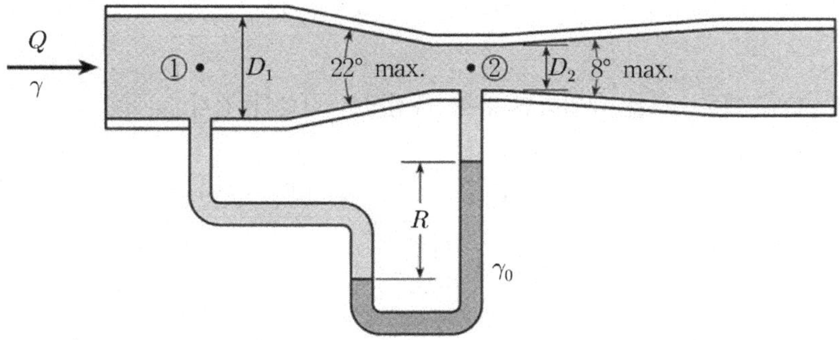

그림 5.12 액주계가 부착된 벤투리관 유량계

벤투리관을 통한 유량을 결정하기 위하여 그림 5.12의 지점 ①과 ② 사이에 베르누이 방정식을 적용한다.

$$\frac{P_1}{\gamma} + \frac{V_{1,t}^2}{2g} + z_1 = \frac{P_2}{\gamma} + \frac{V_{2,t}^2}{2g} + z_2$$

여기서 지점 ①과 ② 사이의 유동 손실은 없는 것으로 가정하므로, 유속은 이론속도이고 압력은 액주계가 지시하는 실제 압력이다. 그리고 수평으로 유량계를 설치할 경우 $z_1 = z_2$이므로, 위 식은 다음과 같이 정리된다.

$$\frac{V_{2,t}^2 - V_{1,t}^2}{2g} = \frac{P_1 - P_2}{\gamma} \tag{5.10}$$

또한 연속방정식 $Q = A_1 V_1 = A_2 V_2$로부터, $V_1 = V_2 A_2 / A_1$이다. 이를 식 (5.10)에 대입시켜 정리하면, 벤투리관 목 부분에서 이론속도의 식을 다음과 같이 얻는다.

$$V_{2,t} = \frac{1}{\sqrt{1-\left(\frac{A_2}{A_1}\right)^2}} \sqrt{\frac{2g(P_1 - P_2)}{\gamma}} \tag{5.11}$$

식 (5.11)의 유속은 유체 점성에 의한 마찰 손실을 고려하지 않은 이론속도이다. 그러므로 실험상수인 속도계수(C_v)를 도입하면 실제속도 $V_a = C_v V_t$이므로, 다음과 같이 실제 유량의 관계식을 얻을 수 있다.

$$Q = A_2 V_{2,a} = C_v A_2 V_{2,t}$$

여기에 식 (5.11)의 이론속도를 대입하면 유량 측정식은 다음과 같다.

$$Q = \frac{C_v A_2}{\sqrt{1-\left(\frac{A_2}{A_1}\right)^2}} \sqrt{\frac{2g(P_1 - P_2)}{\gamma}} \tag{5.12}$$

한편 벤투리관에 장착된 차압 액주계로부터 압력차를 구할 수 있다.

$$P_1 - P_2 = \gamma_o R - \gamma R = \gamma R\left(\frac{S_o}{S} - 1\right) \tag{5.13}$$

식 (5.13)의 압력차를 식 (5.12)에 대입시켜 정리하면 최종 유량 측정식을 얻는다.

$$Q = \frac{C_v A_2}{\sqrt{1-\left(\frac{A_2}{A_1}\right)^2}} \sqrt{2gR\left(\frac{S_o}{S} - 1\right)} \tag{5.14}$$

여기서 S는 관로에 흐르는 유체의 비중이고, S_o는 차압 액주계에 주입된 계측 유체의 비중이다. 그러므로 벤투리관에 부착된 차압 액주계의 액주차 R의 값을 읽으면, 관로의 유량을 산출할 수 있다.

상용 벤투리관의 안지름(D_1)은 5 ~ 120 cm이며, 지름비(D_2/D_1)는 0.25~0.75의 범위에서 ±1% 정도의 정밀도를 갖는다. 그리고 유량계의 속도계수 C_v의 값은 그림 5.13에서 보여주는 바와 같이 레이놀즈수(Re)에 따라 0.92~0.99 정도이다. 그리고 무차원 변수인 레이놀즈수는 제7장의 식 (7.1)에서 자세히 설명한다.

$$Re = \frac{\rho D_1 V_{1,a}}{\mu} = \frac{D_1 V_{1,a}}{\nu}$$

한편 레이놀즈수를 결정하기 위해서는 벤투리관 입구의 실제속도 $V_{1,a}$가 필요한데, 실제속도를 구하기 위해서는 다시 속도계수가 필요하다. 그러므로 벤투리관을 사용할 때는 레이놀즈수의 범위에서 가능하면 속도계수가 일정하도록 유량계를 선정하여야 한다. 그림 5.13과 같은 속도계수를 갖는 경우, 주어진 유량 조건에서 레이놀즈수가 400,000 이상이 되는 벤투리관 치수를 선택하는 것이 유량계측에 편리하다.

하지만 속도계수가 일정한 구간을 벗어난다면, 식 (5.11)과 같이 액주계의 압력차로부터 목 부분에서의 이론속도 $V_{2,t}$를 계산하고, 연속방정식 및 속도계수를 사용하여 벤투리관 입구의 실제속도 $V_{1,a}(= C_v V_{2,t} A_2 / A_1)$를 구한다. 그리고 레이놀즈수의 계산 및 그림 5.13에서 속도계수를 읽는 과정을 반복하여 수렴된 값을 얻어야 한다.

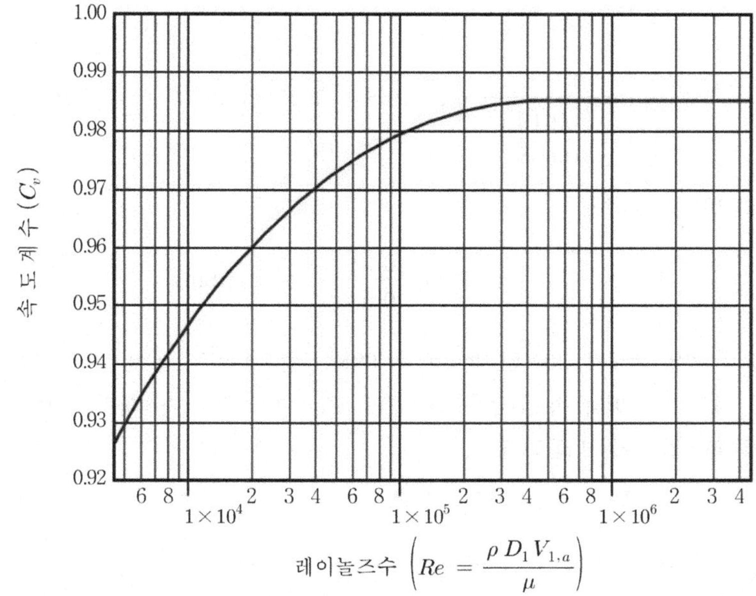

그림 5.13 벤투리관 유량계의 속도계수

【예제 5.9】

관로에 20℃의 물이 흐르고 있을 때 그림 5.14와 같이 벤투리관 및 액주계를 설치하였다. 벤투리관의 입구 지름 $D_1 = 38$ mm이고 목 부분의 지름 $D_2 = 19$ mm이다. 그리고 상부가 대기 중에 개방된 액주계의 높이는 각각 $h_1 = 1.25$ m 및 $h_2 = 0.29$ m일 때, 유량을 구하라.

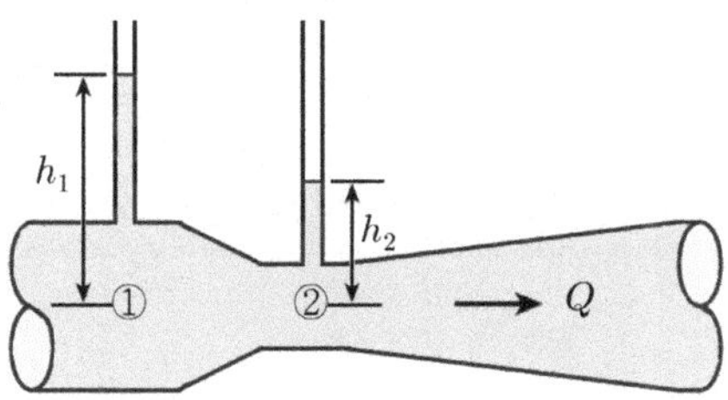

그림 5.14 예제 5.9의 설명도

☞ 풀이

벤투리관의 목 부분에서 이론 속도는 식 (5.11)을 사용하여 구하며, 압력은 액주계의 액주 높이로부터 $P_1 = \gamma h_1$이고, $P_2 = \gamma h_2$이다.

$$V_{2,t} = \frac{1}{\sqrt{1-\left(\frac{A_2}{A_1}\right)^2}} \sqrt{\frac{2g(P_1 - P_2)}{\gamma_w}} = \frac{1}{\sqrt{1-\left(\frac{d_2}{d_1}\right)^4}} \sqrt{2g(h_1 - h_2)}$$

$$= \frac{1}{\sqrt{1-\left(\frac{0.019}{0.038}\right)^4}} \sqrt{2 \times 9.8 \times (1.25 - 0.29)} = 4.48 \text{ m/s}$$

벤투리관 입구에서 이론속도

$$V_{1,t} = V_{2,t} \times \frac{A_2}{A_1} = 4.48 \times \frac{0.019^2}{0.038^2} = 1.12 \text{ m/s}$$

부록 A.1에서 물의 온도가 20℃일 때, $\rho_w = 998.2 \text{ kg/m}^3$이고 $\mu = 1.005 \times 10^{-3} \text{ Pa·s}$이다. 그리고 그림 5.13에서 속도계수를 최대값인 $C_v = 0.985$로 가정하면, 벤투리관 입구에서 실제속도 및 레이놀즈수는 다음과 같다.

$$V_{1,a} = C_v V_{1,t} = 0.985 \times 1.12 = 1.103 \text{ m/s}$$

$$Re = \frac{\rho_w D_1 V_{1,a}}{\mu_w} = \frac{998.2 \times 0.036 \times 1.103}{1.005 \times 10^{-3}} = 39439.3$$

다시 그림 5.13에서 속도계수 $C_v = 0.97$을 읽고, 실제속도 및 레이놀즈수를 구한다.

$$V_{1,a} = C_v V_{1,t} = 0.97 \times 1.12 = 1.086 \text{ m/s}$$

$$Re = \frac{\rho_w D_1 V_{1,a}}{\mu_w} = \frac{998.2 \times 0.036 \times 1.086}{1.005 \times 10^{-3}} = 38831.5$$

그림 5.13에서 $C_v \approx 0.97$로 수렴하여 유량을 계산한다.

$$Q_a = A_2 V_{2,a} = C_v A_2 V_{2,t} = 0.97 \times \frac{\pi \times 0.019^2}{4} \times 4.48$$

$$= 1.232 \times 10^{-3} \text{ m}^3/\text{s} = 73.93 \ \ell/\text{min}$$

5.5.2 관 노즐 유량계

관 노즐(pipe nozzle)은 그림 5.15에서 보는 바와 같이, 관로에 노즐을 붙여서 유동 단면적이 작아지면 유속은 증가하고 압력이 저하되는 것을 응용하여 관로의 유량을 측정하는 기구이다. 관로 중간에 노즐을 설치하기 위하여 플랜지가 있으며, 벤투리관보다 길이가 짧으므로 더 적은 설치공간을 필요로 한다. 그러나 관 노즐은 점진적으로 확대되는 안내부가 없으므로 벤투리관보다 유동 손실이 크다는 단점이 있다.

관 노즐에서 유량 방정식은 벤투리관에서의 유량식 (5.12)와 동일하다. 하지만 단면적비(A_2/A_1)에 따라 속도계수(C_v)가 달라지므로, 다음과 같이 관 노즐의 유량계수(C_n)를 사용하여 유량을 구한다.

$$C_n = \frac{C_v}{\sqrt{1-(A_2/A_1)^2}} \tag{5.15}$$

그러므로 관 노즐에서 유량을 구하는 식은 다음과 같다.

$$Q = C_n A_2 \sqrt{\frac{2g(P_1-P_2)}{\gamma}} \tag{5.16}$$

식 (5.16)에서 차압(P_1-P_2)은 벤투리관에서와 같이 액주계 또는 차압계를 사용하여 구할 수 있고, 관 노즐의 유량계수(C_n)는 단면적비(A_2/A_1)와 노즐 입구의 레이놀즈수에 따라 그림 5.16에서 읽을 수 있다.

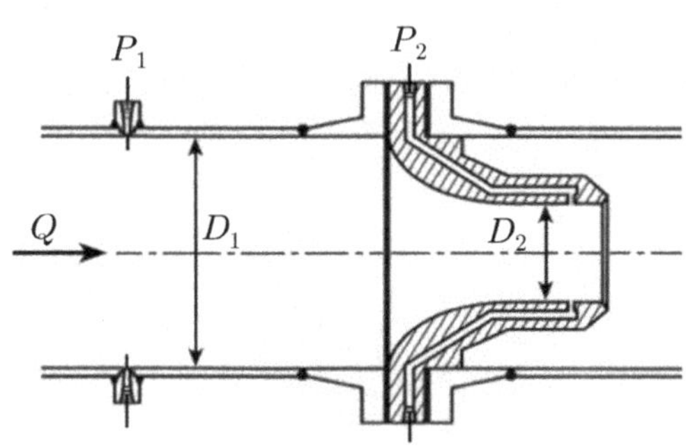

그림 5.15 관 노즐 유량계

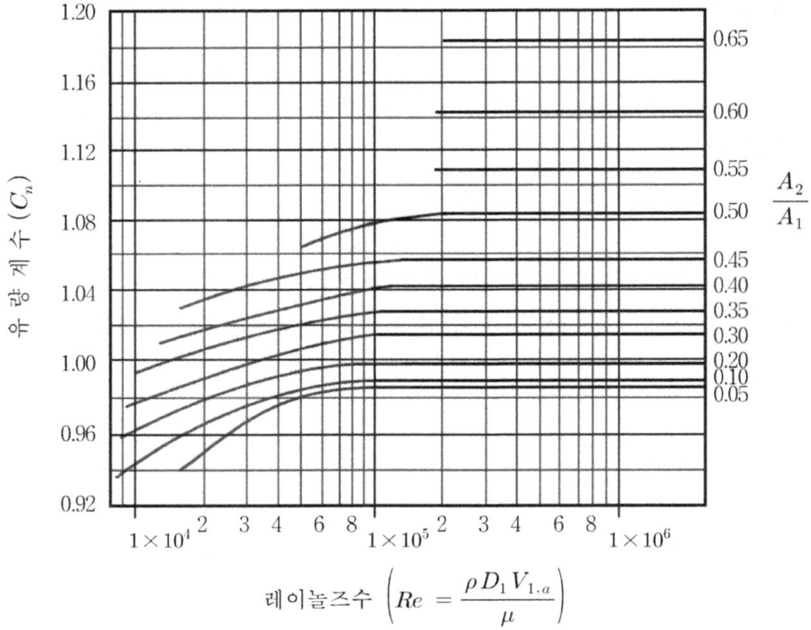

그림 5.16 관 노즐 유량계의 유량계수

5.5.3 관 오리피스 유량계

관 오리피스(pipe orifice)는 30~45° 의 각진 구멍을 가진 원형판으로, 원판의 두께는 관로 내경의 10%를 초과하지 않는 것을 사용하여야 한다. 이 유량계는 가장 간단하고 저렴한 기구인데, 그림 5.17에서 보는 바와 같이 관로 사이에 설치하거나 관로 입구나 출구에 설치하여 유량을 측정할 수 있다.

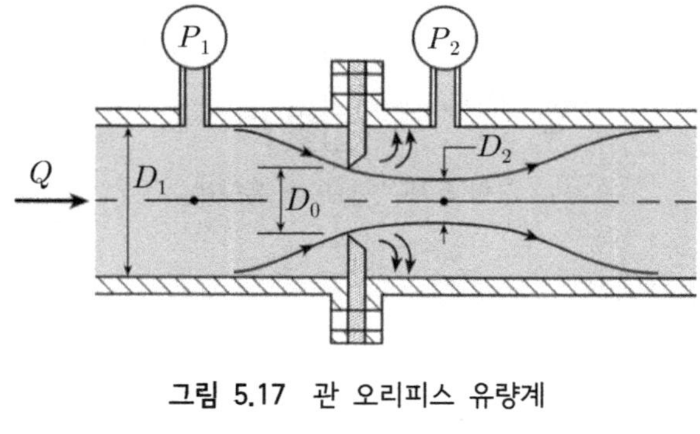

그림 5.17 관 오리피스 유량계

오리피스를 통과하는 유체 흐름을 보면, 오리피스 상류의 유체는 개구부를 통과하기 위해 관로 중심부로 수축되어야 한다. 그러므로 오리피스 구멍을 통과한 유체 분류는 상류 유체의 운동량으로 인해 즉시 팽창하지 못하고 계속적으로 수축된다. 따라서 오리피스 하류에서 분류 단면적이 최소인 흐름목(vena contracta)이 형성되고, 이 점을 지나면서 유체 분류는 점차 팽창하면서 완전한 관 흐름으로 회복된다.

그림 5.17의 비압축성 유동에서 오리피스 상류의 지점 ①과 흐름목의 지점 ② 사이에 베르누이 방정식과 연속방정식을 적용하여 정리하면, 벤투리관에서와 같이 흐름목에서의 이론속도 관계식 (5.11)을 얻을 수 있다. 하지만 흐름목의 단면적 A_2는 측정할 수 없으므로 수축계수 $C_c = A_2/A_0$를 도입하여 식 (5.11)에 대입하면, 흐름목에서의 이론속도를 다음과 같이 구할 수 있다.

$$V_{2,t} = \frac{1}{\sqrt{1 - C_c^2\left(\dfrac{A_0}{A_1}\right)^2}} \sqrt{\frac{2g(P_1 - P_2)}{\gamma}} \tag{5.17}$$

여기에 속도계수 C_v를 곱해주면 흐름목에서의 실제속도 $V_{2,a}$를 얻을 수 있고, 관로의 유량에 대한 관계식은 다음과 같다.

$$Q = \frac{C_c C_v A_0}{\sqrt{1 - C_c^2\left(\dfrac{A_0}{A_1}\right)^2}} \sqrt{\frac{2g(P_1 - P_2)}{\gamma}} \tag{5.18}$$

하지만 관 오리피스에서 분류의 수축현상은 유동 조건에 달라지므로 흐름목의 발생지점이 일정하지 않다. 따라서 흐름목에서의 압력을 정확히 측정할 수 없기 때문에 오리피스 원판 직전과 직후의 압력 차이를 측정하여 사용하고, 오리피스의 유량계수(C_o)도 실험적으로 구하여 사용한다. 따라서 관 오리피스의 최종 유량식은 다음과 같다.

$$Q = C_o A_0 \sqrt{\frac{2g(P_1 - P_2)}{\gamma}} \tag{5.19}$$

관 오리피스의 유량계수(C_o)도 관 노즐과 같이 단면적비(A_0/A_1)와 레이놀즈수에 따라 실험적으로 구하고, 그 값은 그림 5.18에서 읽을 수 있다. 하지만 오리피스 하류의 수축과 확대 흐름으로 인해 관 노즐의 경우보다 유량계수의 값이 작다.

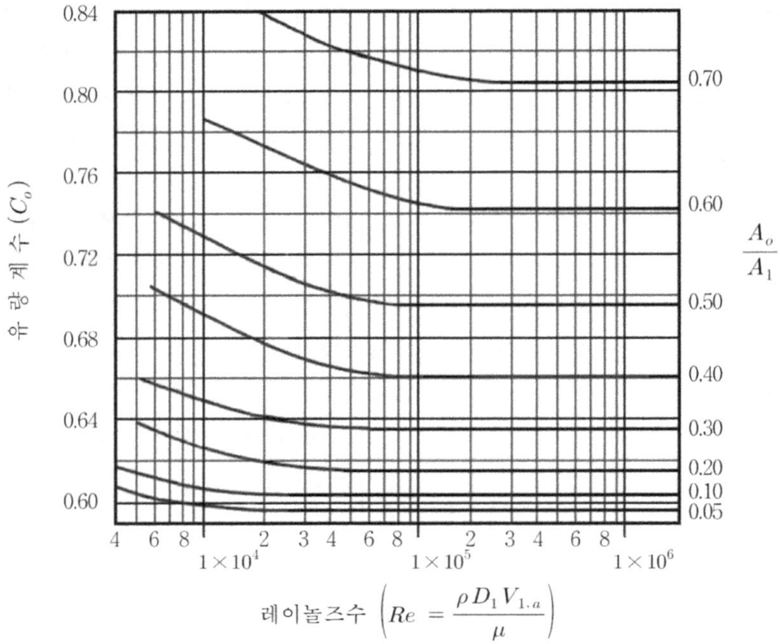

그림 5.18 관 오리피스 유량계의 유량계수

관 오리피스는 벤투리관이나 관 노즐에 비해 제조 및 설치가 용이하지만, 압력 손실이 상대적으로 커서 정밀도는 다소 떨어진다. 그리고 관 오리피스는 관로의 입구 및 출구에 설치하여 유량을 측정할 수도 있는데, 관로 입구에 설치한 경우에는 입구 레이놀즈수가 55000 이상의 범위에서 유량계수의 값은 약 0.6 정도로 일정하다.

5.5.4 면적식 유량계

유체 관로에 사용되는 가장 일반적인 유형의 유량계는 그림 5.19에서 보는 바와 같은 로타미터(rotameter)이며, 이러한 면적식 유량계는 다음과 같이 작동된다.

유체가 관 하부에서 상부로 흐를 때 계측 부표(float)가 투명관 속에서 수직으로 자유롭게 움직인다. 부표에 작용하는 상향력은 유량에 따라 달라지고, 부표의 중량과 평행을 이루는 눈금이 유량을 지시하도록 되어 있다. 유량이 클수록 부표가 더 높이 상승하고, 부표의 최고 높이에 맞춰 관에 새겨진 눈금으로부터 유량을 직접 읽는다. 만약 부표의 상부가 그림 5.19와 같이 원통이 아닌 경우는 부표 지름이 가장 큰 위치에 맞춰 눈금을 읽는다.

5.5.5 터빈 유량계

그림 5.20과 같은 터빈 유량계는 관로에 흐르는 유체가 터빈을 회전시키는 원리를 이용한 유량 측정기구이다. 유량계를 통해 유입된 유체는 터빈 날개에 충돌하면서 터빈을 회전시키게 되는데, 터빈의 회전수는 유속에 비례하게 설계되어 있다. 터빈의 회전은 전기 펄스(pulse)를 발생시키게 되고, 펄스 픽업(pulse pick-up)장치로 통해 펄스의 수를 검출하여 유량으로 환산하게 된다. 그리고 그 유량 신호를 계기 패널 또는 기록 장치에 전달하도록 되어 있다.

터빈 유량계의 측정 정밀도는 일반적으로 ±0.2~0.5%이고, 넓은 온도범위에서 사용할 수 있다. 하지만 유체의 점성계수가 크면 층류영역에서는 점성의 영향이 나타나기 때문에 비교적 점성이 낮은 유체에 적합하다. 일반적으로 석유 및 화학 공정뿐만 아니라 유체 수송장치에서 많이 사용된다.

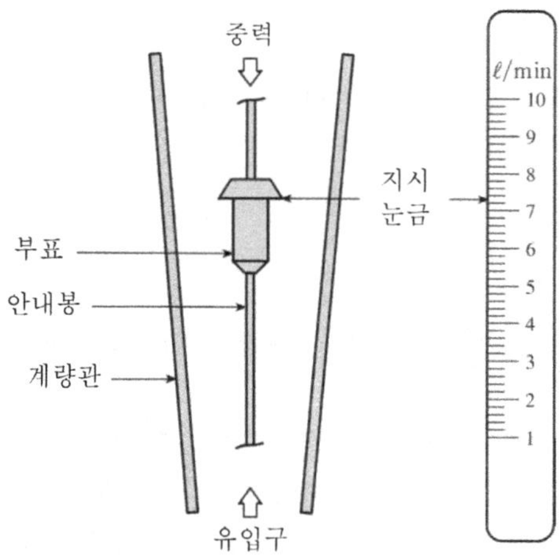

그림 5.19 로타미터의 작동

그림 5.20 터빈 유량계의 구조

5.6 일반적인 에너지방정식

앞의 5.3절에서 베르누이 방정식을 유도할 때 다음과 같은 5가지를 가정하였다.

- 정상 유동으로 시간에 따른 유체의 특성 변화가 없다.
- 이상유체이므로 점성마찰에 의한 에너지 손실이 없다.
- 비압축성 유체이며, 따라서 유체의 비중은 일정하다.
- 검사체적 내의 유체에 에너지를 부가하는 펌프나 유체로부터 에너지를 받는 터빈 등과 같은 기계장치가 없다.
- 열 교환기와 같은 장치를 통한 검사체적 내의 유체와 외부 사이의 에너지 이동도 없다.

위와 같은 가정을 하더라도 오차가 무시할 수 있을 정도로 작은 경우에는 베르누이 방정식은 유효하다. 그러나 기계장치에 의해 에너지를 주고받거나 유동 손실이 무시할 수 없을 정도로 큰 경우에는 베르누이 방정식에 이러한 에너지 유입이나 유출 효과를 포함시킨 수정방정식을 사용하여야 한다.

일반적으로 유체와 에너지를 교환하는 기구는 3가지 범주로 세분할 수 있다.

- 기계적으로 유체에 에너지를 공급하는 펌프
- 유체로부터 에너지를 전달받는 유압 모터 혹은 터빈 등
- 유체의 분배, 유량, 압력 등을 제어하는데 사용되는 관, 관이음 부품, 밸브, 여과기 등과 같은 구성부품

관로에 흐르는 유체에는 점성에 의한 마찰저항이 발생되지만, 위와 같은 구성부품들도 유동저항을 야기하여 유체가 지닌 에너지의 일부는 마찰열로 변환되어 발산된다. 이와 같은 손실에너지의 크기는 유체의 성질, 유속, 관로의 크기 및 길이, 벽면의 거칠기 등에 따라 달라진다. 유체에너지 손실의 크기를 결정하는 방법은 제7장에서 설명할 것이며, 여기에서는 에너지 보존의 법칙을 사용하여 원래의 베르누이 방정식에 추가되는 에너지 전달기구의 효과를 기술한다.

그림 5.21은 관로 유동에서 발생하는 대표적인 에너지 변환을 나타내고 있다. 입구지점 ①에서 유체의 단위 중량이 검사체적으로 유입되고 출구 지점 ②에서 유출되는데, 중간에 다음과 같은 에너지 전달이 이루어진다.

h_p는 펌프가 유체에 공급하는 유체의 단위 중량당 에너지이고, h_t는 터빈 혹은 유압 모터가 유체로부터 공급받는 유체의 단위 중량당 에너지이다. 그리고 h_l은 유체가 관로, 관이음 부품, 밸브, 스트레이너 또는 여과기와 같은 구성부품을 통해 흐를 때 마찰 효과에 의한 유체의 단위 중량당 에너지 손실이다. 이를 수두 손실(head loss)이라고 부른다.

그러므로 검사체적의 입구 지점 ①에서 단위 중량의 유체가 가지고 있는 에너지에 펌프 수두 h_p를 더하고 터빈 수두 h_t와 손실수두 h_l를 빼면, 출구 지점 ②에 도달하는 유체가 지닌 단위 중량의 에너지와 같다. 이를 수학적으로 기술하면 에너지 방정식은 다음과 같다.

$$\frac{P_1}{\gamma} + \frac{V_1^2}{2g} + z_1 + h_p - h_t - h_l = \frac{P_2}{\gamma} + \frac{V_2^2}{2g} + z_2 \tag{5.20}$$

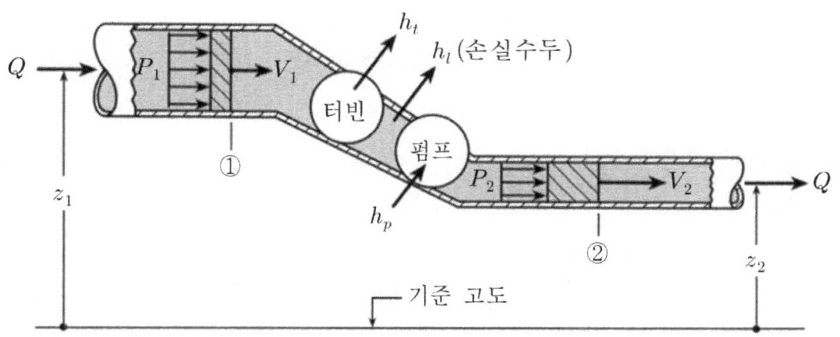

그림 5.21 관로유동에서 에너지 변환

【예제 5.10】

그림 5.22와 같이 저수조에서 유량 28 ℓ/s의 물이 유출되고 있다. 이 관로에는 엘보, 밸브 등이 설치되어 있는데, 이러한 부품들의 부차손실과 관로 마찰손실을 더한 각종 손실수두 h_l을 구하라.

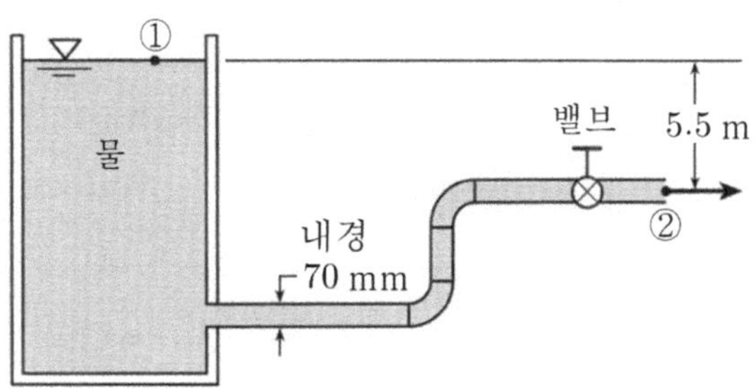

그림 5.22 예제 5.10의 설명도

☞ 풀이

자유수면 ①과 출구 ② 사이에 에너지 방정식을 적용하면 다음과 같다.

$$\frac{P_1}{\gamma_w} + \frac{V_1^2}{2g} + z_1 - h_l = \frac{P_2}{\gamma_w} + \frac{V_2^2}{2g} + z_2$$

여기서 $P_1 = P_2 =$ 대기압이고, 그림 5.22에서 $z_1 - z_2 = 5.5\ \mathrm{m}$이다. 아울러 저수조의 면적이 출구 단면적에 비하여 매우 크므로, 자유수면의 하강속도는 무시할 수 있다($V_1 \approx 0$).

$$V_2 = \frac{Q}{A_2} = \frac{28 \times 10^{-3}}{\pi \times 0.07^2 / 4} = 7.28\ \mathrm{m/s}$$

따라서 손실수두는 다음과 같다.

$$h_l = (z_1 - z_2) - \frac{V_2^2}{2g} = 5.5 - \frac{7.28^2}{2 \times 9.8} = 2.8\ \mathrm{m}$$

만약 관로 유동에서 에너지 손실이 없다면($h_l = 0$), 유출속도 V_2는 다음과 같다.

$$V_2 = \sqrt{2g(z_1 - z_2)} = \sqrt{2 \times 9.8 \times 5.5} = 10.38\ \mathrm{m/s}$$

마찰 손실의 효과로 유속이 약 30% 감소된다.

5.7 에너지 전달 장치

5.7.1 펌프

펌프(pump)는 엔진 또는 전기 모터에 의해 구동되는데, 기계에너지를 유체에너지로 전달해주는 기계장치이다. 펌프에 의해 단위 중량의 유체에 전달되는 에너지를 수두로 나타낸 것을 펌프의 양정이라 하고, 펌프 입구와 출구 조건에 식 (5.20)의 에너지 방정식을 적용하면 펌프 양정은 다음과 같다.

$$h_p = \frac{P_2 - P_1}{\gamma} + \frac{V_2^2 - V_1^2}{2g} + z_2 - z_1 + h_l \tag{5.21}$$

그러므로 펌프가 유체에 전달하는 일률은 펌프 동력이라 하고, 유체의 중량 유량에 펌프 양정을 곱한 것과 같다.

$$L_p = \gamma h_p Q \quad [\mathrm{W}] \tag{5.22}$$

γ : 유체 비중량 ($\mathrm{N/m^3}$)

h_p : 펌프 양정 (m)

Q : 펌프 송출 유량 ($\mathrm{m^3/s}$)

식 (5.21) 및 (5.22)에서 펌프 입구와 출구의 압력수두, 속도수두 및 위치수두의 차이는 유체가 펌프로부터 얻은 실질 에너지(수두)이다. 이는 펌프 양정에서 기계적 마찰손실, 누설손실 및 각종 유체 에너지 손실수두를 제외한 것이다.

그리고 펌프 효율은 펌프를 구동하는 축동력에 대한 유체가 얻은 동력인 수동력의 비로 정의하는데, 효율의 범위는 손실의 크기에 따라 다르지만 50~90% 정도이다. 펌프의 특성 및 응용은 제8장에서 상세히 설명한다.

【예제 5.11】

그림 5.23에서와 같이 펌프를 사용하여 호수에서 공장 저수조로 물을 공급하고 있다. 펌프 송출 유량은 0.1 $\mathrm{m^3/s}$이며, 호수의 수면 ①과 공장의 수조 ② 사이의 각종 손실 $h_l = 5V^2/2g$로 나타낼 수 있다. 물을 공급하는데 필요한 펌프 동력을 구하라.

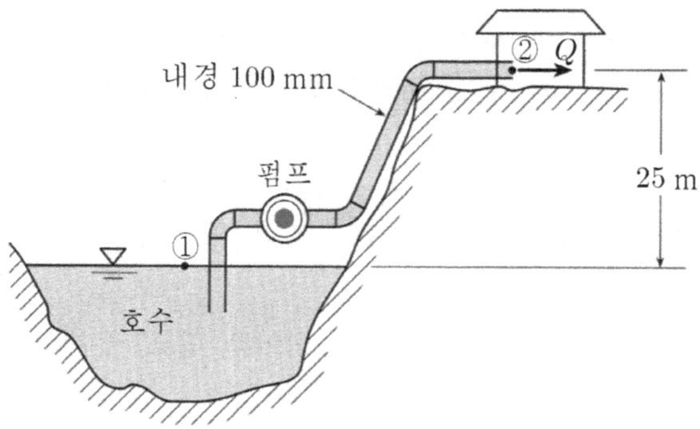

그림 5.23 예제 5.11의 설명도

☞ 풀이

에너지 방정식으로부터 펌프 양정을 구하는 식으로 정리하면 다음과 같다.

$$h_p = \frac{P_2 - P_1}{\gamma_w} + \frac{V_2^2 - V_1^2}{2g} + z_2 - z_1 + h_l$$

여기서 지점 ①과 ②는 모두 대기에 개방되어 있으므로 $P_1 = P_2 =$ 대기압이고 압력수두는 서로 상쇄된다. 그리고 호수의 자유수면 면적이 출구 단면적에 비하여 매우 크므로, 자유수면의 하강속도 V_1은 무시할 수 있다.

한편 출구 유속 V_2 및 손실수두 h_l은 다음과 같다.

$$V_2 = \frac{Q}{A} = \frac{0.1}{\pi \times 0.1^2 / 4} = 12.73\ \mathrm{m/s}$$

$$h_l = 5 \times \frac{12.73^2}{2 \times 9.8} = 41.34\ \mathrm{m}$$

이 값들을 위의 펌프 양정을 구하는 식에 대입하여 풀면 다음과 같다.

$$h_p = \frac{V_2^2}{2g} + z_2 - z_1 + h_l = \frac{12.73^2}{2 \times 9.8} + 25 + 41.34 = 74.61\ \mathrm{m}$$

따라서 필요한 펌프 동력을 다음과 같다.

$$L_p = \gamma_w h_p Q = 9800 \times 74.61 \times 0.1 = 73.12\ \mathrm{kW}$$

예제 5.11에서 펌프 양정 74.61 m에 비하여 손실수두 41.34 m는 매우 큰 것임을 알 수 있다. 만약 손실수두가 무시할 만큼 작으면, 필요한 펌프 양정은 33.27 m이고 펌프를 구동하는데 필요한 동력은 단지 32.6 kW가 된다. 그러므로 관로의 구성부품을 적절히 선정하여 각종 손실을 줄여야 하며, 이러한 손실 문제는 제7장에서 자세히 설명한다.

5.7.2 터빈 또는 유압모터

터빈(turbine) 또는 유압모터(hydraulic motor)는 펌프의 작동과 반대로 유체에너지를 기계에너지로 변환시켜주는 장치이다. 터빈이 유체로부터 전달받은 유체의 단위 중량당 에너지를 터빈의 유효낙차라고 하며, 식 (5.20)의 에너지 방정식으로부터 다음과 같다.

$$h_t = \frac{P_1 - P_2}{\gamma} + \frac{V_1^2 - V_2^2}{2g} + z_1 - z_2 - h_l \tag{5.23}$$

그리고 터빈이 유체로부터 얻은 일률인 터빈 동력은 다음과 같다.

$$L_t = \gamma h_t Q \quad [\mathrm{W}] \tag{5.24}$$

γ : 유체 비중량 ($\mathrm{N/m^3}$)

h_t : 터빈 유효낙차 (m)

Q : 터빈 구동 유량 ($\mathrm{m^3/s}$)

식 (5.23) 및 (5.24)에서 터빈 유효낙차는 터빈 입구와 출구의 전수두 차이인 총낙차에서 손실수두를 뺀 것이다. 그리고 터빈의 효율은 펌프의 경우와 반대로, 유체로부터 얻은 수동력에 대한 터빈 출력인 축동력의 비로 나타낸다. 따라서 터빈 또는 유압모터의 효율은 각종 에너지 손실 때문에 언제나 100%보다 작다.

【예제 5.12】

그림 5.24에서와 같이 상수조와 저수조 사이에 터빈이 설치되어 있고, 수위 차이는 30 m이다. 유량이 1.5 m^3/s이고 손실수두 $h_l = 5$ m일 때, 터빈 동력을 구하라.

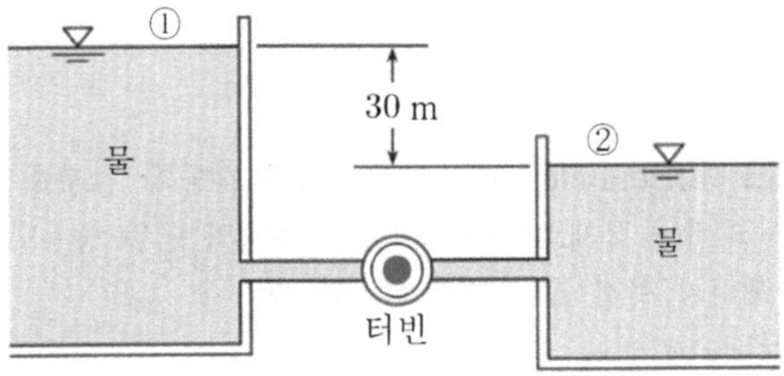

그림 5.24 예제 5.12의 설명도

☞ 풀이

지점 ①과 ② 사이의 에너지 방정식을 기술하면 다음과 같다.

$$\frac{P_1}{\gamma_w} + \frac{V_1^2}{2g} + z_1 - h_t - h_l = \frac{P_2}{\gamma_w} + \frac{V_2^2}{2g} + z_2$$

여기서 상수조와 저수조의 자유수면 ①과 ②는 모두 대기에 개방되어 있으므로 $P_1 = P_2 =$ 대기압이고, 자유수면의 면적은 관로 단면적에 비하여 매우 크므로 자유수면의 하강 및 상승 속도 V_1 및 V_2는 무시할 수 있다. 그러므로 위의 에너지 방정식을 터빈의 유효낙차로 정리하여 풀면 다음과 같다.

$$h_t = z_1 - z_2 - h_l = 30 - 5 = 25\,\text{m}$$

유체가 터빈에 전달한 일률(터빈 구동동력)은 다음과 같다.

$$L_t = \gamma_w h_t Q = 9800 \times 25 \times 1.5 = 367.5\,\text{kW}$$

문제에서 손실이 매우 작다면 터빈 동력은 441 kW까지 가능하다.

5.8 운동에너지 수정계수

일반적으로 유동 단면에서 속도분포는 그림 5.25와 같이 균일하지 않다. 이러한 유동장 내의 속도분포를 균일하게 보고 계산된 평균속도 V에 의한 운동에너지는 참속도 u로 계산된 값과 차이가 있다. 따라서 평균속도에 의하여 계산된 베르누이 방정식이나 에너지 방정식은 수정이 필요하다는 것을 알 수 있다. 이러한 오차를 줄이기 위하여 평균속도에 의한 운동에너지 값에 수정계수를 곱하여 계산에 사용하게 된다.

단면적 A의 관로를 흐르는 유체의 평균속도는 연속방정식으로부터 참속도 u를 단면적 A에 걸쳐 적분하여 구한다.

$$V = \frac{1}{A}\int_A u\, dA \tag{5.25}$$

그리고 유체가 1차원 유동을 한다고 가정할 때, 단면적 A의 관로를 흐르는 유체의 평균속도에 의한 운동에너지

$$E = \rho A V \frac{V^2}{2} = \rho A \frac{V^3}{2} \tag{5.26}$$

이다. 한편 미소면적 내를 통과하는 유체의 참속도 u에 의한 운동에너지는 다음과 같다.

$$dE = \rho dA\, u \frac{u^2}{2} = \rho \frac{u^3}{2} dA \tag{5.27}$$

운동에너지의 오차를 보상하기 위하여 식 (5.26)에 수정계수 α를 곱한 것과 식 (5.27)을 단면적 A에 걸쳐 적분한 운동에너지가 같다.

$$\alpha \rho A \frac{V^3}{2} = \int_A \rho \frac{u^3}{2} dA \tag{5.28}$$

따라서 운동에너지의 수정계수 α는 다음과 같다.

$$\alpha = \frac{1}{A}\int_A \left(\frac{u}{V}\right)^3 dA \tag{5.29}$$

관로 문제에 있어서 운동에너지의 수정계수 α를 베르누이 방정식에 도입한 수정 베르누이 방정식은 다음과 같다.

$$\frac{P_1}{\gamma} + \alpha_1 \frac{V_1^2}{2g} + z_1 - h_l = \frac{P_2}{\gamma} + \alpha_2 \frac{V_2^2}{2g} + z_2 \tag{5.30}$$

이때 α값은 평균속도로 표현된 속도수두 항에 곱하게 된다. 원형 관로의 경우 층류 유동에서는 $\alpha = 2$이고, 난류 유동에서는 $\alpha = 1.01 \sim 1.10$이다. 하지만 실제 흐름은 대부분 난류 유동이고, 운동에너지 항이 좌변과 우변에 모두 존재하므로 수정계수 α 값은 거의 1로 취급한다.

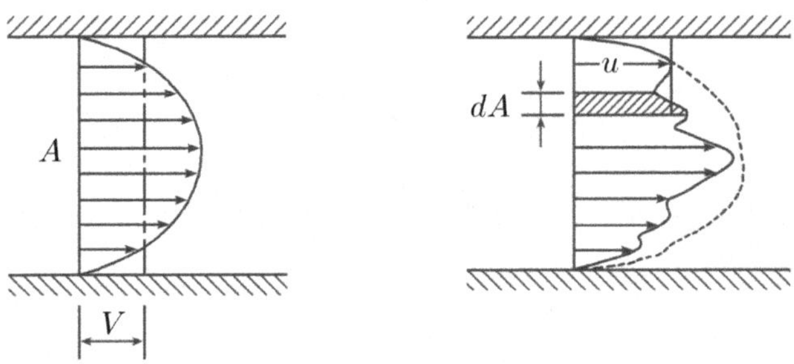

그림 5.25 유동 단면에서 속도분포

연습문제 및 해설

5.1 폭이 10 m이고 깊이가 0.5 m인 직사각형 수로를 통해 1초당 1000 kg의 물이 흐르고 있다. 평균 유속, 체적 유량 및 중량 유량을 구하라.

【해설】 평균 유속 $V = \dfrac{\dot{m}_w}{\rho_w A} = \dfrac{1000}{1000 \times 10 \times 0.5} = 0.2\ \mathrm{m/s}$

체적 유량 $Q = AV = 10 \times 0.5 \times 0.2 = 1.0\ \mathrm{m^3/s}$

중량 유량 $G = \gamma_w AV = \gamma_w Q = 9800 \times 1.0 = 9.8\ \mathrm{kN/s}$

5.2 공기가 단면 $0.3\,\mathrm{m} \times 0.5\,\mathrm{m}$인 도관(duct)를 통해 흐르고 있다. 도관 속에 흐르는 공기의 유량이 $0.45\ \mathrm{m^3/s}$일 때, 공기의 질량 유량과 평균 풍속을 구하라. 단, 공기의 압력은 70 kPa(계기압), 온도는 20℃ 그리고 기체상수는 287 J/kg·K이다.

【해설】 공기 밀도 $\rho_a = \dfrac{P}{RT} = \dfrac{101325 + 70000}{287 \times (273 + 20)} = 2.037\ \mathrm{kg/m^3}$

질량 유량 $\dot{m}_a = \rho_a Q_a = 2.037 \times 0.45 = 0.917\ \mathrm{kg/s}$

평균 풍속 $V = \dfrac{\dot{m}_a}{\rho_a A} = \dfrac{0.917}{2.037 \times 0.3 \times 0.5} = 3.0\ \mathrm{m/s}$

5.3 비중 0.9인 오일이 $V_1 = 5\,\mathrm{m/s}$의 속도로 아래 그림과 같은 T자관으로 들어간다. 단면 ①, ② 및 ③의 지름이 각각 12 mm, 70 mm 그리고 60 mm이다. 단면 ②와 ③에서 유량이 동일할 때 유속 V_2 및 V_3을 구하라.

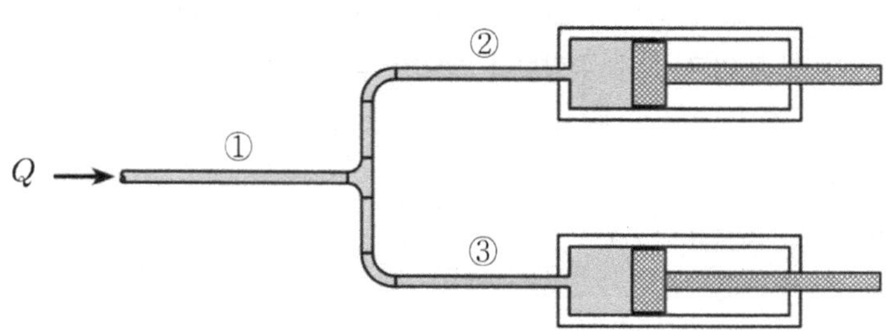

그림 5.26 문제 5.3의 설명도

【해설】 비압축성 유체이므로 밀도변화는 없고($\rho_1 = \rho_2 = \rho_3$), 유출되는 유량의 합은 유입 유량과 같다($Q_1 = Q_2 + Q_3$).

$$Q_1 = A_1 V_1 = \frac{\pi \times 1.2^2}{4} \times 500 = 565.487 \text{ cc/s}$$

$$Q_2 = Q_3 = \frac{Q_1}{2} = \frac{565.487}{2} = 282.743 \text{ cc/s}$$

$$V_2 = \frac{Q_2}{A_2} = \frac{282.743}{\pi \times 7^2/4} = 7.35 \text{ cm/s}$$

$$V_3 = \frac{Q_3}{A_3} = \frac{282.743}{\pi \times 6^2/4} = 10.0 \text{ cm/s}$$

5.4 그림 5.27에서 보는 바와 같이 물이 $1.1 \text{ m}^3/\text{min}$와 $1.6 \text{ m}^3/\text{min}$의 유량으로 두 관을 통해 원통형 탱크로 유입된다. 탱크 내의 수위 h는 일정한 경우 내경 200 mm 관을 통해 탱크로부터 유출되는 물의 유속 V_3을 구하라. 탱크 상부는 대기에 노출되어 있다.

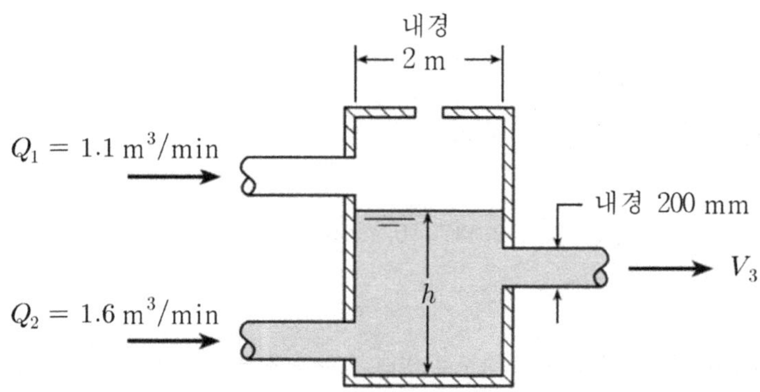

그림 5.27 문제 5.4의 설명도

【해설】 수위 h가 일정한 경우 유입되는 유량과 유출 유량은 같다. 하지만 유입 유량이 유출 유량보다 많으면 수위는 상승할 것이고, 유출 유량보다 작으면 수위는 하강 할 것이다.

$$Q_3 = Q_1 + Q_2 = 1.1 + 1.6 = 2.7 \text{ m}^3/\text{min}$$

$$V_3 = \frac{Q_3}{A_2} = \frac{2.7/60}{\pi \times 0.2^2/4} = 1.43 \text{ m/s}$$

5.5 그림 5.28과 같은 관로에서 지름 50 mm인 노즐을 통해 물이 대기로 방출되고 있다. 관로의 수압이 100 kPa(계기압)일 때, 물의 체적 유량을 구하라. 각종 유동 손실은 무시한다.

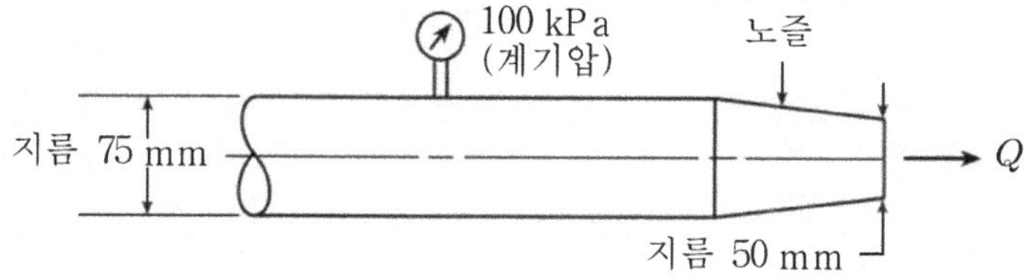

그림 5.28 문제 5.5의 설명도

【해설】 $P_1 = 100\,\text{kPa}$(계기압), $P_2 = 0$(대기압)

비압축성 유체이므로 $\rho_1 = \rho_2$

수평 관로이므로 $z_1 = z_2$

$Q = A_1 V_1 = A_2 V_2$에서 $V_1 = V_2 \times \dfrac{A_2}{A_1}$

$$\frac{P_1}{\gamma_w} + \frac{V_1^2}{2g} = \frac{P_2}{\gamma_w} + \frac{V_2^2}{2g} = \text{일정}$$

$$\frac{P_1}{\gamma_w} = \frac{V_2^2 - V_1^2}{2g} = \left(1 - \frac{A_2^2}{A_1^2}\right)\frac{V_2^2}{2g}$$

$$V_2 = \sqrt{\frac{2gP_1}{\gamma_w} \Big/ \left(1 - \frac{A_2^2}{A_1^2}\right)}$$

$$= \sqrt{\frac{2 \times 9.8 \times 100 \times 10^3}{9800} \Big/ \left(1 - \frac{0.05^4}{0.075^4}\right)} = 15.787\,\text{m/s}$$

$$Q_w = A_2 V_2 = \frac{\pi \times 0.05^2}{4} \times 15.787 = 30.998 \times 10^{-3}\,\text{m}^3/\text{s} = 31\,\ell/\text{s}$$

5.6 그림 5.29와 같은 관로에 흐르는 비중 0.8인 휘발유의 체적 유량을 구하라.

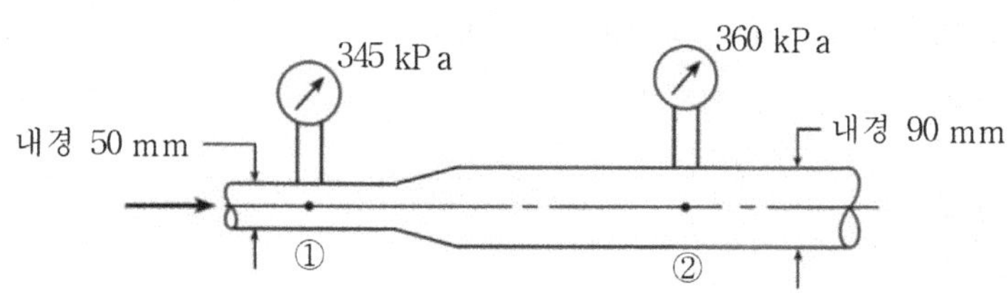

그림 5.29 문제 5.6의 설명도

【해설】 $P_1 = 345\,\text{kPa}$(계기압), $P_2 = 360\,\text{kPa}$(계기압), $z_1 = z_2$(수평관로)

$$Q = A_1 V_1 = A_2 V_2 \text{에서 } V_1 = V_2 \frac{A_2}{A_1}$$

$$\frac{P_1}{\gamma_{oil}} - \frac{P_2}{\gamma_{oil}} = \frac{V_2^2 - V_1^2}{2g} = \left(1 - \frac{A_2^2}{A_1^2}\right)\frac{V_2^2}{2g}$$

$$V_2 = \sqrt{\frac{2g(P_1 - P_2)}{\gamma_{oil}} \Big/ \left(1 - \frac{A_2^2}{A_1^2}\right)}$$

$$= \sqrt{\frac{2 \times 9.8 \times (345 - 360) \times 10^3}{0.8 \times 9800} \Big/ \left(1 - \frac{0.09^4}{0.05^4}\right)} = 1.987\,\text{m/s}$$

$$Q = A_2 V_2 = \frac{\pi \times 0.09^2}{4} \times 1.987 = 12.64 \times 10^{-3}\,\text{m}^3/\text{s} = 12.64\,\ell/\text{s}$$

5.7 그림 5.30과 같은 수직 벽의 원형 구멍을 통해 흐르는 유체의 체적 유량을 구하라.

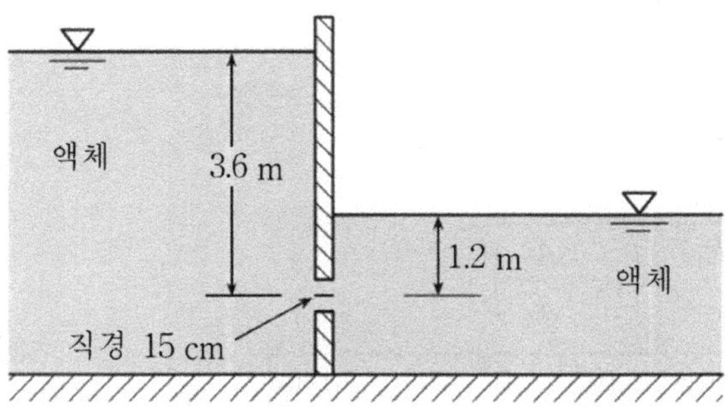

그림 5.30 문제 5.7의 설명도

【해설】 좌측 수면과 우측 원형 개구부의 출구 사이에 베르누이방정식을 적용한다.

$$\frac{P_1}{\gamma_w} + \frac{V_1^2}{2g} + z_1 = \frac{P_2}{\gamma_w} + \frac{V_2^2}{2g} + z_2 = \text{일정}$$

자유 수면의 압력은 대기압으로 $P_1 = 0$(계기압)

개구부 단면적에 비하여 매우 큰 수조이므로 $V_1 \approx 0$

개구부 출구를 기준 고도로 가정하여 $z_2 = 0$

$$V_2 = \sqrt{2g \times \left(z_1 - \frac{P_2}{\gamma_w}\right)} = \sqrt{2 \times 9.8 \times (3.6 - 1.2)} = 6.859\,\text{m/s}$$

$$Q = A_2 V_2 = \frac{\pi \times 0.15^2}{4} \times 6.859 = 0.121\,\text{m}^3/\text{s} = 7.27\,\text{m}^3/\text{min}$$

5.8 그림 5.31과 같이 대형 수조에 관로가 연결되어 물이 흐르고 있다. 그림에서 물 높이 $h = 0.8\,\text{m}$일 때, 관로의 수축부에서 공동현상이 발생한다면 물의 증기압은 얼마인가. 관로의 안지름 $D_1 = 100\,\text{mm}$이고 $D_2 = 190\,\text{mm}$이다.

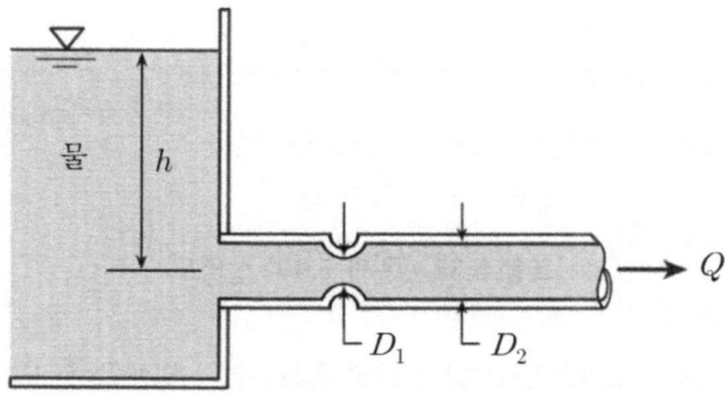

그림 5.31 문제 5.8의 설명도

【해설】 관로의 유동손실이 없다면, 토리첼리의 정리에 의해 관로 끝에서 유속은 다음과 같다.

$$V_2 = \sqrt{2gh} = \sqrt{2 \times 9.8 \times 0.8} = 3.96\,\text{m/s}$$

관로의 수축부에서 유속은 $Q = A_1 V_1 = A_2 V_2$로부터 구한다.

$$V_1 = V_2 \times \frac{A_2}{A_1} = 3.96 \times \frac{\pi \times 0.19^2 / 4}{\pi \times 0.1^2 / 4} = 14.3\,\text{m/s}$$

관로 끝의 압력은 대기압과 같으므로 수축부 압력은 베르누이 방정식으로부터 구한다.

$$\frac{P_1}{\gamma_w} + \frac{V_1^2}{2g} + z_1 = \frac{P_2}{\gamma_w} + \frac{V_2^2}{2g} + z_1$$

$$P_1 = P_2 + \gamma_w \times \frac{V_2^2 - V_1^2}{2g}$$

$$= 101325 + 9800 \times \frac{3.96^2 - 14.3^2}{2 \times 9.8} = 6.92\,\text{kPa}$$

관로 수축부에서 공동현상이 발생한다면, 수축부의 압력은 물의 포화증기압보다 낮다.

5.9 그림 5.32와 같은 수평 관로에 40℃의 물이 유량 6 m^3/min으로 흐르고 있다. 관로의 수축부 ①에서 공동현상이 발생하지 않을 조건으로 단면 ②에서 최소압력은 얼마인가? 40℃ 물의 밀도≒ 992.2 kg/m^3이고 포화증기압은 55.3 mmHg이며, 각종 유동손실은 무시한다.

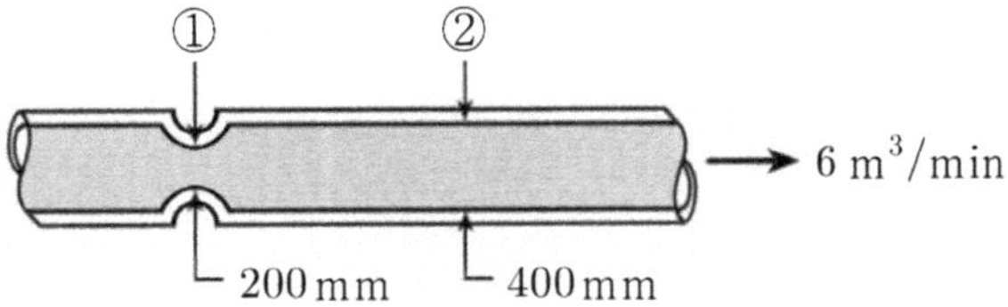

그림 5.32 문제 5.9의 설명도

【해설】 수축부의 압력이 물의 포화증기압보다 낮으면 공동현상이 발생할 수 있다.

$$V_1 = \frac{Q}{A_1} = \frac{6/60}{\pi \times 0.2^2/4} = 3.183 \text{ m/s}$$

$$V_2 = \frac{Q}{A_2} = \frac{6/60}{\pi \times 0.4^2/4} = 0.796 \text{ m/s}$$

베르누이 방정식으로부터 관로 압력 P_2를 구한다.

$$P_2 = P_1 + \gamma_w \times \frac{V_1^2 - V_2^2}{2g} = P_1 + \rho_w \times \frac{V_1^2 - V_2^2}{2}$$

$$= \frac{55.3}{760} \times 101325 + 992.2 \times \frac{3.183^2 - 0.796^2}{2} = 12.08 \text{ kPa}$$

관로의 수압이 12 kPa보다 낮으면 공동현상이 일어날 수 있는데, 실제 관로에서는 유동손실이 발생하므로 이보다 높은 압력으로 유지되어야 한다.

5.10 그림 5.33에서와 같이 15℃의 공기가 도관(duct)을 통해 위로 흐른다. 그림과 같이 10° 경사진 액주계에 채워진 물의 경사 수위차가 50 mm일 때, 공기의 체적 유량을 결정하라.

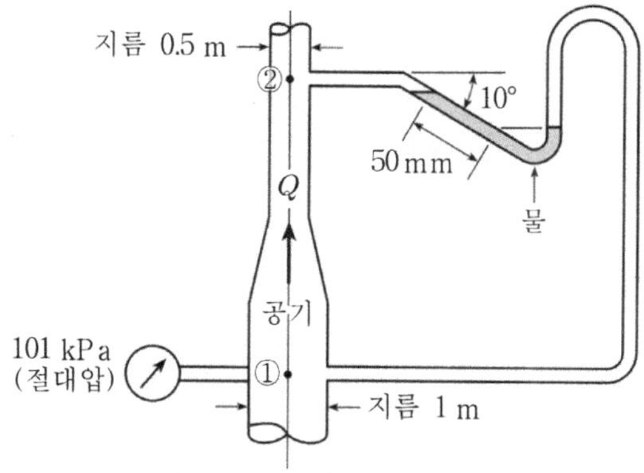

그림 5.33 문제 5.10의 설명도

【해설】 공기는 압축성 유체이므로 원칙적으로 체적유량의 연속방정식을 사용할 수 없으나, 문제와 같이 압력차가 크지 않는 경우는 밀도 차이가 거의 없어서 체적유량의 연속방정식을 사용하여도 오차가 크지 않다.

$\rho_1 \approx \rho_2$로 가정하고, 위치에너지의 차이도 무시한다.

$$Q = A_1 V_1 = A_2 V_2 \text{에서 } V_1 = V_2 \frac{A_2}{A_1}$$

$$\frac{P_1}{\gamma_{air}} + \frac{V_1^2}{2g} = \frac{P_2}{\gamma_{air}} + \frac{V_2^2}{2g}$$

$$\frac{P_1}{\gamma_{air}} - \frac{P_2}{\gamma_{air}} = \frac{V_2^2 - V_1^2}{2g} = \left(1 - \frac{A_2^2}{A_1^2}\right)\frac{V_2^2}{2g}$$

$$V_2 = \sqrt{\frac{2 \times (P_1 - P_2)}{\rho_{air}} \Big/ \left(1 - \frac{A_2^2}{A_1^2}\right)}$$

한편 액주계의 읽음으로부터

$$P_1 - P_2 = \gamma_w h \sin 10° = 9800 \times 0.05 \times \sin 10° = 85.088 \text{ Pa}$$

$$\rho_{air} = \frac{101000 + 85.088}{287 \times (273 + 15)} = 1.223 \text{ kg/m}^3$$

$$V_2 = \sqrt{\frac{2 \times 85.088}{1.223}} \Big/ \sqrt{1 - \frac{0.5^4}{1.0^4}} = 11.988 \text{ m/s}$$

$$Q = A_2 V_2 = \frac{\pi \times 0.5^2}{4} \times 11.988 = 2.35 \text{ m}^3/\text{s}$$

5.11 그림 5.34와 같은 관로 및 노즐장치에서 물이 분사되는데, 자유제트의 속도가 $6\ \mathrm{m/s}$이다. 액주계 유체가 수은일 때 액주계 수치 H를 구하라.

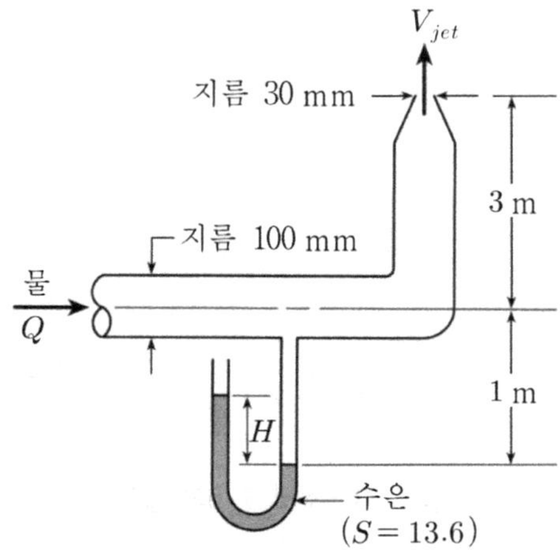

그림 5.34 문제 5.11의 설명도

【해설】 관로 중심을 기준 고도로 가정하면 $z_1 = 0$이고,

노즐 출구에서는 $z_2 = 3\ \mathrm{m}$, $P_2 = 0$(대기압), $V_2 = 6\ \mathrm{m/s}$이다.

$$V_1 = \frac{Q}{A_1} = \frac{A_2 V_2}{A_1} = \frac{\pi \times 0.03^2/4}{\pi \times 0.1^2/4} \times 6.0 = 0.54\ \mathrm{m/s}$$

$$P_1 = \gamma_w \times \left(\frac{V_2^2 - V_1^2}{2g} + z_2 \right) = 9800 \times \left(\frac{6^2 - 0.54^2}{2 \times 9.8} + 3 \right) = 47254.2\ \mathrm{Pa}$$

한편 U자관에서 $\gamma_{\mathrm{Hg}} H = P_1 + \gamma_w \times 1.0$이므로

$$H = \frac{47254.2 + 9800 \times 1.0}{13.6 \times 9800} = 0.43\ \mathrm{m}$$

5.12 그림 5.35와 같은 탱크에 물과 기름이 채워져 있다. 탱크 측면의 구멍을 통한 초기 분출속도를 구하라.

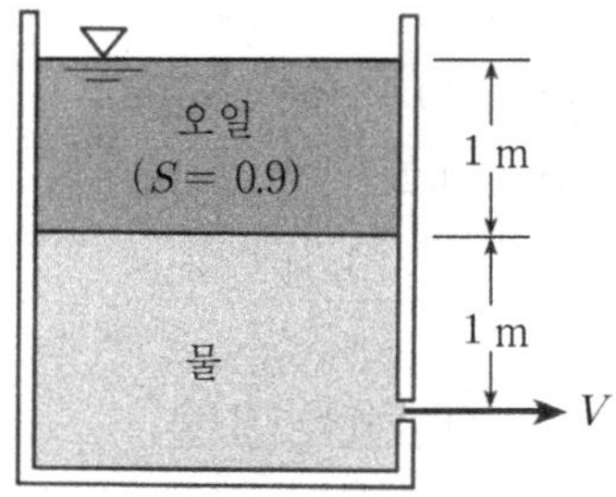

그림 5.35 문제 5.12의 설명도

【해설】 토리첼리의 정리에 의해 배출 유속을 구할 수 있으나, 2가지 유체가 채워진 경우는 각 물질의 비중을 고려하여야 한다. 오일과 물의 경계 수위를 하첨자 2 그리고 배출구 중심을 하첨자 3으로 하여 베르누이 방정식을 적용하면 다음과 같다.

$$\frac{P_2}{\gamma_w} + \frac{V_2^2}{2g} + z_2 = \frac{P_{atm} + \gamma_{oil} h_1}{\gamma_w} + \frac{V_2^2}{2g} + z_2 = \frac{P_{atm}}{\gamma_w} + \frac{V_3^2}{2g} + z_3$$

$$\frac{V_3^2}{2g} = \frac{\gamma_{oil} h_1}{\gamma_w} + z_2 - z_3 = S_{oil} h_1 + h_2$$

$$V_3 = \sqrt{2 \times g \times (S_{oil} h_{oil} + h_w)}$$

$$= \sqrt{2 \times 9.8 \times (0.9 \times 1 + 1)} = 6.1 \text{ m/s}$$

5.13 그림 5.36과 같이 가솔린 연료탱크의 바닥에 물이 차서, 10 mm 지름의 플러그(plug)를 풀어서 물을 배출시키려고 한다. 탱크의 크기가 600 mm × 800 mm의 직사각형인 경우 물을 완전히 배출시키는 데 소요되는 시간을 구하라.

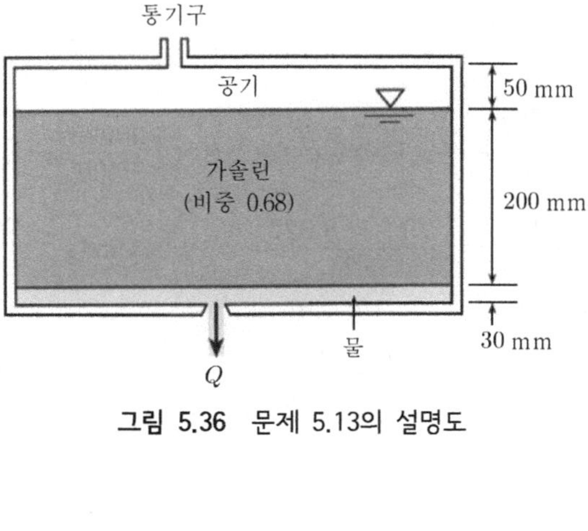

그림 5.36 문제 5.13의 설명도

【해설】 2가지 유체가 채워진 경우는 각 물질의 비중을 고려하여 배출 유속을 구한다.

초기 유속 $V_s = \sqrt{2 \times g \times (S_{oil} \times h_{oil} + h_w)}$

$= \sqrt{2 \times 9.8 \times (0.68 \times 0.2 + 0.03)} = 1.804\ \mathrm{m/s}$

최종 유속 $V_e = \sqrt{2 \times 9.8 \times 0.2} = 1.98\ \mathrm{m/s}$

평균 유속 $V_m = \dfrac{V_s + V_e}{2} = \dfrac{1.804 + 1.98}{2} = 1.892\ \mathrm{m/s}$

배출 시간 $t = \dfrac{\widetilde{V}}{A V_m} = \dfrac{0.6 \times 0.8 \times 0.03}{\dfrac{\pi \times 0.01^2}{4} \times 1.892} = 96.91\ \mathrm{s}$

5.14 안지름 2 m의 원통형 탱크에 3 m 높이까지 물이 채워져 있고, 바닥의 오리피스 지름은 25 mm이다. 다음 조건에서 물의 수위가 3 m에서 1 m로 낮아지는데 소요되는 시간은 얼마인가?

(a) 탱크 상부의 공기압이 30 kPa(계기압)으로 일정한 경우

(b) 탱크의 상부가 대기에 노출되어 있을 경우

【해설】 탱크 수면(하첨자 1)과 오리피스의 출구(하점자 2) 사이에 베르누이방정식을 적용하면 다음과 같다.

$$\frac{P_1}{\gamma_w} + \frac{V_1^2}{2g} + z_1 = \frac{P_2}{\gamma_w} + \frac{V_2^2}{2g} + z_2$$

여기서 $V_1 \approx 0$ (오리피스 단면적에 비하여 탱크 수면은 매우 넓음)

$P_2 = 0$ (대기에 노출)

$z_2 = 0$ (오리피스 출구를 기준 고도로 설정)

$$V_2 = \sqrt{2g \times \left(\frac{P_1}{\gamma_w} + z_1\right)}$$

(a) $P_1 = 30\ \mathrm{kPa}$

$$V_s = \sqrt{2g \times \left(\frac{P_1}{\gamma_w} + z_s\right)} = \sqrt{2 \times 9.8 \times \left(\frac{30000}{9800} + 3.0\right)} = 10.9\ \mathrm{m/s}$$

$$V_e = \sqrt{2g \times \left(\frac{P_1}{\gamma_w} + z_e\right)} = \sqrt{2 \times 9.8 \times \left(\frac{30000}{9800} + 1.0\right)} = 8.922\ \mathrm{m/s}$$

$$V_m = \frac{V_s + V_e}{2} = \frac{10.9 + 8.922}{2} = 9.911\ \mathrm{m/s}$$

배출 시간 $t = \dfrac{\widetilde{V}}{A V_m} = \dfrac{\dfrac{\pi \times 2^2}{4} \times (3-1)}{\dfrac{\pi \times 0.025^2}{4} \times 9.911} = 1291.5\ \mathrm{s}$

(b) $P_1 = 0$ (대기압)

$$V_s = \sqrt{2gz_s} = \sqrt{2 \times 9.8 \times 3.0} = 7.668 \text{ m/s}$$

$$V_e = \sqrt{2gz_e} = \sqrt{2 \times 9.8 \times 1.0} = 4.427 \text{ m/s}$$

$$V_m = \frac{V_s + V_e}{2} = \frac{7.668 + 4.427}{2} = 6.048 \text{ m/s}$$

$$\text{배출 시간 } t = \frac{\widetilde{V}}{A V_m} = \frac{\frac{\pi \times 2^2}{4} \times (3-1)}{\frac{\pi \times 0.025^2}{4} \times 6.048} = 2116.4 \text{ s}$$

5.15 그림 5.37과 같이 방향이 서로 다른 3가지 경우의 분류 속도를 비교하라. 그리고 그 이유를 설명하라. 단, 탱크 하부의 3개 구멍의 높이 차이는 없다고 가정한다.

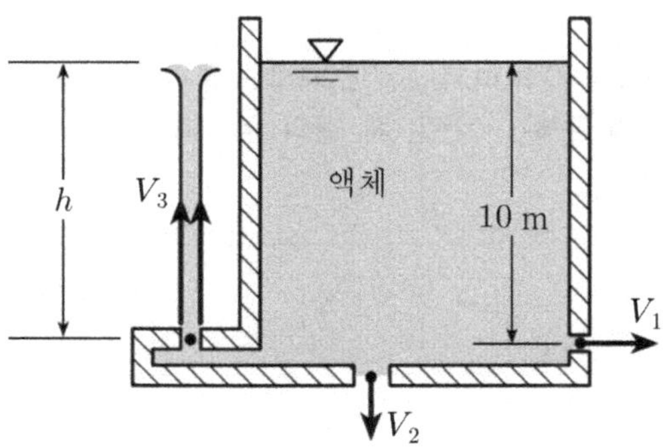

그림 5.37 문제 5.15~5.17의 설명도

【해설】 유출 저항이 없다면, 3가지 경우의 분류 속도는 모두 동일하다.

$$V = \sqrt{2gh} = \sqrt{2 \times 9.8 \times 10} = 14 \text{ m/s}$$

5.16 문제 5.15에서 $D_1 = 2D_2$일 때, 체적 유량비 Q_1 / Q_2를 구하라.

【해설】 유속이 동일하므로 유량비는 유출구의 단면적비 4와 같다.

5.17 문제 5.15에서 각종 손실이 없다면 분류의 상승 높이 h는 얼마인가?

【해설】 수직 성분의 속도만 존재하므로, 분류는 초기속도(V_o)에서 감속되어 최고점에 도달하였을 때 속도

$V = 0$이다.

$$V = V_o - gt = 0$$

초기 속도

$$V_o = \sqrt{2 \times 9.8 \times 10} = 14.0 \text{ m/s}$$

최고점에 도달하기까지의 시간

$$t = \frac{V_o}{g} = \frac{14.0}{9.8} = 1.429 \text{ s}$$

분류의 상승 높이

$$h = \int_0^t V dt = V_o t - \frac{g t^2}{2}$$

$$= 14 \times 1.429 - 9.8 \times \frac{1.429^2}{2} = 10 \text{ m}$$ (각종 손실이 없는 경우)

5.18 그림 5.38과 같이 안지름 400 mm의 관로에 흐르는 물의 정압 및 정체 압력간의 차이를 측정하는데 액주계가 사용된다. 액주계 유체가 수은일 때, 물의 유속 V와 체적 유량 Q를 구하라.

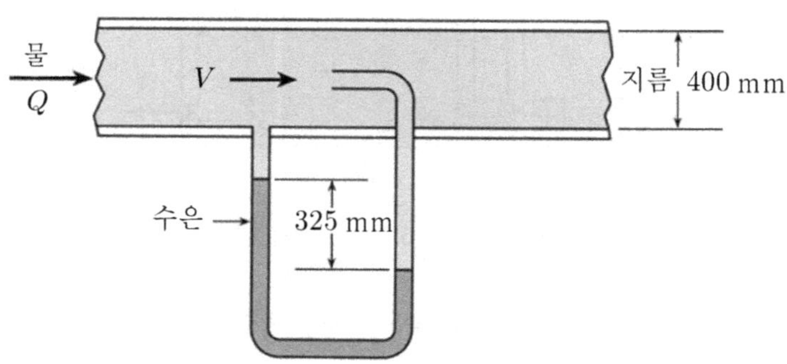

그림 5.38 문제 5.18의 설명도

【해설】 U자관 액주계의 수은과 물이 접촉하는 고도를 기준으로 양쪽 압력은 동일하고, 관로 중심을 하첨자 1 그리고 피토관 입구를 하첨자 2로 나타낸다.

$$P_1 + \gamma_w \times h + \gamma_{hg} \times 0.325 = P_2 + \gamma_w \times (h + 0.325)$$

$$P_2 - P_1 = (\gamma_{hg} - \gamma_w) \times 0.325 = 12.6 \times 9800 \times 0.325 = 40131 \text{ Pa}$$

수평 관로에서 $z_1 = z_2$이고, 피토관 입구에서 $V_2 = 0$이므로

$$\frac{P_1}{\gamma_w} + \frac{V_1^2}{2g} = \frac{P_2}{\gamma_w}$$

$$V_1 = \sqrt{2g \times \frac{P_2 - P_1}{\gamma_w}} = \sqrt{2 \times 9.8 \times \frac{40131}{9800}} = 8.959\ \mathrm{m/s}$$

$$Q = A_1 V_1 = \frac{\pi \times 0.4^2}{4} \times 8.959 = 1.126\ \mathrm{m^3/s} \doteq 67.55\ \mathrm{m^3/min}$$

5.19 그림 5.39에서와 같이 공기 여과기의 압력손실을 시험하려고 한다. 관로 내의 공기 압력은 200 kPa, 온도는 20℃, 유량이 0.01 $\mathrm{m^3/s}$인 경우, 여과기의 압력손실을 결정하라.

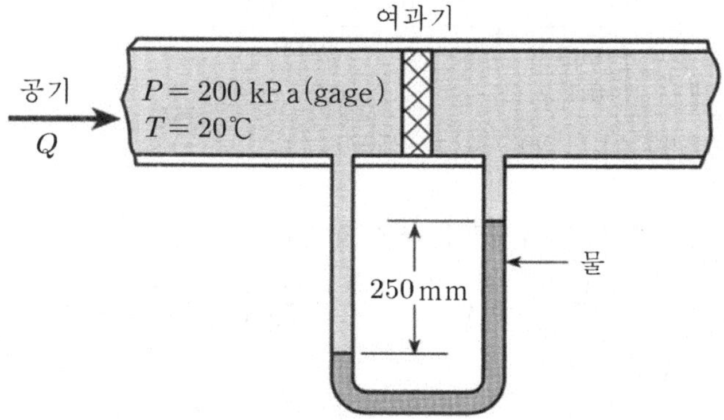

그림 5.39 문제 5.19의 설명도

【해설】 기체의 압력변화가 크지 않는 경우에는 비압축성 유체로 다룰 수 있다.
U자관 액주계로 부터

$$P_1 - P_2 = \gamma_w h_w = 9800 \times 0.25 = 2.45\ \mathrm{kPa}$$

5.20 그림 5.40과 같이 입구 지름 $D_1 = 100\ \mathrm{mm}$이고, 목부분의 지름 $D_2 = 50\ \mathrm{mm}$인 벤투리관에 5℃의 물이 흐른다. 입구의 압력은 70 kPa(계기압)이고, 목부분의 압력은 75 mmHg(진공압)일 때, (a) 손실을 무시한 경우와 (b) 유량계수를 사용한 유량을 결정하라. 벤투리관의 속도계수는 그림 5.13에서 읽는다.

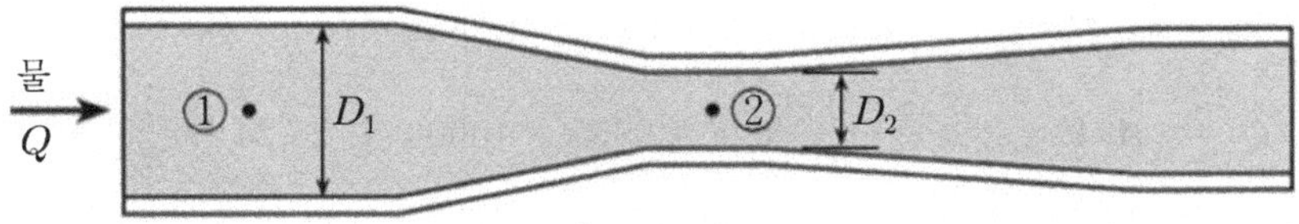

그림 5.40 문제 5.20의 설명도

【해설】 $P_1 = 70000\ \text{Pa}$

$$P_2 = 75\ \text{mmHg (진공)} = -101325 \times \frac{75}{760} = -9999.18\ \text{Pa}$$

(a) 각종 손실 무시 (5℃의 물)

$$Q = \frac{A_2}{\sqrt{1-\left(\frac{A_2}{A_1}\right)^2}} \sqrt{\frac{2g(P_1 - P_2)}{\gamma}}$$

$$= \frac{\pi \times 0.05^2/4}{\sqrt{1-\left(\frac{0.05}{0.1}\right)^4}} \sqrt{\frac{2 \times 9.8 \times (70000 + 9999)}{9800}}$$

$$= 2.565 \times 10^{-2}\ \text{m}^3/\text{s} = 25.65\ \ell/\text{s}$$

(b) 손실 고려 : 그림 5.13, 유량계수 사용 (물 5℃)

$$V_{2,t} = \frac{1}{\sqrt{1-\left(\frac{0.05}{0.1}\right)^4}} \sqrt{\frac{2 \times 9.8 \times (70000 + 9999)}{9800}} = 3.064\ \text{m/s}$$

$$V_{1,t} = V_{2,t} \times \frac{A_2}{A_1} = 13.064 \times \frac{0.05^2}{0.1^2} = 3.266\ \text{m/s}$$

부록 A.1에서 $T_w = 5℃$, $\rho = 1000\ \text{kg/m}^3$, $\mu = 1.519 \times 10^{-3}\ \text{Pa}\cdot\text{s}$

유량계수 $C_v = 0.985$로 가정

$$V_{1,a} = C_v V_{1,t} = 0.985 \times 3.266 = 3.217\ \text{m/s}$$

$$Re = \frac{\rho D_1 V_{1,a}}{\mu} = \frac{1000 \times 0.1 \times 3.266}{1.519 \times 10^{-3}} = 211{,}784.1$$

그림 5.13에서 $C_v = 0.984$

$$V_{1,a} = C_v V_{1,t} = 0.984 \times 3.266 = 3.214\ \text{m/s}$$

$$Re = \frac{\rho D_1 V_{1,a}}{\mu} = \frac{1000 \times 0.1 \times 3.214}{1.519 \times 10^{-3}} = 211{,}586.6$$

그림 5.13에서 $C_v = 0.984$로 수렴

$$V_{2,a} = C_v V_{2,t} = 0.984 \times 13.064 = 12.855\ \text{m/s}$$

$$Q = A_2 V_{2,a} = \frac{\pi \times 0.05^2}{4} \times 12.855 \times 1000 = 25.24\ \ell/s$$

손실을 고려한 실제 유량은 이론 유량보다 약간 적다.

5.21 그림 5.41에서 보는 바와 같이 댐에 수력터빈이 설치되어있다. 터빈 입구의 관로 직경은 1 m이고, 터빈을 구동하는 유량은 5 m^3/s이며 대기로 방출된다. 각종 손실이 매우 작은 경우 터빈을 구동하는 유체 동력을 구하라.

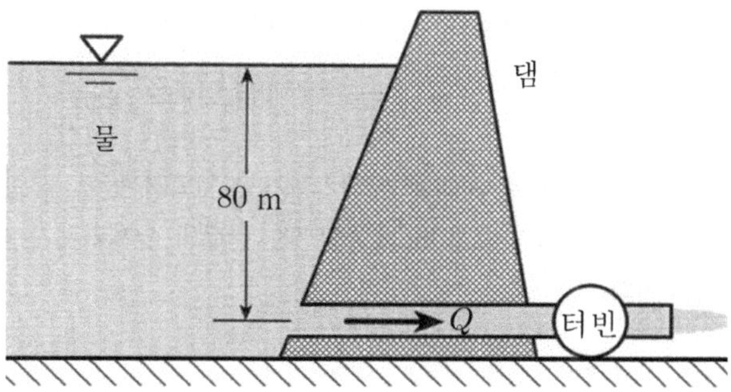

그림 5.41 문제 5.21의 설명도

【해설】 유효낙차 = 총낙차 - 손실수두

$$h_t = \frac{P_1 - P_2}{\gamma_w} + \frac{V_1^2 - V_2^2}{2g} + z_1 - z_2 - h_l$$

여기서 $P_1 = P_2 =$ 대기압, $h_l \approx 0$,

$V_1 \approx 0$ (저수조의 크기가 관로 단면적에 비하여 매우 큼)

$$V_2 = \frac{Q}{A} = \frac{5}{\pi \times 1^2/4} = 6.366\ \mathrm{m/s}$$

$$h_t = \frac{0 - V_2^2}{2g} + z_1 - z_2 = \frac{0 - 6.366^2}{2 \times 9.8} + 80 - 0 = 77.932\ \mathrm{m}$$

터빈의 수동력 (유체가 터빈에 가한 동력)

$$L_w = \gamma_w h_t Q = 9800 \times 77.932 \times 5 = 3.82\ \mathrm{MW}$$

5.22 문제 5.21에서 터빈 장치의 효율이 90%인 경우, 터빈으로부터 회전하는 구동축을 통해 발전기에 전달되는 동력은 얼마인가?

【해설】 $\eta_t = 90\%$일 때, 터빈의 축동력 (발전기 구동동력)

$$L_t = \eta_t L_w = 0.9 \times 3.819 = 3.44\ \mathrm{MW}$$

5.23 문제 5.21에서 관로의 손실수두 $h_l = 15\ \mathrm{m}$인 경우, 터빈 동력은 얼마인가?

【해설】 $h_t = 77.932 - 15.0 = 62.932\ \mathrm{m}$

$L_w = \gamma_w h_t Q = 9800 \times 62.932 \times 5 = 3.08\ \mathrm{MW}$

5.24 그림 5.42와 같이 물이 흐르는 관로 사이에 유체기계가 설치되어 있고, 유량은 $0.2\ \mathrm{m^3/s}$이다. 입구와 출구 압력 $P_1 = 600\ \mathrm{kPa}$ 및 $P_2 = 300\ \mathrm{kPa}$일 때, 관로의 유체기계가 펌프 또는 터빈인지를 구결하라. 각종 손실은 무시한다.

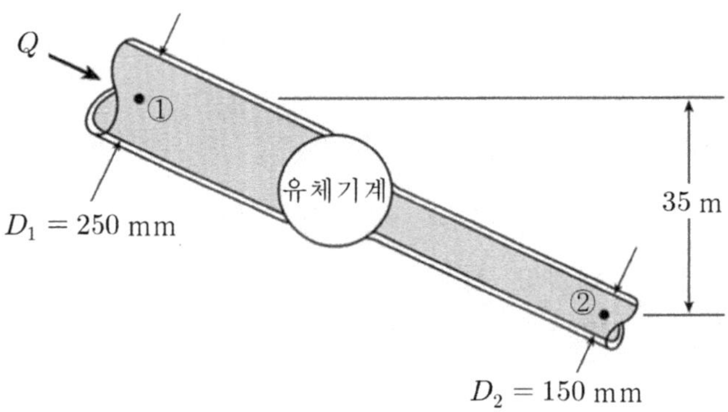

그림 5.42 문제 5.24의 설명도

【해설】 $V_1 = \dfrac{Q}{A_1} = \dfrac{0.2}{\pi \times 0.25^2/4} = 4.074\ \mathrm{m/s}$

$$V_2 = \frac{Q}{A_2} = \frac{0.2}{\pi \times 0.15^2/4} = 11.318\ \mathrm{m/s}$$

$$h = \frac{P_2 - P_1}{\gamma_w} + \frac{V_2^2 - V_1^2}{2g} + z_2 - z_1$$

$$= \frac{(300-600) \times 10^3}{9800} + \frac{11.318^2 - 4.074^2}{2 \times 9.8} + 0 - 35$$

$$= -59.92\ \mathrm{m}$$

h의 값이 음수이므로, 유체기계는 유체로부터 에너지를 받는 터빈이다.

5.25 그림 5.43과 같이 관로에 펌프를 설치하여 유량 0.15 m^3/s의 물이 흐른다. 펌프가 12 PS의 동력을 유체에 전달하는 경우, 액주계 수은의 액주 차이 h를 구하라. 마찰에 의한 수두 손실은 무시한다.

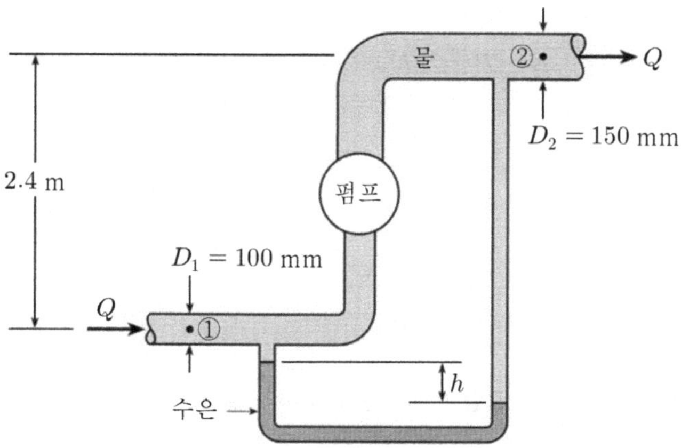

그림 5.43 문제 5.25의 설명도

【해설】 입구 고도를 기준으로 $z_1 = 0$, $z_2 = 2.4$ m

$$V_1 = \frac{Q}{A_1} = \frac{0.15}{\pi \times 0.1^2/4} = 19.099 \text{ m/s}$$

$$V_2 = \frac{Q}{A_2} = \frac{0.15}{\pi \times 0.15^2/4} = 8.488 \text{ m/s}$$

$$h_p = \frac{L}{\gamma_w Q} = \frac{12 \times 735}{9800 \times 0.15} = 6.0 \text{ m}$$

$$\frac{P_1}{\gamma_w} + \frac{V_1^2}{2g} + z_1 + h_p = \frac{P_2}{\gamma_w} + \frac{V_2^2}{2g} + z_2 \text{에서}$$

$$P_1 - P_2 = \gamma_w \times \left(\frac{V_2^2 - V_1^2}{2g} + z_2 - z_1 - h_p\right)$$

$$= 9800 \times \left(\frac{8.488^2 - 19.099^2}{2 \times 9.8} + 2.4 - 0 - 6.0\right)$$

$$= -181642.83 \text{ Pa}$$

U자관에서 $P_1 - P_2 = \gamma_w \times (2.4 + h) - \gamma_{Hg} h$이므로

$$h = \frac{P_1 - P_2 - \gamma_w \times 2.4}{\gamma_w - \gamma_{Hg}} = \frac{-181642.83 - 9800 \times 2.4}{(1 - 13.6) \times 9800} = 1.66 \text{ m}$$

5.26 그림 5.44와 같은 관로에 설치된 펌프가 1.2 m^3/min의 물을 송출한다. 관로 손실이 매우 작을 때, 펌프에 의해 물로 전달되는 동력이 얼마인가?

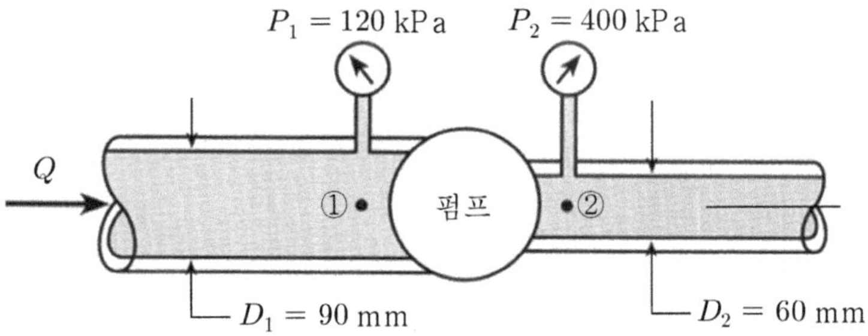

그림 5.44 문제 5.26의 설명도

【해설】 관로 손실이 무시할 수 있는 만큼 작다면, $h_l \approx 0$

$$V_1 = \frac{Q}{A_1} = \frac{1.2/60}{\pi \times 0.09^2/4} = 3.144 \text{ m/s}$$

$$V_2 = \frac{Q}{A_2} = \frac{1.2/60}{\pi \times 0.06^2/4} = 7.074 \text{ m/s}$$

$$h_p = \frac{P_2 - P_1}{\gamma_w} + \frac{V_2^2 - V_1^2}{2g}$$

$$= \frac{(400-120)\times 10^3}{9800} + \frac{7.074^2 - 3.144^2}{2\times 9.8} = 30.62 \text{ m}$$

$$L_p = \gamma_w h_p Q = 9800 \times 30.62 \times 1.2/60 = 6.0 \text{ kW}$$

5.27 아래 그림 5.45와 같은 수로에서 물의 유량이 $1.0\ m^3/s$인 경우, 터빈의 출력 동력을 구하라. 관로손실은 매우 작고 터빈의 효율은 85%이다. 터빈 입구와 출구에 연결된 액주계의 유체는 수은이고 액주차는 1.0 m이다.

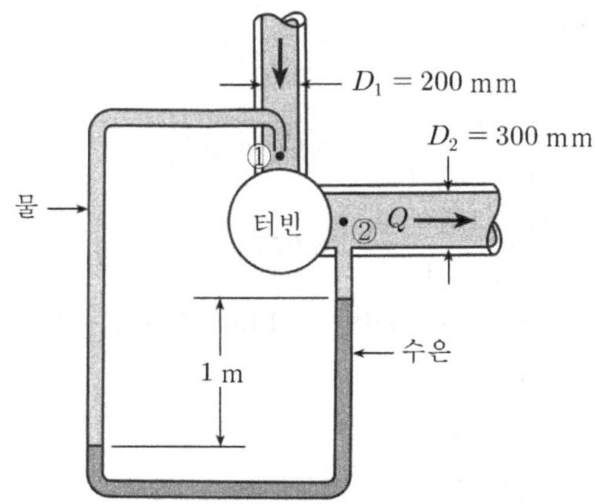

그림 5.45 문제 5.27의 설명도

【해설】 터빈 입구와 출구의 고도 차이가 없다면, $z_1 = z_2$, $h_l \approx 0$

$$V_1 = \frac{Q}{A_1} = \frac{1.0}{\pi \times 0.2^2/4} = 31.831\ m/s$$

$$V_2 = \frac{Q}{A_2} = \frac{1.0}{\pi \times 0.3^2/4} = 14.147\ m/s$$

U자관에서

$$P_1 - P_2 = \gamma_{Hg} h - \gamma_w h = 9800 \times (13.6 - 1.0) \times 1.0 = 123480\ Pa$$

유효낙차 $h_t = \dfrac{P_1 - P_2}{\gamma_w} + \dfrac{V_1^2 - V_2^2}{2g}$

$$= \frac{123480}{9800} + \frac{31.831^2 - 14.147^2}{2 \times 9.8} = 54.083\ m$$

수동력 $L_w = \gamma_w h_t Q = 9800 \times 54.083 \times 1.0 = 530.013\ kW$

축동력 $L_s = \eta_t L_w = 0.85 \times 530.013 = 450.51\ kW$

5.28 문제 5.27의 그림 5.45와 같은 수력장치에 다음의 기술사양을 적용하여 터빈 출력을 구하라.

물의 유량: $Q = 50\ \mathrm{m^3/min}$

액주계 액주차: $h = 0.9\ \mathrm{m}$

관로 직경: $D_1 = 175\ \mathrm{mm},\ D_2 = 250\ \mathrm{mm}$

터빈 효율: $\eta_t = 85\%$

【해설】 $V_1 = \dfrac{Q}{A_1} = \dfrac{50/60}{\pi \times 0.175^2/4} = 34.646\ \mathrm{m/s}$

$$V_2 = \frac{Q}{A_2} = \frac{50/60}{\pi \times 0.25^2/4} = 16.977\ \mathrm{m/s}$$

$$P_1 - P_2 = \gamma_{\mathrm{Hg}} h - \gamma_w h = 9800 \times (13.6 - 1.0) \times 0.9 = 111132\ \mathrm{Pa}$$

$$h_t = \frac{P_1 - P_2}{\gamma_w} + \frac{V_1^2 - V_2^2}{2g}$$

$$= \frac{111132}{9800} + \frac{34.646^2 - 16.977^2}{2 \times 9.8} = 57.877\ \mathrm{m}$$

$$L_t = \eta_t \gamma_w h_t Q = 0.85 \times 9800 \times 57.877 \times \frac{50}{60} = 401.76\ \mathrm{kW}$$

6 운동량 이론 및 응용

유체 속도의 크기나 방향을 바꾸기 위해서는 유체에 외력이 작용해야 한다. 따라서 유체와 접촉하는 기계장치에 의해 유체의 속도가 얼마만큼 변하든 간에 유체는 힘을 가하거나 받게 된다. 이러한 유체의 힘은 연속방정식 및 에너지 방정식과 연계되는 뉴턴의 운동 법칙에서 유래된 운동량 방정식을 적용하여 얻을 수 있다.

6.1 운동량 방정식

운동량 방정식은 뉴턴의 운동 제2법칙으로부터 얻어지는 유동의 기본방정식으로서 힘과 속도의 관계를 표현한 식이다. 운동량이란 한 질점(material point)에서 발생하는 양이므로, 그 질점에서 시간에 대한 운동량의 변화는 결국 그 질점에 작용하는 힘과 같다.

$$\sum F = \frac{d(mV)_s}{dt} \tag{6.1}$$

위의 식 (6.1)을 시간에 대해 적분하면 다음과 같이 된다.

$$\sum F \cdot \Delta t = m(V_2 - V_1) \tag{6.2}$$

이때 힘과 시간의 곱을 충격량(impulse)이라 하고, 질량과 속도의 곱을 운동량(momentum)이라 한다. 그리고 식 (6.2)를 선형 운동량 방정식(linear momentum equation)이라 한다. 이 운동량 이론은 그림 6.1과 같은 임의의 유관(stream tube)을 통해 흐르는 유체에 적용할 수 있다.

유체는 시간 Δt 동안에 유량 Q로 단면 ①로 들어와서 단면 ②로 흐른다. 이 때 속도 변화에 의하여 운동량의 변화가 발생하고, 이는 결국 외력과 일치한다. 따라서 비압축성 유체의 경우 밀도의 변화가 없으므로, 운동량 방정식은

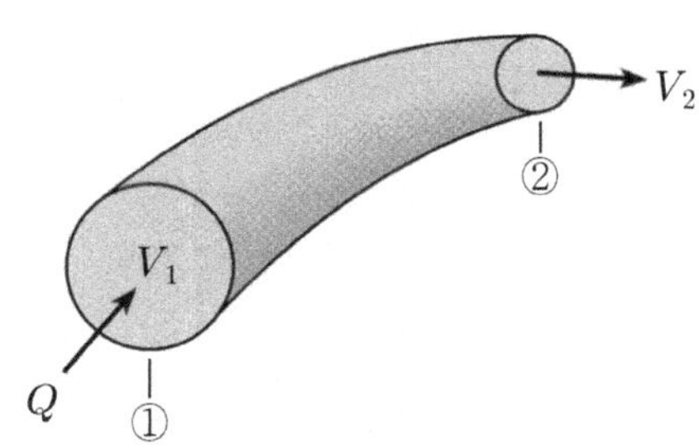

그림 6.1 운동량 이론의 적용

$$\Sigma F = \rho Q (V_2 - V_1) \tag{6.3}$$

이 된다. 그러므로 유체의 속도 변화에 필요한 힘은 운동량의 시간 변화율과 같다.

$$\text{힘} = \frac{\text{운동량의 변화}}{\text{시간}} = \text{운동량의 시간 변화율}$$

힘과 속도는 벡터량(vector quantity)이므로, 운동량 방정식은 공간상에서 3개(x, y, z) 직교방향의 힘 성분을 나타내는 방정식들로 다시 기술된다. 이 힘의 성분은 질량 유량과 주어진 방향에서의 유체 속도 변화를 곱한 것과 같다.

$$\begin{aligned} \Sigma F_x &= \rho Q (V_{2x} - V_{1x}) \\ \Sigma F_y &= \rho Q (V_{2y} - V_{1y}) \\ \Sigma F_z &= \rho Q (V_{2z} - V_{1z}) \end{aligned} \tag{6.4}$$

6.2 관로 유동에서 운동량 변화

관로 유동에서 유체가 벽면에 작용하는 힘과 속도 변화와의 관계를 나타내는 운동량 이론은 플랜지(flange)를 사용하는 관이음에서 플랜지 볼트에 걸리는 응력과 같은 힘을 계산하는 경우도 적용할 수 있다.

그림 6.2는 유체 속도의 변화뿐만 아니라 방향도 변화하는 굽은 축소관 내에서의 유체의 자유물체선도를 보여주고 있다. 자유물체선도는 곡관에 작용하는 압력의 힘, 자체 중량의 힘(자중력) 및 반력(외력)의 3가지 다른 유형의 힘을 보여주고 있다.

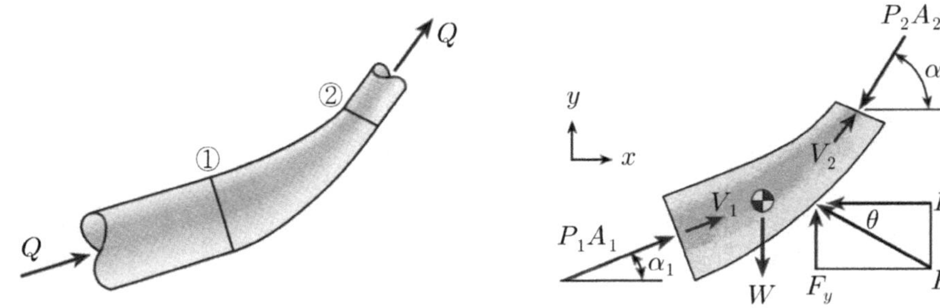

그림 6.2 축소 곡관 내에서의 자유물체선도

① 압력에 의한 힘 P_1A_1과 P_2A_2는 각각 검사체적의 입구와 출구에서 서로 반대 방향으로 작용한다.

② 자중력 W는 검사체적 내의 유체 중량과 관의 중량에 의한 힘으로서 중력방향으로 작용한다.

③ 곡관(검사체적)에 작용하는 외력 F는 유체가 곡관에 작용하는 힘의 반력으로서 유체의 작용력과 크기는 같지만 반대 방향으로 작용한다.

④ 외력 F의 방향은 임의로 정한 후, 그 값이 양수(+)이면 그대로이고, 음수(-)이면 최초 정한 방향과 반대 방향을 의미한다. 실제 문제에서 외력의 방향은 공간좌표, 관의 형상 및 작동조건에 따라 달라진다.

그림 6.2와 같은 관로에 작용하는 힘의 변화는 유체의 운동량 변화율과 같으므로, 수평(x)방향에 대한 비압축성 유체의 운동량 방정식을 적용하면

$$P_1A_1\cos\alpha_1 - P_2A_2\cos\alpha_2 - F_x = \rho Q(V_2\cos\alpha_2 - V_1\cos\alpha_1)$$

$$F_x = P_1A_1\cos\alpha_1 - P_2A_2\cos\alpha_2 + \rho Q(V_1\cos\alpha_1 - V_2\cos\alpha_2) \qquad (6\ 5)$$

이다. 그리고 수직(y)방향에 대하여도 운동량 방정식은 다음과 같다.

$$P_1A_1\sin\alpha_1 - P_2A_2\sin\alpha_2 - W + F_y = \rho Q(V_2\sin\alpha_2 - V_1\sin\alpha_1)$$

$$F_y = W + P_2A_2\sin\alpha_2 - P_1A_1\sin\alpha_1 + \rho Q(V_2\sin\alpha_2 - V_1\sin\alpha_1) \tag{6.6}$$

만약 유체에 작용하는 반력 F_x 혹은 F_y의 값이 음수(-)일 경우, 이는 단지 자유물체선도에 나타낸 방향과 반대라는 의미이다. 그리고 이들의 합력 F는 다음과 같다.

$$F = \sqrt{F_x^2 + F_y^2} \tag{6.7}$$

이 합력의 방향 θ는 x축을 기준으로한 각도이다.

$$\theta = \tan^{-1}\left(\frac{F_y}{F_x}\right) \tag{6.8}$$

【예제 6.1】

그림 6.3과 같이 수평으로 놓인 축소 관로를 통해 유량 20 ℓ/s의 물이 흐르고 있다. 단면 ①에서의 압력이 200 kPa일 때, 유체가 관로 벽면에 미치는 힘을 구하라. 관로손실은 무시하고, 단면 ①과 ②의 면적은 각각 80 cm^2 및 20 cm^2이다.

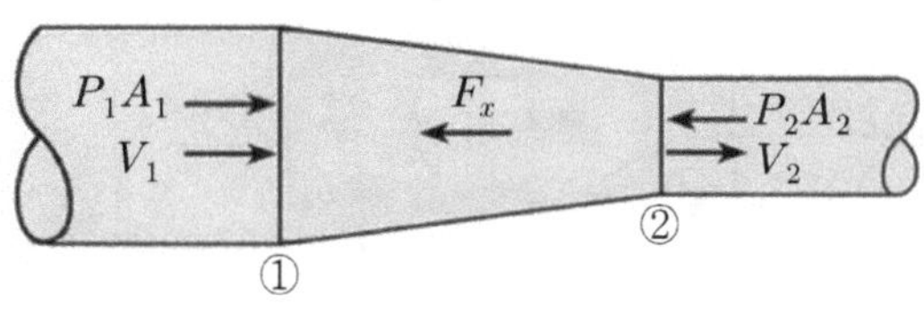

그림 6.3 수평 축소관에 작용하는 힘

☞ 풀이

연속방정식으로부터 유속을 다음과 같이 구한다.

$$V_1 = \frac{Q}{A_1} = \frac{20\times 10^{-3}}{80\times 10^{-4}} = 2.5\ \mathrm{m/s}$$

$$V_2 = \frac{Q}{A_2} = \frac{20\times 10^{-3}}{20\times 10^{-4}} = 10.0\ \mathrm{m/s}$$

수평 관로이므로 $z_1 = z_2$이고, 유속을 베르누이방정식에 적용하여 압력 P_2를 다음과 같이 구한다.

$$P_2 = P_1 + \frac{\gamma_w (V_1^2 - V_2^2)}{2g} = 200 \times 10^3 + \frac{9800 \times (2.5^2 - 10.0^2)}{2 \times 9.8}$$

$$= 153.125\,\mathrm{kPa}$$

수평방향의 반력 F_x는 식 (6.5)를 사용하여 구하며, 이 때 $\alpha_1 = \alpha_2 = 0$이다.

$$P_1 A_1 - P_2 A_2 - F_x = \rho_w Q (V_2 - V_1)$$

$$F_x = P_1 A_1 - P_2 A_2 + \rho_w Q (V_1 - V_2)$$

$$= (200000 \times 80 - 153125 \times 20) \times 10^{-4} + 1000 \times 20 \times 10^{-3} \times (2.5 - 10)$$

$$= 1143.75\,\mathrm{N}$$

그러므로 유체는 관 벽에 유동 방향으로 약 1.14 kN의 힘을 가한다. 하지만 단면적이 일정하고 수평으로 놓인 직선 관로에서는 유동손실이 없다면, 관로 입구와 출구에서 압력과 속도의 변화가 없으므로 관 벽에 외력은 작용하지 않는다.

【예제 6.2】

그림 6.4와 같은 수평 관로에 연결된 안지름 100 mm의 90° 곡관(elbow)을 통해 유량 $3\,\mathrm{m^3/min}$의 물이 흐른다. 단면 ①에서 압력이 200 kPa인 경우 곡관에 작용하는 유체의 힘을 구하라.

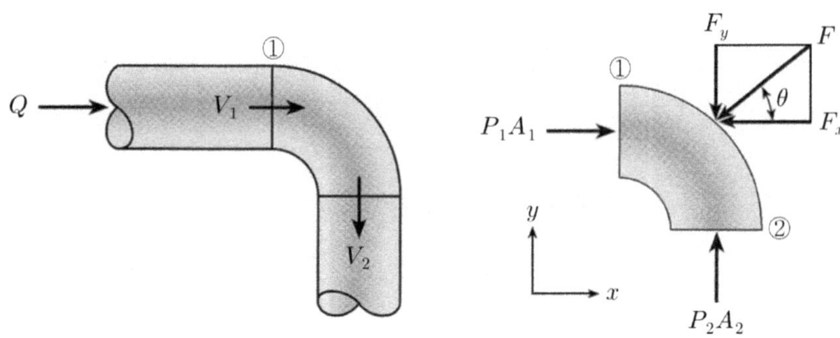

그림 6.4 90° 곡관에 작용하는 힘

☞ 풀이

관로 마찰손실을 무시하면, 일정 지름의 수평 관로이므로 유속 및 고도가 동일하다. 즉, $V_1 = V_2$ 및 $z_1 = z_2$이므로, 베르누이 방정식으로부터 $P_2 = P_1 = 200\,\mathrm{kPa}$이다.

단면 ①과 ②에서 연속방정식으로부터 구한 속도는 다음과 같다.

$$V_1 = V_2 = \frac{Q}{A} = \frac{3/60}{\pi \times 0.1^2/4} = 6.366\ \mathrm{m/s}$$

그림 6.4의 자유물체선도를 참고하여 식 (6.5)와 (6.6)의 운동량 방정식을 사용하여 반력을 구하는데, 입구의 경사각 $\alpha_1 = 0°$이고 출구각 $\alpha_2 = 270°$이다.

x 방향의 반력은

$$P_1A_1\cos 0° - P_2A_2\cos 270° - F_x = \rho_w Q\,(V_2\cos 270° - V_1\cos 0°)$$

$$F_x = P_1A_1 + \rho Q\,V_1$$

$$= 200000 \times \frac{\pi \times 0.1^2}{4} + 1000 \times 0.05 \times 6.366 = 1889.1\ \mathrm{N}$$

이고, 관로 및 유체의 무게를 무시하면 y방향의 반력은

$$P_1A_1\sin 0° - P_2A_2\sin 270° - W - F_y = \rho_w Q(V_2\sin 270° - V_1\sin 0°)$$

$$F_y = P_2A_2 + \rho_w Q\,V_2$$

$$= 200000 \times \frac{\pi \times 0.1^2}{4} + 1000 \times 0.05 \times 6.366 = 1889.1\ \mathrm{N}$$

이다. F_x와 F_y의 값은 모두 양수(+)이므로 반력의 방향은 그림 6.4의 자유물체선도에 표시한 방향과 일치한다. 그리고 합력 F와 작용방향 θ는 다음과 같다.

$$F = \sqrt{F_x^2 + F_y^2} = \sqrt{1889.1^2 + 1889.1^2} = 2671.6\ \mathrm{N}$$

$$\theta = \tan^{-1}\left(\frac{F_y}{F_x}\right) = \tan^{-1}\left(\frac{1889.1}{1889.1}\right) = 45°$$

따라서 곡관에 작용하는 유체의 힘은 반력과 동일한 크기이며, 작용 방향은 x 축으로부터 반시계 방향으로 측정하여 225° 방향에 있다.

6.3 고정 물체에 충돌하는 분류

노즐에서 분출되는 분류(jet)가 고정 물체에 충돌하면서 힘을 가하게 된다. 유체는 충돌 전후에 속도 변화가 있으므로, 운동량 방정식을 적용하여 분류의 작용력을 구할 수 있다. 일반적으로 유체의 자중 및 분류와 고체 표면 사이의 마찰은 무시하고, 분류 단면적의 크기는 일정한 것으로 가정한다.

6.3.1 고정 곡면판에 충돌하는 분류

단면적이 A인 유체의 자유 분류가 그림 6.5에서 보는 바와 같이 고정된 곡면판으로 들어오고, 각도 θ로 구부러진다. 분류의 방향이 변하면서 분류는 곡면판에 힘을 가하게 되고, 곡면판이 제자리에 고정되어 있다면 크기가 같지만 방향이 반대인 반력 F를 받게 된다.

분류와 고정판의 표면 사이에 마찰이 없다고 가정하면 유속은 일정하다. 그리고 입구와 출구가 모두 대기압 조건이므로 식 (6.5)와 (6.6)에서 압력 성분은 소거된다.

따라서 수평(x)방향의 힘 성분은

$$\rho Q(V_{1x} - V_{2x}) - F_x = 0 \text{ 에서}$$

$$F_x = \rho Q(V - V\cos\theta) = \rho Q V(1 - \cos\theta) \tag{6.9}$$

이고, 같은 방법으로 수직(y)방향의 힘 성분은

$$\rho Q(V_{1y} - V_{2y}) + F_y = 0 \text{ 에서}$$

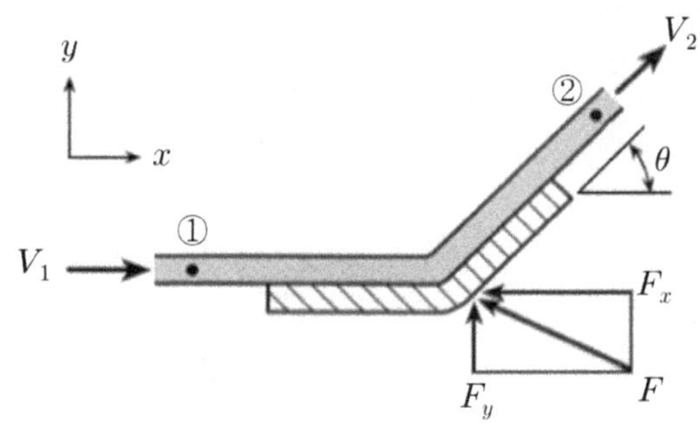

그림 6.5 고정 곡면판에 충돌하는 분류

$$F_y = \rho Q (V \sin\theta - 0) = \rho Q V \sin\theta \tag{6.10}$$

이다. 따라서 합력 F는 피타고라스의 정리를 이용하여 구할 수 있다.

$$F = \sqrt{F_x^2 + F_y^2} = \rho Q V \sqrt{(1 - \cos\theta)^2 + \sin^2\theta}$$

$$F = \rho Q V \sqrt{2(1 - \cos\theta)} \tag{6.11}$$

여기서 $\theta = 180°$, 즉 곡면판이 U자형으로 구부러질 때, 분류의 방향이 완전히 바뀌고 작용력은 최대가 된다. 이는 평판인 경우에 비하여 2배가 되지만, 실제는 각도 θ가 180° 보다 작아야 분류가 원활히 유출된다.

6.3.2 고정 경사 평판에 충돌하는 분류

그림 6.6에서와 같이 분류가 경사 평판에 충돌한 후 두개의 분류로 분할되는 경우에 마찰이 없다면, 베르누이 방정식에 의해 분류의 모든 속도는 동일하다. 즉, 수평으로 놓인 경우에는 $z_1 = z_2 = z_3$이고, 자유 분류이므로 $P_1 = P_2 = P_3 =$ 대기압이다. 따라서 유속 $V_1 = V_2 = V_3$가 된다.

유체와 고정된 경사 평판 사이에 마찰이 없다면, 평판과 나란한 수평 성분의 외력도 없다. 따라서 x' 방향에 대한 운동량 방정식을 적용하여 유출 분류량 Q_2와 Q_3를 살펴보면 다음과 같다.

$$\sum F_{x'} = \sum \rho Q V_{x',\text{in}} - \sum \rho Q V_{x',\text{out}} = 0$$

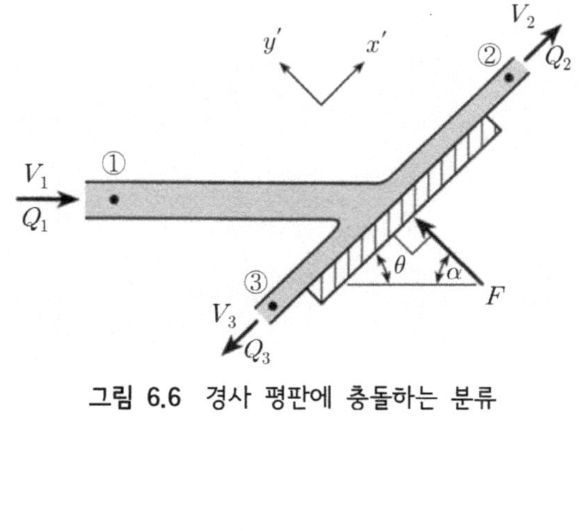

그림 6.6 경사 평판에 충돌하는 분류

$$\rho Q_1 V_1 \cos\theta - (\rho Q_2 V_2 - \rho Q_3 V_3) = 0$$

또한 유속 $V_1 = V_2 = V_3 = V$이므로

$$Q_1 \cos\theta = Q_2 - Q_3 \tag{6.12}$$

이다. 한편 연속방정식에서 $Q_1 = Q_2 + Q_3$이므로, 이를 식 (6.12)에 한번은 더해주고 또다시 빼주어 정리하면 유출 유량을 다음과 같이 구할 수 있다.

$$Q_2 = \frac{Q_1}{2}(1 + \cos\theta) \tag{6.13}$$

$$Q_3 = \frac{Q_1}{2}(1 - \cos\theta) \tag{6.14}$$

그리고 경사 평판과 수직인 y' 방향의 힘은

$$\sum F_{y'} = \sum \rho Q V_{y',\mathrm{in}} - \sum \rho Q V_{y',\mathrm{out}} + F = 0$$

이고, 분류가 경사 평판에 가하는 힘에 대한 반력 F는 다음과 같다.

$$F = \rho Q_1 V_1 \sin\theta \tag{6.15}$$

이는 분류의 충돌에 대하여 평판을 고정시키는데 필요한 지지력으로, 분류의 수직력은 반력과 크기는 같고 작용방향은 서로 반대이다.

【예제 6.3】

비중 0.9인 오일이 그림 6.7과 같이 평판과 45° 경사지게 분사된다. 오일의 유량이 6.5 ℓ/s 이고, 노즐 직경이 25 mm일 때, 다음을 구하라. 단, 분류와 평판 사이의 마찰이나 각 지점의 고도 차이는 무시할 만큼 작다.

가. 평판을 고정시키는데 필요한 수직력 F

나. 평판의 좌, 우로 유동하는 유량 Q_2 및 Q_3

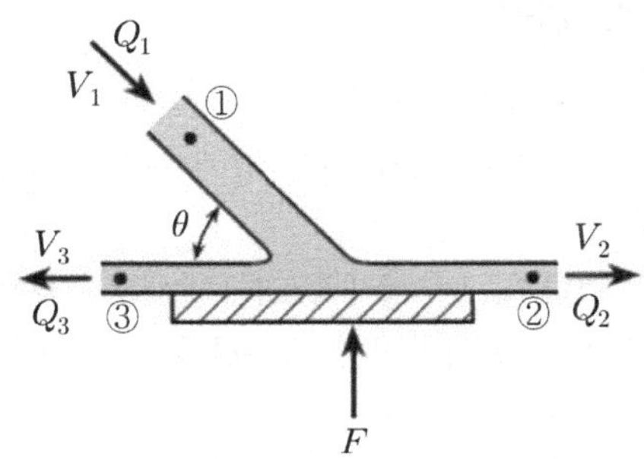

그림 6.7 예제 6.3의 설명도

☞ 풀이

(가) 분류의 속도는 연속방정식으로부터 구하고, 식 (6.15)와 같이 운동량방정식을 적용하면 평판에 작용하는 수직력을 얻을 수 있다.

$$V_1 = \frac{Q_1}{A_1} = \frac{6.5\times10^{-3}}{\pi\times0.025^2/4} = 13.24\ \mathrm{m/s}$$

$$F = \rho_{oil}Q_1V_1\sin\theta$$

$$= 0.9\times1000\times6.5\times10^{-3}\times13.24\times\sin45° = 54.8\ \mathrm{N}$$

(나) 평판과 나란한 수평방향의 외력은 없으므로 식 (6.13) 및 (6.14)와 같이 평판의 좌, 우로 흐르는 유량의 식을 얻을 수 있다.

$$Q_2 = \frac{Q_1}{2}(1+\cos\theta) = \frac{6.5\times10^{-3}}{2}\times(1+\cos45°) = 5.55\ \ell/\mathrm{s}$$

$$Q_3 = \frac{Q_1}{2}(1-\cos\theta) = \frac{6.5\times10^{-3}}{2}\times(1-\cos45°) = 0.95\ \ell/\mathrm{s}$$

결국, 경사진 평판에 분류가 수평으로 충돌한 경우와 수평으로 놓인 평판에 분류가 경사지게 충돌한 경우의 최종 값은 동일하다.

6.4 이동 물체에 충돌하는 분류

펌프 임펠러(pump impeller) 혹은 터빈 로터(turbine rotor)의 깃(blade)과 같은 이동하는 물체에 작용하는 유체의 힘은 중요하며, 유체기계의 토크 및 동력을 구하는데 사용된다.

6.4.1 움직이는 단일 날개의 경우

분류가 그림 6.8과 같이 날개(곡면판)에 충돌하고, 그에 따라 날개는 분류 방향과 동일한 방향으로 밀려난다. 그러므로 고정 평판의 경우와 다르게 이동 날개에 충돌하는 유량과 작용하는 힘은 분류와 날개의 상대속도(V-u)에 비례한다.

분류와 날개면 사이에 마찰이 없다면, 이 상대속도는 날개의 전체 표면에 걸쳐 일정하다. 이러한 속도 변화를 x 및 y 방향에 대한 운동량 방정식을 적용하면

$$F_x = \rho Q (V-u)(1-\cos\theta) \tag{6.16}$$

$$F_y = \rho Q (V-u) \sin\theta \tag{6.17}$$

가 된다. 여기서 유량 Q는 날개에 충돌하는 유량으로 노즐에서 분출되는 유량과 동일하지 않다. 분류의 단면적을 A_j라고 하면, 날개에 충돌하는 유량 $Q = A_j(V-u)$이다. 따라서 날개가 분류로부터 얻는 힘의 수평 및 수직 성분은 다음과 같이 표현된다.

$$F_x = \rho A_j (V-u)^2 (1-\cos\theta) \tag{6.18}$$

$$F_y = \rho A_j (V-u)^2 \sin\theta \tag{6.19}$$

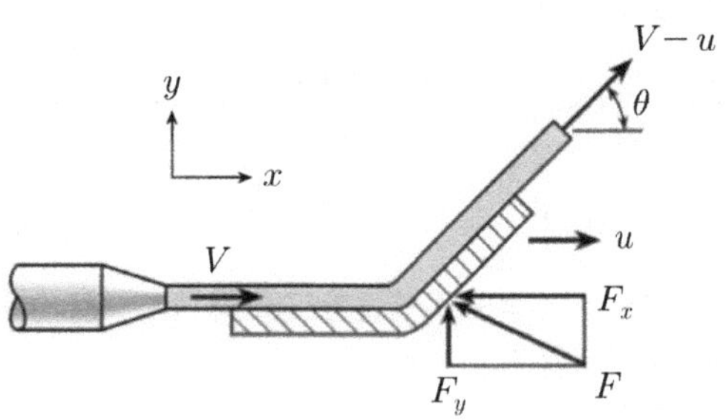

그림 6.8 단일 이동 날개에 충돌하는 분류

6.4.2 연속 회전 날개의 경우

그림 6.9의 터빈 회전차와 같이 원판의 가장자리에 원주방향으로 날개가 연속적으로 부착되어 있다면, F_x는 터빈을 구동하기 위한 접선력으로 작용하게 되고, F_y는 터빈의 회전축을 지지하는 베어링에 의해 흡수된다.

유체가 분출되는 노즐이 고정되어 있다고 생각할 때, 분류는 날개에 지속적으로 충격을 가한다. 따라서 연속 날개의 경우 단일 날개와 다르게 노즐에서 분출되는 유량은 모두 이어지는 날개들에 부딪치게 된다. 그러므로 터빈과 같이 회전하는 연속 날개에서 분류의 작용력은 다음과 같다.

$$F_x = \rho A_j V(V-u)(1-\cos\theta) \tag{6.20}$$

그리고 터빈 동력은 식 (6.20)의 작용력에 날개의 접선속도 u를 곱한 것과 같다.

$$L = F_x \cdot u = \rho A_j V(Vu-u^2)(1-\cos\theta) \tag{6.21}$$

한편 최대 동력을 얻을 수 있는 날개의 속도를 구하기 위해서는 식 (6.21)을 날개 속도 u에 대하여 미분하고 그 결과를 0으로 놓는다.

$$\frac{dL}{du} = \frac{d\,[\rho A_j V(1-\cos\theta)(Vu-u^2)]}{du} = 0$$

$$\rho A_j V(1-\cos\theta)(V-2u) = 0 \tag{6.22}$$

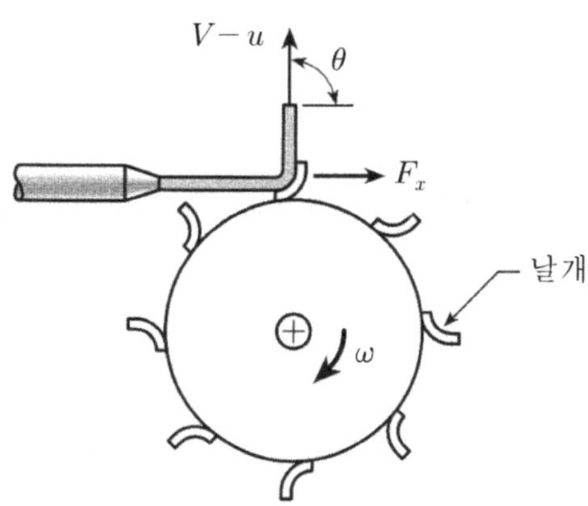

그림 6.9 터빈 날개에 충돌하는 분류

분류의 속도 V 또는 날개각 θ가 0인 경우 동력을 발생하지 않으므로, 최대 동력은 날개 속도 u가 분류 속도의 1/2일 때 얻어진다. 그리고 식 (6.21)로부터 $\theta = 180°$일 때, 최대 동력이 발생한다. 이러한 조건들을 식 (6.21)에 대입하면

$$L_{\max} = \frac{\rho Q V^2}{2} = \frac{\rho A_j V^3}{2} \tag{6.23}$$

이다. 이는 질량 유량이 $\dot{m}$인 자유 분류의 일률(동력)과 같다. 그러므로 180° 구부러진 깃이 분류 속도의 1/2로 회전하고 마찰이 없다면, 터빈의 동력 및 효율은 최대가 된다.

【예제 6.4】

그림 6.9와 같은 터빈에서 노즐 직경이 5 cm이고 분류의 속도는 50 m/s이다. 터빈 회전차의 직경이 2 m일 때, 최대 효율을 얻을 수 있는 회전속도는 몇 rpm인가?

☞ 풀이

최대 효율을 얻을 수 있는 날개의 속도는 분류속도의 1/2이므로 다음과 같다.

$$u = \frac{V}{2} = \frac{50}{2} = 25\ \mathrm{m/s}$$

$$N = \frac{60u}{\pi D} = \frac{60 \times 25}{\pi \times 2} = 238.7\ \mathrm{rpm}$$

6.5 분사 추진

6.5.1 제트 엔진

그림 6.10은 제트 엔진(jet engine)의 구조를 나타낸 그림이며, 작동 원리는 다음과 같다. 대기 중의 공기는 V_i의 속도로 흡입되어 압축기에 의하여 압축되고 연소실로 보내진다. 그리고 연소실에 분사된 연료는 압축된 공기와 혼합되어 연소된다. 고온 고압의 연소 가스는 터빈을 구동하고 터빈과 축으로 연결된 압축기에 동력을 공급한다. 또한 터빈을 통과한 가스는 배기 노즐을 통해 매우 높은 속도 V_e로 팽창하며 배출된다. 이러한 과정을 거치면서 배출되는 가스는 흡입공기의 운동량보다 훨씬 더 높은 운동량을 지니고 대기로 팽창하여 추력(thrust)를 발생시킨다.

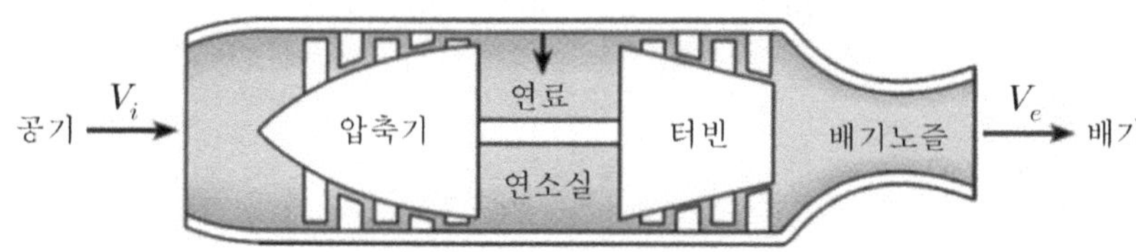

그림 6.10 터보 제트 엔진의 원리

제트 엔진에서 흡입공기의 속도는 정지된 대기상태인 경우 제트기의 속도와 같다. 그리고 배기의 질량 유량($\dot{m}_e$)은 흡입공기의 질량 유량($\dot{m}_a$)과 연소실에 분사되는 연료의 질량 유량($\dot{m}_f$)을 더한 것과 같다. 따라서 제트 엔진에 의해 발달되는 추진력 F_t 는 식 (6.3)으로부터 다음과 같이 구할 수 있다.

$$F_t = \dot{m}_e V_e - \dot{m}_i V_i = (\dot{m}_a + \dot{m}_f) V_e - \dot{m}_a V_i \tag{6.24}$$

아울러 관로 유동에서와 같이 흡기와 배기 압력 차이에 의한 힘도 식 (6.24)에 포함될 수 있으나, 배기노즐을 통과하면서 가스의 압력에너지가 대부분 속도에너지로 변환되므로 압력차에 의한 힘은 무시할 수 있다. 제트기의 출력은 추력에 제트기의 속도를 곱한 것과 같다.

$$L = F_t \cdot V_i \tag{6.25}$$

【예제 6.5】

항공기의 운항 속도는 300 m/s이고, 이는 최대 40 kN의 추력을 발생시키는 제트 엔진에 의해 추진된다. 이때 제트 엔진은 공기-연료 질량비가 25 : 1로 작동되며, 엔진에서 배출되는 연소가스의 속도는 500 m/s이다. 연료소비율을 계산하라.

☞ 풀이

공기와 연료의 질량비가 25 : 1이므로, $\dot{m}_a = 25\dot{m}_f$이다. 제트 엔진으로 유입되는 공기의 속도는 제트기의 속도와 같다면, 이를 식 (6.24)에 대입시켜 연료의 공급유량을 계산할 수 있다.

$$F_t = (\dot{m}_a + \dot{m}_f)V_e - \dot{m}_a V_i = 26\dot{m}_f V_e - 25\dot{m}_f V_i$$

$$\dot{m}_f = \frac{F_t}{26\,V_e - 25\,V_i} = \frac{40000}{26\times 500 - 25\times 300} = 7.27\ \mathrm{kg/s}$$

6.5.2 로켓 엔진

로켓 엔진(rocket engine)의 경우는 제트 엔진과 다르게 주위 대기로부터 공기를 흡입하지 않으며, 각각의 탱크에 탑재된 연료와 산화제를 사용한다. 그리고 그림 6.11과 같이 연소실에서 혼합되어 연소된 높은 압력 및 온도의 가스는 노즐을 통해 팽창하고 초음속으로 대기로 배출되면서 높은 추력을 발생시킨다.

로켓의 사용되는 연료와 산화제는 내장된 형태이므로 식 (6.3)에서 $V_1 = 0$이고, 로켓의 추진력은 노즐 출구에서 분출되는 가스의 속도 V_j에 비례한다. 그리고 로켓의 경우도 배기노즐을 통과하면서 가스의 압력에너지가 대부분 속도에너지로 변환되므로 압력에 의한 힘은 무시할 수 있다.

그림 6.11 로켓의 추진

$$F_t = \dot{m}\,V_j = \rho\,Q\,V_j \tag{6.26}$$

그리고 로켓의 추진 동력은 로켓 추진력과 상승속도 u의 곱으로 나타낸다.

$$L = F_t \cdot u = \rho\,Q\,V_j\,u \tag{6.27}$$

6.6 프로펠러

프로펠러(propeller)는 유체의 운동량을 변화시켜 추진력을 발생시키는 회전기구로서 선박 및 항공기의 추진장치, 헬리콥터 및 잠수함 등에 사용된다. 운동량의 원리만으로 프로펠러의 이론을 완전하게 해석할 수는 없으나, 그 특성을 나타내는 중요한 관계식은 다음과 같이 유도할 수 있다.

유체 속에 잠겨 있는 프로펠러의 작동 및 성능은 마찰이 없는 비압축성 흐름이라는 가정 아래에서 해석한다. 그림 6.12(a)는 프로펠러의 회전 깃이 유체에 직각으로 작용하여 축방향의 힘 F를 발생시키는 프로펠러와 반류(slip stream)를 보여주고 있다. 반류는 프로펠러의 회전에 의해서 만들어지는 유체 흐름을 의미하며, 유체는 프로펠러를 통해 반류의 경계 내에서 왼쪽에서 오른쪽으로 흐른다. 그리고 반류 경계에서 반경방향의 바깥쪽 유체는 프로펠러에 의해 영향을 받지 않는다.

그림 6.12(a)에서 단면 ①은 프로펠러의 상류에서 반류가 시작되는 지점이며, 주변 유체와 속도 분포가 동일하다. 단면 ④는 프로펠러로부터 충분히 멀리 떨어진 하류의 끝에 위치하고 있다. 따라서 단면 ①과 ④에서의 압력은 동일하며 주변의 유체 압력이다. 그리고 단면 ②와 ③은 각각 프로펠러의 입구 및 출구를 나타낸다.

한편 반류 경계 내에서 압력변화를 살펴보면, 그림 6.12(b)에서 보는 바와 같이 프로펠러의 상류 단면 ①에서 ②까지 압력이 감소한다. 그리고 프로펠러를 통과하면서 갑자기 상승하며, 하류 단면 ③에서 ④까지는 주변 압력까지 감소한다.

하지만 그림 6.12(c)에서와 같이 반류 내의 유체 속도는 하류로 갈수록 지속적으로 증가한다. 에너지 보존의 법칙에 의해 유속이 단면 ①에서 ②, ③에서 ④까지 증가하면, 압력은 그에 상당하는 만큼 감소하게 된다. 그러나 프로펠러 전후의 속도 변화는 무시할 만큼 작으므로 $V_2 = V_3 = V_p$이며, 여기서 V_p는 프로펠러를 통과하는 유체 속도이다.

프로펠러의 작동에 의하여 유속이 V_1에서 V_4로 증속되므로, 운동량 방정식을 사용하여 프로펠러가 유체에 가한 힘 F를 결정할 수 있고, 프로펠러에 작용하는 추력은 반대 방향으로 작용한다.

$$F = (P_3 - P_2) A_p = \rho A_p V_p (V_4 - V_1) \tag{6.28}$$

따라서 프로펠러 전후의 압력차는 다음과 같다.

$$P_3 - P_2 = \rho V_p (V_4 - V_1) \tag{6.29}$$

한편 단면 ①과 ② 그리고 ③과 ④ 사이에 베르누이 방정식을 적용하면

$$\frac{P_1}{\rho g} + \frac{V_1^2}{2g} = \frac{P_2}{\rho g} + \frac{V_2^2}{2g}$$

$$\frac{P_3}{\rho g} + \frac{V_3^2}{2g} = \frac{P_4}{\rho g} + \frac{V_4^2}{2g}$$

이다. 여기서 $P_1 = P_4 = P_{amb}$이고 $V_2 = V_3$이므로, 위 두개의 식을 더하여 정리하면 프로펠러 전후의 압력차는 다음과 같다.

$$P_3 - P_2 = \frac{1}{2}\rho\left(V_4^2 - V_1^2\right) \tag{6.30}$$

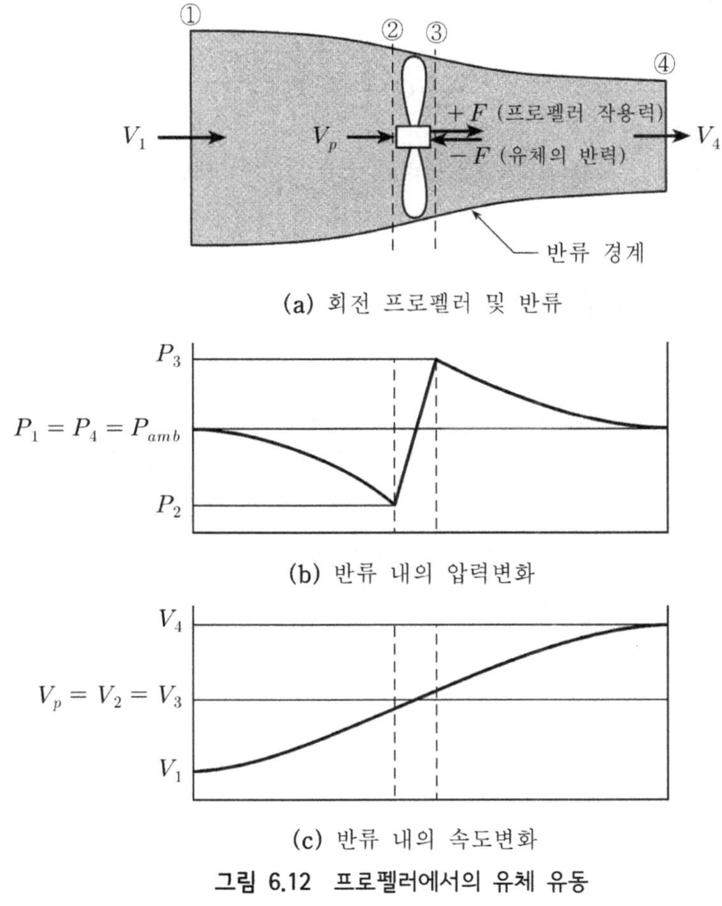

(a) 회전 프로펠러 및 반류

(b) 반류 내의 압력변화

(c) 반류 내의 속도변화

그림 6.12 프로펠러에서의 유체 유동

식 (6.29)와 (6.30)에서 압력차 $P_3 - P_2$를 소거하여 정리하면, 프로펠러를 통과하는 유체의 속도 V_p를 얻을 수 있다. 이 속도는 반류 상류와 하류의 유속을 산술평균한 것과 같다.

$$V_p = \frac{V_1 + V_4}{2} \tag{6.31}$$

프로펠러가 단위시간 동안 유체에 한 일률인 이론 동력은 반류 상류와 하류의 단면 ①과 ④에서의 단위시간당 운동에너지 변화와 같다.

$$L_i = \frac{\rho Q (V_4^2 - V_1^2)}{2} \tag{6.32}$$

또한 프로펠러로부터 얻은 추진 동력은 추력 F와 추진 속도 V_1의 곱이다.

$$L_p = \rho Q (V_4 - V_1) V_1 \tag{6.33}$$

그리고 프로펠러의 이론 효율 η_p는 프로펠러의 이론 동력에 대한 추진 동력의 비로 정의하며, 정리하면 다음과 같다.

$$\eta_p = \frac{\rho Q (V_4 - V_1) V_1}{\dfrac{\rho Q (V_4^2 - V_1^2)}{2}} = \frac{V_1}{\dfrac{V_4 + V_1}{2}} = \frac{V_1}{V_p} \tag{6.34}$$

프로펠러를 통과하는 유체의 속도 V_p가 추진 속도 V_1과 같을 때 이론 효율은 100%이나, 그런 경우에 하류 유속 V_4가 상류 유속 V_1과 같게 되어 추력이 발생하지 않는다. 따라서 높은 효율을 달성하고 필요한 추력을 만들어내기 위해서는 하류의 유속 V_4가 추진 속도 V_1보다 다소 높고, 프로펠러의 직경을 키워 유량을 키워야 한다. 일반적으로 많이 사용되는 프로펠러의 실제 효율은 75~85%이다.

【예제 6.6】

프로펠러로 추진되는 모터보트는 0.75 m^3/s로 물을 배출하는 지름 300 mm의 프로펠러를 가지고 있다. 모터보트의 전진 속도가 9 m/s일 때, 다음을 구하라.

가. 이론 효율

나. 추력

다. 프로펠러 전후의 압력 차이

라. 추진 동력

☞ 풀이

가. 프로펠러를 통과하는 유속 및 이론 효율

$$V_p = \frac{Q}{A_p} = \frac{0.75}{\pi \times 0.3^2/4} = 10.61\ \mathrm{m/s}$$

$$\eta_p = \frac{V_1}{V_p} \times 100 = \frac{9}{10.61} \times 100 = 84.8\%$$

나. 반류의 출구 유속 및 추력

$$V_4 = 2V_p - V_1 = 2 \times 10.61 - 9 = 12.22\ \mathrm{m/s}$$

$$F = \rho_w Q(V_4 - V_1) = 1000 \times 0.75 \times (12.22 - 9) = 2415\ \mathrm{N}$$

다. 프로펠러 전후의 압력 증가

$$P_3 - P_2 = \frac{F}{A_p} = \frac{2415}{\pi \times 0.3^2/4} = 34.17\ \mathrm{kPa}$$

라. 추진 동력

$$L_p = F \cdot V_1 = 2415 \times 9 = 21.74\ \mathrm{kW}$$

6.7 풍력 터빈

풍력 터빈(windmill)은 바람의 운동에너지를 활용하는 것으로 프로펠러의 작동과 반대 개념이다. 현재는 친환경 대체에너지의 활용 측면에서 많은 관심을 끌고 있다.

그림 6.13에서 보는 바와 같이 프로펠러와 대조적으로 풍력 터빈을 지나면서 공기의 압력 강하가 발생하고, 또한 공기의 속도도 지속적으로 감소한다. 바람의 속도가 V_1에서 V_4로 감소하면서 공기의 에너지는 감소하게 되고, 풍력 터빈은 공기로부터 동력을 얻게 된다. 운동량 방정식을 적용하여 축방향 힘 F는

$$F = \rho Q (V_1 - V_4) = \rho A_t V_t (V_1 - V_4) \tag{6.35}$$

이고, 공기로부터 풍력 터빈이 얻은 축동력은 터빈을 통과하는 유속 V_t에 비례한다.

$$L = F \cdot V_t = \rho A_t V_t^2 (V_1 - V_4) \tag{6.36}$$

참고로 풍력 터빈에서 공기 흐름은 압축성 유동이나, 일반적으로 $M < 0.3$이면 비압축성으로 간주한다.

풍력 터빈의 통과 유속은 단면 ①과 ②, 그리고 단면 ③과 ④에 대하여 베르누이 방정식을 적용하여 얻을 수 있는데, 프로펠러의 통과 유속에 관한 식 (6.31)과 동일하다.

$$V_t = \frac{V_1 + V_4}{2} \tag{6.37}$$

한편 풍력 터빈이 공기로부터 얻을 수 있는 이론 동력은 터빈 날개의 회전 면적 A_t를 단면적으로 하는 반류가 풍속 V_1으로 유입하는 공기동력으로 정의한다.

$$L_a = \frac{\rho A_t V_1^3}{2} \tag{6.38}$$

따라서 풍력 터빈의 이론효율은 공기동력에 대한 축동력의 비이다.

$$\eta_t = \frac{\rho A_t V_t^2 (V_1 - V_4)}{\rho A_t V_1^3 / 2} = \frac{(V_1 + V_4)(V_1^2 - V_4^2)}{2 V_1^3} \tag{6.39}$$

그리고 풍력 터빈의 최대 동력을 구하기 위해 V_4에 대한 동력의 도함수를 취하여 그 결과를 0으로 놓으면 다음과 같다.

$$\frac{dL}{dV_4} = \frac{d}{dV_4}\left[\frac{\rho A_t (V_1^3 - V_1 V_4^2 + V_1^2 V_4 - V_4^3)}{2}\right]$$

$$= \frac{\rho A_t (0 - 2 V_1 V_4 + V_1^2 - 3 V_4^2)}{4} = 0 \tag{6.40}$$

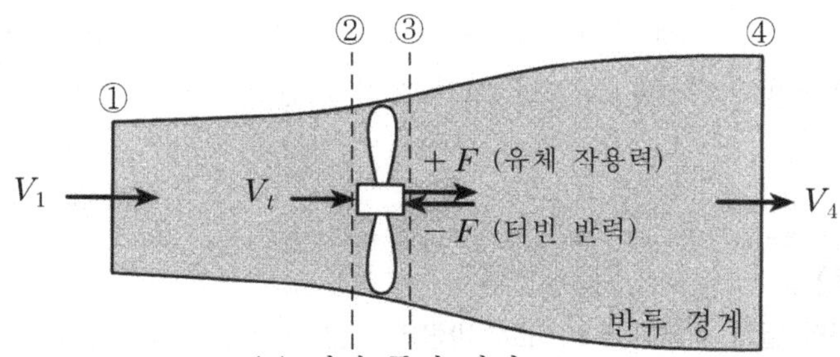

(a) 회전 풍력 터빈

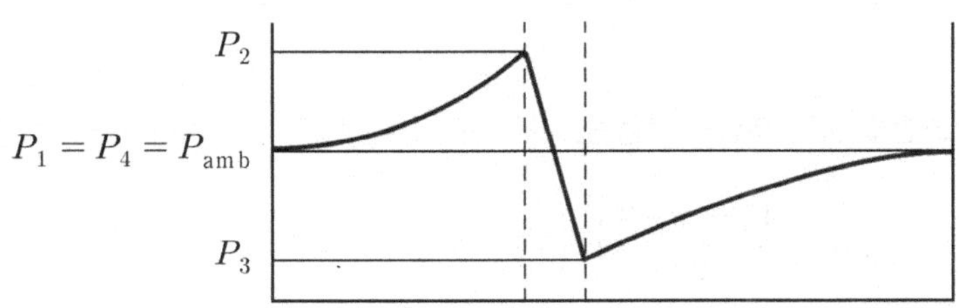

(b) 반류 내의 압력변화

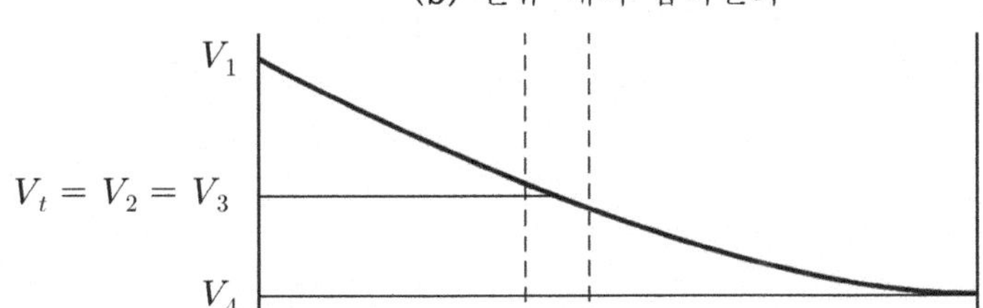

(c) 반류 내의 속도변화

그림 6.13 풍력 터빈에서의 유체 유동

여기서 밀도 ρ와 면적 A_t는 0이 아니므로, 괄호 안의 식은 0이어야 한다. 따라서 이를 정리하면 다음과 같다.

$$3V_4^2 + 2V_1V_4 - V_1^2 = 0$$

2차방정식의 해를 구하는 근의 공식을 사용하고, V_4에 대해 양(+)의 값을 만들기 위해 근 전방에 (+)부호를 선택하면 다음과 같다.

$$V_4 = \frac{-2V_1 + \sqrt{4V_1^2 - 4(3)(-V_1^2)}}{6} = \frac{-2V_1 + 4V_1}{6} = \frac{V_1}{3}$$

그러므로 $V_1 = 3V_4$일 때 최대 동력을 얻을 수 있고, 이를 효율에 관한 식 (6.39)에 대입하면 59.3%의 최대 효율이 얻어진다. 하지만 실제 풍력 터빈에서 최대 효율은 마찰에너지 손실로 인해 다소 낮다.

【예제 6.7】

풍력 터빈의 날개 직경이 6 m이고, 바람의 평균 풍속이 5 m/s일 때, 풍력 터빈으로부터 얻을 수 있는 최대 동력을 구하라. 공기의 밀도는 1.2 $\mathrm{kg/m^3}$이다.

☞ 풀이

$V_1 = 3V_4$인 조건을 풍력 터빈의 축동력을 구하는 식 (6.36)에 대입하여 정리한다.

$$L_{\max} = \rho_a A_t \left(\frac{V_1 + V_1/3}{2}\right)^2 \left(V_1 - \frac{V_1}{3}\right) = \rho_a A_t \left(\frac{2V_1}{3}\right)^3$$

$$= \frac{8}{27} \times 1.2 \times \frac{\pi \times 6^2}{4} \times 5^3 = 1.26\ \mathrm{kW}$$

6.8 각운동량의 원리

회전형 유체기계인 원심펌프나 터빈에서는 유체가 통과하면서 회전 날개에 회전력을 가하거나 힘을 받게 된다. 이런 회전력과 각운동량 변화 사이의 관계를 설명하는 것이 각운동량 원리이고, 이를 응용한 것에는 원심펌프나 충격터빈 등이 있다.

만약 질량이 m인 유체 입자가 dF의 힘을 받고 원점을 중심으로 회전운동을 한다면, 회전 토크 dT는 다음과 같다.

$$dT = r \times dF = \frac{d(r \times mV)}{dt} \tag{6.41}$$

여기서 r은 질량 m의 회전반경이고, mV는 선운동량(linear momentum) 그리고 $r \times mV$는 각운동량(angular momentum)이다.

이 원리를 선회 운동하는 정상류에 적용시켜 보자. 그림 6.14와 같은 회전차 입구와 출구의 절대속도를 각각 V_1 및 V_2, 접선방향에 대한 입구각과 출구각을 α_1 및 α_2, 회전차 날개 반경을 r_1 및 r_2 그리고 단위시간의 유량을 Q라 하면 각운동량의 법칙에 따라 O점을 중심으로 한 토크 T는 다음과 같다.

$$T = \rho Q \left(r_2 V_2 \cos\alpha_2 - r_1 V_1 \cos\alpha_1\right) \tag{6.42}$$

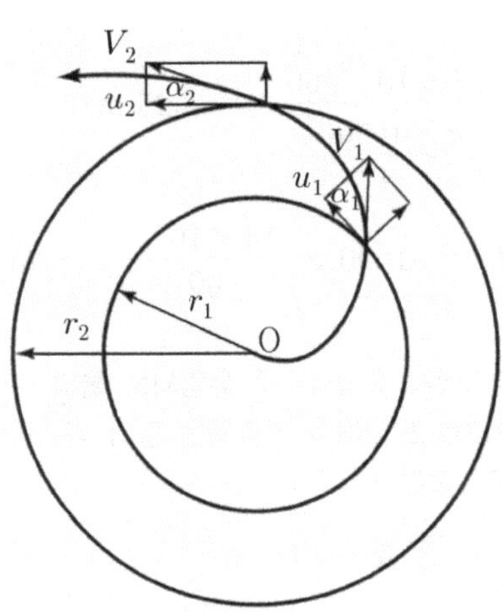

그림 6.14 선회 운동하는 정상류

토크는 단위시간당 각운동량의 변화를 의미하며, 식 (6.42)를 각운동량 방정식이라 한다. 그리고 각운동량은 운동량의 모멘트(moment of momentum)라고 생각할 수 있으므로 각운동량의 법칙을 운동량 모멘트의 법칙이라고도 한다.

【예제 6.8】

그림 6.15와 같이 수평으로 놓인 정원용 살수기(sprinkler)의 회전반경 R은 25 cm, 노즐 직경 d는 6 mm이다. 각속도 ω에서 살수 유량이 14 ℓ/min일 때, 각종 손실은 무시하고 다음을 구하라.

가. 살수기를 정지시킬 수 있는 회전력

나. 분당 회전수(rpm)

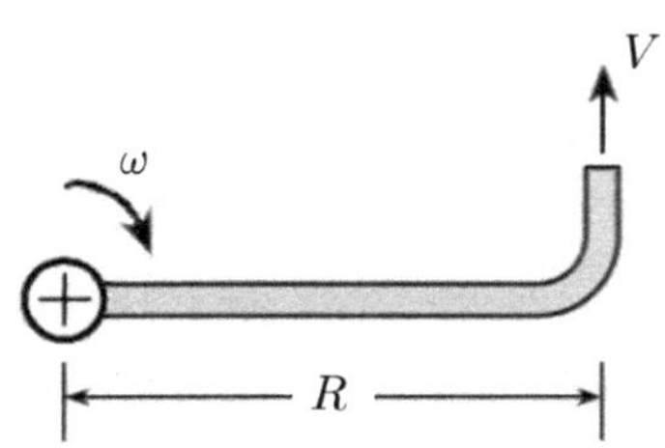

그림 6.15 예제 6.8의 설명도

☞ 풀이

가. 마찰손실을 무시하고, 살수기를 정지시키려면 물의 분출력과 회전반경의 곱에 상당하는 회전력이 필요하다.

$$V = \frac{Q}{\frac{\pi d^2}{4}} = \frac{14 \times 10^{-3}/60}{\frac{\pi \times 0.006^2}{4}} = 8.25 \text{ m/s}$$

$$T = \rho_w Q V \times R = 1000 \times \frac{14 \times 10^{-3}}{60} \times 8.25 \times 0.25 = 0.48 \text{ N·m}$$

나. 물은 살수기의 회전 중심축에서 유입되므로 유입되는 물의 각운동량은 0이다. 그리고 살수기에 외력이 작용하지 않으므로 노즐에서 분출되는 물의 각운동량은 모두 살수기의 회전운동에만 기여한다고 볼 수 있다. 따라서

$$T = \rho_w Q (V - u) \times R = 0$$

원주 속도 $u = R\omega$이므로, $V - R\omega = 0$이다.

$$\omega = \frac{V}{R} = \frac{8.25}{0.25} = 33\,\mathrm{rad/s}$$

$$N = \frac{60\omega}{2\pi} = \frac{60 \times 33}{2 \times \pi} = 315.1\,\mathrm{rpm}$$

6.9 운동량 수정계수

그림 6.16에서 보여주는 바와 같이 유동 단면에서 위치에 따라 유속이 일정하지 않으며, 실제 운동량과 평균속도에 의한 운동량은 차이가 있다. 그러므로 평균 유속에 의한 운동량을 실제 운동량과 같이 놓기 위해서 수정계수 β를 곱해주어야 한다.

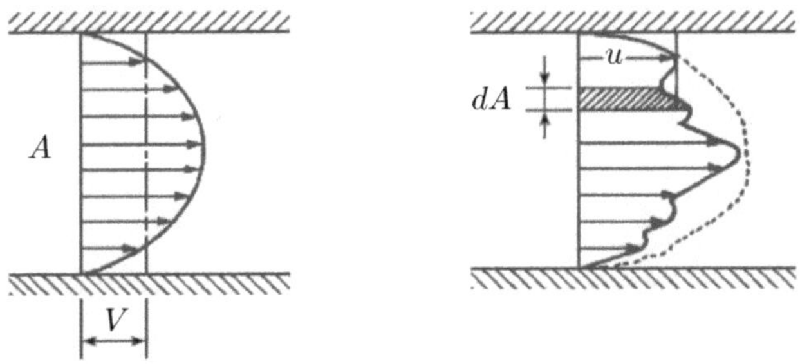

그림 6.16 유체의 속도분포

미소 면적 요소에서 참속도 u에 의한 운동량은 $\rho u^2 dA$이고, 평균 유속 V에 의한 운동량은 $\rho V^2 A$이다. 따라서 $\rho u^2 dA$을 단면적 A에 걸쳐 적분하여 주면 다음과 같다.

$$\int_A \rho u^2 dA = \beta \rho V^2 A$$

$$\beta = \frac{1}{A}\int_A \left(\frac{u}{V}\right)^2 dA \tag{6.43}$$

원형 관로 내의 층류 유동인 경우 운동량 수정계수 $\beta = 4/3$이고, 난류 유동에서는 $\beta = 1.01 \sim 1.05$ 정도이다. 그러므로 정밀한 계산을 요구하는 경우를 제외하고는, 난류 상태일 때 $\beta = 1.0$으로 취급한다.

연습문제 및 해설

6.1 그림 6.17과 같이 중량이 400 N인 탱크에는 2000 N의 물을 담고 있으며, 하부에는 저울이 설치되어 있다. 탱크의 주입관 ①로 유량 0.1 m^3/s의 물이 공급되고, 출구관 ②를 통해 대기 중으로 배출된다. 관의 내경이 70 mm일 때, 저울이 지시하는 값을 구하라.

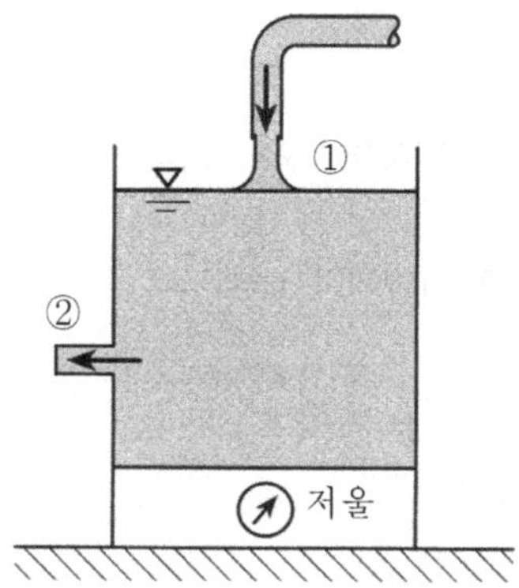

그림 6.17 문제 6.1의 설명도

【해설】 탱크 상부와 하부에 모두 대기압이 작용하므로, 수직방향의 운동량만 고려한다. 연직 하향(물의 유입 방향)으로 y축을 설정하면

$$V_{1y} = \frac{Q}{A} = \frac{0.1}{\pi \times 0.07^2/4} = 25.984 \text{ m/s}$$

$$V_{2y} = 0$$

$$W - F_y = \rho_w Q (V_{2y} - V_{1y})$$

$$F_y = W - \rho_w Q (V_{2y} - V_{1y})$$

$$= 2400 - 1000 \times 0.1 \times (0 - 25.984) = 4998.45 \text{ N}$$

$$m = \frac{F_y}{g} = \frac{4998.45}{9.8} = 510.05 \text{ kg}$$

탱크와 탱크내의 유체 질량의 합은 244.9 kg이나, 저울은 유체 운동량에 의해 더 큰 값을 지시한다.

6.2 그림 6.18과 같이 수평 관로 끝의 노즐을 통해 유량 $1.8\ \mathrm{m^3/min}$의 물이 대기 중으로 분출되고 있다. 관로의 수압은 $690\ \mathrm{kPa}$(계기압)이고, 관의 안지름은 $10\ \mathrm{cm}$이다. 관로 내의 유동손실은 무시하고, 노즐의 지름이 $2.5\ \mathrm{cm}$일 때 유체가 관로 벽면에 작용하는 힘의 반력 R_x를 구하라.

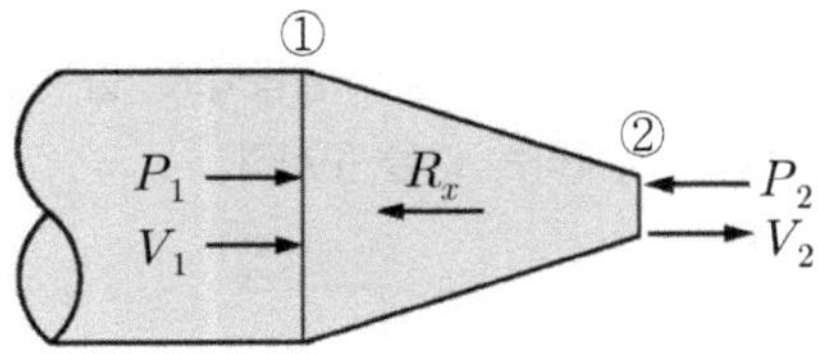

그림 6.18 문제 6.2의 설명도

【해설】 $P_2 = 0$ (노즐 출구는 대기에 개방되어 있음)

$$V_1 = \frac{Q}{A_1} = \frac{1.8/60}{\pi \times 0.1^2/4} = 3.82\ \mathrm{m/s}$$

$$V_2 = \frac{Q}{A_2} = \frac{1.8/60}{\pi \times 0.025^2/4} = 61.12\ \mathrm{m/s}$$

$$P_1 A_1 - P_2 A_2 - R_x = \rho_w Q (V_2 - V_1)$$

$$R_x = P_1 A_1 - P_2 A_2 + \rho_w Q (V_1 - V_2)$$

$$= 690 \times 10^3 \times \frac{\pi \times 0.1^2}{4} - 0 + 1000 \times 0.03 \times (3.82 - 61.12)$$

$$= 3.7\ \mathrm{kN}$$ (유체 작용력의 반력 : 유동방향과 반대)

6.3 그림 6.19와 같이 안지름이 $75\ \mathrm{mm}$인 U자형의 관로 끝에 지름 $30\ \mathrm{mm}$인 노즐이 부착되어 있다. 출구 노즐을 통해 유량 $0.03\ \mathrm{m^3/s}$의 물이 대기로 방출될 때, 관을 제자리에 고정시키는데 필요한 힘을 구하라.

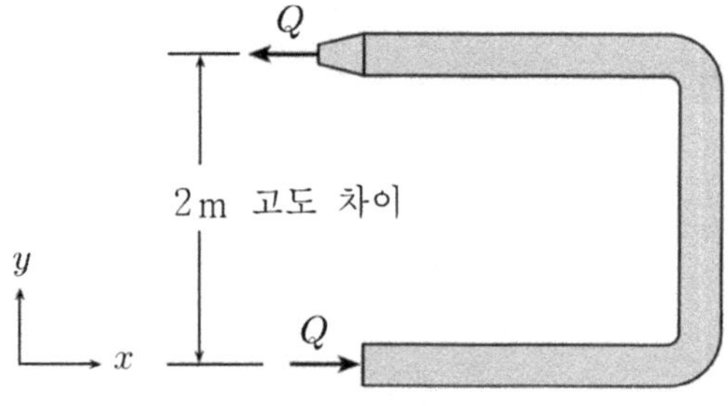

그림 6.19 문제 6.3의 설명도

【해설】 $\alpha_1 = 0$, $\alpha_2 = 180°$, $P_2 = 0$(계기압)

$$V_1 = \frac{Q}{A_1} = \frac{0.03}{\pi \times 0.075^2/4} = 6.791\ \mathrm{m/s}$$

$$V_2 = \frac{Q}{A_2} = \frac{0.03}{\pi \times 0.03^2/4} = 42.441\ \mathrm{m/s}$$

$$\frac{P_1}{\gamma_w} + \frac{V_1^2}{2g} + z_1 = \frac{P_2}{\gamma_w} + \frac{V_2^2}{2g} + z_2$$에서 $z_2 - z_1 = 2\ \mathrm{m}$

$$\frac{P_1}{9800} + \frac{6.791^2}{2 \times 9.8} = 0 + \frac{42.441^2}{2 \times 9.8} + 2$$

$P_1 = 897.16\ \mathrm{kPa}$(계기압)

수평(x) 방향에 대한 운동량 방정식

$$\sum F_x = (PA_{in} - PA_{out})_x + (\dot{m}V_{in} - \dot{m}V_{out})_x - R = 0$$

$$R = P_1A_1\cos0° - P_2A_2\cos180° + \rho_w Q(V_1\cos0° - V_2\cos180°)$$

$$= P_1A_1 - 0 + \rho_w Q(V_1 - (-V_2))$$

$$= 897160 \times \frac{\pi \times 0.075^2}{4} - 0 + 1000 \times 0.03 \times (6.791 + 42.441)$$

$= 5.44\ \mathrm{kN}$ (U자관을 고정시키기 위하여 필요한 반력)

6.4 그림 6.20과 같이 수평으로 놓인 곡관에 유량 $2.4\ \mathrm{m^3/min}$의 물이 흐르고 있다. 곡관의 입구에서 압력은 $140\ \mathrm{kPa}$이고 직경은 $100\ \mathrm{mm}$이며, 출구의 직경은 $70\ \mathrm{mm}$이다. 135° 구부러진 곡관을 제자리에 고정시키는데 필요한 힘과 방향(수평축에 대한 각도)을 구하라.

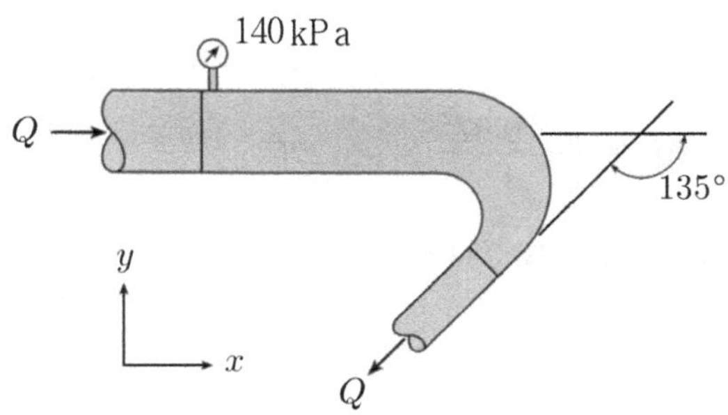

그림 6.20 문제 6.4의 설명도

【해설】 수평 곡관이므로, $z_1 = z_2$

$$\alpha_1 = 0, \quad \alpha_2 = 360° - 135° = 225°$$

$$V_1 = \frac{Q}{A_1} = \frac{2.4/60}{\pi \times 0.1^2/4} = 5.093 \text{ m/s}$$

$$V_2 = \frac{Q}{A_2} = \frac{2.4/60}{\pi \times 0.07^2/4} = 10.394 \text{ m/s}$$

곡관 입구와 출구 단면 사이에 베르누이방정식을 적용

$$\frac{140 \times 10^3}{9800} + \frac{5.093^2}{2 \times 9.8} = \frac{P_2}{9800} + \frac{10.394^2}{2 \times 9.8}$$

$$P_2 = 98.952 \text{ kPa(계기압)}$$

(a) 수평(x) 방향에 대한 운동량 방정식

$$\sum F_x = (PA_{in} - PA_{out})_x + (\dot{m}V_{in} - \dot{m}V_{out})_x - R_x = 0$$

$$R_x = P_1 A_1 \cos 0° - P_2 A_2 \cos 225° + \rho_w Q (V_1 \cos 0° - V_2 \cos 225°)$$

$$= 140 \times 10^3 \times \frac{\pi \times 0.1^2}{4} \times \cos 0° - 98.952 \times 10^3 \times \frac{\pi \times 0.07^2}{4} \times \cos 225°$$

$$+ 1000 \times \frac{2.4}{60} \times (5.093 \times \cos 0° - 10.394 \times \cos 225°)$$

$$= 1866.54 \text{ N}$$

(b) 수직(y) 방향에 대한 운동량 방정식

$$\sum F_y = (PA_{in} - PA_{out})_y + (\dot{m}V_{in} - \dot{m}V_{out})_y - R_y = 0$$

$$R_y = P_1 A_1 \sin 0° - P_2 A_2 \sin 225° + \rho_w Q (V_1 \sin 0° - V_2 \sin 225°)$$

$$= 0 - 98.952 \times 10^3 \times \frac{\pi \times 0.07^2}{4} \times \sin 225°$$

$$+ 1000 \times \frac{2.4}{60} \times (0 - 10.394 \times \sin 225°)$$

$$= 563.26 \text{ N}$$

(c) 반력(합력) 및 방향

$$R = \sqrt{R_x^2 + R_y^2} = \sqrt{1866.54^2 + 563.26^2} = 1.95 \text{ kN}$$

$$\theta = \tan^{-1}\left(\frac{R_y}{R_x}\right) = \tan^{-1}\left(\frac{563.26}{1866.54}\right) = 16.8°$$

6.5 그림 6.21과 같이 평형추와 판이 수직으로 분출되는 물 분류에 의해 제자리에 머무르고 있다. 평형추와 판의 중량이 800 N이고 물 분류의 지름이 50 mm인 경우, 분류의 유속은 얼마인가?

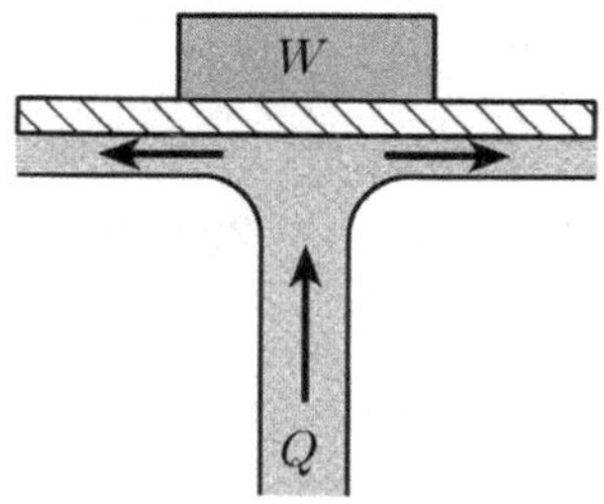

그림 6.21 문제 6.5의 설명도

【해설】 평형추의 무게와 물 분류의 힘이 평형을 이루므로

$$W = \rho_w Q(V_{1y} - V_{2y}) = \rho_w A_j V_{1y}(V_{1y} - V_{2y})$$

$V_{2y} = 0$이므로

$$V_{1y} = \sqrt{\frac{W}{\rho_w A}} = \sqrt{\frac{800}{1000 \times \pi \times 0.05^2/4}} = 20.19 \text{ m/s}$$

6.6 그림 6.22에서 보는 바와 같이 수평 분류가 고정된 원추 형태의 편향기에 충돌한다. 분류의 지름 $D = 50$ mm이며 유량 $Q = 1.8 \text{ m}^3/\text{min}$일 때, 원추 편향기를 고정시키는데 필요한 힘 R을 구하라.

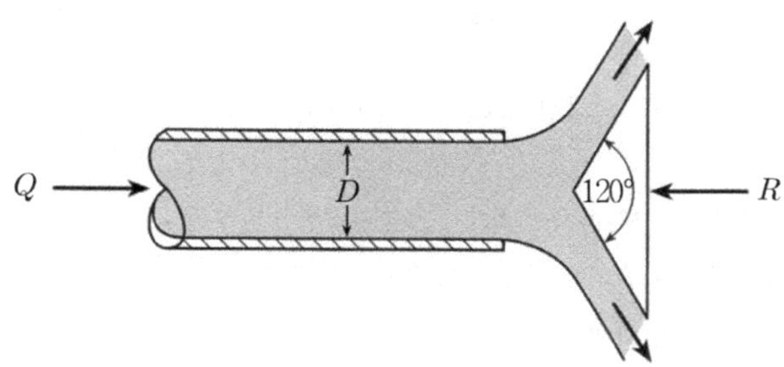

그림 6.22 문제 6.6의 설명도

【해설】 유동 마찰이 없다면, $V_1 = V_2 = V_3 = V$

$$V = \frac{Q}{A} = \frac{1.8/60}{\pi \times 0.05^2/4} = 15.279 \text{ m/s}$$

$$Q_2 = Q_3 = \frac{Q_1}{2}$$

수평 방향에 대한 운동량 방정식

$$\sum F_x = \sum \rho_w Q V_{\text{in}} - \sum \rho_w Q V_{\text{out}} - R = 0$$

$$R = \rho_w Q_1 V_1 - \frac{\rho_w Q_1 V_2 \cos 60°}{2} - \frac{\rho_w Q_3 V_3 \cos 60°}{2}$$

$$= \rho_w Q_1 V (1 - \cos 60°)$$

$$= 1000 \times \frac{1.8}{60} \times 15.279 \times 0.5 = 229.19 \text{ N}$$

6.7 그림 6.23과 같이 유량 $1.2 \text{ m}^3/\text{min}$의 물 분류가 고정 수평면에 충돌하여 두 경로로 분할되어 유출된다. 유입되는 분류 속도가 15 m/s인 경우, 다음을 구하라.

(a) 분류가 평판에 가한 힘

(b) 평판의 상·하로 흐르는 유량

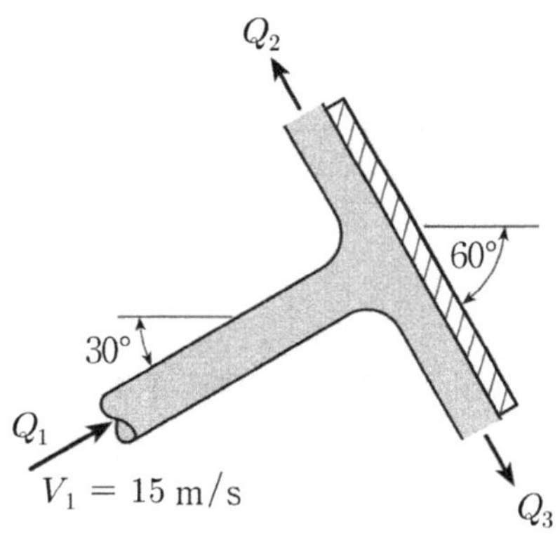

그림 6.23 문제 6.7의 설명도

【해설】 수평으로 놓인 경우 $z_1 = z_2 = z_3$

자유 분류이므로 $P_1 = P_2 = P_3 = 0$(대기압)

평판과 분류의 마찰이 없다면, $V_1 = V_2 = V_3$

마찰이 없으므로, 평판과 나란한 수평 성분의 외력도 없다.

아울러 그림을 시계방향으로 30° 또는 반시계방향으로 60° 회전시키면, 수직 평판에 충돌하는 분류의 경우와 동일하다.

(a) 평판과 수직인 x'방향에 대한 운동량방정식

$$\sum F_{x'} = \sum (\rho_w Q V_{in})_{x'} - \sum (\rho_w Q V_{out})_{x'} - R(\text{반력}) = 0$$

$$\rho_w Q_1 V_1 \cos 0° - (\rho_w Q_2 V_2 \cos 90° + \rho_w Q_3 V_3 \cos 270°) - R = 0$$

$$R = \rho_w Q_1 V_1 = 1000 \times \frac{1.2}{60} \times 15 = 300\,\text{N}$$ (평판에 수직)

분류가 평판에 가한 힘은 반력 R과 반대 방향으로 작용

(b) 평판과 수평인 y'방향에 대한 운동량방정식

$$\sum F_{y'} = \sum(\rho_w Q V_{in})_{y'} - \sum(\rho_w Q V_{out})_{y'} = 0$$

$$\rho_w Q_1 V_1 \sin 0° - (\rho_w Q_2 V_2 \sin 90° + \rho_w Q_3 V_3 \sin 270°) = 0$$

$V_1 = V_2 = V_3$이므로, $Q_2 = Q_3$

$Q_1 = Q_2 + Q_3$이므로

$$Q_2 = Q_3 = \frac{Q_1}{2} = \frac{1.2}{2} = 0.6\,\text{m}^3/\text{min}$$

6.8 유체를 표준 대기 조건의 공기로 하여 문제 6.7을 풀어라.

【해설】 표준 대기 조건의 공기 밀도 $\rho_{air} = 1.23\,\text{kg/m}^3$

$$F = \rho_{air} Q_1 V_1 = 1.23 \times \frac{1.2}{60} \times 15 = 0.37\,\text{N}$$

하지만 공기는 압축성 유체이므로 실제 작용력은 이보다 작고, 이러한 내용은 제10장에서 자세히 다룬다.

6.9 수평으로 분출되는 직경 $50\,\text{mm}$의 물 분류가 그림 6.24에서 보는 바와 같이 평판과 충돌한다. 분류의 반대방향으로 $80\,\text{N}$의 힘이 작용할 때 평판이 $20\,\text{m/s}$의 속도로 오른쪽으로 움직인다면, 분류의 속도는 얼마인가?

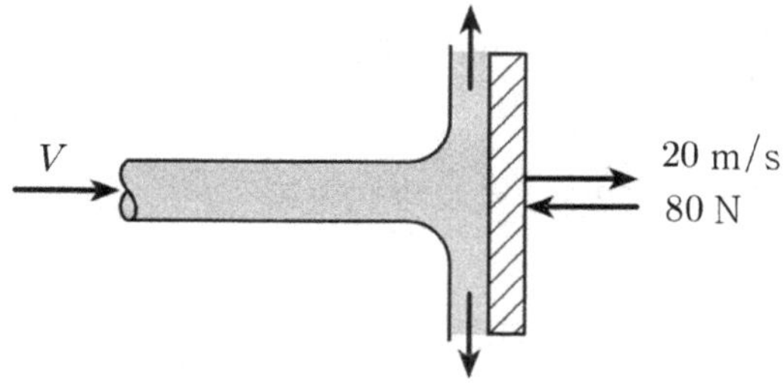

그림 6.24 문제 6.9의 설명도

【해설】 이동 평판에 충돌하는 분류의 질량유량과 작용력은 상대속도에 비례한다.

$$\dot{m}_j = \rho_w A_j (V - u)$$
$$F = \dot{m}_j (V - u) = \rho_w A_j (V - u)^2$$
$$V = u + \sqrt{\frac{F}{\rho_w A_j}} = 20 + \sqrt{\frac{80}{1000 \times \pi \times 0.05^2 / 4}} = 26.38 \text{ m/s}$$

6.10 그림 6.25와 같이 직경 75 mm인 노즐로부터 물이 60 m/s의 유속으로 터빈 날개에 분사되고 있다. 터빈의 회전속도가 500 rpm이고 터빈 날개의 회전 반경이 1.0 m일 때, 터빈의 출력(동력)은 얼마인가? 그리고 각종 손실을 무시할 때, 최대 동력을 얻을 수 있는 터빈 회전수는 몇 rpm인가?

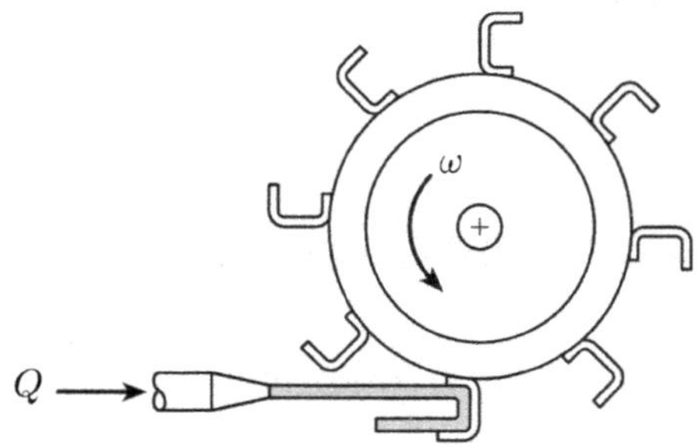

그림 6.25 문제 6.10의 설명도

【해설】 터빈과 같은 연속 회전 날개의 경우, 노즐에서 분출되는 유량과 터빈 날개에 충돌하는 질량유량은 동일하다.

(a) 터빈 날개의 접선 속도(원주 속도)

$$u = \frac{\pi D N}{60} = \frac{\pi \times 2 \times 500}{60} = 52.36 \text{ m/s}$$
$$F_x = \dot{m}_j (V - u)(1 - \cos\theta) = \rho_w A_j V (V - u)(1 - \cos\theta)$$
$$= 1000 \times \frac{\pi \times 0.075^2}{4} \times 60 \times (60 - 52.36) \times (1 - \cos 180°)$$
$$= 4050.3 \text{ N}$$
$$L = F_x \times u = 4050.3 \times 52.36 = 212.07 \text{ kW}$$

(b) 최대 동력 및 효율은 $u = V/2$일 때 발생하므로,

$$u = 60/2 = 30 \text{ m/s}$$
$$N_t = \frac{60 u}{\pi D} = \frac{60 \times 30}{\pi \times 2} = 286.48 \text{ rpm}$$

6.11 그림 6.26에서와 같은 수조차의 물탱크 측면 벽에 설치된 지름 50 mm의 노즐에서 물이 분출되고 있다. 분류에 의한 추력을 계산하라.

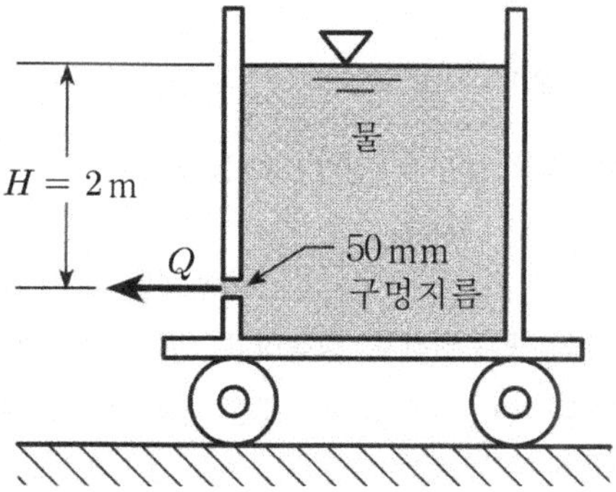

그림 6.26 문제 6.11의 설명도

【해설】 분류의 초기 속도는 토리첼리의 정리에 의해 구한다.

$$V = \sqrt{2gH} = \sqrt{2 \times 9.8 \times 2} = 6.261\ \text{m/s}$$

$$F = \rho_w Q V = \rho_w A_j V^2 = 1000 \times \frac{\pi \times 0.05^2}{4} \times 6.261^2 = 76.97\ \text{N}$$

6.12 제트기가 유량 $1000\ \text{m}^3/\text{s}$의 공기를 흡입하며 $150\ \text{m/s}$의 속도로 날아가고 있다. 제트기 연소실에서 공기-연료비가 20:1인 경우 30 kN의 추력을 만드는데 필요한 연소가스의 배출속도를 구하라. 공기의 밀도는 $1.0\ \text{kg/m}^3$이다.

【해설】 $\dot{m}_a = \rho_a Q_a = 1.0 \times 1000 = 1000\ \text{kg/s}$

$$\dot{m}_f = \frac{\dot{m}_a}{20} = \frac{1000}{20} = 50\ \text{kg/s}$$

$F_t = (\dot{m}_a + \dot{m}_f) V_e - \dot{m}_a V_i$에서

$$V_e = \frac{F_t + \dot{m}_a V_i}{\dot{m}_a + \dot{m}_f} = \frac{30000 + 1000 \times 150}{1000 + 50} = 171.43\ \text{m/s}$$

6.13 로켓 엔진은 1분당 15 kg의 연료와 125 kg의 산화제를 사용한다. 연소가스의 배출속도가 400 m/s 일 때 만들어지는 추진력을 결정하라.

【해설】 $\dot{m}_e = \dfrac{15+125}{60} = 2.333\ \mathrm{kg/s}$

$$F_t = \dot{m}_e V_j = 2.333 \times 400 = 933.33\ \mathrm{N}$$

6.14 어떤 배가 지름 750 mm의 프로펠러를 장착하고 있다. 이 배가 10 m/s의 속도로 이동할 때 5.0 m^3/s로 물을 방출하는데, (a) 추진력, (b) 추진 동력, (c) 프로펠러 전후의 압력 상승 및 (d) 이론 효율을 구하라.

【해설】 프로펠러 통과 유속 $V_p = \dfrac{Q_p}{A_p} = \dfrac{5}{\pi \times 0.75^2/4} = 11.318\ \mathrm{m/s}$

출구 유속 $V_4 = 2V_p - V_1 = 2 \times 11.318 - 10 = 12.636\ \mathrm{m/s}$

추진력 $F = \rho_w Q_p (V_4 - V_1) = 1000 \times 5 \times (12.636 - 10) = 13.18\ \mathrm{kN}$

추진 동력 $L = F \times V_1 = 13180 \times 10 = 131.8\ \mathrm{kW}$

압력 증가 $P_3 - P_2 = \dfrac{F}{A_p} = \dfrac{13180}{\pi \times 0.75^2/4} = 29.83\ \mathrm{kPa}$

또는 $P_3 - P_2 = \dfrac{\rho_w}{2}(V_4^2 - V_1^2) = \dfrac{1000}{2} \times (12.636^2 - 10^2)$

$$= 29.83\ \mathrm{kPa}$$

이론 효율 $\eta_p = \dfrac{V_1}{V_p} \times 100 = \dfrac{10}{11.318} \times 100 = 88.35\ \%$

6.15 문제 6.14의 프로펠러가 1000 rpm으로 회전할 때 프로펠러를 구동하는데 필요한 축 토크를 결정하라.

【해설】 프로펠러 날개의 접선 속도(원주 속도) $u = \dfrac{\pi DN}{60}$

$$L = F \times u = F \times \frac{\pi DN}{60} = F \times \frac{D}{2} \times \frac{2\pi N}{60} = T \times \frac{2\pi N}{60}$$

$$T = L \times \frac{60}{2\pi N} = 131800 \times \frac{60}{2\pi \times 1000} = 1258.6\ \mathrm{N\cdot m}$$

6.16 직경 0.6 m의 프로펠러를 장착한 모터보트가 12 m/s의 속도로 이동하고 있다. 프로펠러의 이론 효율이 80%인 경우 만들어지는 추력을 구하라.

【해설】 모터 보트의 속도와 유입속도는 같다.

유입속도 $V_1 = 12\,\mathrm{m/s}$

프로펠러 통과 유속 $V_p = \dfrac{V_1}{\eta_p} = \dfrac{12}{0.8} = 15\,\mathrm{m/s}$

유출속도 $V_4 = 2V_p - V_1 = 2 \times 15 - 12 = 18\,\mathrm{m/s}$

추진력 $F = \rho_w Q_p (V_4 - V_1) = \rho_w A_p V_p (V_4 - V_1)$

$$= 1000 \times \frac{\pi \times 0.6^2}{4} \times 15 \times (18 - 12) = 25.45\,\mathrm{kN}$$

6.17 그림 6.27과 같은 원심펌프에서 물은 반경방향으로 절대속도 4 m/s로 유입된다. 그리고 회전차의 접선방향에 대해 30° 의 각을 이루어 절대속도 9 m/s로 유출된다. 펌프의 회전속도가 1200 rpm이고 송출 유량이 2.0 $\mathrm{m^3/min}$일 때, 펌프 동력을 구하라.

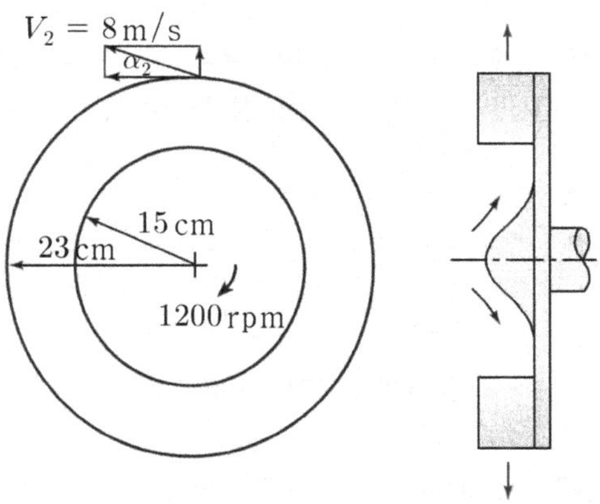

그림 6.27 문제 6.17의 설명도

【해설】 물이 회전차의 반경방향으로 유입되므로 $\alpha_1 = 90°$이고, 접선방향에 대한 유출각 $\alpha_2 = 30°$이다. 각운동량의 법칙에 따라 펌프 회전력(토크)을 구하고, 다시 각속도를 곱하여 펌프 동력을 구한다.

$$T = \rho_w Q (r_2 V_2 \cos\alpha_2 - r_1 V_1 \cos\alpha_1)$$

$$= 1000 \times \frac{2.0}{60} \times (0.23 \times 8 \times \cos 30° - 0.15 \times 4 \times \cos 90°)$$

$$= 53.116\,\mathrm{N \cdot m}$$

$$L = T \times \omega = 53.116 \times \frac{2\pi \times 1200}{60} = 6.67\,\mathrm{kW}$$

6.18 회전속도가 340 rpm이고 유량이 40 m^3/s로 운전되는 수차(water turbine)가 있다. 이 수차로부터 42 MW의 동력을 얻으려면, 반경 1.6 m의 수차 입구에서 절대속도의 원주성분은 얼마인가? 물은 수차 출구에서 구심 방향으로 유출되며, 모든 손실은 무시한다.

【해설】 터빈은 원심펌프의 반대 개념으로 작동하고, 접선방향에 대한 물의 유출각 $\alpha_2 = 90°$이다. 각운동량의 법칙에 따라 토크 및 수차 입구에서 절대속도의 원주성분을 구한다.

$$L = T \times \omega = T \times \frac{2\pi N}{60} \text{에서}$$

$$T = \frac{60 \times L}{2\pi N} = \frac{60 \times 42 \times 10^6}{2\pi \times 340} = 1179.62 \text{ kN·m}$$

$$T = \rho_w Q (r_1 V_1 \cos\alpha_1 - r_2 V_2 \cos\alpha_2) = \rho_w Q (r_1 u_1 - 0)$$

$$u_1 = \frac{T}{\rho Q \times r_1} = \frac{1179.62 \times 10^3}{1000 \times 40 \times 1.6} = 18.43 \text{ m/s}$$

6.19 그림 6.28과 같은 비대칭 살수기의 각 노즐에서 유량 15 ℓ/min의 물을 뿌리고 있다. 노즐 직경이 10 mm이고 마찰손실을 무시할 때, 이 살수기를 정지시키는데 필요한 회전력을 구하라.

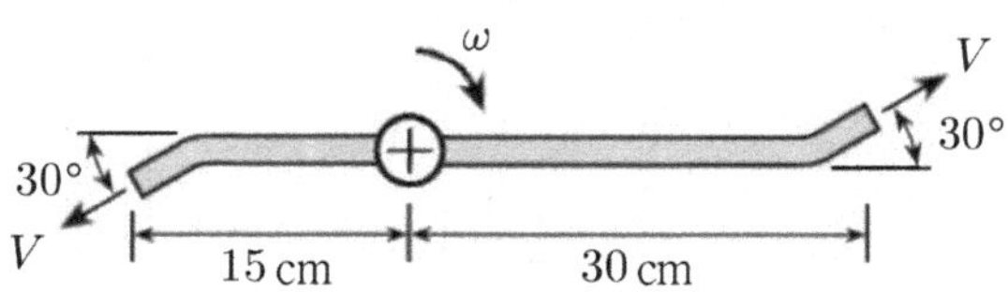

그림 6.28 문제 6.19의 설명도

【해설】 마찰손실이 없다면 원주속도 $V\sin\theta$로 분출되는 반력에 의하여 살수기가 각속도 ω로 회전한다.

$$V = \frac{Q}{\pi \times d^2/4} = \frac{15 \times 10^{-3}/60}{\pi \times 0.01^2/4} = 3.183 \text{ m/s}$$

정지 상태에서 회전력(Torque)

$$T = \rho_w Q V \sin\theta \times r_1 + \rho_w Q V \sin\theta \times r_2$$

$$= 1000 \times \frac{15 \times 10^{-3}}{60} \times 3.183 \times \sin 30° \times (0.15 + 0.3) = 0.179 \text{ N·m}$$

6.20 문제 6.19에서 살수기의 회전속도를 구하라.

【해설】 원주속도 $u = r\omega$이고, 마찰손실이 없으므로 물의 분출에 의한 토크는 모두 살수기 회전에만 사용된다.

$$T_1 + T_2 = \rho_w Q V \sin\theta \times r_1 + \rho_w Q V \sin\theta \times r_2$$
$$= \rho_w Q u_1 \times r_1 + \rho_w Q u_2 \times r_2$$
$$\rho_w Q (V\sin\theta - u_1) \times r_1 + \rho_w Q (V\sin\theta - u_2) \times r_2 = 0$$
$$(V\sin\theta - r_1\omega) \times r_1 + (V\sin\theta - r_2\omega) \times r_2 = 0$$
$$V\sin\theta \times (r_1 + r_2) - \omega \times (r_1^2 + r_2^2) = 0$$
$$\omega = \frac{V\sin 30° \times (r_1 + r_2)}{r_1^2 + r_2^2}$$
$$= \frac{3.183 \times \sin 30° \times (0.15 + 0.3)}{0.15^2 + 0.3^2} = 6.366\,\text{rad/s}$$
$$N = \frac{60\omega}{2\pi} = \frac{60 \times 6.366}{2 \times \pi} = 60.79\,\text{rpm}$$

7 점성유체의 유동

앞에서 우리는 유체를 취급할 때 이상유체로 가정하였으며, 따라서 점성마찰에 의한 에너지 손실은 무시할 수 있을 만큼 작은 것으로 간주하였다. 이러한 가정은 유체의 점성이 낮고, 관로의 길이가 지름에 비하여 비교적 짧으며 관로의 연결 부품들이 없는 경우에는 유효하다. 하지만 실제 장치들의 많은 경우에서 관로손실은 무시할 수 없을 만큼 크다. 그러므로 이 장에서는 유체의 유동조건에서 점성에 의한 전단응력을 추가하여 고려한다.

전단응력은 유용한 압력에너지와 운동에너지를 열에너지로 변환시키는 마찰손실을 야기한다. 만약 마찰에너지 손실이 허용할만한 수준으로 유지되지 않으면 유체 유동이 불안정해질 수 있다. 그러므로 펌프 등과 같은 유체기계를 포함한 장치를 설계할 때, 이러한 에너지 손실을 고려하여야 한다. 마찰에너지 손실은 최소한의 허용할만한 수준으로 유지하는 것이 중요하다. 일반적으로 관 직경, 밸브 및 연결 부품 등의 크기가 작을수록 에너지 손실은 더 크다. 이런 부품들의 크기가 커지면 유동손실은 줄어들지만 비용부담이 높아지고 구성품의 설치 공간도 커지게 된다. 따라서 구성 부품 크기의 선택은 마찰손실과 구성 부품들의 비용 및 공간 요건 등을 고려하여 적절히 이루어져야 한다.

실제 점성유체의 흐름은 상당히 복잡하므로, 유동 저항은 실험을 통해 개발된 경험식을 사용하여 구한다. 기본적인 분석은 연속방정식과 에너지방정식을 유체 관로유동에 적용하여 이루어지고, 관로의 구성 부품에 대한 압력 강하, 유량 및 동력 손실을 결정하는 것이 포함된다.

7.1 층류 및 난류 유동

7.1.1 층류 유동

관로에서의 유체 유동은 층류(laminar flow)와 난류(turbulent flow)로 구분된다. 층류 유동은 그림 7.1에서 보는 바와 같이 유체 입자들이 층을 이루면서 부드럽게 미끄러지는 형태로 다른 층에 평행하게 흐른다. 관 벽에서의 유체 층은 점성 때문에 0의 속도이며, 관 표면으로부터 점진적으로 멀어진 거리에서 유체 입자는 높은 속도를 가지며, 관 중심선에서 최대 속도를 나타낸다. 층류는 기본적으로 입자 간에 충돌이 없는 부드러운 흐름이며, 점성 마찰은 인접 입자에 대해 각 입자 층이 미끄러지는 원인이 된다.

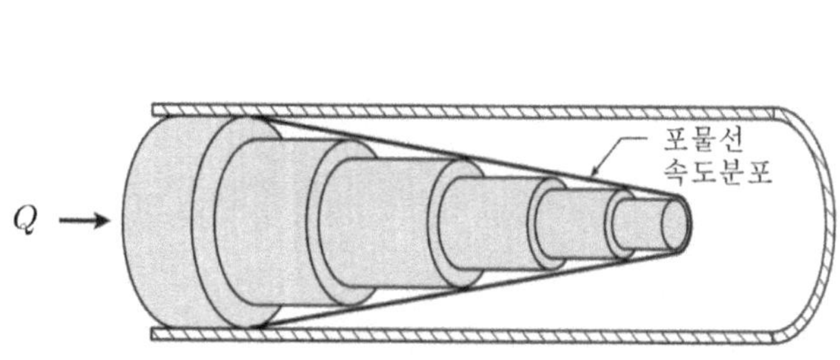

그림 7.1 원형 관로 속의 층류

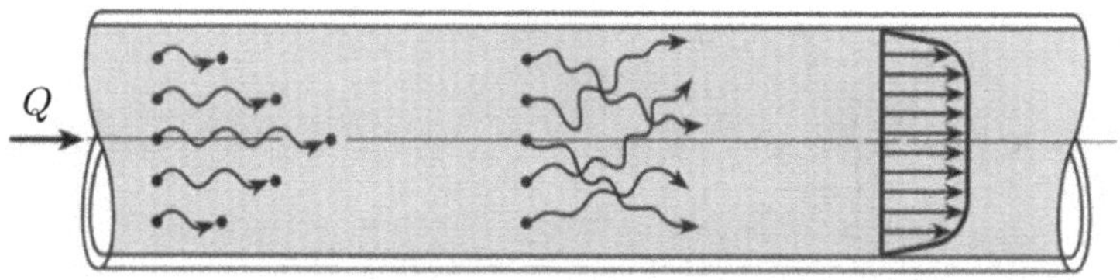

(a) 난류 초기 (b) 완전 난류 (c) 난류의 속도분포

그림 7.2 원형 관로 속의 난류

7.1.2 난류 유동

관로의 유속이 증가하면 유동 상태는 층류를 유지하지 못하고 난류로 변화된다. 그림 7.2에서 보는 바와 같이, 난류가 시작되는 경우 각 입자들은 임의로 요동친다. 그 결과 유체 입자들의 충돌에 의한 혼합 운동이 난류를 생성시키고, 이는 차례로 흐름에 더 저항하게 된다. 따라서 난류 유동에서 발생되는 에너지 손실은 층류의 경우보다 커지게 된다.

유체 속도가 지속적으로 증가하면 궁극적으로 그림 7.2(b)와 같이 유체 입자들이 완전히 혼합을 일으키는 난류가 발생한다. 난류의 속도분포는 그림 7.2(c)와 같은데, 이는 층류의 포물선 속도분포보다 훨씬 더 평평하다. 난류 흐름의 평평한 속도분포는 대단히 많은 입자들의 충돌과 그에 따른 유체 입자들의 혼합 운동으로 기인한다. 이러한 혼합 운동의 결과로 운동량 교환이 활발해지고, 층류 유동의 속도분포와 비교하여 관 벽 부근에서 속도가 더 높고 관 중심에서의 최대 속도는 층류보다 낮게 나타난다.

7.1.3 레이놀즈수

관로마찰에 의한 에너지 손실을 정확히 구하기 위해서는 관로 내부의 흐름이 층류 또는 난류인지를 파악하는 것이 중요하다. 1883년 영국의 Osborne Reynolds는 층류에서 난류로 변환되는 조건을 살펴보기 위하여 그림 7.3과 같은 장치를 사용하여 고전적인 실험을 수행하였다. 레이놀즈는 탱크의 유체가 갑작스러운 수축에 의하여 난류가 발생되지 않도록 입구가 종 모양인 유리관을 통해 흐르도록 하였고, 관로 끝에 장착한 밸브를 사용하여 유속을 제어하였다. 그리고 염료는 중력에 의해 가느다란 유리 모세관을 통하여 본류로 합류되도록 하였다.

실험에서 밸브를 점진적으로 열면서 염료액의 경로, 특히 밸브의 최상류를 가시적으로 검토하였다. 관로에서 유동이 층류일 때 염료액은 관의 중심선을 따라 부드럽게 흐른다. 하지만 유동 속도가 충분히 높아지면 관로 흐름에서 난류가 일어나기 시작한다. 이러한 유동형태의 변화는 염료액이 커다란 탱크의 유체와 혼합되기 때문에 관찰할 수 있다.

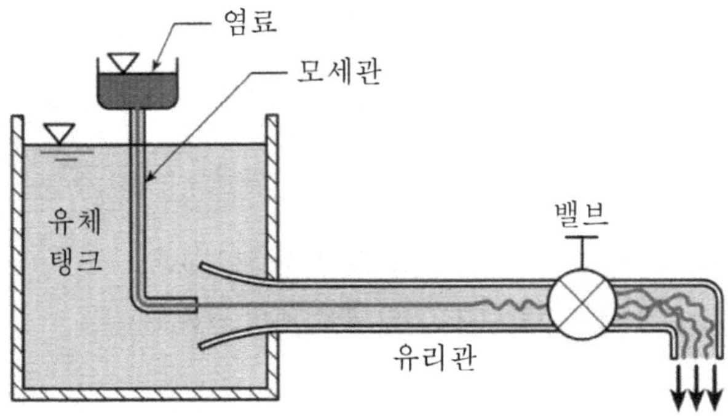

그림 7.3 레이놀즈의 실험

레이놀즈는 실험을 통해 관로 흐름의 특성은 무차원 매개변수 $\rho DV/\mu$에 좌우된다는 결론에 도달하였다. 여기서 ρ는 유체 밀도, D는 관 내경, V는 평균 유속 그리고 μ는 유체의 점성계수이다. 이 무차원수를 레이놀즈수(Reynolds number)로 정의한다. 실제 유동에 있어서 레이놀즈수는 점성력(마찰력)에 대한 관성력의 비이고, 원형 관로 내의 유동에서는 다음과 같다.

$$Re = \frac{\text{관성력}}{\text{점성력}} = \frac{\rho DV}{\mu} = \frac{DV}{\nu} \tag{7.1}$$

그리고 레이놀즈수에 따라 수평 원관 내의 유동에서 층류와 난류는 아래와 같이 구별하는데, 실험 조건, 관 입구의 형상, 관 벽면의 거칠기 또는 저장유체의 안정도에 따라 다소 유동적이다. 하지만 공학적으로 널리 활용되는 기준은 다음과 같다.

- 층류 유동: $Re \le 2000$
- 천이 유동: $2000 < Re < 4000$
- 난류 유동: $Re \ge 4000$

레이놀즈수가 2000~4000인 경우를 임계 영역이라고 한다. 이 영역에서는 관로장치의 진동과 같은 임의의 요란이 유동 상태를 층류에서 난류로 변화시키는 원인이 되기도 한다. 그러므로 에너지 손실을 계산할 때, 임계 영역에서의 유동은 난류 상태로 가정한다.

물의 점도는 상당히 작아서 유속이 매우 낮은 조건에서만 층류 상태를 유지할 수 있다. 하지만 SAE 30 오일의 동점성계수는 물보다 375배 크므로 그만큼 높은 속도에서도 층류 상태를 유지할 수 있고, 공기도 물보다 약 13배 큰 속도를 유지할 수 있다. 이는 점성계수의 차이 때문인데, 온도에 따라 액체와 기체의 점성계수 변화특성이 달라지므로 유동 형태도 차이가 있을 것이다.

【예제 7.1】

온도가 15.6℃인 표준 대기 조건에서 내경 25 mm의 관로에 다음의 유체가 흐를 때, 층류 상태를 유지할 수 있는 최대 속도는 얼마인가?

가. 물 ($\nu = 1.12 \times 10^{-6}\ \mathrm{m^2/s}$)

나. SAE 30 오일 ($\nu = 4.2 \times 10^{-4}\ \mathrm{m^2/s}$)

다. 표준 대기 조건의 공기 ($\nu = 1.46 \times 10^{-5}\ \mathrm{m^2/s}$)

☞ 풀이

층류 상태를 유지할 수 있는 최대 레이놀즈수는 2000이다. 따라서 레이놀즈수가 2000일 때의 속도를 구하면 된다.

(가) 물 $V_{water} = \dfrac{Re \times \nu}{D} = \dfrac{2000 \times 1.12 \times 10^{-6}}{25 \times 10^{-3}} = 8.96 \times 10^{-2}\ \mathrm{m/s}$

(나) 윤활유 $V_{oil} = \dfrac{Re \times \nu}{D} = \dfrac{2000 \times 4.2 \times 10^{-4}}{25 \times 10^{-3}} = 33.6\ \mathrm{m/s}$

(다) 공기 $V_{air} = \dfrac{Re \times \nu}{D} = \dfrac{2000 \times 1.46 \times 10^{-5}}{25 \times 10^{-3}} = 1.17\ \mathrm{m/s}$

7.2 층류 유동에서 마찰손실

점성을 가지고 있는 실제 유체의 경우, 일정 지름의 수평 관로 흐름에서 점성 마찰에 의한 압력 손실이 존재한다는 사실을 알고 있다. 수평의 직선 관로에서는 고도에 의한 위치에너지의 변화가 존재하지 않으며, 연속방정식에 의하여 운동에너지의 변화도 없다. 따라서 압력에너지의 변화는 관로 마찰손실에 의한 것이다.

그림 7.4와 같이 수평으로 놓인 원형 직관 속을 흐르는 비압축성 점성유체가 층류를 이루고 정상 유동이다. 여기에서 전단응력, 속도분포, 유량 및 압력강하 사이의 관계는 이론적으로 구할 수 있고, 이 이론식은 실험과 잘 일치한다.

7.2.1 전단응력

안지름 D인 원형 단면의 직선 관로에서 중심선이 일치하면서 반지름 r, 길이가 dx인 미소 원통형 요소를 고려하면, 수평(x)방향으로 운동량의 변화가 없으므로 작용하는 힘들의 합은 0이 되어야 한다.

이 x방향으로 미소 체적요소에 작용하는 힘은 원통의 양 단면에 미치는 압력에 의한 힘과 원통 주위에 둘러싸인 유체와의 사이에서 일어나는 전단력이 있다. 따라서 미소 체적요소에 대한 힘의 방정식은 다음과 같다.

$$P \times \pi r^2 - (P + dP) \times \pi r^2 - \tau \times 2\pi r\, dx = 0$$

이를 반경 r에서의 전단응력에 대해 풀면

$$\tau = -\frac{r}{2}\frac{dP}{dx} \tag{7.2}$$

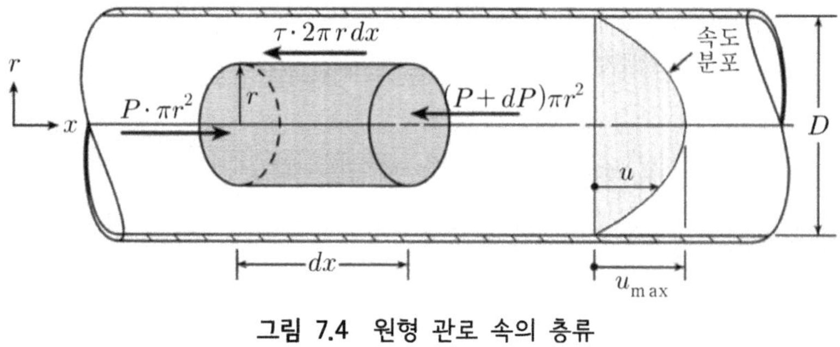

그림 7.4 원형 관로 속의 층류

가 된다. 층류 유동에서는 모든 단면에서 그 값이 일정하다. 따라서 전단응력 τ는 $r=0$인 관 중심에서 0이고, 관 벽으로 향할수록 선형적으로 증가하여 관 벽면에서는 최대로 된다. 왜냐하면 유체가 갖는 운동에너지와 위치에너지는 동일하므로, 각 층에서 마찰손실의 의한 에너지는 압력에너지로만 충당되기 때문이다.

아울러 식 (7.2)는 힘의 평행조건에서 구한 식이므로 층류뿐만 아니라 일반적인 유동 문제를 다룰 때에도 적용할 수 있다.

7.2.2 속도분포

원형 관로 속의 유동에 뉴턴의 점성법칙을 적용하면, 식 (2.19)는 다음과 같이 쓸 수 있다. 여기서 (-)부호를 삽입한 이유는 반경 r이 커질수록 속도가 줄어들어 속도기울기가 음(-)의 값이므로 전단응력을 양(+)의 값으로 얻기 위함이다.

$$\tau = -\mu \frac{du}{dr} \tag{7.3}$$

이 식을 식 (7.2)에 대입시켜 다음과 같이 속도를 구할 수 있다.

$$-\mu \frac{du}{dr} = -\frac{r}{2}\frac{dP}{dx}$$

이를 정리하여 속도미분형으로 나타내면

$$du = \frac{1}{2\mu}\frac{dP}{dx}\, r\, dr$$

이다. 그리고 dP/dx는 흐름의 방향에 대한 단위 길이당 압력강하이므로 반경 r과는 관계가 없다. 따라서 이를 적분하면 다음과 같다.

$$\int du = \frac{1}{2\mu}\frac{dP}{dx}\int r\, dr$$

$$u = \frac{1}{2\mu}\frac{dP}{dx}\left(\frac{r^2}{2} + c\right) \tag{7.4}$$

여기서 관의 내벽 $r = D/2$일 때 속도 $u = 0$인 경계조건을 식 (7.4)에 대입하면, 적분상수 $c = -D^2/8$이다. 그러므로 원형 관로 내의 속도분포의 식은 다음과 같다.

$$u = \frac{1}{2\mu}\frac{dP}{dx}\left(\frac{r^2}{2} - \frac{D^2}{8}\right) \tag{7.5}$$

한편 관 중심선($r = 0$)에서 유속은 최대이므로

$$u_{\max} = -\frac{D^2}{16\mu}\frac{dP}{dx} \tag{7.6}$$

이다. 또한 원형 관로에서 층류인 경우 속도 u와 최대속도 $u_{\max}$ 사이에는 식 (7.7)과 같이 2차원 포물선 관계를 갖는다.

$$\frac{u}{u_{\max}} = 1 - \left(\frac{2r}{D}\right)^2 \tag{7.7}$$

7.2.3 유량

연속방정식에 원형 관로 내의 속도의 식 (7.5)를 대입하여 단면 전체에 걸쳐 적분을 하면, 유량에 관한 식을 다음과 같이 얻는다.

$$\begin{aligned} Q &= \int_0^{D/2} u\,dA = \frac{1}{2\mu}\frac{dP}{dx}\int_0^{D/2}\left(\frac{r^2}{2} - \frac{D^2}{8}\right)2\pi r\,dr \\ &= -\frac{\pi D^4}{128\mu}\frac{dP}{dx} \end{aligned} \tag{7.8}$$

한편 관로 내의 평균유속 V는 연속방정식으로부터 Q/A이므로,

$$V = \frac{Q}{A} = -\frac{\pi D^4}{128\mu}\frac{dP}{dx} \times \frac{4}{\pi D^2} = -\frac{D^2}{32\mu}\frac{dP}{dx} \tag{7.9}$$

이다. 이를 최대속도의 식 (7.6)과 비교하면, 층류 유동에서 평균속도는 최대속도의 1/2과 같다.

$$V = \frac{u_{\max}}{2} \tag{7.10}$$

7.2.4 압력강하

유량의 식 (7.8)을 그림 7.5와 같은 원형 관로 내의 단면 ①과 ②에 적용하여 적분을 수행하면, 두 지점간의 압력강하(pressure drop)에 대한 결과를 얻을 수 있다.

$$P_2 - P_1 = -\frac{128\mu Q}{\pi D^4}(x_2 - x_1)$$

여기서 $x_2 - x_1 = L$이고, $P_1 - P_2 = \Delta P$라면, 점성 마찰에 의한 압력강하는 다음과 같이 정리된다.

$$\Delta P = \frac{128\,\mu\,L\,Q}{\pi\,D^4} \tag{7.11}$$

즉, 점성 마찰로 인한 압력강하 ΔP는 점성계수 μ, 관의 길이 L 및 유량 Q에 비례하고, 관 직경 D의 4승에 반비례한다. 이를 Hagen-Poiseullie의 방정식이라 부른다. 아울러 관 직경의 변화는 커다란 압력 손실의 원인이 되고, 유체의 밀도 ρ는 영향을 주지 않는다.

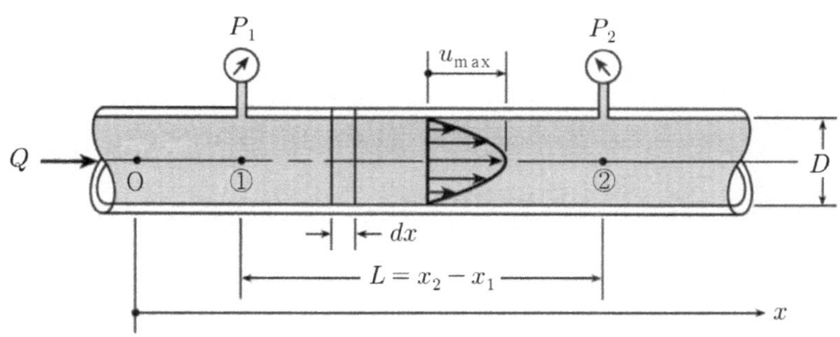

그림 7.5 원형 관로 내의 압력강하

【예제 7.2】

15℃의 SAE 30 오일이 0.01 m^3/s의 유량으로 직경 100 mm의 경사관을 통해 거슬러 흐른다. 관로의 길이가 300 m이고, 경사각이 5° 인 경우 관로에서의 압력강하를 구하라. SAE 30 오일의 점성계수 $\mu_{oil} = 0.38\ N \cdot s/m^2$이고, 밀도 $\rho_{oil} = 912\ kg/m^3$이다.

☞ 풀이

유동 상태가 층류인지 여부를 알기 위해 레이놀즈수를 구한다.

$$V = \frac{Q}{A} = \frac{0.01}{\pi \times 0.1^2/4} = 1.273\ m/s$$

$$Re = \frac{\rho_{oil} D V}{\mu_{oil}} = \frac{912 \times 0.1 \times 1.273}{0.38} = 305.5$$

레이놀즈수가 2000보다 작으므로 층류 유동이며, Hagen-Poiseuille 방정식을 사용하여 압력강하를 구할 수 있다. 하지만 경사 관로에서는 점성마찰로 인한 손실이 압력에너지와 위치에너지의 합으로 나타나므로, 수평관의 조건에서 유도된 식 (7.11)에 위치에너지에 상당하는 $\gamma \Delta z$가 포함되어야 한다.

$$\Delta P = \frac{128\,\mu_{oil} L Q}{\pi D^4} + \gamma_{oil} \Delta z$$

$$= \frac{128 \times 0.38 \times 300 \times 0.01}{\pi \times 0.1^4} + 912 \times 9.8 \times 300 \times \sin 5° = 698.17\,\mathrm{kPa}$$

7.3 관로 마찰손실의 기초식

층류 유동에서 관로 마찰손실은 앞에서 기술한 바와 같이 이론적인 해석이 가능하다. 그러나 난류 유동은 매우 복잡하여 이론적 해석이 어렵고, 대부분의 유동 해석은 실험 자료에 기초한 경험식들을 활용한다. 실제 유체 흐름은 대부분 난류이기 때문에 난류 유동에 관한 경험식의 활용은 매우 중요하다.

비압축성 유동에서 그림 7.5에 나타낸 지점 ①과 ②의 구간에 대하여 마찰손실을 고려한 베르누이 방정식을 적용하면

$$\frac{P_1}{\gamma} + \frac{V_1^2}{2g} + z_1 - h_l = \frac{P_2}{\gamma} + \frac{V_2^2}{2g} + z_2$$

이다. 수평 직관의 경우 속도수두와 위치수두의 차이는 없으므로 손실수두 h_l은 다음과 같이 정리된다.

$$h_l = \frac{P_1 - P_2}{\gamma} \tag{7.12}$$

또한 지점 ①과 ② 사이의 구간 L에 대하여 힘의 균형은 다음과 같다.

$$P_1 \times \frac{\pi D^2}{4} - P_2 \times \frac{\pi D^2}{4} - \tau \times \pi D L = 0$$

$$4\tau = (P_1 - P_2)\frac{D}{L} \tag{7.13}$$

여기서 식 (7.13)을 동압 $\gamma V^2/2g$으로 나누어주면 무차원수 f를 얻을 수 있다.

$$\frac{4\tau}{\gamma V^2/2g} = \frac{(P_1 - P_2)}{\gamma V^2/2g}\frac{D}{L} = f$$

따라서 이 식을 두 지점의 압력차로 정리하면

$$\Delta P = P_1 - P_2 = f\frac{L}{D}\frac{\gamma V^2}{2g} \tag{7.14}$$

이다. 그리고 식 (7.14)를 손실수두의 식 (7.12)에 대입시키면 다음과 같다.

$$h_l = \frac{\Delta P}{\gamma} = f\frac{L}{D}\frac{V^2}{2g} \tag{7.15}$$

위의 식 (7.15)를 Darcy-Weisbach 방정식이라 부르며, 안지름이 일정한 수평 관로에 비압축성 유체가 흐를 때 발생하는 손실수두의 계산에 널리 사용된다. 그리고 무차원수 f는 비례상수로서 관로 마찰계수(friction factor)로 정의하는데, 층류 및 난류 모두에서 사용할 수 있다.

원형 관로의 층류 유동에서 레이놀즈수와 관로 마찰계수의 관계를 알아보기 위하여, 식 (7.11)의 Hagen-Poiseuille 방정식을 다른 형태로 대수 조작하면 다음과 같다. 손실수두 $h_l = \Delta P/\gamma$이고, 유량 $Q = AV = \pi D^2 V/4$이므로

$$h_l = \frac{\Delta P}{\gamma} = \frac{128\mu L Q}{\gamma \pi D^4} = \frac{128\mu L \dfrac{\pi D^2}{4} V}{\rho g \pi D^4} = \frac{64\mu}{\rho D V}\frac{L}{D}\frac{V^2}{2g}$$

이다. 이 식을 Darcy-Weisbach 방정식과 같이 놓으면, 층류 유동에서의 관로 마찰계수 f를 구할 수 있다.

$$h_l = 64\frac{\mu}{\rho D V}\frac{L}{D}\frac{V^2}{2g} = f\frac{L}{D}\frac{V^2}{2g}$$

따라서 관로 내의 유동이 층류이면 식 (7.16)과 같이 관로 마찰계수 f가 Reynolds 수만의 함수임을 알 수 있다. 또한 관로 마찰손실수두를 구하는 방법은 층류 유동의 경우 Darcy-Weisbach 방정식과 Hagen-Poiseuilli 방정식에 의해 계산하는 두 가지가 있다.

$$f = \frac{64}{\dfrac{\rho D V}{\mu}} = \frac{64}{Re} \tag{7.16}$$

【예제 7.3】

예제 7.2에서 안지름이 일정하고 수평으로 놓인 직선 관로일 때 Hagen-Poiseuilli 방정식과 Darcy-Weisbach 방정식으로 관로 마찰손실수두를 구하여 비교하라.

☞ 풀이

(가) Hagen-Poiseuilli 방정식으로 계산

$$h_l = \frac{\Delta P}{\gamma_{oil}} = \frac{128\,\mu_{oil}\,L\,Q}{\gamma_{oil}\,\pi\,D^4} = \frac{128\times0.38\times300\times0.01}{912\times9.8\times\pi\times0.1^4} = 51.97\ \text{m}$$

(나) Darcy-Weisbach 방정식으로 계산

층류유동에서 관로 마찰계수는 레이놀즈수만의 함수이다.

$$f = \frac{64}{Re} = \frac{64}{305.5} = 0.2095$$

$$h_l = f\,\frac{L}{D}\,\frac{V^2}{2g} = 0.2095\times\frac{300}{0.1}\times\frac{1.273^2}{2\times9.8} = 51.96\ \text{m}$$

층류 유동의 경우 관로 마찰손실수두는 Hagen-Poiseuilli 방정식과 Darcy-Weisbach 방정식에서 동일한 결과를 얻을 수 있다.

7.4 난류 유동에서 마찰손실

7.4.1 난류의 속도분포

7.1절에서 언급한 바와 같이, 마찰손실에너지는 난류 유동에서 유체 입자들의 충돌로 인하여 인접 유체층이 미끄럽게 흐르는 층류보다 더 크다. 그림 7.6에 나타낸 바와 같이 층류의 포물선 속도분포와 비교하여 난류에서는 평평한 속도분포를 보인다. 이러한 난류의 속도분포는 유체 입자들의 운동량 교환의 결과로서, 관 벽 부근에서 유체 속도가 층류보다 높고 관 중심선 부근의 최대속도는 낮아지게 된다.

일반적으로 원형 관로 내의 흐름에서 난류의 복잡한 속도분포는 실험적으로 구하는데, 프란틀(Prandtl)의 지수법칙이 널리 사용된다.

$$u_t = u_{t,\max}\left(1 - \frac{2r}{D}\right)^{1/n} \tag{7.17}$$

여기서 지수 n은 일반적으로 7을 사용하지만, 다음과 같이 레이놀즈수의 함수로 근사치를 구할 수 있다.

$$n = 2.1 \times \log_{10}Re - 1.9$$

하지만 이를 식 (7.17)에 적용하였을 때 이론적인 결함이 있다. 관 중심에서 속도기울기가 0이 아니며, 관 벽면에서는 속도기울기가 무한대(∞)를 나타내는 문제점이 있다. 따라서 식 (7.17)은 근사치로만 사용하여야 한다.

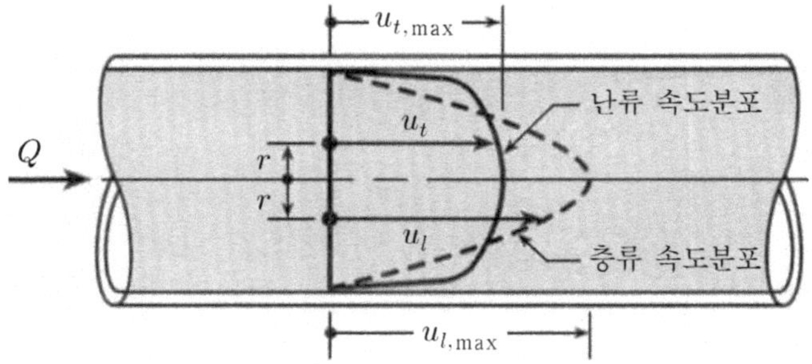

그림 7.6 층류 및 난류의 속도분포

그리고 층류에서 최대속도는 평균속도의 2배인 반면에, 완전 난류의 경우는 최대속도가 평균속도의 1.22~1.25배 정도이다.

7.4.2 난류의 관로 마찰계수

층류 흐름에서 관로 마찰계수 f는 오직 레이놀즈수에 의해서만 결정되고, 관 벽면의 표면거칠기와는 무관함을 알 수 있었다. 층류일 때는 속도분포가 포물선이므로 벽면 근처에서는 속도가 매우 느리게 되어 속도의 영향을 거의 받지 않게 된다. 하지만 난류에서는 벽면 근처에서도 속도가 상당히 빠르기 때문에 벽면의 거칠기가 속도에 영향을 주게 되고, 결국 관마찰계수도 벽면의 거칠기 효과를 포함하여야 한다. 그리고 난류에서는 관마찰계수를 해석적으로 구할 수 없으므로 실험적으로 구해야 한다.

1911년 독일의 Blasius는 기존의 실험결과들을 정리하여 표면이 매끄러운 원형 관로에서의 관마찰계수에 관한 식을 최초로 발표하였다.

$$f = 0.3164\ Re^{-\frac{1}{4}} \tag{7.18}$$

이 식은 $Re = 3000 \sim 150000$까지의 난류에 적용되고, 일반적인 관로 유동은 여기에 속한다. 하지만 이 Blasius의 식은 관 벽면의 표면거칠기 효과를 반영하지 못한다.

난류의 경우 실험 데이터를 통해 관마찰계수는 레이놀즈수뿐만 아니라 관의 상대조도라고 부르는 제2의 무차원 매개변수의 함수이다. 상대조도는 관 내경 D에 대한 내부 표면의 거칠기(surface roughness) ε의 비로 정의한다. 그림 7.7에는 절대조도라고 부르는 관 내부 표면거칠기 ε의 물리적 의미를 나타내었다. 관 벽면의 거칠기 값은 관을 제조하는 방법뿐만 아니라 관의 재료에 따라 달라진다.

표 7.1은 여러 가지 재료로 만든 신관에서 절대조도의 전형적인 값을 보여주고 있다. 관을 일정 기간 동안 사용하면 관 벽에 스케일이 형성되어 벽면의 거칠기 값은 현저히 변할 수 있다. 따라서 유사한 장치의 과거 사용경험을 바탕으로 과도한 마찰손실로 인한 문제를 피하면서 관로 장치를 설계하여야 할 것이다.

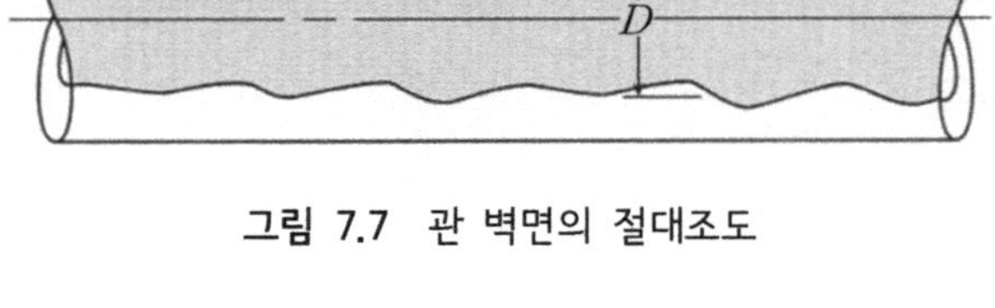

그림 7.7 관 벽면의 절대조도

표 7.1 관 절대조도의 전형적인 값

관의 종류	절대조도(mm)
유리관	0.0
플라스틱 인발관	0.0015
동 인발관	0.002
공업용 강관	0.045
아연도금 강관	0.15
주철관	0.26
목재관	0.18~0.90
콘크리트관	0.3~3.0
리벳 강관	0.9~9.0

7.4.3 Moody 선도의 관로 마찰계수

Darcy-Weisbach 식에서 사용되는 관로 마찰계수 f의 값을 구하기 위해 그림 7.8과 같은 무디 선도(Moody diagram)를 사용한다. 이 선도는 레이놀즈수 Re와 상대조도 ϵ/D의 함수로서 관마찰계수의 값을 나타낸다.

Moody 선도를 이용할 때 다음과 같은 7가지 중요한 특징을 주목해야 한다.

① 관마찰계수 f와 레이놀즈수 Re의 경우 로그 척도이다.

② 선도의 좌측 상단에서 시작된 직선은 층류에 대한 관마찰계수이다.
층류에서 f는 Re에 대한 하나의 직선만이 존재하고, 상대조도 ϵ/D와는 관계가 없음을 주목하기 바란다.

③ 임계 영역($2000 < Re < 4000$)에서는 유동상태가 층류 혹은 난류인가를 예측하는 것이 불가능하다. 따라서 이 영역에서는 관마찰계수를 나타내는 곡선이 없다.

④ 레이놀즈수가 4000보다 큰 경우, 가장 아래의 곡선은 매끈한 관($\epsilon/D = 0$)의 경우이다. 벽면이 매끈한 관에서도 점성에 의한 마찰이 존재하므로, 관마찰계수 f는 0이 아니다.

⑤ 각 곡선은 선도의 오른쪽에 나타낸 상대조도 ϵ/D에 따른 관마찰계수 f를 나타낸다. 상대조도 ϵ/D의 중간값의 경우 보간(interpolation)이 필요하다.

⑥ 완전히 난류에 도달한 후에는 관마찰계수 f의 값은 주어진 상대조도 ϵ/D의 값에서 레이놀즈수 Re의 값에 거의 영향을 받지 않는다. 이는 점선의 오른쪽 구역으로 완전 난류영역이라고 부른다.

⑦ 난류가 시작되는 곳($Re = 4000$)으로부터 완전한 난류가 처음으로 발달된 위치까지 연장된 구역을 천이 영역이라고 부른다.

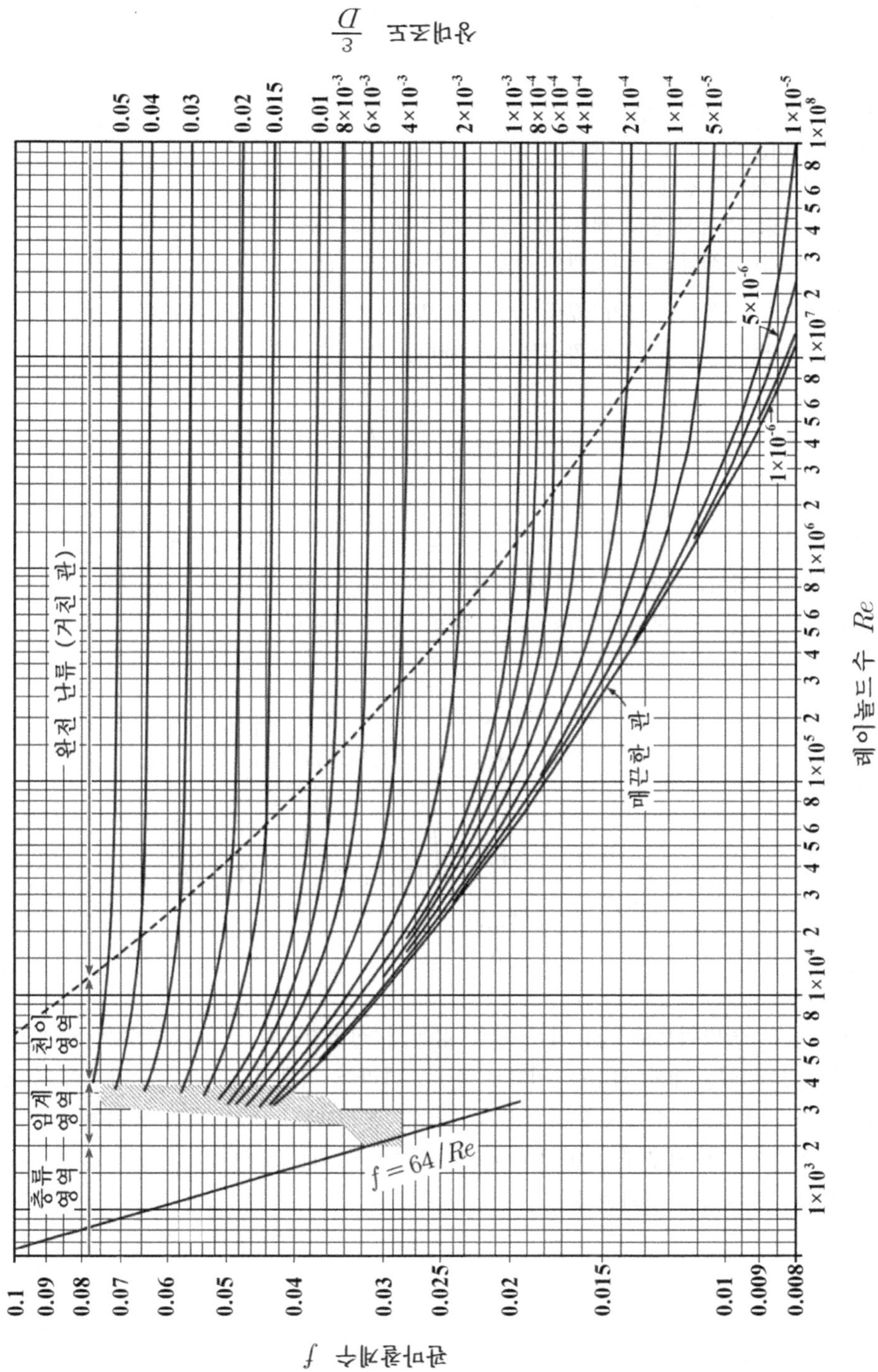

그림 7.8 Moody 선도

Moody 선도를 사용하여 관마찰계수 f의 값을 읽고, 압력강하 및 손실수두를 계산하는 순서는 다음과 같다.

① 레이놀즈수 $Re = \rho DV/\mu$ 및 상대조도 ϵ/D를 계산한다.
② 가로축에서 레이놀즈수와 오른쪽 세로축에서 상대조도의 값을 확인한다.
③ 레이놀즈수의 수직선과 상대조도 값의 곡선이 교차하는 점을 확인하다.
④ 그 교차점의 수평선상에서 왼쪽 세로축의 관마찰계수 f값을 읽는다.
⑤ Darcy-Weisbach 방정식으로부터 관로 마찰손실수두를 계산한다.

한편 Colebrook의 실험식은 f가 Re와 ϵ/D의 함수로써 그림 7.8의 Moody 선도에서 점선의 오른편 구역인 완전 난류 영역의 모든 곡선을 나타낸다.

$$\frac{1}{\sqrt{f}} = -2.0\log_{10}\left(\frac{\epsilon/D}{3.7} + \frac{2.51}{Re\sqrt{f}}\right) \tag{7.19}$$

하지만 식 (7.19)는 양 변에서 관마찰계수 f를 갖는다. 따라서 시행착오에 의한 반복계산을 필요로 하므로 사용하기 번거롭다. 위의 식 (7.19) 외에도 많은 경험식들이 있지만, 주어진 조건에서 쉽게 관마찰계수를 구하기 위한 공식으로 Churchill의 경험식도 이용된다.

$$f = 8\left[\left(\frac{8}{Re}\right)^{12} + \frac{1}{(A+B)^{1.5}}\right]^{\frac{1}{12}} \tag{7.20}$$

$$A = \left[2.457\ \ln\left(\frac{1}{(7/Re)^{0.9} + 0.27\epsilon/D}\right)\right]^{16}$$

$$B = \left[\frac{37530}{Re}\right]^{16}$$

이러한 경험식들은 일반적으로 사용되는 난류 유동의 실험결과와 잘 일치하지만, 유량이 알려지지 않은 문제에서는 반복되는 계산 과정을 필요로 한다. 따라서 처음에 f의 값을 가정한 후에 개략적인 값의 평균유속 V와 레이놀즈수 Re를 계산할 수 있고, 몇 차례의 반복 과정을 거쳐 5% 이내의 해를 얻을 수 있다. 대체적으로 관로에서 마찰계수의 초기값으로 0.03 정도가 적당한데, 이는 Moody 선도에서 대략 f축의 중간점에 위치한다.

【예제 7.4】

유량 $Q = 2.0\ \mathrm{m^3/min}$의 물이 안지름 $D = 62.5\ \mathrm{mm}$인 주철관을 통해 흐르고 있다. 물의 동점성계수 $\nu_w = 0.02 \times 10^{-4}\ \mathrm{m^2/s}$이고, 관로의 길이가 1000 m라면 손실수두는 얼마인가? Moody 선도를 사용하여 계산하라.

☞ 풀이

평균속도 $V = \dfrac{Q}{A} = \dfrac{2.0/60}{\pi \times 0.0625^2/4} = 10.84\ \mathrm{m/s}$

레이놀즈수 $Re = \dfrac{VD}{\nu_w} = \dfrac{10.84 \times 0.0625}{0.02 \times 10^{-4}} = 338750$

상대조도 $\dfrac{\epsilon}{D} = \dfrac{0.26}{62.5} = 0.0042$

Moody 선도에서 Re 및 ϵ/D에 맞는 관마찰계수 $f = 0.0285$이다.
따라서 Darcy-Weisbach 방정식으로 구한 손실수두는 다음과 같다.

$$h_l = f\frac{L}{D}\frac{V^2}{2g} = 0.0285 \times \frac{1000}{0.0625} \times \frac{10.84^2}{2 \times 9.8} = 2733.8\ \mathrm{m}$$

7.4.4 비원관에서의 마찰손실

일반적으로 원형 단면의 관로가 많이 사용되지만, 난방 및 공기조화용 도관(duct)은 원형 단면이 아닌 경우도 있다. 비원형 단면의 관로 유동해석도 원형 관로 유동과 같이 상당히 복잡하고 힘들다. 보통은 대수법칙의 속도분포나 수력반경(hydraulic radius)의 개념을 가지고 해석하는데, 그 중 비원형 단면에서의 레이놀즈수와 손실수두는 수력반경의 개념으로부터 구하는 방법이 일반적으로 사용되고 있다.

수력반경(R_h)이란 유동 단면적과 접수 길이(wetted perimeter)의 비로 나타내고 있다. 여기서 접수 길이는 유체가 고체 표면과 접촉하고 있는 길이를 의미한다.

$$R_h = \frac{\text{유동 단면적}}{\text{접수 길이}} = \frac{A}{P_w} \tag{7.21}$$

원형 단면의 경우, 유동 단면적 $A = \pi D^2/4$이고 접수 길이 $P_w = \pi D$이므로 수력반경 R_h는 다음과 같다.

$$R_h = \frac{A}{P_w} = \frac{\pi D^2/4}{\pi D} = \frac{D}{4}$$

따라서 비원형 단면의 수력직경 D_h는 수력반경 R_h의 4배로 표현된다.

$$D_h = 4R_h = \frac{4A}{P_w} \tag{7.22}$$

한편 한 변의 길이가 s인 정사각형 단면의 도관의 경우, 단면적 $A = s^2$이고 접수 길이 $P = 4s$이므로 수력직경 D_h는 다음과 같이 한 변의 길이 s와 동일하다.

$$D_h = \frac{4A}{P_w} = \frac{4s^2}{4s} = s \tag{7.23}$$

그리고 그림 7.9와 같이 높이가 h이고 폭이 w인 직사각형 도관의 경우는 유동 단면적 $A = hw$이고 접수 길이 $P_w = 2(h+w)$이므로 수력직경 D_h는 다음과 같다.

$$D_h = \frac{4A}{P_w} = \frac{4hw}{2(h+w)} = \frac{2hw}{h+w} \tag{7.24}$$

비원형 단면의 관로에서도 Darcy-Weisbach 방정식을 사용하여 손실수두를 구할 수 있는데, 원형 관로의 직경 D 대신에 식 (7.24)와 같이 수력직경 D_h를 사용하여야 한다. 그리고 Moody 선도에서 관마찰계수 f를 구하기 위하여 레이놀즈수 및 상대조도도 원관 직경 D 대신에 수력직경 D_h를 사용하여 계산한다.

$$h_l = f\frac{L}{D_h}\frac{V^2}{2g} \tag{7.25}$$

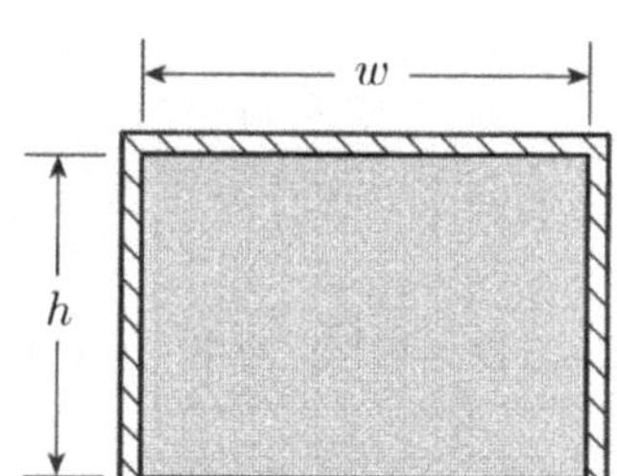

그림 7.9 직사각형 단면의 도관

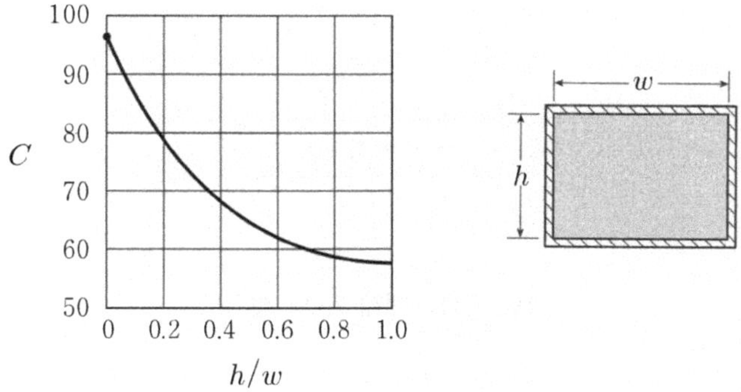

그림 7.10 직사각형 관에서 층류 관마찰계수의 상수

하지만 실험결과에 의하면 층류유동에서는 관마찰계수 $f = 64/Re$를 사용할 수 없다. 그 대신에 다음과 같은 경험식을 사용하여 관마찰계수를 구한다.

$$f_{laminar} = \frac{C}{Re} \tag{7.26}$$

식 (7.26)에서 상수 C의 값은 단면적 모양에 좌우되는 경험상수이다. 이미 구한 바와 같이, 원형 관로의 경우 $C = 64$이고, 직사각형 단면의 경우 C의 값은 그림 7.10에서 읽을 수 있다. 여기서 $h/w = 0$일 때 $C = 96$이며, $h/w = 1$인 정사각형의 경우 $C = 57$이다. 그러나 복잡한 단면의 경우는 전산유체역학(CFD)의 해석 프로그램을 사용하여 상수 C의 값을 얻을 수 있다.

층류 유동과 다르게, 난류 유동에서는 수력직경을 사용하여 구한 레이놀즈수 및 상대조도 값으로 Moody 선도를 활용하여 상당히 정확한 손실수두를 구할 수 있다.

【예제 7.5】

그림 7.11과 같이 전기모터로 구동되는 팬이 수평으로 놓인 강철 도관을 통해 공기를 다른 방으로 압송한다. 도관은 $0.25\ \text{m} \times 0.50\ \text{m}$의 직사각형 단면을 가지고 있고, 길이는 100 m, 표면 거칠기는 0.045 mm이다. 공기($\gamma_{air} = 12\ \text{N/m}^3$, $\nu_{air} = 1.5 \times 10^{-5}\ \text{m}^2/\text{s}$)의 유량이 2 m^3/s일 때, Moody 선도를 사용하여 다음을 계산하라.

(가) 손실수두 및 압력강하
(나) 팬의 효율이 90%일 때, 전기모터의 동력

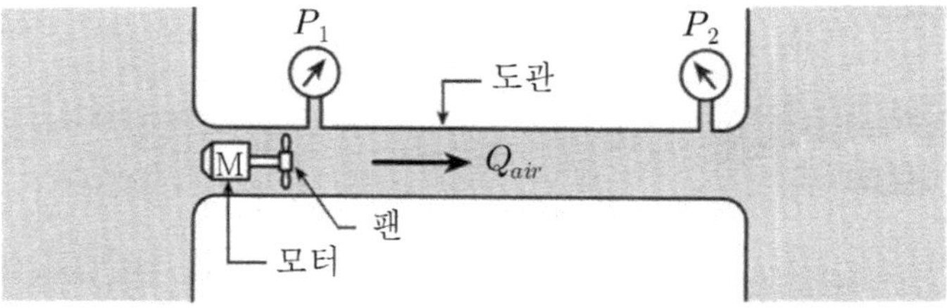

그림 7.11 예제 7.5의 설명도

☞ 풀이

가. 평균유속 $V = \dfrac{Q}{A} = \dfrac{2}{0.25 \times 0.50} = 16.0\ \mathrm{m/s}$

수력직경 $D_h = \dfrac{4A}{P_w} = \dfrac{4 \times 0.25 \times 0.50}{2 \times (0.25 + 0.50)} = 0.333\ \mathrm{m}$

레이놀즈수 $Re = \dfrac{D_h V}{\nu_{air}} = \dfrac{0.333 \times 16.0}{1.5 \times 10^{-5}} = 3.552 \times 10^5$

레이놀즈수가 4000보다 크므로 유동 형태는 난류이다.

상대조도 $\dfrac{\epsilon}{D_h} = \dfrac{0.045 \times 10^{-3}}{0.333} = 1.35 \times 10^{-4}$

Moody 선도로부터 관마찰계수 $f = 0.0155$이다.

손실수두 $h_l = f\dfrac{L}{D_h}\dfrac{V^2}{2g} = 0.0155 \times \dfrac{100}{0.333} \times \dfrac{16^2}{2 \times 9.8} = 60.8\ \mathrm{m}$

압력 강하 $\Delta P = \gamma_{air} h_l = 12 \times 60.8 = 729.6\ \mathrm{Pa}$

나. 팬 동력 $L_f = \Delta P \times Q = 729.6 \times 2 = 1459.2\ \mathrm{W}$

모터동력 $L_M = \dfrac{L_f}{\eta_f} = \dfrac{1459.2}{0.9} = 1621.3\ \mathrm{W}$

7.5 관로에서의 부차손실

관로 유동에서 주요 에너지 손실은 관 벽면과의 마찰에 의하여 발생하며, 관로 단면적의 변화, 형상 또는 방향의 변화, 관로의 입구와 출구, 접속부품이나 밸브 등에서 부차적인 에너지 손실이 발생한다. 이러한 손실들은 직선 관로부에서 발생하는 주손실(major loss)보다 작기 때문에 부차손실(minor loss)이라고 부른다. 하지만 관로의 구성에 따라 실질적인 부차손실이 주손실보다 클 수도 있다. 그리고 부차손실들은 복잡한 물리적 현상들로 야기되기 때문에 이론적인 해석이 매우 어렵다. 그러므로 많은 경우에 실험적인 기법을 활용하여 손실수두를 구한다.

부차손실은 압력손실로 나타나고, 관로에 흐르는 유체의 속도수두에 비례함이 실험적으로 알려져 있다.

$$h_l = K_l \frac{V^2}{2g} \tag{7.27}$$

여기서 K_l을 부차손실계수(minor loss coefficient)라 한다. 그리고 V는 부차 손실이 일어나는 곳에서의 평균속도이다. 단면적이 확대되거나 축소될 때처럼 서로 다른 평균속도가 있을 경우에는 위의 식 (7.27)에서 정의한 평균속도가 어느 곳의 속도를 의미하는가에 유의하여야 한다.

아울러 부차손실계수 K_l은 손실수두와 속도수두의 비로서 무차원이다. 부차손실계수의 크기는 부차손실이 발생되는 곳의 기하학적 형상에 따라 달라지며, 때로는 평균속도에 따라 달라지기도 한다. 이제 여러 가지 K_l의 값을 결정하고 부차손실들을 계산하는 방법에 대하여 살펴보자.

7.5.1 급확대관의 부차손실

그림 7.12와 같이 관로의 단면적이 A_1에서 A_2로 급격히 확대된다. 이 때 유체는 분류를 형성하면서 팽창하고, 그 주위에 비교적 속도가 느린 재순환영역이 생기게 되면서 손실이 발생된다. 이 재순환영역은 점차 하류로 진행하며, 관 지름의 50배 이상인 지점에서 정상 흐름으로 돌아온다.

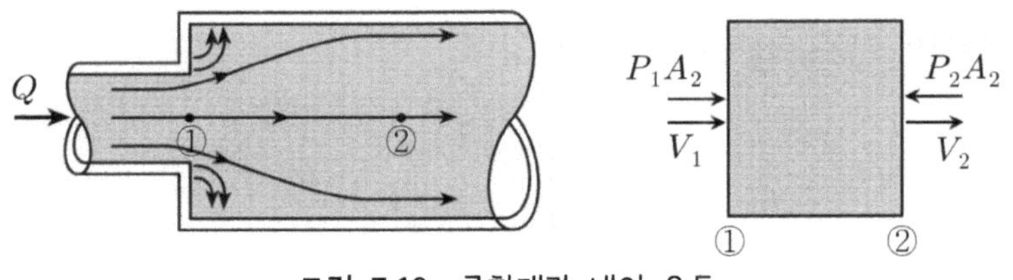

그림 7.12 급확대관 내의 유동

관 벽면과의 마찰손실은 와류에 의한 손실에 비하여 작기 때문에 무시하고, 단면 ①과 ② 사이에 운동량 방정식을 적용하면

$$P_1 A_2 - P_2 A_2 = \rho A_2 V_2 (V_2 - V_1)$$

이다. 여기서 입구측 단면적을 A_2로 놓은 이유는 재순환된 와류의 압력이 P_2까지 상승하지 못하고 P_1 그대로 내벽에 작용한다고 보기 때문이다. 이 식의 양변을 유체의 비중량 γ로 나누어주고 정리하면 다음과 같다.

$$\frac{P_1 - P_2}{\gamma} = \frac{V_2^2 - V_1 V_2}{g} \tag{7.28}$$

또한 단면 ①과 ② 사이에 손실수두를 포함한 베르누이 방정식을 적용하면

$$\frac{P_1}{\gamma} + \frac{V_1^2}{2g} - h_l = \frac{P_2}{\gamma} + \frac{V_2^2}{2g} \tag{7.29}$$

이다. 이이서 식 (7.28)을 식(7.29)에 대입하여 정리하면, 손실수두는 다음과 같다.

$$\begin{aligned} h_l &= \frac{P_1 - P_2}{\gamma} + \frac{V_1^2 - V_2^2}{2g} = \frac{V_2^2 - V_1 V_2}{g} + \frac{V_1^2 - V_2^2}{2g} \\ &= \frac{(V_1 - V_2)^2}{2g} \end{aligned} \tag{7.30}$$

그리고 연속방정식 $Q = A_1 V_1 = A_2 V_2$에서 $V_2 = (A_1/A_2)\, V_1$이므로,

$$h_l = \left(1 - \frac{A_1}{A_2}\right)^2 \frac{V_1^2}{2g} \tag{7.31}$$

이다. 따라서 급확대관의 부차손실계수는 다음과 같다.

$$K_l = \left(1 - \frac{A_1}{A_2}\right)^2 = \left(1 - \frac{D_1^2}{D_2^2}\right)^2 \tag{7.32}$$

만약 관로로부터 직경이 무한대인 공간으로 방출되는 경우에는 면적비 A_1/A_2는 0에 근접하고 부차손실계수 $K_l = 1.0$이다. 또한 예상한 바와 같이 $A_1/A_2 = 1$인 경우 $K_l = 0$으로, 이는 관 직경이 일정한 직관의 경우이다.

7.5.2 점진 확대관의 부차손실

점진 확대관(diffuser pipe)은 유동 단면적을 점진적으로 확대시켜 유체의 속도를 낮추고 압력을 상승시키는데 사용된다. 그림 7.13과 같이 단면적이 점진적으로 확대될 때에는 급확대관에 비해 에너지 손실이 감소한다.

점진 확대관에서의 손실수두도 식 (7.31)에 추가하여 주어진다.

$$h_l = K_l \left(1 - \frac{A_1}{A_2}\right)^2 \frac{V_1^2}{2g} \tag{7.33}$$

여기서 V_1은 확대되기 전의 입구에서의 유체 평균속도이다. 손실계수 K_l은 그림 7.14와 같이 두 관로의 면적비 및 원추각 θ 등에 따라 달라진다.

그림 7.14는 Gibson의 실험결과로 점진 확대관의 부차손실계수를 나타낸 것이다. 그림에서 알 수 있는 바와 같이 5° 이하의 매우 작은 원추각의 경우에는 손실계수 K_l의 값은 최소치보다 크다. 이는 5° 이하의 원추각에서는 관이 극히 점진적으로 확대되지만 길이가 매우 길어져 오히려 압력손실이 증가하기 때문이다. 반면에 40° 보다 큰 원추각의 경우에는 흐름의 박리와 와류 발생으로 인해 K_l의 값이 급확대관의 경우와 비슷해진다.

Gibson의 원형 확대관 실험결과에서 부차손실계수 K_l의 값은 원추각 $\theta = 6 \sim 8°$에서 최소를 보이고, $\theta = 8 \sim 35°$의 범위에서 $K_l = 0.011\,\theta^{1.22}$이다.

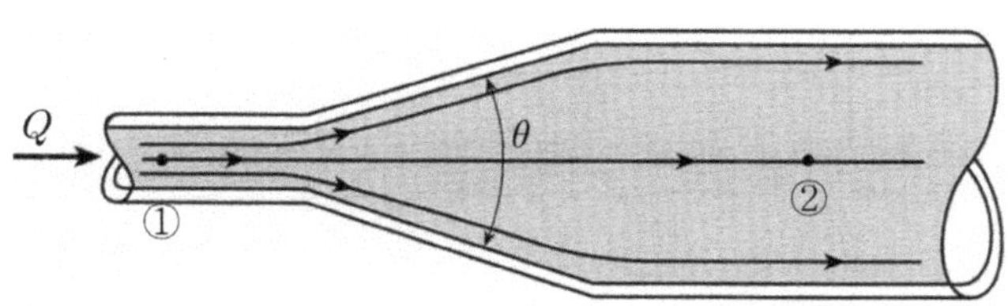

그림 7.13 점진 확대관 내의 유동

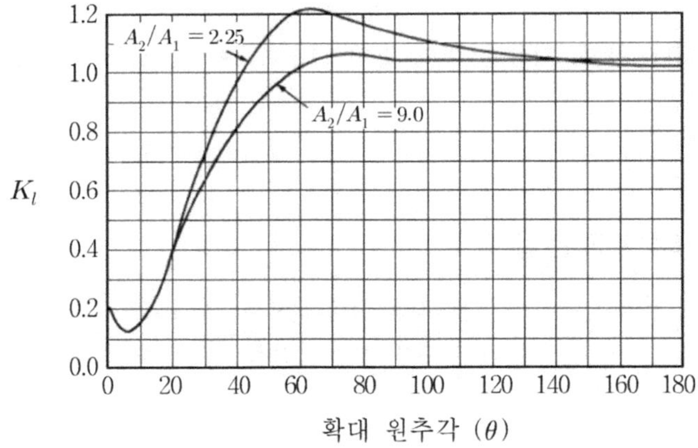

그림 7.14 점진 확대관의 손실계수

7.5.3 급축소관의 부차손실

관로의 단면적이 갑자기 축소될 때 발생하는 에너지 손실은 급확대관의 경우와 같은 방법으로 해석할 수 있다. 그림 7.15과 같이 관로의 단면적이 A_1에서 A_2로 급격히 축소되면, 유체의 흐름은 관성에 의하여 A_2보다 작은 A_c까지 수축되었다가 다시 A_2로 확대된다. 여기서 흐름의 단면적이 작아진 ⓒ의 분류 부분을 흐름목(vena contracta)이라고 부르고, 이러한 현상은 노즐이나 관로 출구에서도 발생할 수 있다.

흐름의 단면적이 A_1에서 A_c로 수축되면서 압력에너지의 일부가 속도에너지로 변하는데, 이러한 에너지 변환 과정은 미소한 와류를 동반할 뿐이며 그 손실은 크지 않다. 하지만 흐름목 A_c에서 A_2까지는 속도에너지가 다시 압력에너지로 회복하는 과정이고, 이 과정의 에너지 변환은 불안정하여 A_1에서 A_c로 수축할 때보다 훨씬 큰 손실이 발생한다. 따라서 입구 ①에서 ⓒ까지의 수축부 손실은 무시하고, ⓒ 이후의 확대부에서 발생한 손실만을 고려한 손실수두는 식 (7.30)과 유사하게 쓸 수 있다.

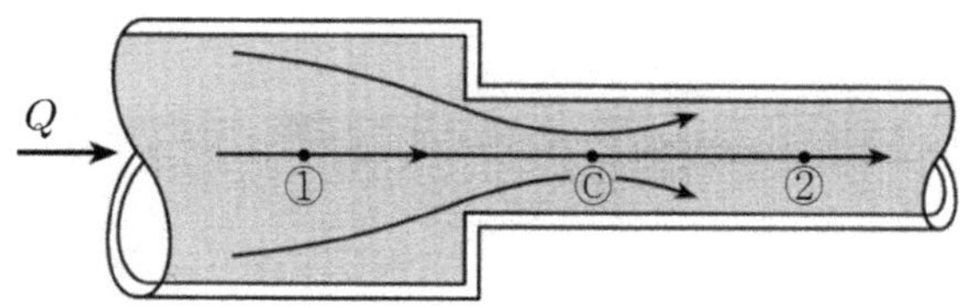

그림 7.15 급축소관 내의 유동

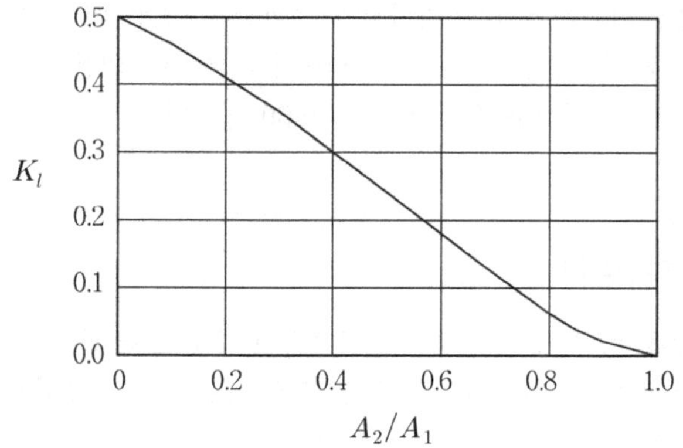

그림 7.16 급축소관의 부차손실계수

$$h_l = \frac{(V_c - V_2)^2}{2g} \tag{7.34}$$

그리고 연속방정식 $Q = A_c V_c = A_2 V_2$에서 $V_c = (A_2/A_c) V_2$이고, 출구 단면에 대한 흐름목 단면적의 비를 수축계수 $C_c = A_c/A_2$라고 하면, 급축소관의 손실수두는 다음과 같이 정리할 수 있다.

$$h_l = \frac{1}{2g}\left(\frac{1}{C_c}V_2 - V_2\right)^2 = \left(\frac{1}{C_c} - 1\right)^2 \frac{V_2^2}{2g} \tag{7.35}$$

따라서 급축소관에서 부차손실계수 K_l은 수축계수 C_c의 함수이다.

$$K_l = \left(\frac{1}{C_c} - 1\right)^2 \tag{7.36}$$

하지만 수축계수 C_c는 이론적으로 계산할 수도 없고, 위의 식들은 급축소관에서 흐름의 확대부분에 대해서만 급확대관의 손실식을 이용하여 유도되었다. 그러나 실제 유동에서는 수축부에서도 가속으로 인한 에너지 손실이 다소 발생된다. 그러므로 급축소관에서의 부차손실계수 K_l은 실험을 통해 얻으며, 그림 7.16에는 면적비 A_2/A_1에 대한 급축소관의 손실계수를 보여주고 있다.

7.5.4 점진 축소관의 부차손실

점진 축소관(reducer pipe)은 점진 확대관과 반대로 유동 단면적을 점진적으로 축소시켜서 유체의 속도를 높이고 압력을 낮추는데 사용된다. 따라서 박리현상은 거의 일어나지 않고 에너지 손실도 급축소관에 비하여 매우 작다. 수두손실은 주로 관 벽면과의 마찰에 의한 것으로, 원추각 $\theta = 30°$ 이내인 경우는 식 (7.36)의 부차손실계수 $K_l = 0.04 \sim 0.09$ 정도이다.

7.5.5 관 입구에서 부차손실

급축소관의 특별한 경우로서, 유체가 대형 수조로부터 관로로 흘러들어갈 때 관로 입구의 기하학적 형상에 따라 부차 손실의 양상이 달라진다. 그림 7.17은 서로 다른 3가지 기하학적 형상의 관 입구와 유동 양상을 보여주고 있다.

① 날카로운 관 입구

그림 7.17(a)에서 보는 바와 같이, 수조의 유체는 관로로 유입될 때 갑자기 방향이 변하지 않는다. 그러므로 유동은 고체 벽으로부터 분리되지만 와류의 발생으로 에너지 손실이 발생한다. 급축소관의 유동과 같이 흐름목 ⓒ가 발생하며, 유체 속도는 가장 높은 값에 도달한 후에 다시 감속된다. 면적비 A_2/A_1는 0에 근접하므로 그림 7.16에서 보는 바와 같이 손실계수 $K_l = 0.5$이다.

$$h_l = K_l \frac{V_2^2}{2g} = 0.5 \frac{V_2^2}{2g} \tag{7.37}$$

여기서 V_2는 천이과정을 거친 후의 관 하류에서 유체 속도이다. 관으로 유입된 유체의 속도분포가 다시 일정하게 안정되는 지점까지의 거리를 입구길이(inlet or entrance length)라고 한다. 층류의 경우는 입구길이 $L_i = 0.065\,D \cdot Re$이고, 층류의 임계 레이놀즈수 2000에서 입구길이는 관 직경의 130배 정도이다. 하지만 난류는 유체층간의 운동량 교환이 활발하여 레이놀즈수 영향은 무시할 정도로 작으며, 입구길이 $L_i = 25 \sim 40\,D$ 정도이다.

② 종 형상의 관 입구

그림 7.17(b)와 같이 종 형상의 관 입구에서는 유체의 흐름이 벽 윤곽을 따라 점진적으로 변화하므로 박리가 발생하지 않는다. 따라서 부차손실계수는 관 지름에 대한 입구 모서리 반경의 비(r/D)에 따라 달라지는데, 식 (7.38)과 같이 0.04~0.5 정도이다.

$$h_l = K_l \frac{V_2^2}{2g} = (0.04 \sim 0.5) \frac{V_2^2}{2g} \tag{7.38}$$

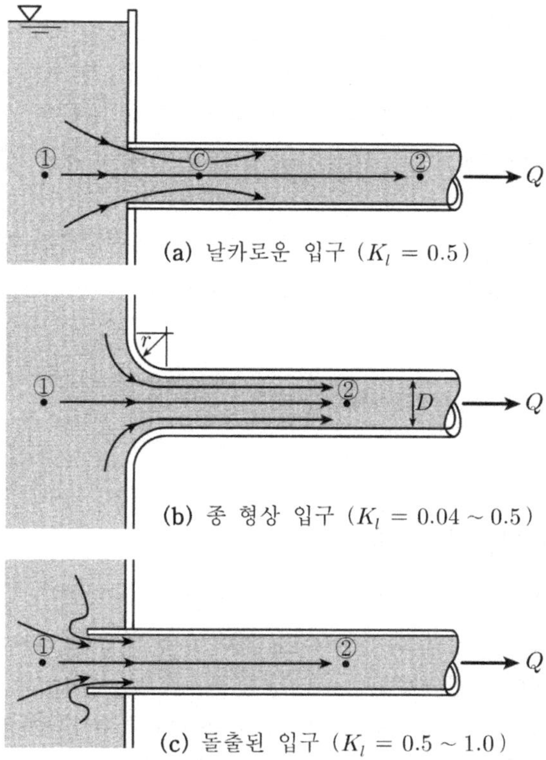

그림 7.17 관 입구의 형상에 따른 부차 손실

일반적으로 입구의 반경 비율(r/D)은 0.15를 초과하는데, 이 경우 입구 손실계수 $K_l = 0.04$이다. 하지만 이보다 모서리 반경이 작아지고 $r/D = 0.05$이면 $K_l = 0.2$로 커지고, 반경비가 0에 가까울수록 손실계수는 날카로운 입구의 경우와 같아진다.

③ 돌출된 관 입구

그림 7.17(c)와 같이 수조 안쪽으로 관로의 일부가 돌출되어 유체 흐름은 날카로운 입구의 흐름보다 관으로 선회하기가 더 어렵다. 그러므로 보다 많은 교란이 발생하고 손실계수 값이 1.0에 가깝게 된다. 돌출부의 길이가 관 직경의 1/2 이하이면 입구 손실계수 $K_l = 0.56$까지도 가능하다.

$$h_l = K_l \frac{V_2^2}{2g} = (0.56 \sim 1.0) \frac{V_2^2}{2g} \tag{7.39}$$

7.5.6 관 출구에서 부차손실

관로에서 대형 수조로 유출된 유체는 수조의 유체와 혼합되어 흐르면서 유체의 운동에너지가 점성효과에 의해 소산되므로, 출구에서 에너지 손실이 발생한다. 하지만 대형 수조에서 관로로 유입될 때는 입구 형상의 영향을 받지만, 관로에서 대형 수조로 유출될 때는 출구 형상에 관계없이 부차손실은 일정하다.

급확대관의 경우에서 면적비 A_1/A_2는 0에 근접하므로 출구 손실계수 $K_l = 1.0$이다. 그리고 관로 출구에서의 출구 손실은 식 (7.40)과 같이 관로 상류에서의 유체 속도로 나타낸다.

$$h_l \;=\; K_l\,\frac{V_1^2}{2g} \;=\; \frac{V_1^2}{2g} \tag{7.40}$$

7.5.7 밸브 및 관이음 부품에서 부차손실

밸브 및 관로의 연결부품 내부에서는 항상 난류가 발생되기 때문에 그 유동양상은 매우 복잡하다. 따라서 이들 부품에서 발생하는 부차 손실은 주로 유체 흐름 방향 및 단면적의 변화 때문에 발생하고, 실험적인 기법을 사용하여 구한다.

관이음에 사용되는 부품들의 종류는 대단히 많고, 부품들의 치수 및 사용조건에 따라 손실이 달라진다. 표 7.2에는 배관에 일반적으로 많이 사용되는 몇 가지 유형의 밸브 및 관이음의 대표적인 부차 손실계수의 값을 보여주고 있으며, 식별하는데 도움이 되도록 그러한 부품들의 사진을 실었다.

표 7.2 밸브 및 관이음 부품의 손실계수

밸브 및 부품	손실계수	부품 사진
1. Glove valve 완전 개방 1/2 개방	 10.0 12.5	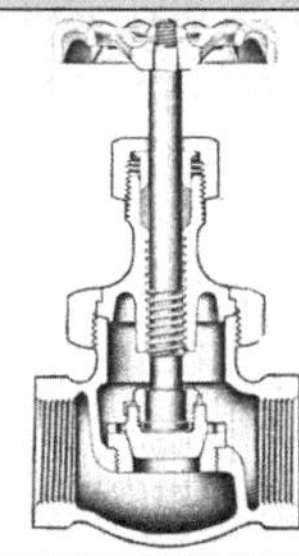
2. Gate valve 완전 개방 3/4 개방 1/2 개방 1/4 개방	 0.19 0.90 4.5 24.0	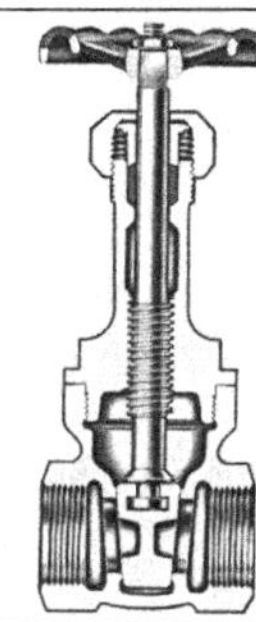
3. Swing check valve 관통 흐름 차단 흐름	 2.0 ∞	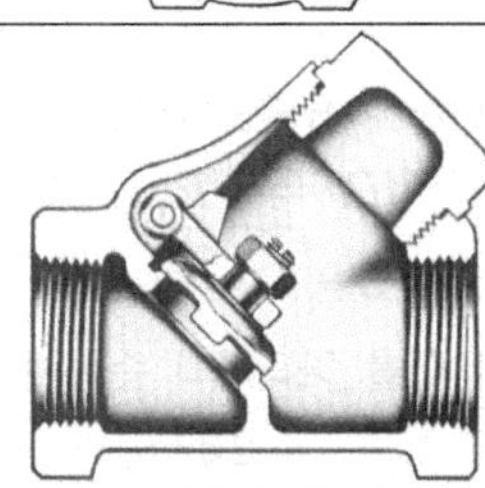
4. Tee 직선 흐름 지선 흐름	 0.40 1.5	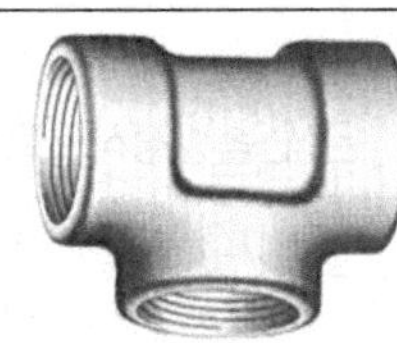
5. Elbow 45° 90°	 0.40 0.75	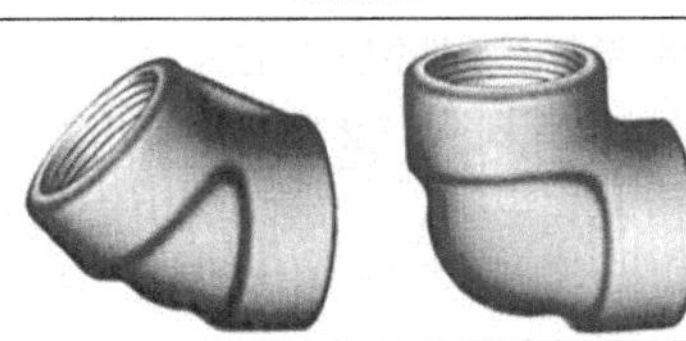
6. Return bend	2.2	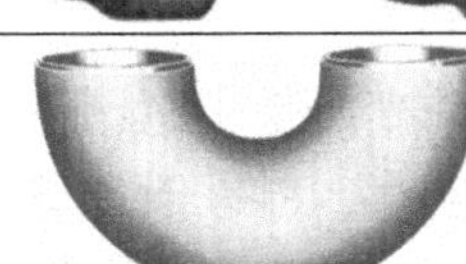

【예제 7.6】

그림 7.18에서 보는 바와 같이 여과기를 통해 물이 유량 6 ℓ/min로 흐른다. 여과기의 부차손실 계수를 구하라. 관로에서의 마찰손실은 무시한다.

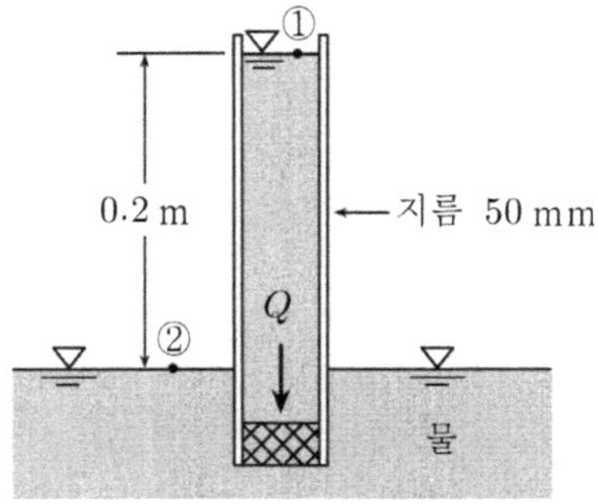

그림 7.18 예제 7.6의 설명도

☞ 풀이

지점 ①과 ② 사이에 에너지 방정식을 적용하면

$$\frac{P_1}{\gamma} + \frac{V_1^2}{2g} + z_1 - K_l \frac{V_1^2}{2g} = \frac{P_2}{\gamma} + \frac{V_2^2}{2g} + z_2$$

이다. 그리고 자유 표면은 대기에 노출되어 있고, 저수조의 크기는 무한하다면

$$P_1 = P_2 = P_{amb}(\text{대기압})$$

$$V_2 = 0$$

이다. 따라서 이를 여과기의 손실계수에 대하여 풀면 다음과 같다.

$$K_l = 1 + \frac{2g(z_1 - z_2)}{V_1^2}$$

여기서 유속 V_1은 연속방정식으로부터 다음과 같다.

$$V_1 = \frac{Q}{A} = \frac{6 \times 10^{-3}/60}{\pi \times 0.05^2/4} = 5.09 \times 10^{-2}\ \mathrm{m/s}$$

그러므로 부차손실계수는 다음과 같다.

$$K_l = 1 + \frac{2 \times 9.8 \times 0.2}{0.0509^2} = 1514$$

예제 7.6에서 여과기의 부차손실계수는 표 7.2에서 주어진 밸브 및 관이음의 손실계수에 비하여 훨씬 크다. 이는 여과기가 매우 작은 오염물질이 통과하는 것을 방지하도록 설계되었기 때문이다. 그러므로 여과기는 밸브 및 관이음 부품에서보다 훨씬 높은 유동저항을 야기한다. 물론 완전히 폐쇄된 밸브는 유동에 무한한 저항을 제공하며, 따라서 손실계수는 무한대가 된다.

7.6 복합 관로에서의 손실

실제 관로에서는 앞에서 설명한 여러 가지의 부품들이 원하는 기능을 발휘하기 위해 서로 다른 위치에서 복합적으로 연결되어 있다. 이런 복합 관로에서의 손실을 구하기 위해서는 모든 주요 손실들이 에너지 방정식에 포함되어야 하고, 구성부품들을 통한 유량 및 압력강하 등의 완전한 분석이 이루어져야 한다. 그리고 자동차의 제어장치나 냉난방 시스템과 같은 실제 관로의 설계에서는 이러한 에너지 손실을 고려하여 구성부품들의 적절한 크기 및 비용과의 절충점을 구해야 한다.

유체 관로장치의 두 가지 기본 유형은 직렬 및 병렬 계통이고, 가장 중요한 변수들은 관 직경, 유량 및 압력강하이다. 비교적 단순한 관로에서의 문제들은 휴대용 계산기를 사용하여 해결할 수 있지만, 복잡한 경우는 컴퓨터 프로그램을 이용하여야 한다.

7.6.1 직렬 관로

그림 7.19에서 보는 바와 같이, 직렬 관로에서는 두개 이상의 다른 부품들이 유체 흐름의 경로에 한 줄로 연결되어 있다. 그러므로 모든 구성부품을 통한 유량은 동일하며, 전체 관로에 걸친 손실수두는 각 구성부품에서의 손실수두의 합과 같다. 그러한 관로에서 구성부품은 직렬로 연결되었다고 말한다.

직렬 관로에서 손실수두는 유체 마찰에 의한 주손실과 각 부품들의 부차손실을 모두 합한 것으로 다음과 같이 식 (7.41)을 이용하여 결정할 수 있다.

$$h_{l,tot} = \sum f \frac{L}{D}\frac{V^2}{2g} + \sum_{1}^{n} K_{l,i}\frac{V^2}{2g} \tag{7.41}$$

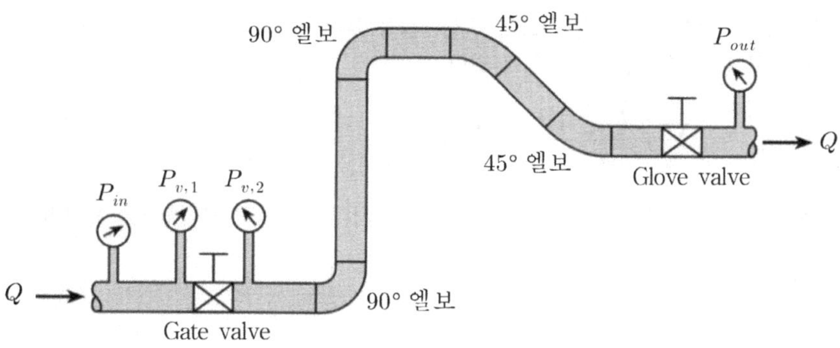

그림 7.19 직렬 관로의 예

여기서 f는 총길이가 L이고 지름이 D인 관로의 마찰계수이고, 유체의 평균속도는 V이다. 그리고 $K_{l,i}$는 관로를 구성하는 각 부품들의 부차손실계수이다.

한편 직렬 관로에서는 다음과 같은 3가지 유형의 문제들이 존재할 수 있다.

- 유형 Ⅰ : 유량과 관 지름이 주어질 때, 압력강하를 구하는 문제
- 유형 Ⅱ : 압력강하와 관 지름이 주어질 때, 유량을 구하는 문제
- 유형 Ⅲ : 유량과 압력강하가 주어질 때, 관 지름을 구하는 문제

【예제 7.7】

그림 7.20과 같이 밸브 및 관이음 부품들로 구성된 직렬 관로에서 총 압력손실 $P_1 - P_2$를 구하라. 관로는 주철관으로 이루어져 있고, 관 내경은 $100\ \mathrm{mm}$, 총 길이는 $30\ \mathrm{m}$이다. 그리고 지점 ①과 ②의 높이 차이는 $4\ \mathrm{m}$이며, 물의 유량은 $0.05\ \mathrm{m^3/s}$이다. 참고로 물의 비중량 $\gamma_w = 9800\ \mathrm{N/m^3}$이며, 동점성계수 $\nu_w = 1.0 \times 10^{-6}\ \mathrm{m^2/s}$이다.

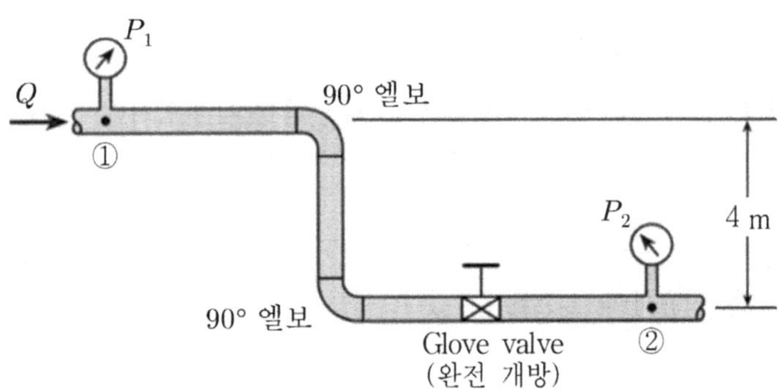

그림 7.20 예제 7.7의 설명도

☞ 풀이

직렬 관로의 총 손실수두는 각 관로의 마찰손실과 부속품들의 부차손실의 합과 같으므로, 지점 ①에서 ②까지의 총 손실수두는 다음과 같다.

$$h_{l,\,tot} = \sum f \frac{L_{tot}}{D} \frac{V^2}{2g} + \sum_1^3 K_{l,i} \frac{V^2}{2g} = \left(f \frac{L_{tot}}{D} + \sum_1^3 K_{l,i} \right) \frac{V^2}{2g}$$

관로에 펌프 혹은 터빈이 없는 경우, 지점 ①과 ② 사이에 에너지 방정식을 적용하면

$$\frac{P_1}{\gamma_w} + \frac{V_1^2}{2g} + z_1 - h_{l,\,tot} = \frac{P_2}{\gamma_w} + \frac{V_2^2}{2g} + z_2$$

가 된다. 그리고 관 직경은 일정하므로 $V_1 = V_2 = V$이다.

여기서 손실수두의 식을 에너지 방정식에 대입시켜 압력강하에 대하여 정리하면

$$P_1 - P_2 \;=\; \gamma_w\,(z_2 - z_1) \;+\; \gamma_w\left(f\,\frac{L_{tot}}{D} \;+\; \sum_{1}^{3} K_{l,i}\right)\frac{V^2}{2g}$$

이 된다. 그리고 평균속도, 레이놀즈수 및 관마찰계수는 다음과 같이 구한다.

$$V \;=\; \frac{Q}{A} \;=\; \frac{0.05}{\pi \times 0.1^2/4} \;=\; 6.37\ \mathrm{m/s}$$

$$Re \;=\; \frac{VD}{\nu} \;=\; \frac{6.37 \times 0.1}{1\times 10^{-6}} \;=\; 6.37\times 10^5$$

레이놀즈수가 4000 이상이므로 유동 상태는 난류이다. 표 7.1로부터 주철관의 표면거칠기 $\epsilon = 0.26\ \mathrm{mm}$이므로, 상대조도는 다음과 같다.

$$\frac{\epsilon}{D} \;=\; \frac{0.26}{100} \;=\; 0.0026$$

그림 7.8의 Moody 선도에서 읽은 관마찰계수 $f = 0.025$이다. 그리고 부품들의 부차손실계수는 표 7.2로부터 완전 개방된 글로브밸브의 경우 $K_l = 10$이고, $90°$ 엘보의 경우 $K_l = 0.75$이다. 따라서 부차손실계수의 합 $\sum K_l = 10.0 + 2\times 0.75 \;=\; 11.5$이다.

최종적으로 관로에서 총 압력손실 $P_1 - P_2$는 다음과 같다.

$$\begin{aligned} P_1 - P_2 \;&=\; 9800\times(0-4) \;+\; 9800\times\left(0.025\times\frac{30}{0.1} \;+\; 11.5\right)\times\frac{6.37^2}{2\times 9.8} \\ &=\; 346.28\ \mathrm{kPa} \end{aligned}$$

여기에서 부차손실계수의 합 $\sum K_l = 11.5$에 비해 관로마찰에 의한 $f\,L_{tot}/D \;=\; 7.5$이므로, 총 부차손실이 주 마찰손실을 초과한다. 그러나 글로브밸브를 게이트밸브로 교체하면, $\sum K_l = 0.19 + 2\times 0.75 \;=\; 1.69$가 되므로 부차손실이 주손실보다 작아지게 된다. 또한 글로브밸브 대신에 게이트밸브를 사용하는 경우에는 압력강하량이 $147.25\ \mathrm{kPa}$로 낮아진다. 따라서 유량제어의 목적이 아니라면 글로브밸브를 게이트밸브로 교체하여 압력손실을 크게 줄일 수 있다.

직렬 관로에서는 예제 7.7의 문제와 다르게 관 직경이나 유량을 결정해야 하는 경우도 있다. 하지만 관 직경이나 유량을 알지 못하면 레이놀즈수 및 관마찰계수를 구할 수 없다. 따라서 관마찰계수의 초기값을 적당히 선정하여 반복해서 계산하는 방법으로 필요한 해를 구하여야 한다. 보통 관마찰계수의 초기값은 0.03으로 가정하는데, 이 값이 Moody 선도의 f축 중간점 부근에 위치하기 때문이다. 그리고 레이놀즈수와 유량을 계산한 후에, 다시 새로운 관마찰계수 값은 Moody 선도에서 읽을 수

있다.

일반적으로 많이 사용하는 시행착오법(trial and error method)은 이전에 계산한 값과 지금 단계에서 계산한 값의 차이가 ±5% 이내로 될 때까지 반복으로 수치계산하는 방법이다. 이렇게 오차범위 이내의 값을 얻을 때, 구하려는 변수의 현재 계산값은 문제의 최종 답을 나타낸다.

전형적으로 해는 여러 번의 반복계산으로 수렴하지만, 완전한 유체 관로에 필요한 전체 계산과정을 반복 수행하는데 매우 많은 시간이 요구될 수도 있다. 하지만 부품가격 및 공간 조건에 만족하면서 유체장치의 성능을 최적화하도록 설계변수들의 값을 결정하는데 이와 같은 반복 과정은 반드시 요구된다. 따라서 반복 해가 필요한 문제는 컴퓨터를 사용하여 해결하여야 한다. 물론 컴퓨터 프로그램을 사용할 때는 관마찰계수를 구하기 위하여Moody 선도의 곡선을 층류 유동인 경우 식 (7.25) $f = C/Re$로 대체하여야 하며, 난류인 경우 Colebrook 또는 Churchill 경험식으로 대체하여야 한다.

7.6.2 등가 길이

직렬 관로에서 총 손실수두는 식 (7.41)과 같이 관로 마찰에 의한 주손실과 각 부속품들의 부차손실의 합으로 계산하는데, 주손실과 부차손실들은 모두 속도수두 $V^2/2g$의 함수로 나타낸다. 따라서 유량이 같을 경우, 밸브 또는 구성 부품들에 의한 부차손실은 식 (7.42)와 같이 그에 상당하는 관의 길이로 사용하여 주손실과 유사하게 나타내는 것이 가능하다.

$$h_l = K_l \frac{V^2}{2g} = f \frac{L_e}{D} \frac{V^2}{2g} \tag{7.42}$$

식 (7.42)로부터 부차손실과 같은 모든 관로 손실의 크기를 직관의 마찰손실에 해당하는 관로 길이로 환산할 수 있는데, 이와 같이 환산된 길이 L_e를 관로의 등가길이 또는 상당길이(equivalent length)라 한다.

$$L_e = \frac{K_l D}{f} \tag{7.43}$$

각 구성 부품들의 유동 특성을 검사하는데 부차손실을 식 (7.43)의 등가길이로 나타내는 것이 편리하며, 이러한 기법을 등가길이법이라고 부른다. 이 방법에서 관로상의 모든 부품들에 대한 등가길이의 합을 $\sum L_e$라면, 관로의 총 손실수두는 다음과 같다.

$$h_{l,\,tot} = f \frac{L_{tot}}{D} \frac{V^2}{2g} \tag{7.44}$$

$$L_{tot} = L + \sum_{1}^{n} L_{e,i} \tag{7.45}$$

아울러 관로의 직경이 서로 다른 관로에서도 모든 손실을 하나의 직관에 대한 등가길이로 전환시킬 수 있다. 원래 직경이 D인 부품을 직경이 D_e인 원관에서 발생하는 손실수두로 했을 때, 관로의 등가길이 L_e는 다음과 같이 유도할 수 있다.

$$h_l = K_l \frac{V^2}{2g} = K_l \frac{1}{2g} \left(\frac{\frac{\pi D_e^2}{4} \times V_e}{\frac{\pi D^2}{4}} \right)^2 = f \frac{L_e}{D_e} \frac{V_e^2}{2g} \tag{7.46}$$

따라서 관로 직경이 다른 관로의 등가길이 L_e는 다음과 같다.

$$L_e = \frac{K_l D_e}{f} \left(\frac{D_e}{D} \right)^4 \tag{7.47}$$

【예제 7.8】

그림 7.20 참조하여 예제 7.7의 문제를 등가길이 방법을 사용하여 풀어라.

☞ 풀이

총 등가길이는 식 (7.43) 및 (7.45)를 사용하여 구한다.

$$\begin{aligned} L_{tot} &= L + \sum_{1}^{n} \frac{K_{l,i} D}{f} = L + 2\left(\frac{K_l D}{f}\right)_{elbow} + \left(\frac{K_l D}{f}\right)_{valve} \\ &= 30 + 2 \times \frac{0.75 \times 0.10}{0.025} + \frac{10.0 \times 0.10}{0.025} = 76 \text{ m} \end{aligned}$$

각 90° 엘보의 등가길이는 3 m, 완전 개방된 글로브밸브의 등가길이는 40 m이며, 총 등가길이는 76 m이다. 그리고 총 손실수두는 식 (7.44)를 사용하여 구한다.

$$h_{l,tot} = f \frac{L_{tot}}{D} \frac{V^2}{2g} = 0.025 \times \frac{76}{0.1} \times \frac{6.37^2}{2 \times 9.8} = 39.335 \text{ m}$$

따라서 압력손실은 마찰에 의한 손실수두를 포함하여 다음과 같다.

$$\begin{aligned} P_1 - P_2 &= \gamma_w (z_2 - z_1) + \gamma_w h_{l,tot} \\ &= 9800 \times (0 - 4) + 9800 \times 39.335 = 346.28 \text{ kPa} \end{aligned}$$

예상한 바와 같이, 이는 예제 7.7의 해와 일치한다.

7.6.3 병렬 관로

병렬 관로에서 유체는 하나 이상의 경로를 갖는다. 그림 7.21에서 보는 바와 같이, 유체는 단일 경로로 들어가서 분기점에서 여러 경로로 분리되었다가 다시 합류점에서 모아서 배출된다. 각 경로를 지류라고 부르며, 서로 다른 경로에 대해 병렬로 연결되었다고 말한다.

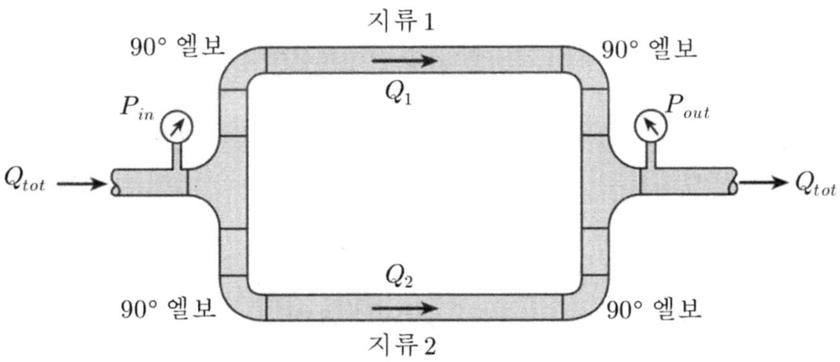

그림 7.21 병렬 관로의 예

그림에서 보는 바와 같이, 분기점으로 들어가는 총 유량은 분기점을 지나 각 지류로 흐르는 유량의 합과 같다. 그러므로 그림 7.21과 같은 관로에서 연속방정식은

$$Q_{tot} = Q_1 + Q_2 \tag{7.48}$$

가 된다. 또한 각 지류에서의 압력강하는 각 지류가 동일한 입구와 출구 지점을 가지기 때문에 모드 동일하다.

$$\Delta P_{branch\,1} = \Delta P_{branch\,2} = P_{in} - P_{out} \tag{7.49}$$

직렬 관로의 경우와 유사하게, 연속방정식과 손실수두에 관한 식에 부가하여 에너지 방정식이 병렬 관로에서도 사용된다. 하지만 병렬 관로의 유량을 알지 못하면 속도, 레이놀즈수 및 관마찰계수도 역시 미지수이다. 그러므로 관로 전체의 유량과 압력강하를 구하기 위해서는 시행착오에 의한 반복적인 기법이 필요하다.

연습문제 및 해설

7.1 원형관의 직경이 2배로 증가할 때 체적 유량도 2배로 증가하였다. 레이놀즈수는 어떻게 되는가?

【해설】 $D_2 = 2D_1,\ Q_2 = 2Q_1$

$$V_2 = \frac{2Q_1}{A_2} = \frac{2V_1 \times A_1}{A_2} = 2V_1 \times \frac{D_1^2}{D_2^2} = 2V_1 \times \frac{D_1^2}{(2D_1)^2} = \frac{V_1}{2}$$

점성계수의 변화가 없다면

$$Re_2 = \frac{D_2 V_2}{\nu} = \frac{2D_1 \times \dfrac{V_1}{2}}{\nu} = \frac{D_1 V_1}{\nu} = Re_1$$

레이놀즈수는 동일

7.2 15℃의 물이 원관을 통해 $0.1\ \mathrm{m^3/min}$의 유량으로 흐른다. 유동이 층류인 경우 허용되는 최소 지름을 구하라.

【해설】 층류 상태로 유지할 수 있는 최대 레이놀즈수는 2000이고,

부록 A.1에서 15℃ 물의 동점성계수 $\nu_w = 1.141 \times 10^{-6}\ \mathrm{m^2/s}$이다.

$$Re = \frac{DV}{\nu_w} = \frac{D \times \dfrac{Q}{A}}{\nu_w} = \frac{4Q}{\nu_w \pi D}$$

$$D = \frac{4Q}{\nu_w \times \pi \times Re} = \frac{4 \times 0.1/60}{1.141 \times 10^{-6} \times \pi \times 2000} = 0.93\ \mathrm{m}$$

7.3 가벼운 음료수를 안지름 $3.5\ \mathrm{mm}$의 빨대를 사용하여 $3\ \mathrm{cc/s}$의 유량으로 빨아들인다. 음료수의 동점성계수는 $2 \times 10^{-6}\ \mathrm{m^2/s}$일 때, 유동 형태가 층류인가 아니면 난류인가?

【해설】 $V = \dfrac{Q}{\pi D^2/4} = \dfrac{3 \times 10^{-6}}{\pi \times 0.0035^2/4} = 0.312\ \mathrm{m/s}$

$$Re = \frac{DV}{\nu_w} = \frac{3.5 \times 10^{-3} \times 0.312}{2 \times 10^{-6}} = 546$$

$Re < 2000$이므로, 층류 상태이다.

7.4 그림 7.22에서 보는 바와 같이 직경 25 mm의 관을 통해 오일($\gamma_{oil} = 9000\ \mathrm{N/m^3}$, $\mu_{oil} = 0.30\ \mathrm{Pa{\cdot}s}$)이 층류 상태로 흐른다. 지점 ①과 ②에서 측정한 압력이 각각 200 kPa 및 100 kPa일 때, 체적 유량을 구하라.

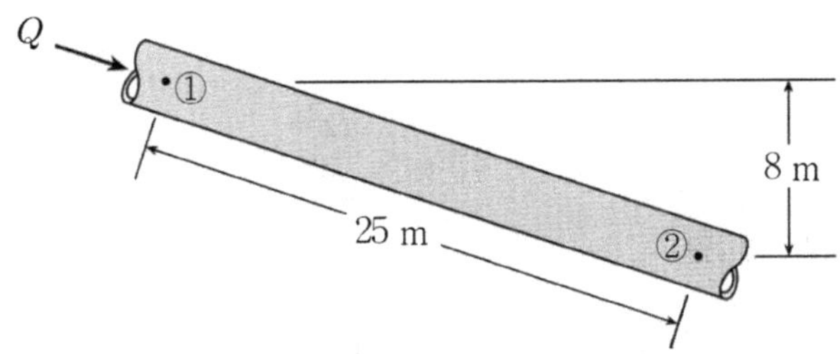

그림 7.22 문제 7.4의 설명도

【해설】 $P_1 = 200\ \mathrm{kPa},\ P_2 = 100\ \mathrm{kPa},\ z_1 = 8\ \mathrm{m},\ z_2 = 0$

Hagen-Poiseuille 방정식에 고도 차이에 따른 압력 변화를 추가하면,

$$\Delta P = P_1 - P_2 = \frac{128\,\mu_{oil}\,L\,Q_{oil}}{\pi D^4} + \gamma_{oil}(z_2 - z_1)$$

$$Q_{oil} = [P_1 - P_2 + \gamma_{oil}(z_1 - z_2)] \times \frac{\pi D^4}{128\,\mu_{oil}\,L}$$

$$= [200\times 10^3 - 100\times 10^3 + 9000\times 8] \times \frac{\pi \times 0.025^4}{128\times 0.3\times 25} = 0.22\ \ell/\mathrm{s}$$

또는

$$h_l = \frac{P_1 - P_2}{\gamma_{oil}} + (z_1 - z_2) = f\,\frac{L}{D}\,\frac{V^2}{2g} = \frac{64}{Re}\,\frac{L}{D}\,\frac{V^2}{2g}$$

$$= \frac{64\,\mu_{oil}}{\rho_{oil}\,D\,V}\,\frac{L}{D}\,\frac{V^2}{2g} = \frac{32\,\mu_{oil}\,L}{D^2}\,\frac{V}{\gamma_{oil}}$$

$$V = \frac{D^2}{32\,\mu_{oil}\,L} \times [P_1 - P_2 + \gamma_{oil}(z_1 - z_2)]$$

$$Q_{oil} = A\,V = \frac{\pi D^4}{128\,\mu_{oil}\,L} \times [P_1 - P_2 + \gamma_{oil}(z_1 - z_2)] = 0.22\ \ell/\mathrm{s}$$

7.5 유체가 원형관을 흐를 때, 레이놀즈수는 400이다. 다음과 같은 경우에 관로 마찰에 의한 압력강하량은 어떻게 달라지는가?

(a) 체적 유량이 2배 증가
(b) 관 길이가 2배 증가
(c) 유체 점도가 2배 증가
(d) 관 지름이 1/2 감소

【해설】 $Re = 400$(층류), Hagen-Poiseuille 방정식 $\Delta P = \dfrac{128\mu L Q}{\pi D^4}$

(a) 체적유량 Q가 2배 증가하면, 압력강하도 2배 증가
(b) 관 길이 L이 2배 증가하면, 압력강하도 2배 증가
(c) 점성계수 μ가 2배 증가하면, 압력강하도 2배 증가
(d) 관 지름이 D가 1/2로 줄면, 압력강하는 16(=2^4)배 증가

7.6 그림 7.23과 같은 수평 관로에 유체가 층류 상태로 흐르고 있다. 연결된 두 개의 관 내경은 서로 다르고($D_1 \neq D_2$) 두 관의 길이는 같다($L_1 = L_2$). 관로 ①에서의 압력 강하가 관로 ②의 압력 강하의 2배이고, 관로 ①의 지름이 50 mm일 때 관로 ②의 지름을 구하라. 두 관이 연결된 유동 경로에서 급격한 관 직경의 변화에 따른 유동 손실은 무시한다.

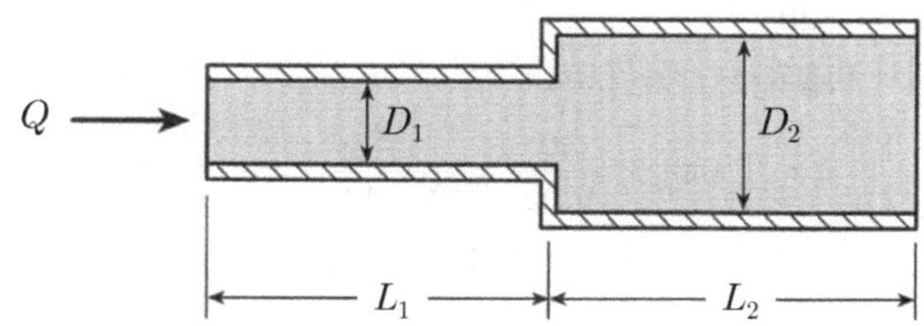

그림 7.23 문제 7.6의 설명도

【해설】 $Q_1 = Q_2 = Q,\ L_1 = L_2 = L,\ \Delta P_1 = 2 \times \Delta P_2$

Hagen-Poiseuille 방정식에서 $\dfrac{128\mu L Q}{\pi D_1^4} = 2 \times \dfrac{128\mu L Q}{\pi D_2^4}$

$D_2 = 2^{1/4} \times D_1 = 2^{1/4} \times 50 = 59.46\ \text{mm}$

7.7 문제 7.6의 조건과 동일하고 관 ①의 길이가 관 ②의 두 배일 때, 관 ②의 지름을 구하라.

【해설】 $Q_1 = Q_2 = Q,\ \ L_1 = 2 \times L_2,\ \ \Delta P_1 = 2 \times \Delta P_2$

Hagen-Poiseuille 방정식에서 $\dfrac{128\mu L_1 Q}{\pi D_1^4} = 2 \times \dfrac{128\mu L_2 Q}{\pi D_2^4}$

$$L_1 \times D_2^4 = 2 \times L_2 \times D_1^4 = 2 \times \frac{L_1}{2} \times D_1^4$$

$$D_2 = D_1 = 50\,\text{mm}$$

7.8 표준대기압, 20℃의 공기가 지름 20 mm, 길이 50 m의 아연도금 강관을 통해 5 m/s의 속도로 흐른다. 관로에서 압력 손실은 얼마인가?

【해설】 부록 A.2에서 20℃ 공기의 물성치 참조

공기밀도 $\rho_a = 1.204\,\text{kg/m}^3$

동점성계수 $\nu_a = 1.51 \times 10^{-5}\,\text{m}^2/\text{s}$

레이놀즈수 $Re = \dfrac{VD}{\nu_a} = \dfrac{5 \times 0.02}{1.51 \times 10^{-5}} = 6622.5$ (난류)

상대조도 $\dfrac{\epsilon}{D} = \dfrac{0.15}{20} = 7.5 \times 10^{-3}$

Moody 선도에서 마찰계수 $f \approx 0.044$

$$h_l = f\frac{L}{D}\frac{V^2}{2g} = 0.044 \times \frac{50}{0.02} \times \frac{5^2}{2 \times 9.8} = 140.31\,\text{m}$$

$$\Delta P = \gamma_a h_l = 1.204 \times 9.8 \times 140.31 = 1655.55\,\text{Pa}$$

7.9 그림 7.24에서 보는 바와 같이, 15℃의 물이 지름 10 mm, 길이 50 m의 수평으로 놓인 공업용 강관을 통해 흐른다. 관로에 설치된 펌프가 15 m의 펌프 양정을 제공하는 경우 $P_1 = P_2$일 때 관로에서의 체적 유량을 구하라.

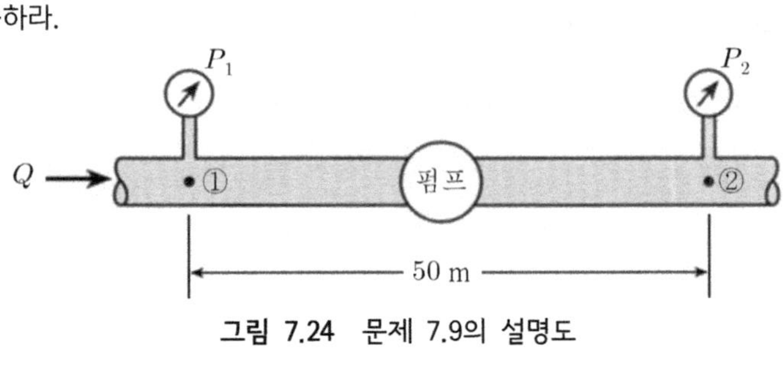

그림 7.24 문제 7.9의 설명도

【해설】 부록 A.1에서 15℃ 물의 동점성계수 $\nu_w = 1.141 \times 10^{-6}\ \mathrm{m^2/s}$

$P_1 = P_2,\ V_1 = V_2 = V,\ z_1 = z_2$ (동일 직경의 수평 관로)

따라서 펌프양정은 손실수두와 동일하다.

$$h_p = h_l = f\frac{L}{D}\frac{V^2}{2g} = 15\ \mathrm{m}$$

하지만 유속 V가 미지수이므로 관로 마찰계수 f를 구할 수 없으므로, $f = 0.03$으로 관마찰계수의 초기값을 선정하여 반복 계산한다.

$$V = \sqrt{h_l \times \frac{D \times 2g}{f \times L}} = \sqrt{15 \times \frac{0.01 \times 2 \times 9.8}{0.03 \times 50}} = 1.4\ \mathrm{m/s}$$

$$Re = \frac{VD}{\nu_w} = \frac{1.4 \times 0.01}{1.141 \times 10^{-6}} = 12269.94\ (\text{난류})$$

$$\frac{\epsilon}{D} = \frac{0.045}{10} = 0.0045\ (\text{공업용 강관})$$

Moody 선도에서 읽은 관마찰계수 $f \approx 0.037$이다.

$$V = \sqrt{\frac{0.0588}{f}} = \sqrt{\frac{0.0588}{0.037}} = 1.261\ \mathrm{m/s}$$

$$Re = \frac{VD}{\nu_w} = \frac{1.261 \times 0.01}{1.141 \times 10^{-6}} = 11051.71\ (\text{난류})$$

다시 Moody 선도에서 읽은 관마찰계수 $f \approx 0.037$이다.

$$Q = AV = \frac{\pi \times 0.01^2}{4} \times 1.261 = 99.04\ \mathrm{cc/s}$$

7.10 그림 7.25와 같이 물이 여과망을 통해 유량 $Q = 0.6\ \mathrm{m^3/min}$로 흐른다. 액주계의 유체가 비중 13.6인 수은인 경우 여과망의 손실계수를 결정하라.

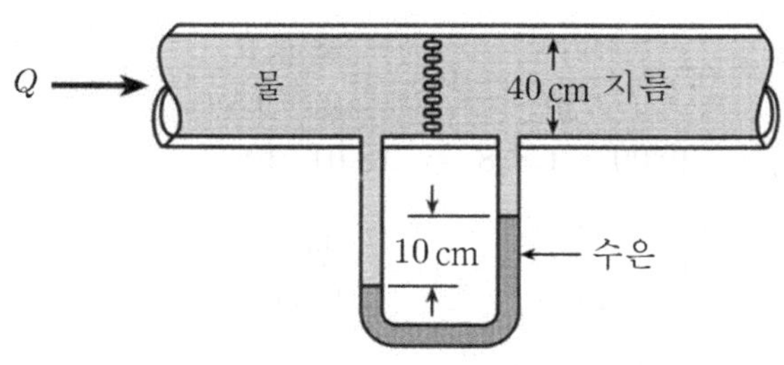

그림 7.25 문제 7.10의 설명도

【해설】 관로에서 물의 평균유속

$$V = \frac{Q}{A} = \frac{0.6/60}{\pi \times 0.4^2/4} = 7.96 \times 10^{-2}\ \mathrm{m/s}$$

U자관에서 $P_1 + \gamma_w \times 0.1 = P_2 + \gamma_{hg} \times 0.1$

$$\Delta P = P_1 - P_2 = (13.6 - 1) \times 9800 \times 0.1 = 12.348\ \mathrm{kPa}$$

$$h_l = \frac{\Delta P}{\gamma_w} = \frac{12348}{9800} = 1.26\ \mathrm{m}$$

$$K_l = h_l \times \frac{2g}{V^2} = 1.26 \times \frac{2 \times 9.8}{0.0796^2} = 3897.63$$

7.11 그림 7.26과 같이 대형 수조에 관로가 연결되어 물이 유량 $Q = 6\ \ell/\mathrm{s}$로 흐른다. 직경 $D_1 = 30\ \mathrm{mm}$이고, $D_2 = 90\ \mathrm{mm}$이다. 관로에서 (a) 급축소 압력손실 및 (b) 급확대 압력손실을 구하라.

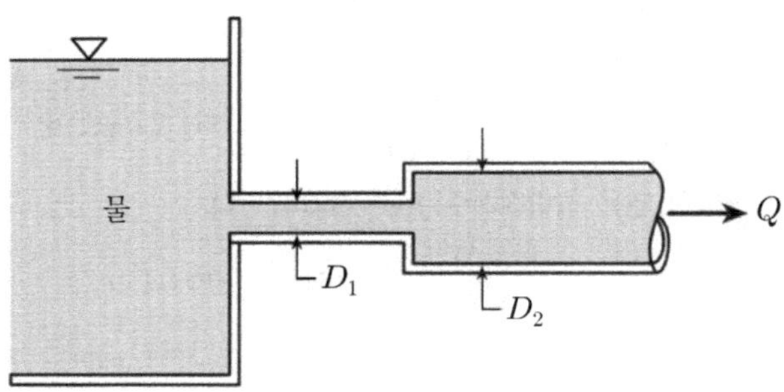

그림 7.26 문제 7.11의 설명도

【해설】 관로 ①에서 유속 $V_1 = \frac{Q}{A_1} = \frac{6 \times 10^{-3}}{\pi \times 0.03^2/4} = 8.488\ \mathrm{m/s}$

급축소 손실 $h_l = 0.5 \times \frac{V_1^2}{2g} = 0.5 \times \frac{8.488^2}{2 \times 9.8} = 1.838\ \mathrm{m}$

$$\Delta P_{sc} = \gamma_w h_l = 9800 \times 1.838 = 18.01\ \mathrm{kPa}$$

급확대 손실 $K_l = \left(1 - \frac{D_1^2}{D_2^2}\right)^2 = \left(1 - \frac{0.03^2}{0.09^2}\right)^2 = 0.79$

$$h_l = K_l \frac{V_1^2}{2g} = 0.79 \times \frac{8.488^2}{2 \times 9.8} = 2.904\ \mathrm{m}$$

$$\Delta P_{se} = \gamma_w h_l = 9800 \times 2.904 = 28.46\ \mathrm{kPa}$$

7.12 치수 100 mm × 200 mm의 직사각형 단면의 도관(duct)을 통해 공기가 흐른다. 공기의 동점성계수가 $\nu_a = 1.50 \times 10^{-5}\ \mathrm{m^2/s}$이고, 평균 속도가 5 m/s일 때, 유동 상태는 층류인가 또는 난류인가?

【해설】 수력직경 $D_h = \dfrac{4A}{P} = \dfrac{4 \times 0.1 \times 0.2}{2 \times (0.1 + 0.2)} = 0.1333\ \mathrm{m}$

레이놀즈수 $Re = \dfrac{VD_h}{\nu_a} = \dfrac{5 \times 0.1333}{1.5 \times 10^{-5}} = 44433.3$

레이놀즈수가 4000 이상이므로 난류 유동이다.

7.13 공기가 단면적 $0.25\ \mathrm{m^2}$의 수평 정사각형 도관을 통해 유량 $6\ \mathrm{m^3/s}$로 흐른다. 리벳으로 처리된 도관의 표면거칠기 $\epsilon = 5$ mm이고 길이가 20 m일 때, 압력강하는 얼마나 일어나는가? 그리고 이때 송풍기의 최소 동력을 구하라. 공기의 비중량은 $12.0\ \mathrm{N/m^3}$이고 동점성계수는 $1.50 \times 10^{-5}\ \mathrm{m^2/s}$이다.

【해설】 정사각형 도관(duct)의 경우

수력직경 $D_h = \dfrac{4A}{P_w} = \dfrac{4 \times 0.25}{4 \times 0.5} = 0.5\ \mathrm{m}$

평균유속 $V = \dfrac{Q}{A} = \dfrac{6}{0.25} = 24\ \mathrm{m/s}$

레이놀즈수 $Re = \dfrac{VD_h}{\nu_a} = \dfrac{24 \times 0.5}{1.5 \times 10^{-5}} = 800000$ (난류)

상대조도 $\dfrac{\epsilon}{D_h} = \dfrac{5}{0.5 \times 10^3} = 0.01$

Moody 선도에서 마찰계수 $f \approx 0.038$

손실수두 $h_l = f\dfrac{L}{D_h}\dfrac{V^2}{2g} = 0.038 \times \dfrac{20}{0.5} \times \dfrac{24^2}{2 \times 9.8} = 44.669\ \mathrm{m}$

압력강하 $\Delta P = \gamma_a h_l = 12 \times 44.669 = 536.03\ \mathrm{Pa}$

송풍기 동력 $L = \Delta P \times Q = 536.03 \times 6 = 3.22\ \mathrm{kW}$

7.14 그림 7.27에서 보는 바와 같이 열교환기는 직사각형인 도관(duct)의 내부에 6개의 원형관(외경 25 mm)으로 이루어졌다. 평균 온도가 10° C인 차가운 물이 직사각형 도관과 원형관들 사이로 2.4 m^3/min의 유량으로 흐른다. 도관 및 원관 재료의 표면거칠기는 0.0025 mm이고, 길이가 3 m일 때, 관로의 마찰 손실수두를 구하라.

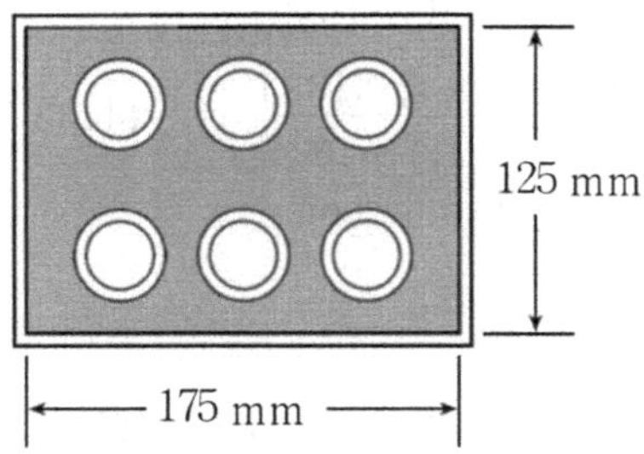

그림 7.27 문제 7.14의 설명도

【해설】 부록 A.1에서 10℃ 물의 동점성계수 $\nu_w = 1.308\times10^{-6}\ m^2/s$

유동 단면적 $A = \left(0.125\times0.175 - 6\times\dfrac{\pi\times0.025^2}{4}\right) = 1.893\times10^{-2}\ m^2$

접수 길이 $P_w = 2\times(0.125+0.175) + 6\times\pi\times0.025 = 1.071\ m$

수력직경 $D_h = \dfrac{4A}{P_w} = \dfrac{4\times1.893\times10^{-2}}{1.071} = 7.07\times10^{-2}\ m$

평균유속 $V = \dfrac{Q}{A} = \dfrac{2.4/60}{1.893\times10^{-2}} = 2.113\ m/s$

레이놀즈수 $Re = \dfrac{VD_h}{\nu_w} = \dfrac{2.113\times7.07\times10^{-2}}{1.308\times10^{-6}} = 114211.85$ (난류)

상대조도 $\dfrac{\epsilon}{D_h} = \dfrac{0.0025\times10^{-3}}{7.07\times10^{-2}} = 3.536\times10^{-5}$

Moody 선도에서 마찰계수 $f \approx 0.017$

손실수두 $h_l = f\dfrac{L}{D_h}\dfrac{V^2}{2g} = 0.017\times\dfrac{3}{7.07\times10^{-2}}\times\dfrac{2.113^2}{2\times9.8} = 0.16\ m$

7.15 그림 7.28과 같은 수위 차이가 30 m인 두 저수조 사이에 터빈이 설치되어 있고, 15℃ 물의 유량은 $1.2\ m^3/min$이다. 터빈의 효율이 90%일 때 터빈 출력을 구하라. 수로의 재료는 아연도금 강관이며 직경 100 mm, 길이 200 m이다.

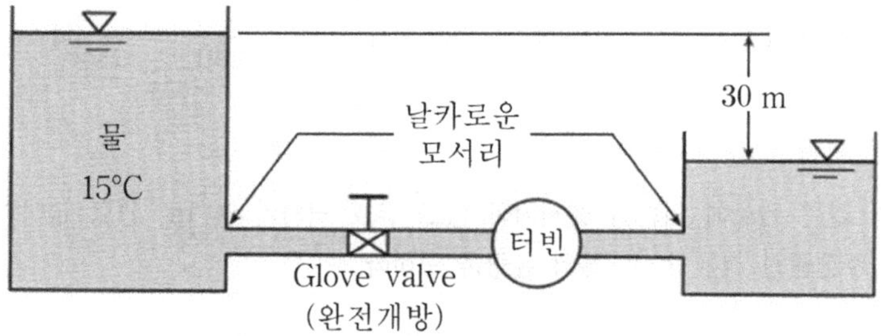

그림 7.28 문제 7.15의 설명도

【해설】 부록 A.1에서 15℃ 물의 물성치 참조

물의 밀도 $\rho_w = 999.1\ kg/m^3$

물의 점성계수 $\mu_w = 1.14 \times 10^{-3}\ Pa{\cdot}s$

관로 유속 $V = \dfrac{Q}{A} = \dfrac{1.2/60}{\pi \times 0.1^2/4} = 2.546\ m/s$

레이놀즈수 $Re = \dfrac{\rho_w D V}{\mu_w} = \dfrac{999.1 \times 0.1 \times 2.546}{1.14 \times 10^{-3}} = 223132$

상대조도 $\dfrac{\epsilon}{D} = \dfrac{0.15}{100} = 0.0015$

Moody 선도에서 마찰계수 $f \approx 0.023$

급축소 손실계수 $K_{sc} = 0.5$

급확대 손실계수 $K_{se} = 1.0$

Glove valve 손실계수 $K_v = 10.0$ (완전 개방시)

총 손실수두 = 관마찰손실 + 급축소손실 + 밸브손실 + 급확대손실

$$h_l = f\frac{L}{D}\frac{V^2}{2g} + K_{sc}\frac{V^2}{2g} + K_v\frac{V^2}{2g} + K_{se}\frac{V^2}{2g}$$

$$= \left(0.023 \times \frac{200}{0.1} + 0.5 + 10.0 + 1.0\right) \times \frac{2.546^2}{2 \times 9.8} = 19.016\ m$$

양쪽 저수조의 자유수면 사이에 에너지방정식을 적용하면

$$\frac{P_1}{\gamma_w} + \frac{V_1^2}{2g} + z_1 - h_l - h_t = \frac{P_2}{\gamma_w} + \frac{V_2^2}{2g} + z_2$$

$P_1 = P_2 =$ 대기압 (자유 수면은 대기에 노출)

$V_1 = V_2 \approx 0$ (저수조가 무한히 크다면)

$h_t = z_1 - z_2 - h_l = 30.0 - 19.016 = 10.984\ \mathrm{m}$

터빈 출력 (축동력)

$$L_t = \eta_t \gamma_w h_t Q = 0.9 \times 999.1 \times 9.8 \times 10.984 \times \frac{1.2}{60} = 1.94\ \mathrm{kW}$$

7.16 그림 7.29와 같은 관로에 터빈이 설치되어 있고 유효 낙차가 14 m, 관로 길이가 50 m이다. 안지름 100 mm의 주철관인 경우 15℃ 물의 유량을 구하라.

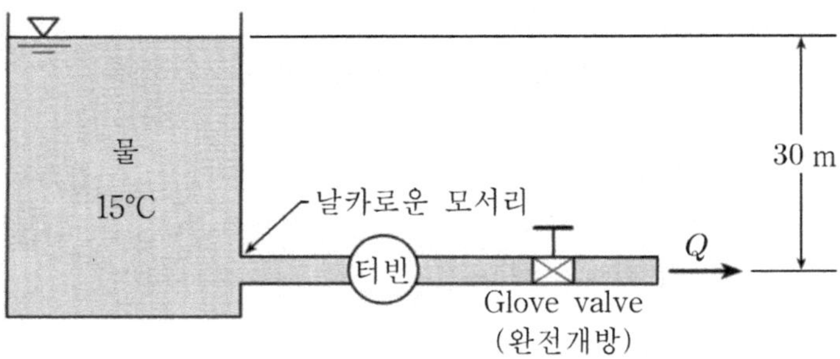

그림 7.29 문제 7.16의 설명도

【해설】 부록 A.1에서 15℃ 물의 물성치 참조

물의 밀도 $\rho_w = 999.1\ \mathrm{kg/m^3}$

물의 동점성계수 $\nu_w = 1.141 \times 10^{-6}\ \mathrm{m^2/s}$

저수조의 자유 수면과 출구 사이에 에너지방정식을 적용하면

$$\frac{P_1}{\gamma_w} + \frac{V_1^2}{2g} + z_1 - h_l - h_t = \frac{P_2}{\gamma_w} + \frac{V_2^2}{2g} + z_2$$

$P_1 = P_2 =$ 대기압 (대기 중에 노출)

$V_1 \approx 0$ 이므로

$$\frac{V_2^2}{2g} = z_1 - z_2 - h_l - h_t = 30 - h_l - 14 = 16 - h_l$$

$$h_l = f\frac{L}{D}\frac{V_2^2}{2g} + K_{sc}\frac{V_2^2}{2g} + K_v\frac{V_2^2}{2g}$$

$$= \left(f \times \frac{50}{0.1} + 0.5 + 10.0\right) \times \frac{V_2^2}{2g}$$

위의 두 식을 정리하면 출구 유속을 구하는 식은 다음과 같다.

$$V_2 = \sqrt{\frac{313.6}{11.5 + 500\,f}}$$

관마찰계수는 미지수이므로, $f = 0.03$의 초기값으로 반복 계산한다.

주철관의 상대조도 $\frac{\epsilon}{D} = \frac{0.26}{100} = 0.0026$

$$V_2 = \sqrt{\frac{313.6}{11.5 + 500 \times 0.03}} = 3.44\ \mathrm{m/s}$$

$$Re = \frac{DV}{\nu_w} = \frac{0.1 \times 3.44}{1.141 \times 10^{-6}} = 301490$$

Moody 선도에서 마찰계수 $f \approx 0.026$

$$V_2 = \sqrt{\frac{313.6}{11.5 + 500 \times 0.026}} = 3.578\ \mathrm{m/s}$$

$$Re = \frac{DV}{\nu_w} = \frac{0.1 \times 3.578}{1.141 \times 10^{-6}} = 313585$$

Moody 선도에서 마찰계수 $f \approx 0.026$로 수렴

$V_2 = 3.578\ \mathrm{m/s}$

$$Q = A_2 V_2 = \frac{\pi \times 0.1^2}{4} \times 3.578 = 2.81 \times 10^{-2}\,\mathrm{m^3/s} \approx 28.1\ \ell/\mathrm{s}$$

7.17 그림 7.30과 같은 관로를 통해 흐르는 20℃ 물의 유량을 구하라. 지점 ①과 ②의 높이 차이는 6 m이며, 관로는 안지름 100 mm의 공업용 강관으로 총 길이는 35 m이다. 그리고 두 지점 사이의 압력 차이는 350 kPa이다.

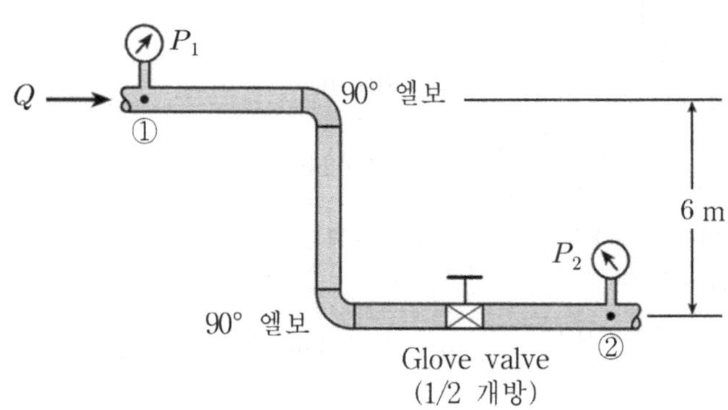

그림 7.30 문제 7.17의 설명도

【해설】 부록 A.1에서 20℃ 물의 물성치 참조

물의 밀도 $\rho_w = 998.2\,\mathrm{kg/m^3}$

물의 동점성계수 $\nu_w = 1.007 \times 10^{-6}\,\mathrm{m^2/s}$

모든 관로의 직경이 같으면, $V_1 = V_2 = V$

따라서 두 지점 사이의 베르누이방정식

$$\frac{P_1}{\gamma_w} + z_1 - h_l = \frac{P_2}{\gamma_w} + z_2$$

$$h_l = \frac{P_1 - P_2}{\gamma_w} + z_1 - z_2 = \frac{350 \times 10^3}{998.2 \times 9.8} + 6 = 41.779\,\mathrm{m}$$

총 손실수두

$$h_l = f\frac{L}{D}\frac{V^2}{2g} + 2K_e\frac{V^2}{2g} + K_v\frac{V^2}{2g}$$

$$= \left(f \times \frac{35}{0.1} + 2 \times 0.75 + 12.5\right) \times \frac{V^2}{2 \times 9.8}$$

정리하면 $V = \sqrt{\dfrac{818.868}{14 + 350\,f}}$

공업용 강관의 상대조도 $\dfrac{\epsilon}{D} = \dfrac{0.045}{100} = 0.00045$

관마찰계수 $f = 0.03$의 초기값으로 반복 계산

$$V = \sqrt{\frac{818.868}{14 + 350 \times 0.03}} = 5.781\,\mathrm{m/s}$$

$$Re = \frac{DV}{\nu_w} = \frac{0.1 \times 5.781}{1.007 \times 10^{-6}} = 574109$$

Moody 선도에서 마찰계수 $f \approx 0.017$

$$V = \sqrt{\frac{818.868}{14 + 350 \times 0.017}} = 6.407\,\mathrm{m/s}$$

$$Re = \frac{DV}{\nu_w} = \frac{0.1 \times 6.407}{1.007 \times 10^{-6}} = 636246$$

Moody 선도에서 마찰계수 $f \approx 0.017$로 수렴

$V = 6.407\,\mathrm{m/s}$

$$Q = AV = \frac{\pi \times 0.1^2}{4} \times 6.407 = 5.032 \times 10^{-2}\,\mathrm{m^3/s} \approx 50.32\,\ell/\mathrm{s}$$

7.18 그림 7.31과 같은 두 저수조 사이의 수위 차이를 결정하라. 수로 재료는 주철관이며, 총 길이는 60 m이고 안지름은 100 mm이다. 수로에 흐르는 물의 온도는 15℃이고 유량은 1.8 m^3/min이다.

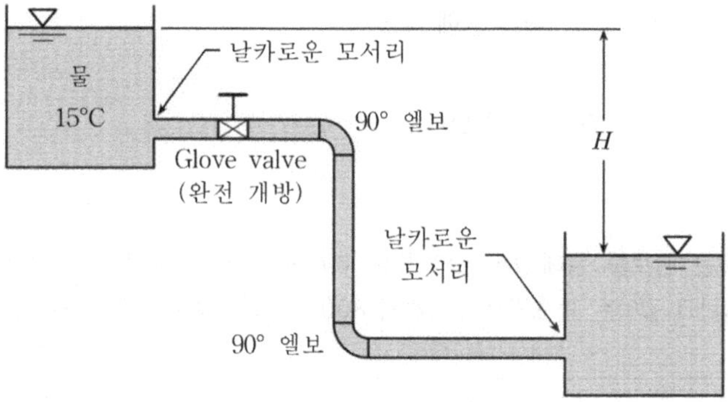

그림 7.31 문제 7.18의 설명도

【해설】 부록 A.1에서 15℃ 물의 물성치 참조

물의 밀도 $\rho_w = 999.1\ kg/m^3$

물의 점성계수 $\mu_w = 1.14\times10^{-3}\ Pa{\cdot}s$

$$V = \frac{Q}{A} = \frac{0.03}{\pi\times0.1^2/4} = 3.82\ m/s$$

$$Re = \frac{\rho_w D V}{\mu_w} = \frac{999.1\times0.1\times3.82}{1.14\times10^{-3}} = 334786$$

주철관의 상대조도 $\frac{\epsilon}{D} = \frac{0.26}{100} = 0.0026$

Moody 선도에서 마찰계수 $f \approx 0.026$

급축소 손실계수 $K_{sc} = 0.5$

급확대 손실계수 $K_{se} = 1.0$

Glove valve 손실계수 $K_v = 10.0$(완전 개방)

Elbow(90°) 손실계수 $K_e = 0.75$

총손실수두

$$h_l = f\frac{L}{D}\frac{V^2}{2g} + K_{sc}\frac{V^2}{2g} + K_v\frac{V^2}{2g} + 2K_e\frac{V^2}{2g} + K_{se}\frac{V^2}{2g}$$

$$= \left(0.026\times\frac{60}{0.1} + 0.5 + 10.0 + 2\times0.75 + 1.0\right)\times\frac{3.82^2}{2\times9.8}$$

$$= 21.293\ m$$

양쪽 저수조의 자유수면 사이에 에너지방정식을 적용하면

$$\frac{P_1}{\gamma_w} + \frac{V_1^2}{2g} + z_1 - h_l = \frac{P_2}{\gamma_w} + \frac{V_2^2}{2g} + z_2$$

$P_1 = P_2 =$ 대기압 (대기 중에 노출)

$V_1 = V_2 \approx 0$ 이므로

$h_l = z_1 - z_2 = H = 21.29\ \mathrm{m}$

7.19 그림 7.32와 같은 관로를 통해 15° C의 물을 6 ℓ/s의 유량으로 대형 수조로 수송하려고 한다. 직경 50 mm의 주철관의 길이는 펌프에서 수조까지 800 m이다. 펌프 출구의 지점 A에서 계기압력을 구하다.

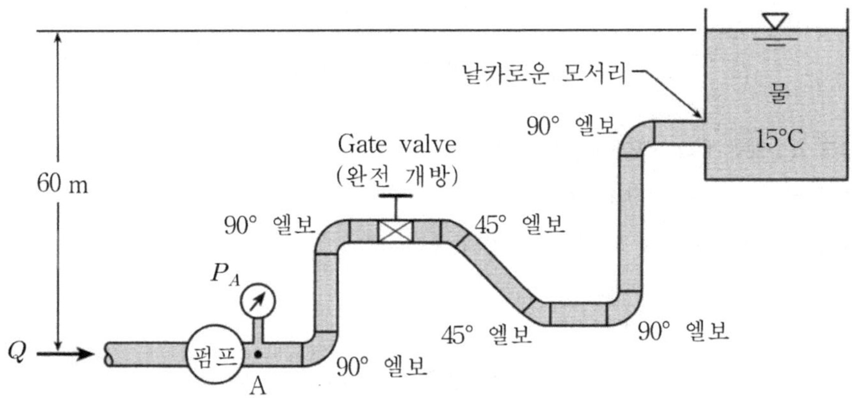

그림 7.32 문제 7.19의 설명도

【해설】 부록 A.1에서 15℃ 물의 물성치 참조

밀도 $\rho_w = 999.1\ \mathrm{kg/m^3}$

동점성계수 $\nu_w = 1.141 \times 10^{-6}\ \mathrm{m^2/s}$

관로 유속 $V = \dfrac{Q}{A} = \dfrac{6 \times 10^{-3}}{\pi \times 0.05^2 / 4} = 3.056\ \mathrm{m/s}$

레이놀즈수 $Re = \dfrac{DV}{\nu_w} = \dfrac{0.05 \times 3.056}{1.141 \times 10^{-6}} = 133918$

주철관 상대조도 $\dfrac{\epsilon}{D} = \dfrac{0.26}{50} = 0.0052$

Moody 선도에서 마찰계수 $f \approx 0.031$

관로의 총 손실수두

$$h_l = f\frac{L}{D}\frac{V^2}{2g} + 4K_{90^\circ}\frac{V^2}{2g} + K_v\frac{V^2}{2g} + 2K_{45^\circ}\frac{V^2}{2g} + K_{se}\frac{V^2}{2g}$$

$$= \left(0.031 \times \frac{800}{0.05} + 4 \times 0.75 + 0.19 + 2 \times 0.4 + 1.0\right) \times \frac{3.056^2}{2 \times 9.8}$$

$$= 238.715\ \text{m}$$

펌프 출구 A점과 저수조 자유수면 사이에 에너지방정식을 적용하면

$$\frac{P_A}{\gamma_w} + \frac{V_A^2}{2g} + z_A - h_l = \frac{P_2}{\gamma_w} + \frac{V_2^2}{2g} + z_2$$

여기서 $P_2 = 0$(계기압), $V_2 \approx 0$이므로

$$P_A = \gamma_w \times \left(z_2 - z_A - \frac{V_A^2}{2g} + h_l\right)$$

$$= 999.1 \times 9.8 \times \left(60 - 0 - \frac{3.056^2}{2 \times 9.8} + 238.715\right)$$

$$= 2.92\ \text{MPa}$$

7.20 그림 7.33과 같이 사이펀(siphon)을 통해 흐르는 15℃ 물의 유량을 구하라. 사이펀 관의 지름은 100 mm이고 길이가 50 m이며, 관 재료는 플라스틱이다. 그리고 양쪽 저수조의 수위 차이는 4 m이다.

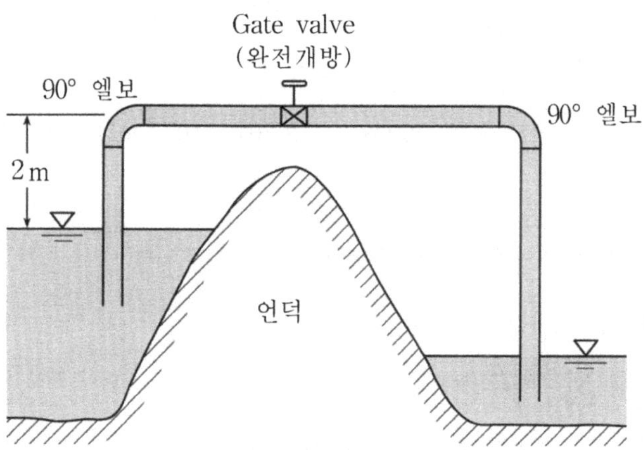

그림 7.33 문제 7.20의 설명도

【해설】 부록 A.1에서 15℃ 물의 물성치 참조

$$\rho_w = 999.1\ \text{kg/m}^3, \quad \nu_w = 1.141 \times 10^{-6}\ \text{m}^2/\text{s}$$

$P_1 = P_2 = 0$(대기압), $V_1 = V_2 \approx 0$이므로

$$h_l = z_1 - z_2 = 4\ \text{m}$$

$$h_l = f\frac{L}{D}\frac{V^2}{2g} + 2K_{90°}\frac{V^2}{2g} + K_v\frac{V^2}{2g}$$

$$= \left(f \times \frac{50}{0.1} + 2 \times 0.75 + 0.19\right) \times \frac{V^2}{2 \times 9.8}$$

여기서 관 입구와 출구 끝이 수면보다 아래에 있으므로, 입구손실 및 출구손실은 포함시키지 않는다. 위 식을 정리하면,

$$V = \sqrt{\frac{78.4}{1.69 + 500f}}$$

플라스틱 인발관의 상대조도 $\frac{\epsilon}{D} = \frac{0.0015}{100} = 0.000015$

관마찰계수 $f = 0.015$의 초기값으로 반복 계산

$$V = \sqrt{\frac{78.4}{1.69 + 500 \times 0.015}} = 2.921 \text{ m/s}$$

$$Re = \frac{DV}{\nu_w} = \frac{0.1 \times 2.921}{1.141} \times 10^{-6} = 256004$$

Moody 선도에서 마찰계수 $f \approx 0.0148$

$$V = \sqrt{\frac{78.4}{1.69 + 500 \times 0.0148}} = 2.937 \text{ m/s}$$

$$Re = \frac{DV}{\nu_w} = \frac{0.1 \times 2.937}{1.141 \times 10^{-6}} = 257406$$

Moody 선도에서 마찰계수 $f \approx 0.0148$로 수렴

$$Q = AV = \frac{\pi \times 0.1^2}{4} \times 2.937 = 2.307 \times 10^{-2} \text{ m}^3/\text{s} \approx 23.07 \, \ell/\text{s}$$

7.21 등가길이 방법을 사용하여 문제 7.19를 풀어라.

【해설】 문제 7.19에서 총 등가길이

$$L_{tot} = L + \sum_1^n \frac{K_{l,i} D}{f}$$

$$= L + 4\left(\frac{K_l D}{f}\right)_{90° elbow} + \left(\frac{K_l D}{f}\right)_{valve} + 2\left(\frac{K_l D}{f}\right)_{45° elbow} + \left(\frac{K_l D}{f}\right)_{exit}$$

$$= 800.0 + (4 \times 0.75 + 0.19 + 2 \times 0.4 + 1.0) \times \frac{0.05}{0.031}$$

$$= 808.048 \text{ m}$$

$$h_{l,tot} = f \frac{L_{tot}}{D} \frac{V^2}{2g} = 0.031 \times \frac{808.048}{0.05} \times \frac{3.056^2}{2 \times 9.8} = 238.715 \text{ m}$$

이하 문제 7.19의 풀이와 동일

$$P_A = 2.92 \text{ MPa}$$

7.22 등가길이 방법을 사용하여 문제 7.20을 풀어라.

【해설】 문제 7.20에서 총 등가길이

$$L_{tot} = L + \sum_{1}^{n} \frac{K_{l,i} D}{f}$$

$$= L + 2\left(\frac{K_l D}{f}\right)_{90^\circ elbow} + \left(\frac{K_l D}{f}\right)_{valve}$$

$$= 50.0 + (2 \times 0.75 + 0.19) \times \frac{0.1}{f} = 50.0 + \frac{0.169}{f}$$

$$h_{l,tot} = f \frac{L_{tot}}{D} \frac{V^2}{2g} = f \times \frac{50 + \dfrac{0.169}{f}}{0.1} \times \frac{V^2}{2 \times 9.8} = 4.0 \text{ m}$$

$$V = \sqrt{\frac{78.4}{1.69 + 500 f}}$$

이하 문제 7.20의 풀이와 동일

$$Q \approx 23.07 \, \ell/\text{s}$$

8 펌프의 특성 및 응용

펌프는 원동기의 기계적 에너지를 유체 에너지로 변환시켜주는 기구이다. 유체가 기체인 경우 압력 상승의 정도에 따라 이 기구를 팬, 송풍기 혹은 압축기라고 부르며, 이들에 대해서는 제9장에서 논의한다.

유체에 에너지를 부가시켜주는 펌프는 매우 오래 전부터 알려진 기구이다. 아르키메데스의 스크루 펌프(screw pump)에 대한 기록은 B.C. 250년으로 거슬러 올라간다. 그림 8.1과 같은 스크루 펌프는 유체가 회전방향으로 압송되어 배출되도록 스크루 2~3개가 맞물고 돌아가면서 입구에서 나사골 안으로 들어온 유체를 나사산으로 밀어낸다. 그 결과 스크루 펌프는 주 스크루 축의 회전수에 따라 고정된 양의 유체를 송출하게 된다. 그러므로 이 펌프를 용적형 펌프라고 부른다.

8.1 펌프의 분류

펌프는 유체의 체적 변화를 이용하는 용적형과 유체의 운동에너지를 이용하는 유체형으로 대별된다. 유체형 펌프는 압도적으로 넓은 분야에 사용되고 있으며, 용적형은 주로 유압 및 공기압 응용분야에서 사용되고 있다.

8.1.1 용적형 펌프

용적형 펌프는 변하는 체적에 기초하여 유체를 수송하는데, 왕복식과 회전식이 있다. 그림 8.1의 회전식 스크루 펌프에서와 같이 펌프 내부에서 닫힌 공간이 만들어지며 유체가 흡입 포트로 들어가 이 공간을 채울 때 크기가 확대된다. 그러면 공간이 닫히고 유체는 송출 포트를 통해 펌프 밖으로 강제 배출된다. 이러한 방법으로 펌프 사이클 혹은 회전당 일정 양의 유체가 송출된다.

이런 용적형 펌프의 특성 때문에 유압 실린더를 이용하여 커다란 외부 하중을 구동하는데 필요한 큰 압력을 만들 수 있다. 펌프 출구 관로를 봉쇄하면 유체가 배출되지 못하여 압력이 크게 상승하게 된다. 예를 들어, 송출관의 밸브가 닫히고 유압 실린더의 피스톤이 내부장치를 미는 경우, 유동 경로의 봉쇄로 인하여 압력이 상승하게 된다. 따라서 용적형 펌프는 매우 튼튼한 구조이고, 작동압력을 제한하기 위해 압력제어밸브를 설치하여 사용한다.

용적형 펌프는 대체적으로 140 MPa까지 유지할 수 있으므로 높은 점도의 유체를 취급할 수 있다. 아울러 유압 실린더와 유압 모터가 주어진 속도에서 매우 높은 기계적 하중을 구동하는데 사용되기 때문에 건설기계, 산업용 유압 구동장치, 자동차 승강장치 등에 사용된다.

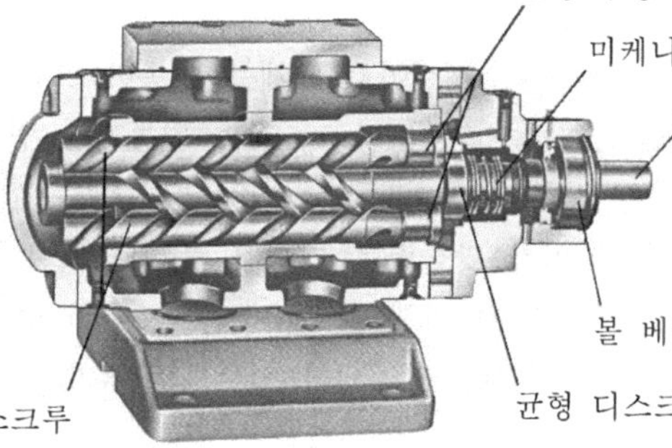

그림 8.1 스크루 펌프

8.1.2 유체형 펌프

유체형 펌프는 연속적으로 이루어진 회전 날개의 작동으로 유체에 운동에너지를 부가시켜주므로, 펌프에서 유체를 강제로 배출하기 위한 닫힌 공간이 필요하지 않다. 그 대신에 유체의 속도는 유체가 펌프의 통로를 통해 흐를 때 증가한다. 그리고 유체가 케이싱의 확대부를 통해 펌프에서 방출될 때 유속은 감소하고 압력은 상승하게 된다.

유체형 펌프는 회전차(rotor)의 형상에 따라 원심식, 사류식 및 축류식으로 분류된다. 원심식 펌프에서 유체는 회전축 방향에서 유입되어 회전차 출구에서 반경방향으로 유출되고, 축류식 펌프는 축방향으로 유출된다. 그리고 사류식(또는 혼류식) 펌프는 원심식과 축류식의 혼합 형태이다.

유체형 펌프는 용적형 펌프보다 송출유량은 매우 크지만 큰 압력은 만들 수 없다. 또한 유체형 펌프는 용적형 펌프와 달리 외부장치의 부하가 변할 때 비교적 일정한 유량을 제공하지 못한다. 그러므로 점도가 높은 유체를 송출할 때는 유체형 펌프의 송출량은 현저히 감소된다. 유체형 펌프는 최대 19 m^3/s까지 유량을 송출할 수 있지만, 일반적으로 약 3.5 MPa의 압력을 유지하는 것으로 제한된다.

8.2 용적형 펌프

용적형 펌프는 사이클 혹은 회전당 고정된 용량의 유체를 송출한다. 따라서 이러한 펌프의 송출유량은 일정하며 시스템의 압력에 의존하지 않으므로, 특히 유체 동력장치에 적합하다. 하지만 용적형 펌프는 유동에 대한 시스템의 저항이 매우 크게 되는 경우 과도한 압력상승을 초래할 수 있다. 따라서 압력조절밸브를 설치하여 송출 유량의 일부를 유압탱크로 다시 복귀시켜 과도한 압력으로부터 펌프와 관로의 구성부품을 보호한다.

8.2.1 기어 펌프

그림 8.2는 두 개의 맞물려있는 기어(gear) 사이로 유체를 운송하여 압력을 상승시키는 기어펌프의 작동 원리 및 구조를 보여주고 있다. 구동기어(drive gear)는 원동기에 연결되어 있는 구동축과 함께 회전하고, 피동기어(driven gear)는 구동기어와 맞물려 회전한다. 오일 격실은 기어, 펌프 하우징 및 측면판 사이에 형성된다. 흡입측은 기어가 맞물렸던 기어가 풀려나가는 곳이며, 오일 공급탱크는 대기 중에 노출되어 있으므로 유체는 대기압에 의해 이 빈 공간으로 밀려들어온다. 펌프의 송출측은 기어가 맞물려 들어가는 곳이다. 펌프의 내부는 밀봉되어 있으므로 유체는 송출 라인을 따라 배출되게 된다.

작동원리상으로는 왕복펌프에서 피스톤이 실린더 내에서 유체를 압출하는 것과 같다. 하지만 기어펌프는 왕복펌프보다 고속으로 운전할 수 있으므로 크기가 작으면서도 많은 송출량을 낼 수 있고 내구성도 우수하다. 송출 압력은 대략 2~21 MPa이고, 효율은 75~90%이며, 유량은 3~600 ℓ/min 정도이다. 그리고 기어의 물림 형태에 따라 외접형과 내접형 기어펌프가 있으며, 기어는 인벌루트(involute) 치형과 특수 치형이 있다.

8.2.2 로브 펌프

로브펌프(lobe pump)는 기어펌프와 유사한 방법으로 작동되지만, 기어펌프와 달리 그림 8.3의 절개 사진과 같이 두 로브가 실제로 서로 접촉하지 않도록 기어장치에 의해 구동된다. 짝을 이루는 요소가 작기 때문에 로브펌프는 기어펌프에 비해 송출량의 변동이 더 크다. 이는 또한 용적형 펌프인 그림 8.1의 스크루펌프와 대조적인데, 스크루펌프는 맥동이 없이 연속적으로 유체를 송출한다.

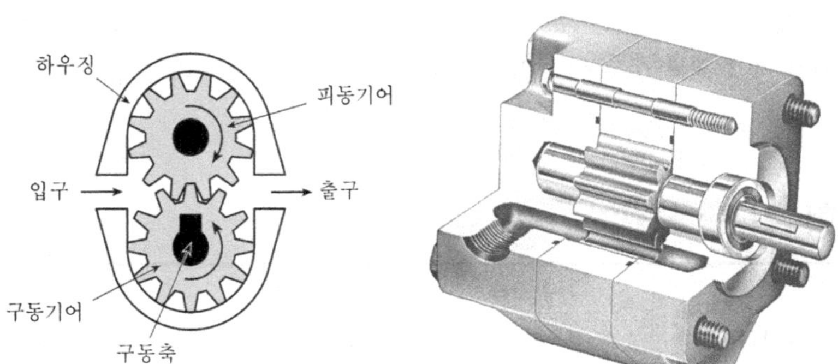

그림 8.2 외접형 기어펌프의 작동 및 구조

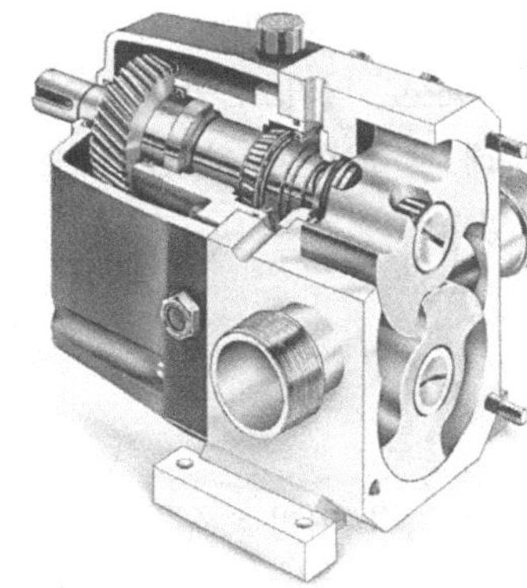

그림 8.3 로브펌프의 내부 구조

8.2.3 베인 펌프

그림 8.4는 베인펌프(vane pump)의 작동 원리 및 구조를 보여주고 있다. 편심 로터(rotor)에는 방사상으로 홈들이 가공되어 있고, 각 홈에 베인(vane)이라고 불리는 금속 스플라인(spline)이 끼워져 있다. 베인은 홈 안에서 자유로운 운동을 할 수 있는 크기로 되어 있고, 로터의 회전에 의한 원심력 때문에 베인은 로터에서 나오게 되고 하우징의 표면에 밀착하여 격실의 기밀을 유지시켜준다.

구동축에 의해 로터는 펌프 하우징 내부에서 회전하는데, 그림 8.4는 작동 원리를 간단하게 보여주기 위하여 두 개의 슬롯(slot)만을 나타내고 있다. 각 슬롯에는 로터가 회전할 때 하우징의 내부 표면과 밀착되도록 설계된 베인(vane)이 삽입되어 있다. 편심 로터가 1/2회전 동안에 로터와 하우징 사이의 체적이 증가하고, 그 결과 체적 팽창은 압력 감소의 원인이 된다. 따라서 유체가 흡입 포트를 통

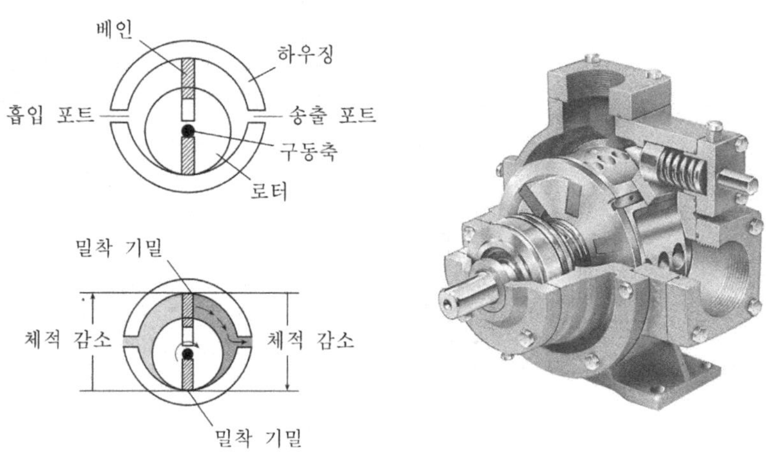

그림 8.4 베인펌프의 작동 및 구조

해 흘러들어가 빈 곳을 채우는 흡입 과정이 이루어진다. 이어서 로터가 나머지 1/2회전할 때 하우징의 내부 표면과 밀착된 베인은 슬롯 안쪽으로 밀리고, 막힌 유체의 체적이 감소된다. 이와 같은 반복 운동으로 막힌 유체를 송출 포트를 통해 배출시킨다. 그림 8.4는 6개의 베인으로 이루어진 실제 평형 베인펌프의 내부 구조를 보여주고 있다.

8.2.4 피스톤 펌프

그림 8.5는 피스톤이 실린더 내에서 일정한 거리를 왕복운동하면서 유체를 흡입하고 송출하는 피스톤펌프의 작동 원리를 보여주고 있다. 그림에서 보는 바와 같이, 피스톤이 팽창할 때 증가된 체적이 실린더 내에서 만들어지고, 흡입구의 볼 체크밸브(ball check valve)가 열리면서 유체가 들어가며 이 빈곳을 채우게 된다. 이어서 흡입구의 체크밸브가 닫히고 피스톤이 압축하면서 송출구의 체크밸브가 열리게 된다. 따라서 실린더 내의 체적은 감소하고 유체는 송출구로 배출된다. 이러한 피스톤 또는 플런저의 운동으로 일정한 유량의 유체를 송출하는 왕복펌프는 피스톤의 1회 왕복운동으로 유체가 송출되는 횟수에 따라 다음과 같이 구분된다.

단동 펌프(single acting pump)는 피스톤이 1회 왕복운동하는 동안 1회 흡입하여 송출하고, 복동 펌프(double acting pump)는 1회 왕복운동으로 2회 흡입하고 2회 송출하는 펌프이다. 그리고 차동 펌프(differential acting pump)는 피스톤이 1회 왕복운동하는 동안 1회 흡입하고 2회 송출한다.

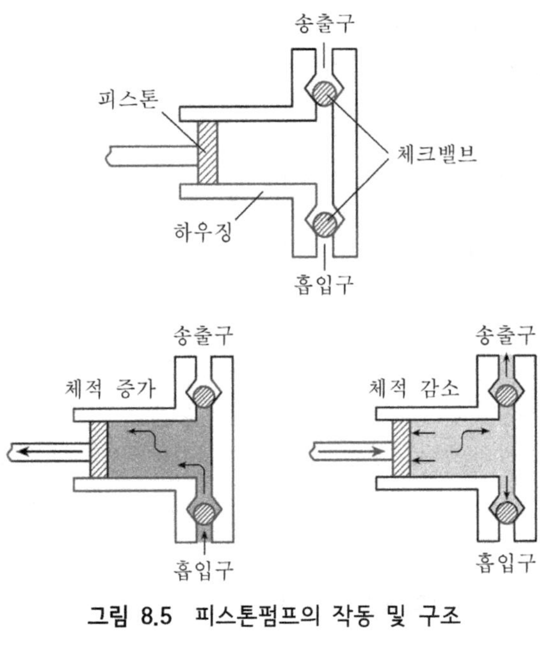

그림 8.5 피스톤펌프의 작동 및 구조

8.2.5 펌프 성능곡선

펌프 제조사는 일반적으로 그래프의 형태로 펌프 성능특성을 제공하는데, 그림 8.6은 엔진오일을 사용하여 1회전당 송출량이 38 cc인 기어펌프의 성능곡선이다. 그림의 상부 두 선들은 각각 860 rpm 및 1140 rpm의 펌프 회전속도에서 송출압력에 따른 송출유량을 나타내고 있다. 이러한 용적형 펌프는 이론적으로 1회전에 고정된 유량을 송출하지만, 송출압력이 증가함에 따라 송출 유량이 다소 줄어든다. 이러한 결과는 기어와 펌프 하우징 사이의 간극 때문에 발생하는데, 이 간극을 통해 적은 양이지만 송출 포트의 높은 압력의 오일이 낮은 압력의 흡입 포트 쪽으로 누설되기 때문이다. 이러한 내부 누설은 동점성계수가 $2.1\times10^{-5}\ m^2/s$인 오일을 사용하는 기어펌프의 경우 1 kPa의 압력당 약 2 cc/min 정도이다. 그 결과 실제 유량은 펌프의 회전속도와 체적 유량에 기초하여 발생하는 이론적인 유량보다 적다. 이론적인 체적 유량은 내부 누설이 없는 경우 펌프에 의해 단위 시간당 배출되는 유체의 체적을 의미한다. 그리고 그림 하부의 두 선은 서로 다른 펌프 회전속도에서 송출 압력 대비 펌프의 축동력을 나타낸다.

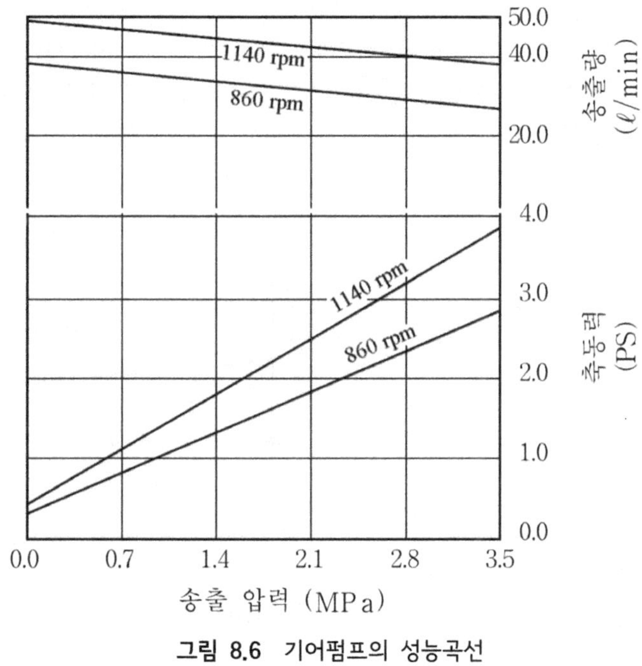

그림 8.6 기어펌프의 성능곡선

8.2.6 펌프 체적효율

용적형 펌프의 이론 유량은 1회전당 송출 유량에 펌프 회전속도를 곱한 것과 같다.

$$Q_{th} = \frac{\widetilde{V_D}\,N}{60} \tag{8.1}$$

식 (8.1)에서 펌프의 송출 유량 $\widetilde{V_D}$의 단위는 m^3/rev, 회전속도 N은 rpm이며 이론 유량 Q_{th}는 m^3/s이다. 그리고 펌프의 실제 유량 Q_a는 이론 유량에서 내부 누설량을 뺀 유량이고, 체적효율 η_v는 이론 유량에 대한 실제 유량의 비로 나타낸다.

$$\eta_v = \frac{Q_a}{Q_{th}} \tag{8.2}$$

그림 8.7(a)는 용적형 펌프에서 송출 유량이 펌프의 회전 속도에 비례하여 증가하는 특성을 보여주고 있다. 따라서 이론 유량은 주어진 속도에서 그림 8.7(b)의 점선과 같이 일정하다. 하지만 펌프에서의 작동압력이 상승함에 따라 내부 누설이 증가하기 때문에 체적효율은 낮아지게 된다. 일반적으르 펌프 제조사들은 펌프의 정격 압력에서 체적효율을 지정한다. 그리고 대체적으로 체적효율의 값들은 기어펌프, 베인펌프 및 피스톤펌프의 경우 각각 84%, 90% 및 98% 정도이다.

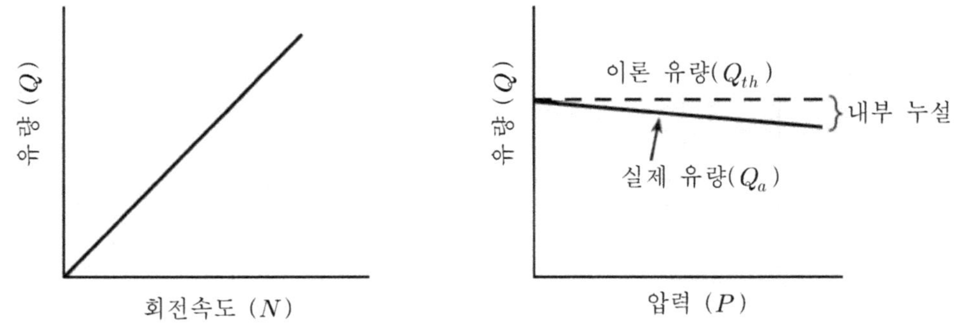

(a) 회전속도 대 유량　　(b) 일정 속도에서 압력 대 유량

그림 8.7 용적형 펌프 Q-N 곡선 및 Q-P 곡선

8.2.7 펌프 정격 압력

용적형 펌프의 정격압력은 기계적 손상이 발생하지 않고 장기간 사용할 수 있는 압력을 말한다. 작동압력이 지나치게 높으면 회전차의 손상뿐만 아니라 케이싱이 변형되고 축 베어링에 과도한 하중을 주어 펌프를 손상시킬 수 있다. 따라서 용적형 펌프에는 과도한 압력으로부터 펌프를 보호하기 위해 압력방출밸브(pressure relief valve)가 장착된다.

8.2.8 압력방출밸브의 구비조건

용적형 펌프는 유체형 펌프처럼 압력을 상승시킬 수 없다. 그 대신에 펌프는 유체 유동을 만들고, 외부 장치에 의해 만들어지는 유동에 대한 저항이 압력을 결정한다. 예를 들어, 용적형 펌프가 대기에 개방된 송출 라인을 가질 경우 유동은 존재하지만, 유동에 대한 저항이 기본적으로 없기 때문에 대기압 이상의 송출 압력을 얻을 수 없게 된다. 반면에 송출 라인이 봉쇄되는 경우 이론적으로 유동에 무한하게 저항력이 발생되고, 압력방출밸브가 열리지 않을 경우 유체는 유출될 곳이 없다. 그러므로 압력방출밸브가 설계 하중의 크기에 따라 시스템의 최대 압력 수준을 결정한다. 물론 압력방출밸브의 설정 압력은 장치 구동을 위한 시스템의 유압 실린더와 유압 모터에 의해 필요한 압력보다 다소 높아야 한다.

【예제 8.1】

식 (8.1)과 (8.2)를 사용하여 그림 8.8에서 나타낸 기어펌프의 체적효율을 계산하라. 오일의 동점성계수는 $2.1\times10^{-5}\ \mathrm{m^2/s}$, 작동압력은 3.5 MPa 그리고 펌프의 회전속도는 1140 rpm일 때, 1회전당 송출량은 40 cc이다.

☞ 풀이

이론유량은 식 (8.1)을 사용하여 다음과 같이 구한다.

$$Q_{th} = \widetilde{V_D}\times N = 40\times10^{-3}\times1140 = 45.6\ \ell/\mathrm{min}$$

그리고 그림 8.8로부터 작동압력 3.5 MPa 및 회전속도 1140 rpm일 때, 실제 유량은 $Q_a = 38\ \ell/\mathrm{min}$이다. 따라서 체적효율은 다음과 같다.

$$\eta_v = \frac{Q_a}{Q_{th}}\times100 = \frac{38}{45.6}\times100 = 83.33\%$$

【예제 8.2】

작동 압력 3.5 MPa, 회전속도 1140 rpm 그리고 실제 유량 36 ℓ/min인 기어펌프로 동점성 계수가 $2.1 \times 10^{-5}\ m^2/s$인 오일을 공급하여 직경 5 cm의 유압 실린더를 구동한다. 하중이 6 kN일 때 다음을 구하라.

(가) 압력방출밸브의 설정 압력

(나) 유압 실린더가 부하를 구동하는 속도

☞ 풀이

가. 유압 피스톤에 작용하는 압력은 피스톤의 단위 면적당 하중과 같다.

$$\text{피스톤 압력} = \frac{\text{부하}}{\text{실린더 피스톤 면적}} = \frac{6000}{\pi \times 0.05^2 / 4} = 3.06\ \text{MPa}$$

압력방출밸브의 설정 압력은 부하를 극복하는데 필요한 것보다 약 10% 크게 하는데, 이는 부하의 크기에서 10% 정도의 편차를 허용하기 위함이다.

$$P_{set} = 1.1 \times 3.06 = 3.37\ \text{MPa}$$

따라서 펌프를 가동하여 유압 실린더의 피스톤이 내부 조절장치를 작동시킬 때까지 유체의 압력은 3.37 MPa에 도달한다. 이 시점에서 부하 저항이 무한하게 커지므로 압력은 압력방출밸브의 설정치까지 빠르게 상승하고, 펌프는 과도압력으로부터 보호되어야 한다. 여기서 펌프의 설계 압력은 3.5 MPa이다.

나. 부하 구동속도는 피스톤의 평균속도와 같다.

$$\text{피스톤 속도} = \frac{\text{펌프 유량}}{\text{피스톤 면적}} = \frac{36 \times 10^{-3} / 60}{\pi \times 0.05^2 / 4} = 0.31\ \text{m/s}$$

8.2.9 총 펌프효율

펌프의 총 효율은 유체동력(수동력)을 펌프 구동동력(축동력)으로 나눈 것과 같다.

$$\eta_o = \frac{\text{산출 동력}}{\text{투입 동력}} = \frac{\text{유체가 얻은 동력}}{\text{펌프 구동 동력}} \tag{8.3}$$

그리고 펌프 구동에 필요한 축동력 L_s 및 유체가 펌프로부터 얻은 수동력 L_w은 다음과 같이 주어진다.

$$L_s = \frac{2\pi N \times T}{60 \times 1000} \quad [\mathrm{kW}] \tag{8.4}$$

$$L_w = \frac{\Delta P \times Q_a}{1000} \quad [\mathrm{kW}] \tag{8.5}$$

여기서 N은 펌프의 회전속도 [rpm]
T는 펌프 구동축의 토크 [N·m]
ΔP는 펌프에서의 압력 증가 [Pa]
Q_a는 펌프의 송출 유량 [m^3/s]이다.

일반적으로 용적형 펌프의 총 효율은 기어펌프, 베인펌프 및 피스톤펌프에서 각각 75%, 85% 및 95% 정도이다.

8.3 유체형 펌프

8.3.1 개요

유체형 펌프는 회전 깃(vane)의 운동으로 유체에 에너지를 부가하여 유체의 운동에너지를 증가시켜 준다. 그림 8.8은 가장 일반적인 형태의 유체형 펌프인 원심펌프의 구조를 보여주고 있다. 원심펌프는 여러 개의 곡면 깃으로 이루어진 회전차(impeller)와 이를 지지하는 케이싱(casing)으로 이루어진다.

8.3.2 원심 펌프

원심펌프에서 유체는 구동축에 장착된 회전차가 회전함에 따라 케이싱의 중심부 입구를 통해 축 방향으로 들어와서 반경 방향으로 유출된다. 이 때 회전 깃에 의해 유체에 에너지가 전달되고, 유체는 회전차의 날개 끝에 도달할 때까지 압력과 속도가 증가한다. 그리고 다시 달팽이 모양의 케이싱(volute casing)을 통과하면서 유동 단면적의 증가에 따라 속도가 감소되고 압력은 상승하게 된다.

그림 8.9는 최대 압력 1 MPa, 유량 45 m^3/min을 송출할 수 있는 전기모터 구동의 중형 원심펌프의 내부 구조를 보여주고 있으며, 그림 8.10은 이러한 펌프에서 사용되는 3가지 유형의 회전차 사진이다. 날개가 2~3개의 개방형 회전차(open impeller)는 막힐 가능성이 적기 때문에 고체 입자와 같은 이물질 함량이 높은 경우에 주로 사용되는 반면에, 날개가 4~5개인 폐쇄형 회전차(closed impeller)는 일반적으로 물과 같이 점도가 낮고 이물질을 포함하지 않은 액체에 적합하다.

8.3.3 원심펌프의 유량 및 양정

그림 8.11은 원심펌프의 송출 유량 대비 양정 곡선을 보여주고 있다. 실선은 물의 특성곡선이고 점선은 오일과 같이 물보다 점성이 높은 액체의 특성곡선이다. 대부분의 원심펌프에 대한 성능곡선은 물을 사용하는 것이 일반적이다. 하지만 그림 8.11과 같이 물보다 높은 점도를 가진 유체를 사용하면 동일한 펌프 양정에서 유량은 물의 경우보다 적어진다. 유체 점도가 물보다 300배 이상으로 크면 원심펌프의 성능이 현저히 떨어지므로, 이런 경우에는 보통 용적형 펌프가 사용된다.

원심펌프는 출구의 밸브가 닫히고 송출량이 없을 때 양정이 가장 높고, 이를 체절 수두(shut-off head)라고 부른다. 그림 8.11의 특성곡선과 같이 양정과 유량이 서로 반비례하므로 펌프의 송출 유량은 외부장치의 저항에 따라 현저히 변한다. 따라서 원심펌프는 유체 동력장치에서 드물게 사용된다. 하지만 원심펌프는 회전차와 케이싱 사이의 간극이 크므로 용적형 펌프와 다르게 자흡식 펌프(self-priming pump)가 아니다. 그러므로 펌프 아래에 위치한 탱크로부터 액체를 퍼 올리는 경우,

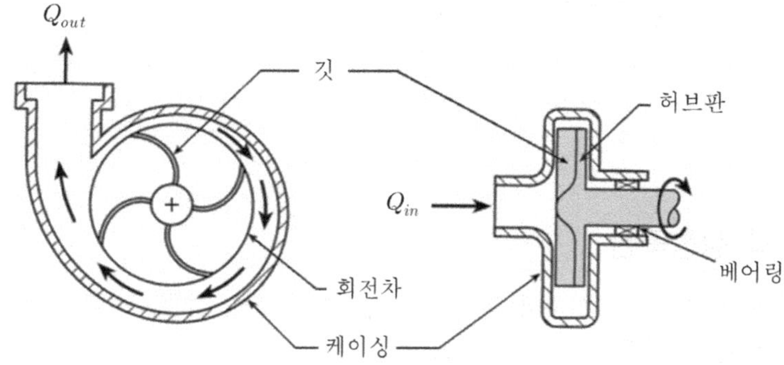

그림 8.8 원심펌프의 구조 특징

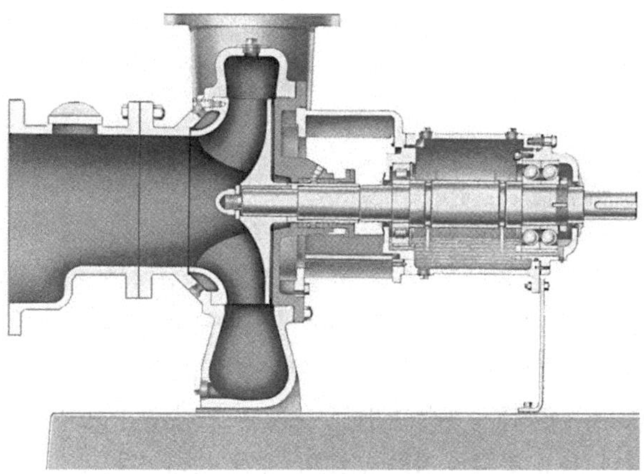

그림 8.9 원심펌프의 내부 구조

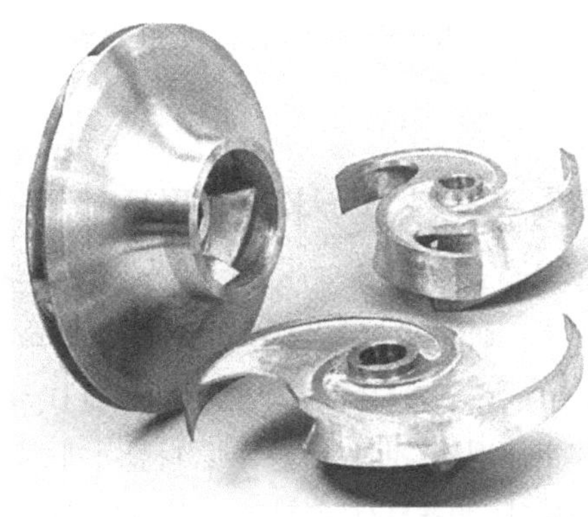

그림 8.10 3가지 유형의 원심 펌프 회전차

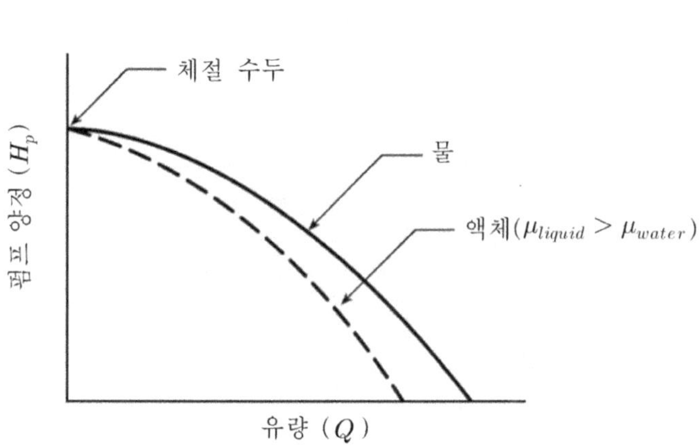

그림 8.11 원심 펌프의 유량 대 양정

펌프 케이싱과 흡입관에 동일 액체를 사전에 충전하여 기동시켜야 한다. 그리고 펌프 입구와 출구 사이에 간극이 크므로 외부 기밀을 유지시킬 수 있는 액체가 필요하다. 따라서 원심펌프는 구동축의 회전당 동일한 체적의 액체를 공급해야하는 경우에는 적합하지 않다.

8.3.4 원심펌프의 성능곡선

원심펌프 제조사들은 펌프를 시험하여 송출 유량에 대한 양정, 효율, 구동 동력 등에 대한 성능곡선을 제공한다. 그림 8.12는 원심펌프의 전형적인 3가지 성능곡선을 보여주고 있다. 송출 유량의 증가에 따라 펌프 효율도 증가하지만, 최대 효율점에 도달한 후에는 다시 효율은 감소한다.

최대 효율이 발생하는 지점을 설계점 또는 최적 운전점이라고 부르고, 이때의 유량을 설계 유량(design flow rate)이라고 부른다. 주어진 조건에 맞는 펌프를 선택할 때 최대 효율점 부근에서 작동할 수 있는 펌프를 사용하는 것이 바람직하다. 원심펌프의 최대 효율은 보통 60~80%이다.

8.3.5 축류형 및 사류형 펌프

원심형 펌프는 중간 양정에서 중간 유량이 필요한 장치에서 가장 효율적으로 작동하는 펌프이다. 관개 및 배수 장치와 같은 경우에서는 매우 높은 유량에서 낮은 양정이 필요하므로 축류형 펌프가 원심펌프 대신에 사용된다. 그림 8.13(a)는 축류형 프로펠러 펌프의 형상을 보여주고 있다. 축류형 펌프는 프로펠러 깃이 회전축과 나란하게 축방향으로 유체를 가속시킨다. 그리고 그림 8.13(b)는 사류형(혼류형) 펌프로서 유체의 유동 형태는 원심형과 축류형 프로펠러 펌프의 중간 형태이다.

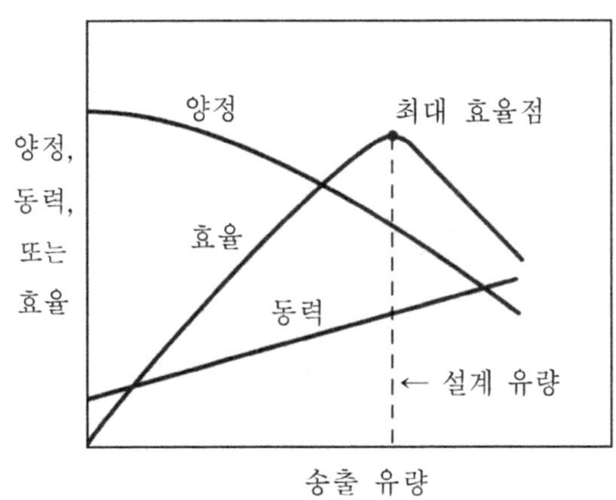

그림 8.12 원심펌프의 전형적인 성능곡선

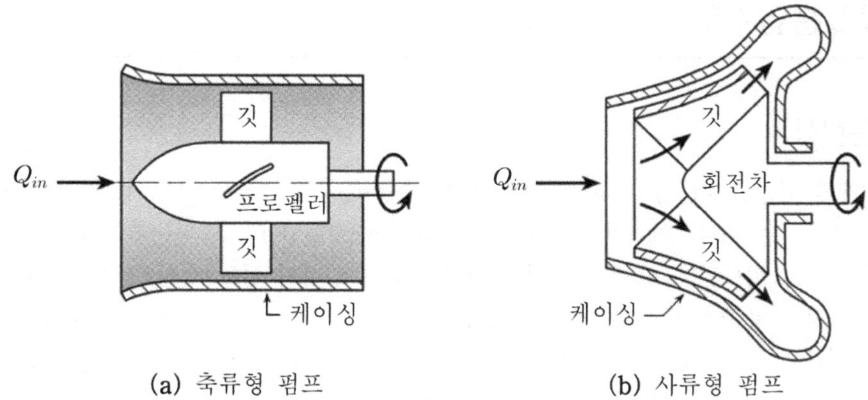

그림 8.13 축류형 및 사류형 펌프

8.4 유효흡입수두

8.4.1 공동현상

펌프가 액체를 압송할 때 펌프 내의 액체 압력이 포화증기압보다 낮으면 기포가 형성되고 붕괴되는 문제가 발생할 수 있다. 이러한 현상을 공동현상(cavitation)이라고 하는데, 재료 표면에 충격을 주어 진동과 소음을 일으킨다. 또한 기포의 급격한 붕괴로 인하여 펌프 격실이 액체로 완전히 채우지 못하기 때문에 펌프 유량은 감소하고, 송출 압력은 일정하지 않게 된다. 그리고 기포의 붕괴 시 매우 높은 속도로 펌프의 내부 금속표면에 충격을 주고, 시간이 경과하면서 이러한 충격으로 인하여 베인 또는 회전차의 깃과 같은 부품의 표면에 점식(pitting corrosion) 혹은 침식(erosion)이 발생한다. 따라서 회전차의 성능이 저하되고 수명도 짧아지므로, 설계 시에는 이점을 충분히 고려하여야 한다.

포화증기압(saturated vapor pressure)은 주어진 온도에서 액체가 증기로 기화하기 시작하는 최대 압력으로 정의되는데, 액체의 증기압은 온도가 증가하면 높아진다. 그림 8.14는 물의 온도에 대한 포화증기압 곡선을 보여주고 있다. 경험적으로 물은 대기압(101.3 kPa)일 때 100° C에서 기화하기 시작한다.

그러나 그림 8.14에서 보는 바와 같이, 물은 압력이 약 20 kPa(절대압)일 때 60° C에서도 끓기 시작한다. 그러므로 작동온도가 60° C의 경우, 입구에서 펌프로 흡입되는 물의 압력이 포화증기압인 20 kPa보다 낮아지면 비등(boiling)이 발생하고 증기 기포가 펌프의 내부에서 형성된다. 이러한 액체의 비등이 공동현상의 원인이 된다.

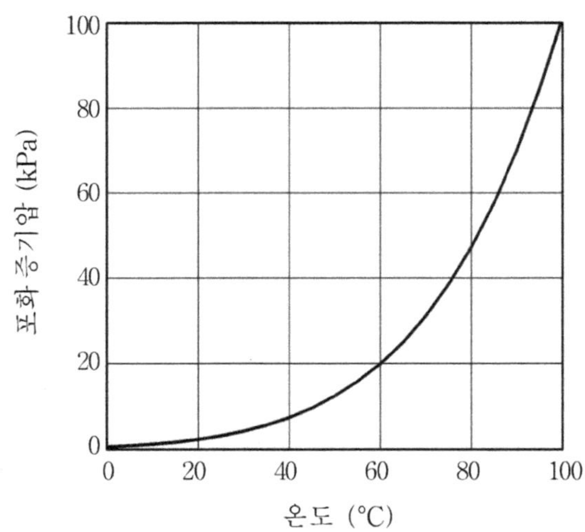

그림 8.14 물의 포화증기압 곡선

8.4.2 유효흡입수두의 정의

그림 8.15와 같이 설치된 펌프는 액체를 낮은 수위에서 높은 수위로 올려야 한다. 유효흡입수두(Net Positive Suction Head)는 펌프 회전차 입구에서의 압력수두와 속도수두에서 액체 증기압에 상당하는 수두를 뺀 것과 같다.

$$NPSH = \frac{P_1}{\gamma} + \frac{V_1^2}{2g} - \frac{P_v}{\gamma} \tag{8.6}$$

여기서 P_1는 펌프 회전차 입구에서 유체의 절대압력이고, V_1는 평균 유속 그리고 P_v는 유체의 작동온도에서 포화증기압(절대압력)이다.

8.4.3 필요 유효흡입수두 및 가용 유효흡입수두

펌프 장치의 설계에서 필요 유효흡입수두(Required Net Positive Suction Head)와 가용 유효흡입수두(Available Net Positive Suction Head)의 두 가지 유효흡입수두가 중요하다. 펌프 제조사들은 주어진 펌프에서 공동현상을 피하기 위해 최소한의 필요 유효흡입수두의 값을 지정한다. 필요 유효흡입수두는 펌프 회전차 날개의 형상에 따른 압력강하에 의해 결정되므로 주어진 펌프의 실험을 통해 얻는다.

가용 유효흡입수두는 실제로 존재하는 정미 흡입수두(양정)의 값이다. 가용 유효흡입수두의 관계는 에너지 방정식을 그림 8.15의 장치에 적용하여 나타낼 수 있다. 먼저 액체 저장 용기의 자유표면(지점 ⓪)을 펌프의 회전차 입구(지점 ①)와 비교하면

$$\frac{P_0}{\gamma} + \frac{V_0^2}{2g} + z_0 - h_l = \frac{P_1}{\gamma} + \frac{V_1^2}{2g} + z_1 \tag{8.7}$$

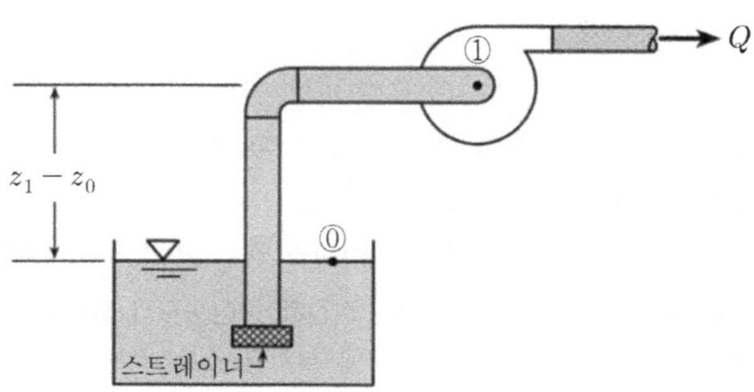

그림 8.15 펌프의 흡입수두

이다. 여기서 자유표면에 작용하는 압력 P_0은 대기압(P_{atm})과 같고, 자유표면의 유속 $V_0 = 0$으로 볼 수 있다. 그리고 h_l은 흡입 관로의 손실수두이다. 이 경우 가용 유효흡입수두 $NPSH_A$는 식 (8.6)의 정의에 의해 다음과 같다.

$$NPSH_A = \frac{P_1}{\gamma} + \frac{V_1^2}{2g} - \frac{P_v}{\gamma} \tag{8.8}$$

가용 유효흡입수두의 식 (8.8)에 에너지 방정식 (8.7)을 결합시키면, $NPSH_A$는 자유 표면에 작용하는 대기압에 상당하는 수두에서 펌프 회전차 입구까지의 위치수두와 손실수두 및 작동온도에서 포화증기압 수두를 뺀 것과 같다.

$$NPSH_A = \frac{P_{atm}}{\gamma} - (z_1 - z_0) - h_l - \frac{P_v}{\gamma} \tag{8.9}$$

8.4.4 공동현상의 방지

공동현상을 피하기 위해서는 가용 유효흡입수두가 필요 유효흡입수두보다 커야 한다.

$$NPSH_A \geq NPSH_R \tag{8.10}$$

$NPSH_A$는 식 (8.9)로부터 고도 차이($z_1 - z_0$)가 증가할 때 감소한다. 그러므로 펌프의 설치 고도가 액체의 자유표면보다 너무 높은 경우 펌프의 공동현상은 피할 수 없다. 물론 설치 고도가 너무 높으면 펌프는 어떠한 액체도 퍼 올릴 수 없다. 반면에 펌프가 저장탱크 아래에 위치하면 설치 고도 ($z_1 - z_0$)는 음수(-)가 된다. 이 경우에 펌프와 저장탱크 사이의 고도 차이가 커지면 $NPSH_A$는 증가하게 된다. 따라서 펌프를 저장탱크의 바닥에 설치하는 경우 펌프에서 공동형상이 발생할 가능성은 낮아진다.

【예제 8.3】

어떤 원심펌프를 그림 8.15에서 보는 바와 같이 개방 수로의 상부에 설치하였고, 펌프는 20℃의 물을 0.9 $\mathrm{m^3/min}$의 유량으로 공급한다. 펌프 제조사는 이 작동조건에서 필요 유효흡입수두 $NPSH_R$을 5 m로 지정하였다. 대기압이 101 kPa인 경우 공동현상이 발생하지 않도록 펌프를 설치할 수 있는 최대 고도(자유 수면에서 펌프 회전차 중심까지의 높이)를 결정하라. 100 mm 지름의 흡입 관로에서 손실수두 h_l은 관로 입구에 설치된 스트레이너(strainer)에 의해 15의 부차손실계수를 갖는다. 그리고 기타 수두손실은 무시할 만큼 작다.

☞ 풀이

공동현상을 일으킬 수 있는 한계 조건은 $NPSH_A = NPSH_R$일 때이다. 따라서 이 조건을 식 (8.9)에 대입시키면, 펌프의 최대 설치 고도는 다음과 같다.

$$(z_1 - z_0)_{\max} = \frac{P_{atm}}{\gamma_w} - h_l - \frac{P_v}{\gamma_w} - NPSH_R$$

여기서 $P_{atm} = 101000\,\mathrm{Pa}$

부록 A.1에서 20℃ 물의 밀도 $\rho_w = 998.2\,\mathrm{kg/m^3}$

$$\gamma_w = 998.2 \times 9.8 = 9782.36\,\mathrm{N/m^3}$$

$$V = \frac{Q}{A} = \frac{0.9/60}{\pi \times 0.1^2/4} = 1.91\,\mathrm{m/s}$$

$$h_l = K_l \frac{V^2}{2g} = 15 \times \frac{1.91^2}{2 \times 9.8} = 2.792\,\mathrm{m}$$

그리고 포화증기압 $P_v = 2330\,\mathrm{Pa}$(그림 8.14 또는 부록 A.1에서 읽음)이다.

이들의 값을 설치 고도를 구하는 식에 대입하여 다음과 같이 해를 얻는다.

$$(z_1 - z_0)_{\max} = \frac{101000}{9782.36} - 2.792 - \frac{2330}{9782.36} - 5.0 = 2.3\,\mathrm{m}$$

따라서 공동현상을 피하기 위해서는 펌프의 설치 고도가 자유 수면으로부터 2.3 m보다 낮아야 한다. 그리고 운전 여유를 고려하면 $NPSH_A$는 $NPSH_R$보다 30% 이상 커야 안전하다. 이 경우의 최대 설치 고도는 다음과 같다.

$$(z_1 - z_0)_{\max} = \frac{101000}{9782.36} - 2.792 - \frac{2330}{9782.36} - 1.3 \times 5.0 = 0.8\,\mathrm{m}$$

아울러 100 mm 지름의 원관 대신에 75 mm의 관을 사용하는 경우 유속 V는 1.778 $(= (100/75)^2)$배 증가하며, 이는 수두손실이 3.16$(= 1.778^2)$배로 증가하는 원인이 된다. 그 때 최대 설치 고도는 다음과 같다.

$$(z_1 - z_0)_{\max} = \frac{101000}{9782.36} - 2.792 \times 3.161 - \frac{2330}{9782.36} - 5.0 = -3.74\,\mathrm{m}$$

여기서 음(-)의 부호는 공동현상을 피하기 위하여 펌프의 회전차 중심이 저수조의 자유 수면보다 3.74 m 낮아야 함을 의미한다. 그러므로 큰 지름의 입구관을 사용하는 것이 공동현상의 발생 가능성을 낮출 수 있는 한 가지 방법이다.

8.5 상사법칙

8.5.1 개요

구조물이나 기계류 등의 실물을 원형(prototype)이라 하고, 원형과 닮은 것을 모형(model)이라고 한다. 일반적으로 제품을 만들기 전에 그 성능에 대한 정보가 필요한 경우가 흔히 있는데, 이런 경우 적당한 크기의 모형을 사용하여 실제의 성능을 예측할 수 있다. 모형 시험은 주어진 조건에서 실제 제품인 원형의 성능을 예측하여 설계 자료로 활용하는 것으로, 모형 시험에 사용되는 것들에는 펌프, 터빈, 프로펠러, 압축기, 밸브, 관이음구, 댐의 수문 및 자동차 차체 형상 등이 포함된다. 원형 대신에 모형을 시험하는 주요한 이유 3가지는 다음과 같다.

① 모형은 원형보다 작게 만들 수 있으므로 시험을 수행하는데 용이하다.
② 모형은 원형과 다른 재료로 만들 수 있으며, 따라서 제조비용과 시간을 절감할 수 있다.
③ 모형 시험은 실제의 유체 장치에서 사용되는 것과 다른 유체를 사용하여 시험할 수 있다. 예를 들어 기름 대신에 보다 풍부하고 물성치가 잘 알려진 물을 사용할 수 있다.

8.5.2 필요 상사 조건

모형 시험을 할 때 원형의 성능을 예측하는 신뢰성 있는 자료를 얻기 위해서는 다음과 같은 3가지 상사 조건을 일반적으로 만족해야 한다.

① 기하학적인 상사(geometric similarity) : 모형과 원형의 서로 대응하는 길이의 비(축척계수)가 일정한 값이어야 한다. 여기에서 길이의 비인 모형비에는 상대조도도 포함된다.
② 운동학적 상사(kinematic similarity) : 모형과 원형이 서로 대응하는 속도 및 가속도와 같은 유동 형태가 유사하여야 한다.
③ 역학적 상사(dynamic similarity) : 모형과 원형의 서로 대응하는 두 점에 작용하는 힘의 분포가 유사하여야 한다. 예를 들면 유체기계(펌프, 터빈, 압축기, 프로펠러 등)의 모형 시험에서 모형의 레이놀즈수는 해당 설계 조건에서 원형의 레이놀즈수와 같아야 한다.

8.5.3 상사법칙

모형 시험을 할 때 앞의 3가지 상사 조건을 만족하면 전체적인 상사가 이루어진 것으로 본다. 일반적으로 펌프와 같은 유체기계의 경우, 설계 조건의 레이놀즈수가 매우 클 때에는 원형과 모형 사이의 레이놀즈수 차이에 의한 효과는 무시할 수 있다. 부가하여, 구성 부품의 상대조도에 대한 기하학적 상사성은 원심형 펌프에서 무시할 수 있다. 이는 펌프 회전차와 케이싱의 불규칙한 형상이 재료의 표면거칠기를 지배하기 때문이다. 그러므로 표면거칠기의 효과는 무시하고 다음과 같은 4가지 상사법칙을 기하학적인 상사성에만 기초하여 원심형 펌프에 적용할 수 있다. 그리고 하첨자 m과 p는 각각 모형과 원형을 나타낸다.

① 펌프 유량의 상사

$$\left(\frac{Q}{ND^3}\right)_m = \left(\frac{Q}{ND^3}\right)_p \tag{8.11}$$

② 펌프 양정의 상사

$$\left(\frac{H}{N^2D^2}\right)_m = \left(\frac{H}{N^2D^2}\right)_p \tag{8.12}$$

③ 펌프 동력의 상사

$$\left(\frac{L}{\rho N^3D^5}\right)_m = \left(\frac{L}{\rho N^3D^5}\right)_p \tag{8.13}$$

④ 펌프 효율의 상사

$$\eta_m = \eta_p \tag{8.14}$$

여기서 Q는 체적 유량, N는 펌프 회전속도, D는 회전차 직경, H는 펌프 양정, L은 펌프 동력, ρ는 유체 밀도 그리고 η는 펌프 효율을 나타낸다.

원심펌프의 경우 서로 다른 유량을 송출하기 위해서는 다른 회전속도로 작동된다. 그러므로 주어진 크기의 원심펌프 케이싱은 전형적으로 여러 가지 다른 크기의 회전차에 적합하도록 설계된다. 상사법칙이 회전차 속도와 직경 변화에 의한 펌프 유량, 양정, 동력 및 효율에 대한 효과를 평가하는데 사용될 수 있다. 예제 8.4는 기하학적으로 유사한 펌프를 시험하여 얻은 자료에 기초하여 주어진 펌프의 성능을 예측하는데 어떻게 상사법칙을 적용하는가를 보여주고 있다.

【예제 8.4】

원심펌프 시험으로 다음과 같은 성능 자료를 얻었다.

펌프 양정 : $H = 10\text{ m}$

펌프 유량 : $Q = 0.6\text{ m}^3/\text{min}$

펌프 속도 : $N = 800\text{ rpm}$

이 펌프를 1000 rpm에서 작동하는 경우, 예상되는

(가) 유량

(나) 펌프 양정을 구하라.

☞ 풀이

가. 하첨자 1과 2를 모형과 원형의 하첨자 m과 p로 대체하여 식 (8.11)을 적용하면, 회전차의 크기는 동일($D_1 = D_2$)하므로 유량은 다음과 같다.

$$\frac{Q_1}{Q_2} = \frac{(ND^3)_1}{(ND^3)_2} = \frac{N_1}{N_2}$$

$$Q_2 = Q_1\left(\frac{N_2}{N_1}\right) = 0.6 \times \frac{1000}{800} = 0.75\ \mathrm{m^3/min}$$

나. 펌프 양정은 식 (8.12)를 적용하여 다음과 같이 구한다.

$$\frac{H_1}{H_2} = \frac{(N^2D^2)_1}{(N^2D^2)_2} = \frac{N_1^2}{N_2^2}$$

$$H_2 = \left(\frac{N_2}{N_1}\right)^2 H_1 = \left(\frac{1000}{800}\right)^2 \times 10 = 15.63\ \mathrm{m}$$

8.5.4 원심펌프의 성능곡선

펌프 제조사들은 그림 8.12와 같은 형식의 원심펌프 성능곡선을 제시하는 것에 부가하여 그림 8.16과 유사한 성능곡선도 제공한다. 이러한 성능곡선은 실제 펌프의 자료로서 여러 가지 다른 직경의 회전차가 동일한 케이싱에 사용될 수 있는데, 그림 8.16에서는 일정한 값의 효율 및 펌프 동력에 해당하는 곡선에 부가하여 3가지 다른 회전차 직경의 펌프 양정 곡선을 보여주고 있다. BHP는 제동마력(Brake Horse Power)을 나타내며, 펌프 구동축의 동력과 같다. 또한 $NPSH_R$로 표시한 곡선은 펌프의 설치에 필요한 유효양정을 나타낸다. 8.4절에서 논의한 바와 같이, $NPSH_R$은 펌프의 공동현상을 피하기 위해 유지해야 할 필요 유효흡입수두의 최솟값을 나타낸다.

그림 8.16은 회전차 직경이 23 mm, 28 mm 및 33 mm인 펌프 양정 곡선을 보여주고 있다. 또한 중첩된 것은 50~75%의 일정 효율 곡선들 및 5~15 BHP의 펌프 구동 동력 곡선들이다. 펌프 양정의 범위는 3~24 m이며, 유량은 최대 75 ℓ/s의 범위를 나타낸다. 그리고 오른쪽 축은 $NPSH_R$의 범위가 약 1.3~4.5 m이며, 펌프 회전속도가 1200 rpm으로 일정한 경우를 보여주고 있다. 그림 8.16의 펌프 성능곡선의 사용은 8.7절에서 설명한다.

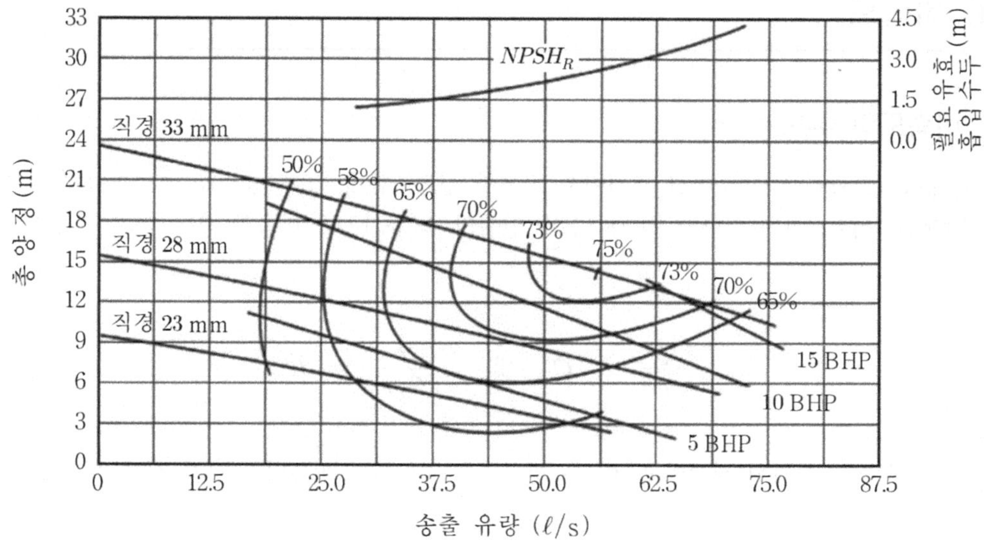

그림 8.16 원심펌프의 성능곡선

8.6 비속도

8.6.1 비속도의 유도

비속도(specific speed)는 주어진 조건에서 펌프를 선택하는데 있어 펌프의 성능 특성을 나타내는 유용한 매개변수이다. 이는 유량의 식 (8.11)과 양정의 식 (8.12)를 다음과 같이 다시 기술하여 유도된다.

$$\frac{Q}{ND^3} = C \quad \text{및} \quad \frac{H}{N^2D^2} = K$$

여기서 C 및 K는 무차원 상수이고, 이 두 방정식을 결합하여 펌프의 회전차 직경 D를 소거한다

$$\frac{Q}{N\left(\dfrac{H^{1/2}}{K^{1/2}N}\right)^3} = \frac{QK^{3/2}N^2}{H^{3/2}} = C \tag{8.15}$$

식 (8.15)의 양 측에 제곱근을 하면 비속도 N_s라고 부르는 무차원 매개변수를 얻을 수 있다. 비속도는 단위 양정($H=1$)에서 단위 유량($Q=1$)을 송출하는 동일 계열의 펌프 회전속도로 정의된다. 그리고 한 계열의 비속도는 일반적으로 속도, 유량 및 양정이 가장 효율적인 최대 효율점에 대해서 정의된다.

$$N_s = \frac{N\sqrt{Q}}{H^{3/4}} = \sqrt{\frac{C}{K^{3/2}}}$$

SI단위에서 비속도는 무차원이며, 각 항의 단위는 다음과 같이 주어진다.

$$N_s = \frac{NQ^{1/2}}{H^{3/4}} \quad [\mathrm{rpm},\ \ell/\mathrm{s},\ \mathrm{m}] \tag{8.16}$$

아울러 펌프 제조사에 따라 펌프의 송출 유량 단위로 $\mathrm{m^3/min}$을 사용하기도 한다.

8.6.2 비속도의 의의

송출 유량이 적고 양정이 큰 용량의 펌프는 낮은 비속도를 갖으며, 반대로 유량이 많고 양정이 낮은 펌프는 비속도가 높다. 그러므로 적은 유량 및 높은 양정이 필요한 경우에, 높은 비속도를 갖는 펌프를 사용하면 펌프는 최고 효율점 부근에서 작동되지 않는다.

비속도 N_s는 비교 회전속도라고도 부르며, 회전차의 형상을 나타내는 척도가 된다. 그림 8.17은 비속도와 펌프 효율의 관계를 보여주고 있는데, 이들의 최대 효율 부근에서 작동하는 원심펌프의 비속도는 350~2600의 범위이다. 축류펌프는 유량이 매우 많고, 양정이 낮은 펌프이므로 매우 큰 비속도를 갖는다. 그림 8.17에서 보는 바와 같이, 최고 효율 부근에서 작동하기 위해서는 축류펌프의 경우 비속도가 5000~9500이어야 한다. 사류펌프(혼류펌프)는 원심펌프와 축류펌프의 중간 유량 및 양정으로 작동하고, 2600~5000 범위의 비속도를 갖는다.

그러므로 주어진 조건에서 유체형 펌프의 비속도를 계산하여 효율 측면에서 가장 적합한 펌프의 유형을 손쉽게 구할 수 있다. 만약 펌프 유량의 단위로 $\mathrm{m^3/min}$을 사용한다면, 그림 8.17의 비속도 $N_s\,(\mathrm{rpm}, \ell/\mathrm{s}, \mathrm{m})$에 계수 0.245를 곱하여 다른 비속도 $N_s\,(\mathrm{rpm}, \mathrm{m^3/min}, \mathrm{m})$를 구할 수 있다.

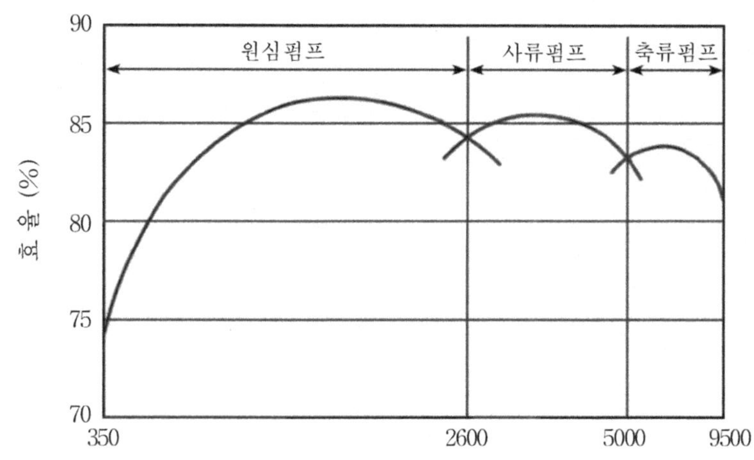

$$N_S = \frac{NQ^{1/2}}{H^{3/4}}\ (\mathrm{rpm},\ \ell/\mathrm{s},\ \mathrm{m})$$

그림 8.17 유체형 펌프의 비속도 대 효율 곡선

【예제 8.5】

유체형 펌프의 작동 요건이 2000 rpm으로 운전할 때 송출 유량이 8 ℓ/s이고, 손실수두는 26 m이다. 유체형 펌프 중에서 가장 적합한 펌프를 결정하라.

☞ 풀이

식 (8.16)을 사용하여 펌프의 비속도를 구한다.

$$N_s\,(\mathrm{rpm}, \ell/\mathrm{s}, \mathrm{m}) = \frac{NQ^{1/2}}{H^{3/4}} = \frac{2000 \times 8^{1/2}}{26^{3/4}} = 491.3$$

계산한 비속도값 491.3은 그림 8.17에서와 같이 350~2600의 사이에 있으므로, 원심펌프를 사용해야 한다.

아울러 원심펌프에는 안개깃이 있는 터빈펌프와 안내깃이 없고 와실(vortex chamber)만 있는 벌루트(volute)펌프가 있다. 터빈펌프의 비속도는 330~1000정도이고, 벌루트펌프의 비속도는 800~2600의 범위이므로, 안내깃이 있는 터빈펌프를 사용하는 것이 적합하다.

8.7 펌프의 선정

8.7.1 펌프의 선정기법

펌프의 선정은 공동현상이 발생하지 않도록 하면서 최고 효율점 부근에서 펌프가 작동될 수 있도록 하는 것이 중요하다. 따라서 펌프의 운전 특성이 관로의 저항 특성과 잘 조화를 이루는 펌프를 선택하여야 한다.

전형적인 유체 수송장치의 예로서 그림 8.18과 같이, 원심펌프가 낮은 고도의 저수조로부터 물을 끌어들여 밸브 및 관이음 부품들로 구성된 관로를 통해 높은 고도의 저장탱크로 수송한다.

펌프 양정 h_p를 결정하기 위해서 지점 ①과 ② 사이에 에너지 방정식을 적용하면 다음과 같다.

$$h_p = (z_2 - z_1) + \sum f \frac{L}{D}\frac{V^2}{2g} + \sum K_l \frac{V^2}{2g} \tag{8.17}$$

식 (8.17)에서 유체 수송에 필요한 펌프 양정은 저수조와 고수조의 고도 차이에 의한 위치수두에 관로 유동에서 발생하는 관로 마찰손실수두 및 밸브와 관이음 부품 등에서 발생하는 부차손실수두를 더한 것과 같다. 그리고 식 (8.17)을 고도 차이에 의한 위치수두$(z_2 - z_1)$와 유량(Q)의 함수로 다시 기술하면 다음과 같다.

$$h_p = (z_2 - z_1) + C \cdot Q^2 \tag{8.18}$$

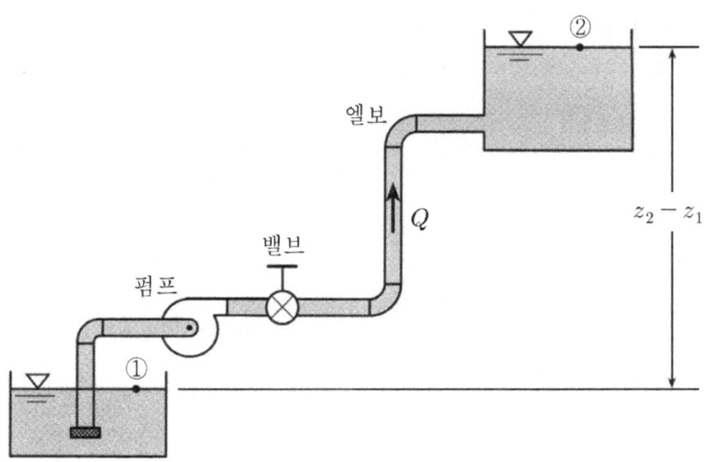

그림 8.18 펌프로 구성된 전형적인 유체 수송장치

유체의 속도 V는 유량 Q를 관로 단면적 A로 나눈 것과 같으므로, 식 (8.18)에서 상수 C는 다음과 같은 관계식을 갖는다.

$$C = \frac{\sum f \frac{L}{D} + \sum K_l}{2gA^2} \tag{8.19}$$

여기서 f는 관 마찰계수이고, K_l은 밸브 및 관이음구 등의 부차손실계수이다.

8.7.2 장치의 작동점

그림 8.19는 펌프의 송출 유량에 대한 양정, 효율 그리고 관로의 저항 특성곡선을 동일한 면에 보여주고 있다. 유체 수송장치의 작동은 펌프에 의해 만들어지는 양정과 유체 수송 관로의 저항 특성인 손실수두가 일치하는 지점에서 발생한다. 따라서 이러한 작동점은 그림 8.19에서 보는 바와 같이, 펌프의 양정 곡선과 관로의 저항 특성곡선이 서로 교차하는 지점이다. 그러므로 두 특성곡선의 교차점이 펌프의 최고 효율점 부근이 되도록 적절한 용량의 펌프를 선택하여야 한다.

유체 장치들은 식 (8.17)과 같은 고유의 펌프 양정에 대한 방정식을 갖으며, 밸브의 개방 정도에 부차손실계수의 값은 달라진다. 따라서 밸브가 완전히 열린 경우 그림 8.19의 펌프 양정과 장치의 저항 곡선이 서로 교차하는 지점 A가 펌프의 작동점이 되고, 밸브가 부분적으로 닫히면 장치의 저항

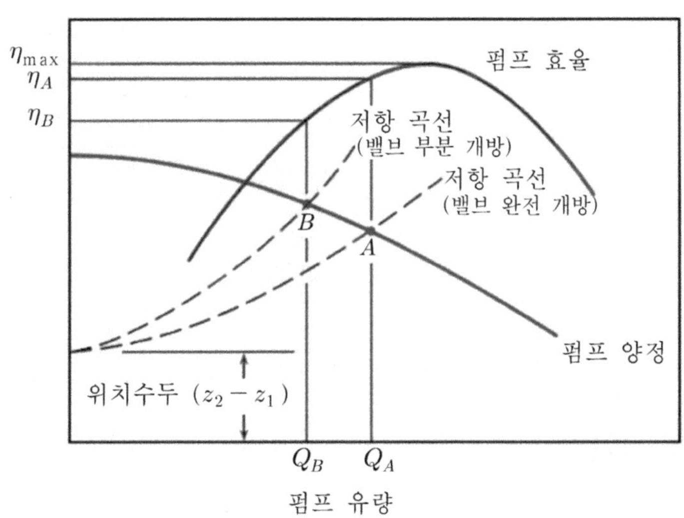

그림 8.19 펌프의 특성곡선 및 관로 저항곡선

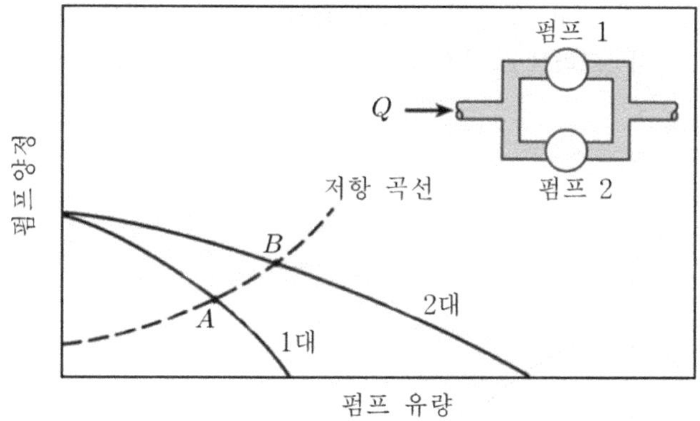

그림 8.20 원심펌프의 병렬 운전

을 증가시키게 되어 지점 B로 작동점이 이동하게 된다. 이에 따라 펌프 효율이 η_A에서 η_B로 떨어지게 되고 유량도 Q_A에서 Q_B로 감소된다. 또한 시간이 지남에 따라 관 내벽의 산화 등에 의해 표면거칠기가 증가하는 경우, 작동점(A 혹은 B)은 달라지게 된다. 특히 난류의 경우 관마찰계수 f의 값이 증가하여 펌프의 최고 효율점에서 멀리 떨어진 지점으로 작동점이 이동할 수도 있다.

8.7.3 펌프의 병렬 운전

주어진 조건에서 1대의 펌프로는 충분한 유량을 얻지 못하는 경우, 그림 8.20에서 보는 바와 같이 양정과 유량이 동일한 2대의 펌프를 병렬로 연결할 수 있다. 두 펌프의 합성 성능곡선은 동일한 양정에서 각 펌프의 유량을 더해 얻는다.

그림 8.20에서와 같이 두 펌프를 병렬로 연결할 때 동일한 관로의 저항특성에 대하여 작동점은 A에서 B로 이동하게 되고, 유량이 증가할 뿐만 아니라 양정도 증가한다. 그리고 실제 유량은 2배에 이르지 못한다. 그러므로 직경이 보다 큰 관로를 사용하여 관로 저항을 줄이면 유량을 보다 크게 할 수 있다.

8.7.4 펌프의 직렬 운전

반면에 단일 펌프로는 주어진 조건에서 양정이 충분하지 못하는 경우, 그림 8.21에서 보는 바와 같이 2대의 펌프를 직렬로 연결하여 사용할 수 있고 동일한 유량에서 각 펌프의 양정을 더한 두 펌프의 합성 성능곡선을 얻는다.

그림 8.21에서 보는 바와 같이 두 펌프를 직렬로 연결할 때 동일한 관로의 저항특성에 대하여 작

동점은 A에서 B로 이동하게 되고, 양정이 증가할 뿐만 아니라 유량도 다소 증가한다. 하지만 실제 양정은 2배에 이르지 못한다. 그러므로 양정의 증가만을 고려한다면 보다 작은 직경의 관로를 사용할 수도 있다.

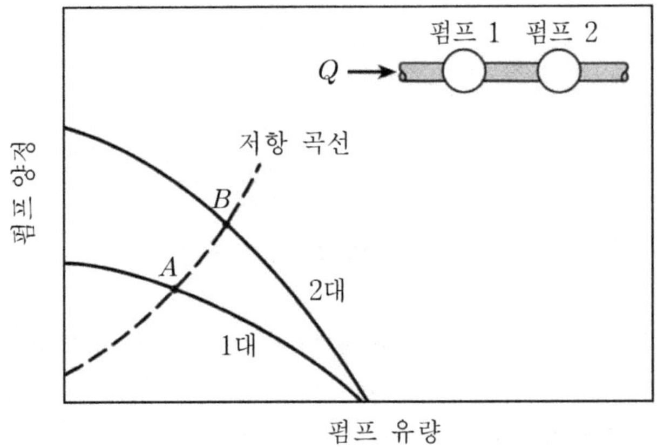

그림 8.21 원심펌프의 직렬 운전

연습문제 및 해설

8.1 피스톤 펌프가 50 mm 지름의 피스톤과 60 mm 행정을 가지며 750 rpm으로 작동한다. 체적 효율은 95%이며, 총 효율은 90%이다. 펌프가 오일을 3.5 MPa의 압력으로 전달하는 경우, 다음을 구하라.

(a) 실제 펌프 유량

(b) 펌프를 구동하는데 필요한 동력

【해설】 1회전당 송출 유량

$$\widetilde{V_D} = \frac{\pi D^2}{4} \times S = \frac{\pi \times 0.05^2}{4} \times 0.06 = 1.178 \times 10^{-4}\ \mathrm{m^3/rev}$$

이론 유량 $Q_{th} = \dfrac{\widetilde{V_D} N}{60} = \dfrac{1.178 \times 10^{-4} \times 750}{60} = 1.473 \times 10^{-3}\ \mathrm{m^3/s}$

실제 유량 $Q_a = \eta_v Q_{th} = 0.95 \times 1.473 \times 10^{-3} = 1.4 \times 10^{-3}\ \mathrm{m^3/s}$

수동력 $L_w = \Delta P \times Q_a = 3.5 \times 10^6 \times 1.4 \times 10^{-3} = 4.9\ \mathrm{kW}$

축동력 $L_s = \dfrac{L_w}{\eta_o} = \dfrac{4900}{0.9} = 5.44\ \mathrm{kW}$

8.2 원심펌프가 3.0 $\mathrm{m^3/min}$의 유량으로 물을 공급한다. 펌프를 구동하는데 필요한 축동력이 20 PS이며, 총 효율이 75%이다. 이 펌프의 양정을 구하라.

【해설】 축동력 $L_s = 20\ \mathrm{PS} = 14.7\ \mathrm{kW}$

수동력 $L_w = \eta_o L_s = 0.75 \times 14700 = 11.025\ \mathrm{kW}$

펌프 양정 $h_p = \dfrac{L_w}{\gamma_w Q} = \dfrac{11025}{9800 \times 3.0/60} = 22.5\ \mathrm{m}$

8.3 원심펌프의 성능 특성은 그림 8.22에서와 같은 작동시험을 통해 결정된다. 다음과 같은 성능평가 조건에서 펌프 양정을 구하라.

- 물의 유량 : $Q = 1.8\ \mathrm{m^3/min}$
- 입구 압력 : $P_1 = 13.3\ \mathrm{kPa}$(진공압력)
- 출구 압력 : $P_2 = 100\ \mathrm{kPa}$(계기압력)
- 입구 및 출구 관로 내경 : $D_1 = 200\ \mathrm{mm}$, $D_2 = 100\ \mathrm{mm}$
- 입구와 출구 고도 차이 : $z_2 - z_1 = 0.25\ \mathrm{m}$

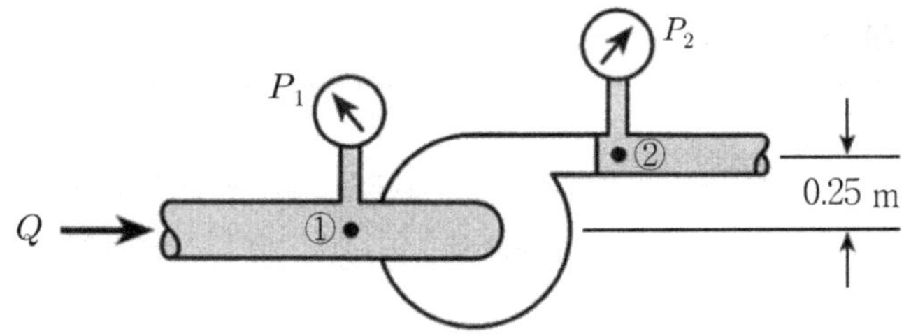

그림 8.22 문제 8.3의 설명도

【해설】 $P_1 = -13.3\,\text{kPa}, \quad P_2 = 100\,\text{kPa}$

$$V_1 = \frac{Q}{A_1} = \frac{1.8/60}{\pi \times 0.2^2/4} = 0.955\,\text{m/s}$$

$$V_2 = \frac{Q}{A_2} = \frac{1.8/60}{\pi \times 0.1^2/4} = 3.82\,\text{m/s}$$

펌프 입구 ①과 출구 ② 사이에 에너지 방정식을 적용하면

$$\frac{P_1}{\gamma_w} + \frac{V_1^2}{2g} + z_1 + h_p = \frac{P_2}{\gamma_w} + \frac{V_2^2}{2g} + z_2$$

$$h_p = \frac{P_2 - P_1}{\gamma_w} + \frac{V_2^2 - V_1^2}{2g} + z_2 - z_1$$

$$= \frac{(100 + 13.3) \times 10^3}{9800} + \frac{3.82^2 - 0.955^2}{2 \times 9.8} + 0.25 = 12.51\,\text{m}$$

8.4 문제 8.3에서 펌프 입구와 출구 관로의 직경이 같고($D_1 = D_2$) 고도 차이가 없을 때($z_1 = z_2$), 펌프의 양정을 구하라.

【해설】 $D_1 = D_2$이므로, $V_1 = V_2$

$$h_p = \frac{P_2 - P_1}{\gamma_w} = \frac{(100 + 13.3) \times 10^3}{9800} = 11.56\,\text{m}$$

8.5 원심펌프의 성능 시험을 문제 8.3의 그림 8.22에서 같이 수행하였고, 성능평가의 자료는 아래의 표와 같다. 펌프 입구와 출구 직경이 같고 고도 차이도 없을 때, 이 펌프의 유량에 대한 양정과 효율을 나타내는 성능곡선을 작성하라. 그리고 최고 효율과 해당 설계 유량을 구하라.

Q (m^3/min)	0.15	0.30	0.45	0.60	0.75	0.90	1.05
ΔP (kPa)	305	304	289	274	254	228	196
축동력 (PS)	3.48	4.99	5.87	6.49	7.02	7.68	8.80

【해설】 문제 8.4와 같이 펌프 입구와 출구 관로의 직경이 같고($D_1 = D_2$) 고도 차이가 없을 때($z_1 = z_2$), 다음과 같이 계산한다.

펌프의 실양정 $h = \dfrac{\Delta P}{\gamma_w}$

수동력 $L_w = \Delta P \times Q$

펌프 효율 $\eta_p = \dfrac{L_w\,(\text{수동력})}{L_s\,(\text{축동력})}$

1 PS = 735 kW로 환산

Q (ℓ/s)	2.5	5.0	7.5	10.0	12.5	15.0	17.5
ΔP (kPa)	305	304	289	274	254	228	196
실양정 (m)	31.12	31.02	29.49	27.96	25.92	23.27	20.0
수동력 (PS)	1.04	2.07	2.95	3.73	4.32	4.65	4.45
축동력 (PS)	3.48	4.99	5.87	6.49	7.02	7.68	8.80
효율 (%)	29.8	41.4	50.2	57.4	61.5	60.6	50.5

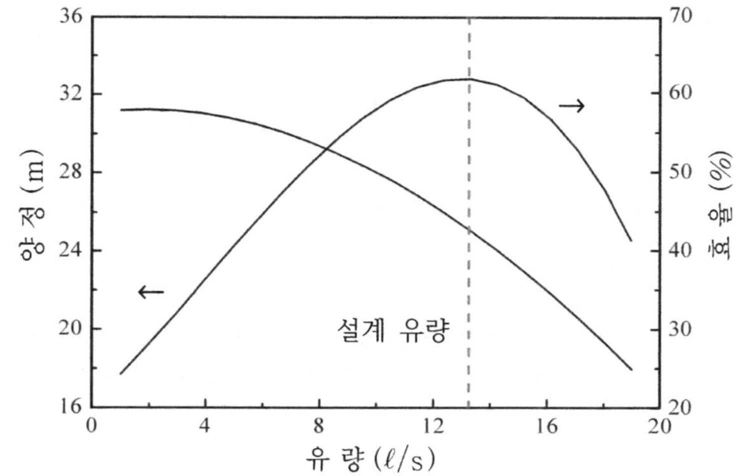

최고 효율은 62% 정도이고, 설계 유량은 13.5 ℓ/s 정도이다.

8.6 동일한 원심펌프에서 회전속도가 2배로 증가하면, 펌프 유량, 양정 및 동력은 어떻게 달라지는가?

【해설】 동일한 펌프에서 $D_2 = D_1$, $N_2 = 2.0\,N_1$

$$Q_2 = Q_1\left(\frac{N_2}{N_1}\right)$$ 이므로, 유량은 2배 증가

$$H_2 = H_1\left(\frac{N_2}{N_1}\right)^2$$ 이므로, 양정은 4배 증가

$$L_2 = L_1\left(\frac{N_2}{N_1}\right)^3$$ 이므로, 동력은 8배 증가

8.7 주어진 원심펌프에서 회전차 직경이 50% 증가하고, 회전속도는 동일하다. 펌프 유량, 양정 및 동력은 어떻게 달라지는가?

【해설】 $D_2 = 1.5\,D_1$이고, $N_2 = N_1$

$$Q_2 = Q_1\left(\frac{D_2}{D_1}\right)^3$$ 이므로 유량은 3.38배 증가

$$H_2 = H_1\left(\frac{D_2}{D_1}\right)^2$$ 이므로 양정은 2.25배 증가

$$L_2 = L_1\left(\frac{D_2}{D_1}\right)^5$$ 이므로 동력은 7.59배 증가

8.8 회전차 직경이 1 m인 펌프와 상사인 원심펌프를 설계하려고 한다. 이 펌프와 동일한 축동력을 유지하면서 회전속도를 1250 rpm에서 900 rpm으로 낮추면 회전차 직경은 어떻게 달라지는가? 단, 작동유체는 동일하다.

【해설】 $D_1 = 1.0\text{ m}$, $N_1 = 1250\text{ rpm}$, $N_2 = 900\text{ rpm}$

작동유체는 동일하고, 동력도 동일($L_1 = L_2$)이므로

$$N_1^3\,D_1^5 = N_2^3\,D_2^5$$

$$D_2 = D_1\left(\frac{N_1}{N_2}\right)^{3/5} = 1.0 \times \left(\frac{1250}{900}\right)^{3/5} = 1.22\text{ m}$$

8.9 어느 유체형 펌프가 회전속도 1800 rpm으로 작동할 때, 축동력은 20 PS이다. 유량은 $3\ \text{m}^3/\text{min}$의 물이고, 펌프의 총 효율은 70%이다. 이 펌프의 비속도를 구하라. 그리고 적합한 펌프의 종류는 무엇인가?

【해설】 비속도는 펌프의 회전속도 N, 송출 유량 Q 및 양정 H의 함수이다.

$$Q = \frac{3 \times 10^3}{60} = 50\ \ell/\text{s}$$

$$L_s = \frac{L_w}{\eta_p} = \frac{\gamma_w H Q}{\eta_p}$$

$$H = \frac{\eta_p L_s}{\gamma_w Q} = \frac{0.7 \times 20 \times 735}{9800 \times 50 \times 10^{-3}} = 21\ \text{m}$$

$$N_s = \frac{N Q^{1/2}}{H^{3/4}} = \frac{1800 \times 50^{1/2}}{21^{3/4}} = 1297.5\ [\text{rpm}, \ell/\text{s}, \text{m}]$$

비속도가 1300 정도인 경우, 적합한 펌프는 원심펌프의 일종인 벌루트(volute) 펌프이다. 벌루트 펌프는 안내깃이 없고 와실만 있으며, 비속도는 800~2600의 범위이다.

8.10 그림 8.23과 같이 원심펌프가 50℃의 물을 개방 탱크에서 수평 관로를 통해 대기로 방출할 때, 세부 사양은 아래와 같다.

- 총 관로 길이 : 100 m (탱크에서 펌프까지는 20 m)
- 관로 내경 : 75 mm (공업용 강관, 표면거칠기 $\epsilon = 0.045$ mm)
- 송출 유량 : $1.2\ \text{m}^3/\text{min}$
- 펌프 효율 : 75%

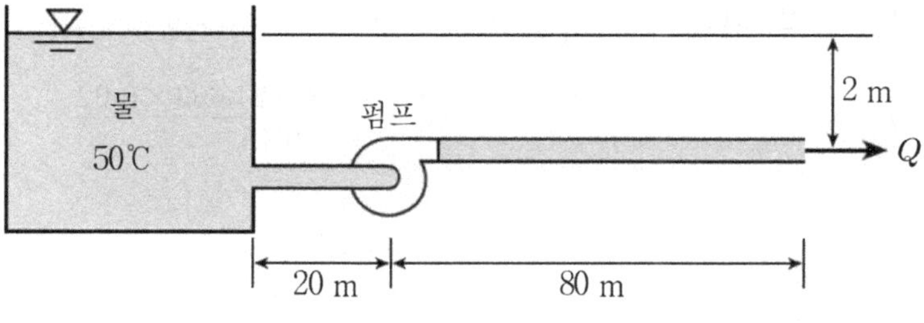

그림 8.23 문제 8.10의 설명도

펌프 입구에 설치된 스트레이너의 손실을 무시할 경우, 다음을 구하라.

(a) 펌프 구동에 필요한 축동력

(b) 가용 유효흡입수두 $NPSH_A$

【해설】 부록 A.1에서 50℃ 물의 물성치 참조

(a) 물의 밀도 $\rho_w = 988.1\ \mathrm{kg/m^3}$

동점성계수 $\nu_w = 0.556 \times 10^{-6}\ \mathrm{m^2/s}$

$$V_2 = \frac{Q}{A} = \frac{1.2/60}{\pi \times 0.075^2/4} = 4.527\ \mathrm{m/s}$$

$$Re = \frac{D V_2}{\nu_w} = \frac{0.075 \times 4.527}{0.556 \times 10^{-6}} = 610656.5$$

상대조도 $\dfrac{\epsilon}{D} = \dfrac{0.045}{75} = 0.0006$

Moody 선도에서 마찰계수 $f \approx 0.018$

총 손실 = 급축소 손실 + 흡입관 손실 + 유출관 손실

$$h_l = \left(K_{sc} + f\frac{L_1}{D} + f\frac{L_2}{D}\right) \times \frac{V_2^2}{2g}$$

$$= \left(0.5 + 0.018 \times \frac{20+80}{0.075}\right) \times \frac{4.527^2}{2 \times 9.8} = 25.617\ \mathrm{m}$$

저수조의 수면 ⓪과 관 출구 ② 사이에 에너지방정식을 적용하면

$$\frac{P_0}{\gamma_w} + \frac{V_0^2}{2g} + z_0 - h_l + h_p = \frac{P_2}{\gamma_w} + \frac{V_2^2}{2g} + z_2$$

여기서 $P_0 = P_2 =$ 대기압, $V_0 \approx 0$이므로

$$h_p = h_l + \frac{V_2^2}{2g} + z_2 - z_0$$

$$h_p = 25.617 + \frac{4.527^2}{2 \times 9.8} + 0 - 2 = 24.663\ \mathrm{m}$$

$$L_s = \frac{L_w}{\eta_p} = \frac{\gamma_w h_p Q}{\eta_p} = \frac{988.1 \times 9.8 \times 24.663 \times 0.02}{0.75} = 6.37\ \mathrm{kW}$$

(b) 부록 A.1에서 50℃ 물의 증기압 $P_v = 12.33\ \mathrm{kPa}$

포화증기압 수두 $\dfrac{P_v}{\gamma_w} = \dfrac{12.33 \times 10^3}{988.1 \times 9.8} = 1.273\ \mathrm{m}$

펌프 입구까지의 손실수두

$$h_{l,s} = \left(K_{sc} + f\frac{L_1}{D}\right) \times \frac{V_2^2}{2g}$$

$$= \left(0.5 + 0.018 \times \frac{20}{0.075}\right) \times \frac{4.527^2}{2 \times 9.8} = 5.542\ \mathrm{m}$$

펌프 회전차 중심을 기준 고도로 하면($z_1 = 0$)

$$NPSH_A = \frac{P_{atm}}{\gamma_w} - (z_1 - z_0) - h_{l,s} - \frac{P_v}{\gamma_w}$$

$$= \frac{101325}{988.1 \times 9.8} - (0-2) - 5.542 - 1.273 = 5.65 \text{ m}$$

8.11 문제 8.10의 그림 8.23에서 세부 사항이 다음과 같이 달라진다.

- 총 관로 길이 : 40 m (탱크에서 펌프까지는 5 m)
- 관로 직경 : 75 mm (상용 강관)
- 펌프 스트레이너의 손실계수 : 10.0
- 유량조절밸브의 손실계수 : 5.0
- 관로 마찰계수 : 0.025

그리고 1200 rpm에서 펌프 유량에 대한 양정 $H = 54 - 1.2 \times 10^3\, Q$이다. 여기서 양정 H 및 유량 Q의 단위는 각각 m 및 m^3/s일 때, 다음을 구하라.

(a) 40° C 물의 유량

(b) 펌프 비속도

(c) 가용 유효흡입수두 $NPSH_A$

【해설】 펌프 장치에서 스트레이너는 흡입관 입구에 설치하며, 유량조절밸브는 입구 측에 설치하면 흡입저항이 증가하므로 출구측에 장착하여야 한다. 그리고 부록 A.1에서 40℃ 물의 물성치를 참조한다.

(a) 물의 밀도 $\rho_w = 992.2 \text{ kg/m}^3$

동점성계수 $\nu_w = 0.661 \times 10^{-6} \text{ m}^2/\text{s}$

포화증기압 수두 $\dfrac{P_v}{\gamma_w} = \dfrac{7.37 \times 10^3}{992.2 \times 9.8} = 0.758 \text{ m}$

총 손실 = 급축소 손실 + 스트레이너 손실 + 흡입관 손실 + 유출관 손실 + 유량조절밸브 손실

$$h_l = \left(K_{sc} + K_s + f\frac{L_1}{D} + f\frac{L_2}{D} + K_v\right) \times \frac{V_2^2}{2g}$$

$$= \left(0.5 + 10.0 + 0.025 \times \frac{5}{0.075} + 0.025 \times \frac{35}{0.075} + 5.0\right) \times \frac{V_2^2}{2 \times 9.8}$$

$$= 1.471\, V_2^2$$

저수조의 자유수면 ⓪과 관로 출구 ② 사이에 에너지방정식을 적용하는데, $P_0 = P_2 =$ 대기압, $V_0 \approx 0$이므로

$$h_p = h_l + \frac{V_2^2}{2g} + z_2 - z_0 = \left(1.471 + \frac{1}{2\times 9.8}\right) \times V_2^2 - 2$$

$$= 1.522\,V_2^2 - 2$$

그리고 문제에서 주어진 펌프 유량에 대한 양정

$$h_p = 54 - 1200\,Q = 54 - 1200 \times \frac{\pi \times 0.075^2}{4} \times V = 54 - 5.301\,V_2$$

두 식을 정리하여 출구 유속 V_2를 구하고, 송출유량을 계산

$$1.522\,V_2^2 - 2 = 54 - 5.301\,V_2$$

$$1.522\,V_2^2 + 5.301\,V_2 - 56.0 = 0$$

$$V_2 = \frac{-5.301 + \sqrt{5.301^2 - 4\times 1.522 \times (-56)}}{2 \times 1.522} = 4.569\ \mathrm{m/s}$$

$$Q = A\,V_2 = \frac{\pi \times 0.075^2}{4} \times 4.569 \times 10^3 = 20.185\ \ell/\mathrm{s}$$

(b) 문제에서 주어진 펌프 유량에 대한 양정 및 비속도

$$H = 54 - 1200\,Q = 54 - 1200 \times 20.185 \times 10^{-3} = 29.778\ \mathrm{m}$$

$$N_s = \frac{N Q^{1/2}}{H^{3/4}} = \frac{1200 \times 20.185^{1/2}}{29.778^{3/4}} = 422.94\ [\mathrm{rpm},\ \ell/\mathrm{s},\ \mathrm{m}]$$

(c) 펌프 입구까지의 손실수두 및 가용 유효흡입수두를 계산

$$h_{l,s} = \left(K_{sc} + K_s + f\frac{L_1}{D}\right) \times \frac{V_2^2}{2g}$$

$$= \left(0.5 + 10.0 + 0.025 \times \frac{5}{0.075}\right) \times \frac{4.569^2}{2\times 9.8}$$

$$= 12.959\ \mathrm{m/s}$$

$$NPSH_A = \frac{P_{atm}}{\gamma_w} - (z_1 - z_0) - h_{l,s} - \frac{P_v}{\gamma_w}$$

$$= \frac{101325}{992.2 \times 9.8} - (0-2) - 12.959 - 0.758$$

$$= -1.3\ \mathrm{m}$$

입구손실이 너무 크므로, 공동현상을 피하기 위해서는 자유수면보다 1.3 m이상 낮은 위치에 펌프를 설치하여야 한다. 따라서 펌프 입구측의 손실수두를 줄이도록 관직경의 변경과 같은 설계 변경이 필요하다.

9 기체 유동 및 공기기계

9.1 기체 유동의 개요

우리는 제5장에서 8장까지 유체의 밀도가 현저하게 변하지 않는 비압축성 유동을 다루었고, 대부분의 공학 문제에서 유체의 밀도가 5% 이내로 변하는 경우 비압축성 유동으로 가정한다. 액체는 매우 높은 압력에도 체적의 변화가 크게 일어나지 않으므로 거의 모든 액체의 유동은 비압축성 유동에 속한다. 액체의 비압축성은 식 (9.1)로 예시한 바와 같이 매우 큰 체적탄성계수에서 알 수 있다.

$$\frac{\Delta P}{E_v} = -\frac{\Delta V}{V_1} \tag{9.1}$$

예를 들어, 체적탄성계수 E_v가 약 $2.06\times 10^9\ \mathrm{N/m^2}$인 물의 경우를 보면, 식 (9.1)에 의해 $7.0\times 10^6\ \mathrm{Pa}$의 매우 큰 압력변화에도 단지 0.34%의 체적변화만이 일어난다. 밀도는 질량을 체적으로 나눈 것과 같으므로 물의 밀도는 체적변화에서와 동일하게 매우 작은 백분율(0.34%)로 변한다. 그러므로 비압축성 유동은 액체의 유동을 다루는 문제에서 매우 유효한 가정이다.

반면에, 기체는 이상기체의 상태방정식 (9.2)로부터 알 수 있듯이 압력에 따라 밀도가 현저하게 변하는 압축성 유체이다. 이 식으로부터 기체의 밀도는 절대압력에 정비례하고 절대온도에 반비례함을 알 수 있다. 예를 들어, 압력이 두 배이고 온도가 일정하면 기체의 밀도는 두 배이다.

$$\rho = \frac{P}{RT} \tag{9.2}$$

그러나 식 (9.2)에 의해 기체의 압력이 5% 이내에서 변하고 온도가 현저히 변하지 않으면 비압축성 유체로 가정할 수 있다. 또한 흐르는 기체의 경우 약 0.3 이하의 마하수에서 밀도의 변화가 5% 이하임을 알 수 있다. 표준 대기 조건의 공기의 경우 음속은 약 340 m/s이다. 그러므로 마하수 0.3은 대략 100 m/s의 속도를 나타낸다. 하지만 대부분의 기체 유동은 이 높은 속도를 초과하지 않으므로, 마하수 0.3 이하의 기체 유동은 비압축성 유동으로 취급할 수 있다.

하지만 기체의 속도가 마하수 0.3을 초과하면 밀도 변화가 현저하게 나타나고, 이러한 경우 압축성 효과를 고려해야 한다. 분명한 효과의 한 예는 기체 속도가 음속에 도달할 때 유속이 최대가 되는 축소 노즐에서 유동 상태는 초킹(choking)이라고 부르는 임계 상태에 도달한다는 사실이다.

공기와 같은 기체는 난방, 공기조화 및 환기, 공기 동력, 식품 처리, 연기 및 먼지 제어 등과 같은 수많은 산업 응용에서 사용된다. 그리고 이러한 기체 장치들을 적절히 작동시키기 위해 팬(fan), 송풍기(blower), 압축기(compressor), 공기 실린더 및 공기 모터와 같은 기구가 사용된다. 이 장에서는 이러한 공기 기구들의 작동원리를 살펴보고, 기체 유동의 기본적인 관계를 분석하기로 한다.

9.2 팬 및 송풍기

9.2.1 공기기계 개요

팬, 송풍기 및 압축기는 액체 장치에서 펌프가 하는 목적과 동일한 목적을 수행하기 위해 기체를 사용한다. 이러한 기기들은 원동기의 기계적 에너지를 유체 에너지가 증가하도록 변환시켜준다. 팬 및 송풍기는 회전축 로터에 장착된 회전차 날개의 운동을 이용하여 기체의 압력 또는 속도를 증가시키는데, 유동에 대한 장치의 저항이 압력 증가를 가져온다.

일반적으로 공기기계는 상승 압력에 따라 분류하는데, 비압축성 유체로 설명할 수 있는 것을 저압식 공기기계, 그리고 압축성 유체로 다루어야 하는 것을 고압식 공기기계라고 한다. 저압식 공기기계인 팬의 압력 상승 범위는 10 kPa 미만으로 매우 작고, 송풍기의 압력 상승은 10~100 kPa 정도이다. 그리고 9.3절에서 논의할 압축기는 100 kPa 이상의 압력 상승이 필요할 때 사용된다.

9.2.2 축류형 및 사류형 팬

가장 일반적인 유형의 저압식 공기기계는 축류형 또는 사류형 팬으로, 많은 풍량이 요구될 때 사용한다. 그림 9.1과 9.2는 각각 축류형 배기팬 및 관류팬을 보여주고 있다. 이러한 팬들은 전기모터에 의하여 구동되며, 직경 0.3~1.5 m의 회전차가 사용되는데 날개의 수는 4~12개 정도이다. 풍량은 27~2000 m^3/min 정도이며, 풍압은 150~700 Pa의 저압이다. 공기는 구동축의 회전중심방향으로 유입되어 축방향으로 송출된다. 설치공간이 비교적 적은 편이며, 풍량 변동에 따른 풍압과 동력의 변동 폭도 적다. 효율은 비교적 낮은 편이지만, 소음이 적고 운동 상태도 정숙한 편이므로 공기조화용 및 급기·배기용으로 많이 사용된다.

그림 9.1 축류형 배기팬

그림 9.2 축류형 관류팬

그림 9.3 사류형 팬

그림 9.3의 사류형 팬은 회전차 날개의 모양이 원심형과 축류형의 중간 구조로 날개는 45~55° 정도 경사져 있다. 풍압은 100~1000 Pa이며, 경량 설계 및 고효율, 저소음 특징을 가지고 있어서 공장 및 주차장 등의 환기용으로 주로 사용된다.

9.2.3 원심형 송풍기

그림 9.4는 원심형 펌프와 유사한 원심형 송풍기를 보여주고 있다. 공기가 송풍기 중심축 방향으로 들어가서 회전 날개에 의해 반경방향으로 유출되고, 운동에너지가 증가하게 된다. 높은 속도의 공기가 케이싱의 벌루트 형상 부분을 통과하면서 단면적의 변화에 따라 일부 운동에너지가 압력에너지로 변환되어 송출 압력이 상승하게 된다. 그림 9.4의 오른쪽 사진은 8개의 평평한 형상의 반경방향 깃으로 이루어진 회전차를 보여주고 있다. 이러한 원심형 송풍기는 풍량이 최대 100 m^3/min이고, 풍압은 5 kPa 정도이다.

그림 9.4 원심형 송풍기 및 회전차

9.2.4 원심형 송풍기의 성능곡선

그림 9.5는 회전차 직경이 30 cm인 원심형 송풍기의 성능곡선을 보여주고 있다. 송풍기 회전수가 3450 rpm이고 공기의 밀도가 1.26 kg/m^{3}일 때, 풍압(정압), 동력 및 효율 특성을 나타낸다. 그림에서 보는 바와 같이, 이 송풍기의 최대 정압은 약 3.5 kPa이며, 최대 풍량은 약 48 m^3/min이다. 전기모터에 의해 직접 구동되는 축동력의 범위는 약 0.75~3.5 kW이다.

이런 유형의 송풍기는 회전차 직경이 20~42 cm의 범위이고, 0.25~11 kW의 모터에 의해 구동된다. 일반적으로 식품 처리 및 건조 장비, 전자 장비의 냉각, 먼지 및 연기 제거 등의 목적으로 사용된다.

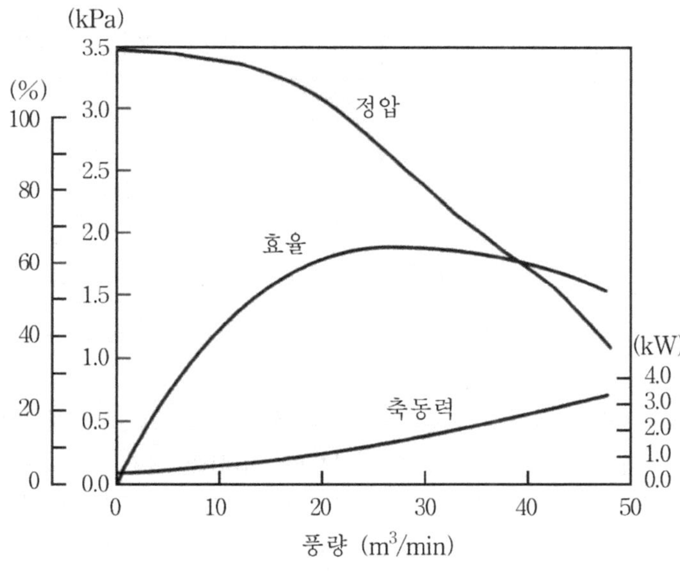

그림 9.5 원심형 송풍기의 성능곡선

9.2.5 원심형 송풍기의 회전차

그림 9.4의 원심형 송풍기는 평평한 반경방향 깃을 갖는 직선 날개의 회전차를 가지고 있지만, 그림 9.6은 회전 방향으로 굽은 전향 날개와 회전 반대방향으로 굽은 후향 날개로 이루어진 두 가지 다른 유형의 회전차를 보여주고 있다. 아울러 그림 9.7은 각각 전향, 직선 및 후향 날개 끝의 속도 선도를 보여주고 있다.

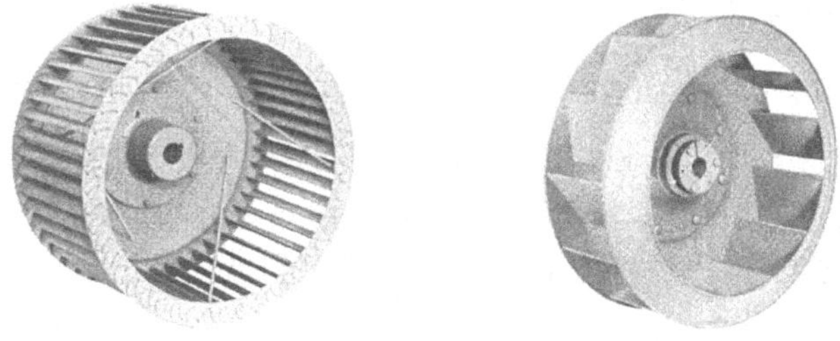

(a) 전향 날개의 회전차　　　(b) 후향 날개의 회전차

그림 9.6 원심형 송풍기의 회전차

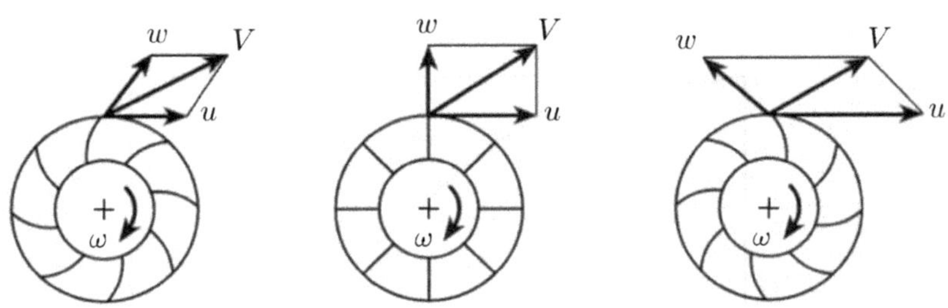

(a) 전향 날개　　(b) 직선 날개　　(c) 후향 날개

그림 9.7 원심형 송풍기의 회전차 날개 형상

회전차가 각속도 ω로 회전한다면, 공기는 날개 끝에서 유동 궤적선에 접선 방향으로 흘러 나가고, 이 속도를 절대속도 V라 한다. 그리고 회전차의 날개와 접선을 이루는 속도 성분을 상대속도 w라 하고, 회전차 둘레의 임의의 점에서 회전차와 접선을 이루는 속도 성분을 원주속도 u라 한다.

날개의 방향과 동일한 방향의 상대속도 w의 크기는 회전차를 통과하는 체적 유량을 날개 끝에서 인접하는 날개 사이의 유동 단면적으로 나눈 것과 같다. 그리고 회전차 반경 방향에 수직인 원주속도는 회전차의 반경 R과 각속도 ω를 곱한 것과 같다.

그림 9.7은 동일한 직경을 가진 3가지 회전차에서 상대속도의 크기 및 유량이 동일한 경우를 비교한 것이다. 그림에서 보는 바와 같이, 동일한 절대속도를 얻으려면 후향 날개의 경우 높은 회전속도가 필요하고, 직선 날개에 비해 전향 날개의 경우 낮은 회전속도가 필요하다. 따라서 전향 날개의 회전차는 동일한 공기 유량 및 압력에서 동일한 직경의 후향 날개의 회전차보다 낮은 속도로 작동된다. 그러나 전향 날개의 회전차는 동일한 조건에서 후향 날개의 경우보다 효율이 낮은 단점이 있다. 그러므로 후향 날개의 회전차가 일반적으로 사용되고 있으며, 정숙하고 효율적인 환기장치가 바람직한 실험실, 병원, 레스토랑, 학교 등에서 주로 사용된다.

9.3 압축기

압축기는 기체의 체적을 감소시켜 원하는 압력 수준으로 압축하여 공급하는 기계이다. 압축기는 펌프와 같이 왕복 피스톤, 로터리 스크루 및 로터리 베인형의 용적형과 로터에 장착된 날개를 갖는 회전차를 이용한 원심형으로 구별된다. 여기에서는 용적형인 피스톤 및 스크루 압축기 그리고 원심형 압축기에 대하여 알아본다.

9.3.1 피스톤 압축기

그림 9.8은 1단 피스톤 공기압축기의 내부 구조를 보여주는 사진인데, 전기모터와 외부 공기를 강제로 압송하여 압축기의 냉각을 가속시키는 팬을 포함하고 있다. 이러한 소형 압축기는 최대 송출압력 700 kPa에서 1초당 1.5 ℓ 정도의 풍량을 공급하고, 1 PS급의 소형 전기모터에 의하여 구동된다.

일반적으로 1단 피스톤 압축기는 1 MPa의 풍압으로 공기를 송출하지만, 그 이상의 압력 수준에서는 압축기 격실 크기와 압축과정에서 발생하는 열에 의하여 효율적인 작동이 제한받는다. 기체를 압축하면 압력뿐만 아니라 온도도 상승하므로 압축공기의 냉각이 필요한데, 소형의 이동형 및 산업용 압축기는 보통 공냉식인 반면에 대형 압축기는 수냉식이다.

그리고 한 개 이상의 실린더를 갖는 압축기는 다단식으로 공기를 압축하여 효율을 향상시킬 수 있다. 다단 압축기는 실린더 용량이 순차적으로 작아지는 다수대의 압축기를 직렬 운전하는 것과 같으며, 단 사이에서 압축공기를 중간 냉각시킬 수 있으므로 체적효율이 현저하게 증가하며 구동 동력은 낮아진다.

그림 9.8 피스톤 압축기의 구조

표 9.1 다단 피스톤 압축기의 단계별 압력

단	압력(MPa)
1	1.0
2	3.5
3	17.5
4	34.5

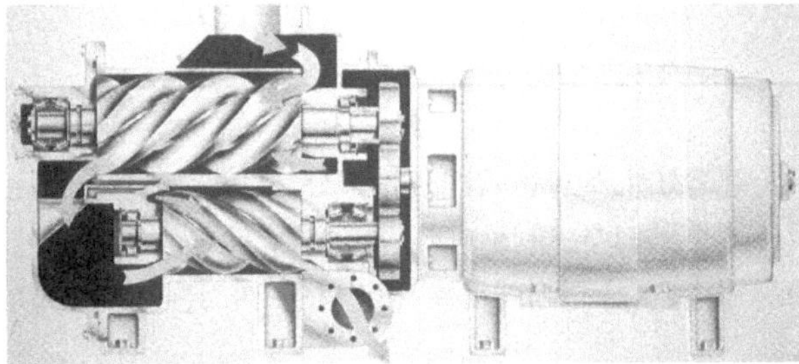

그림 9.9 1단 스크루형 압축기의 구조

9.3.2 스크루형 압축기

기술이 발달함에 따라 재료의 강도가 높아지고 제조공정의 효율성도 높아져서 로터리 스크루형(rotary screw type) 압축기의 사용이 증가하고 있다. 그림 9.9는 제8장에서 살펴본 스크루 펌프와 유사한 1단 스크루 공기압축기의 내부 구조를 보여주는 사진이다. 서로 맞물린 2개의 스크루를 회전시켜 포집된 공기를 점차 작은 체적으로 말아서 압축하는 방식이다.

스크루형 압축기의 로터는 유막에 의해 보호되어 두 로터와 케이싱 사이의 틈새를 세밀히 제어하며 자유로이 회전한다. 그리고 유막이 형성되어 금속과 금속이 접촉하는 고체마찰이 이루어지지 않으므로 로터의 마모는 일어나지 않는다. 압축효율을 높이고 압축과정에서 발생되는 열을 흡수하여 높은 밀도의 공기를 송출할 수 있도록 오일로 로터를 윤활 및 냉각시키고, 동시에 로터 틈새의 기밀을 유지시킨다. 1단 스크루형 압축기의 최대 풍량이 42 m^3/min이고, 최대 압력은 860 kPa 정도이다. 2단 스크루형 압축기는 직렬로 연결된 1단과 2단 사이에서 연속적으로 압축을 한다. 그러므로 이 구조는 동일한 송출압력 수준에서 작동되는 1단 기구보다 압축효율이 약 15% 정도 높다.

스크루형 압축기는 일반적으로 압축공기탱크, 전기모터 및 풀리 드라이브, 압력 제어장치, 계측장치와 함께 일체형으로 제작된다. 공기장치가 작동될 때 종종 압축기의 용량을 초과하여 관로에 공기가 흐를 수 있으므로, 공기탱크는 이러한 유량 변화를 수용하여 일정한 압력으로 공기를 공급할 수 있을 만큼의 크기여야 한다. 그리고 공기장치가 공전하는 동안, 압축기는 항상 탱크의 공기를 최대 설정 압력으로 완전히 충전시키도록 압축공기를 공급한다.

9.3.3 원심형 압축기

원심형 압축기는 회전차와 케이싱의 형상이 액체 대신에 기체를 취급하도록 설계된 점을 제외하고는 원심형 펌프와 기본적으로 동일한 형상을 갖고 있다. 원심형 압축기는 최대 3000 m^3/min의 풍량을 제공할 수 있으며, 최대 풍압 350 kPa 정도로 작동할 수 있다.

그림 9.10은 1단 원심형 압축기의 내부 구조를 보여주는 사진이며, 그림 9.11은 압축기에 가장 일

반적으로 사용되는 회전차들로 (a) 개방형 직선 날개, (b) 개방형 후향 날개 및 (c) 폐쇄형 후향 날개의 회전차 형상이다.

원심형 압축기는 주로 제지, 식품 및 화학 공장, 도시 및 산업용 폐수처리시설 등에 사용되는데, 매우 높은 송출압력을 얻기 위해서 10단 이상의 회전차가 한 케이싱 내에 있는 다단 압축기도 사용된다.

그림 9.12는 6단 원심형 압축기의 내부 구조 및 회전차를 보여주고 있다. 6개의 회전차는 폐쇄형 후향 날개로 이루어져 있으며, 날개의 형태는 압축기의 풍압 및 효율에 영향을 준다. 원심형 압축기는 2 이상의 높은 압력비를 얻기 위해 고속으로 회전하므로 압력 손실이 최소화되도록 유로를 설계하고, 중간 냉각이 필요하다.

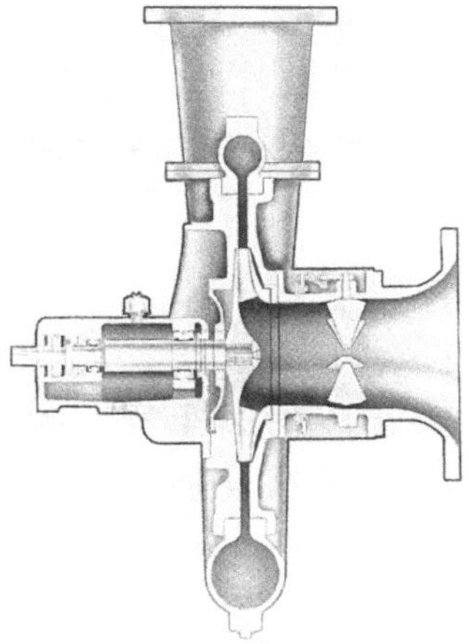

그림 9.10 1단 원심형 압축기

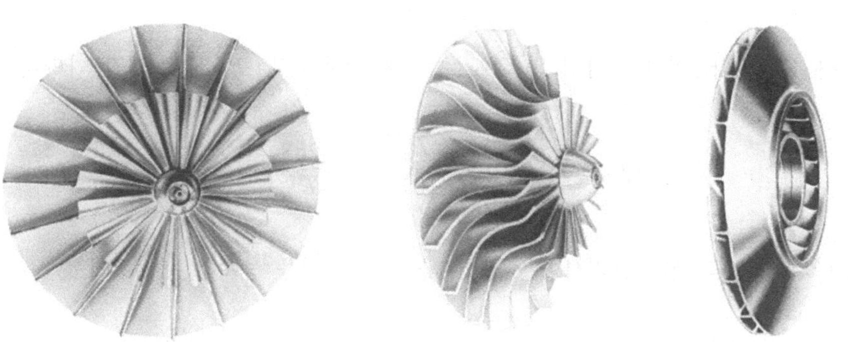

(a) 개방형 직선 날개 (b) 개방형 후향 날개 (c) 폐쇄형 후향 날개

그림 9.11 3가지 형상의 원심형 압축기 회전차

그림 9.12 수평 분할형 6단 원심압축기의 구조

9.3.4 압축기 풍량 및 동력

공기압축기의 풍량은 단위 시간당 흡입하는 공기의 체적 유량으로서, 반드시 흡입상태를 표준 대기[2]의 조건으로 환산하여 말한다. 즉, 표준 대기 상태와 실제 운전조건에서 송풍기의 송출 질량 유량($\dot{m}$)이 동일하여야 한다.

$$\dot{m} = \rho_{std}\, Q_{std} = \rho_{act}\, Q_{act} \tag{9.3}$$

따라서 표준 풍량(Q_{std})은 식 (9.4)와 같이 실제 풍량(Q_{act})에 표준 상태와 송출 조건의 압력 및 온도의 비를 곱하여 산출한다. 여기서 압력 및 온도는 절대 단위인 Pa 및 K로 각각 나타내야 한다.

$$Q_{std} = Q_{act} \times \frac{P_{act}}{101.3} \times \frac{288}{T_{act}} \tag{9.4}$$

그리고 또 하나의 중요한 설계 고려사항은 압력 및 풍량 요건을 충족하는 압축기를 구동하는데 필

2) 표준 대기(standard atmosphere)의 조건을 유동 산업체에서는 계산상 편의를 위해 일반적으로 15℃ (288 K), 101.3 kPa로 정의한다. 하지만 국가 및 단체에 따라 기준이 다르므로 주의를 요한다. 아울러 표준 상태(standard conditions) 또는 표준 온도 압력(standard temperature and pressure, STP)으로 0℃, 1 atm을 사용하는 경우도 많다.

요한 동력을 구하는 것이다. 이론동력인 단열 공기동력은 식 (9.5)와 같이 단열 압축과정에 의하여 단위 중량의 공기에 주어진 일의 양에 풍량을 곱한 것과 같다.

$$L_{ad} = \frac{P_{in} Q_{in}}{60} \left(\frac{k}{k-1}\right) \left[\left(\frac{P_{out}}{P_{in}}\right)^{\frac{k-1}{k}} - 1\right] \ [\mathrm{kW}] \tag{9.5}$$

P_{in} : 압축기 입구의 압력(kPa, abs)

P_{out} : 압축기 출구의 압력(kPa, abs)

Q_{in} : 압축기 입구 조건에서 풍량(m^3/min)

k : 기체의 비열비, 공기의 비열비는 1.4

압축기의 구동에 필요한 축동력은 단열 공기동력에 압축기 내의 기어 및 베어링 등에서 발생하는 기계손실과 원판 마찰손실, 누설손실, 열손실 등을 모두 더한 것과 같다. 따라서 전체 압축기 효율은 축동력에 대한 압축기의 공기동력의 비로 정의한다.

【예제 9.1】

압축기가 1.5 m^3/min의 공기를 압출하고 있는데, 압축공기 온도는 32℃이고 압력은 862 kPa (계기압)이다. 압축기는 얼마나 많은 표준 공기를 소비하고 있는가?

☞ 풀이

식 (9.4)에 온도 및 압력을 대입하면, 표준 대기 상태의 공기 유량을 구할 수 있다.

$$Q_{std} = Q_{act} \times \frac{P_{act}}{101.3} \times \frac{288}{T_{act}}$$

$$= 1.5 \times \frac{101.3 + 862}{101.3} \times \frac{288}{273 + 32} = 13.47\ \mathrm{m^3/min}$$

다시 말하여, 압축기가 1.5 m^3/min의 압축공기(계기압 862 kPa, 온도 32℃)를 송출하기 위해서는 표준 대기 상태(101.3 kPa, 15℃)의 공기를 13.47 m^3/min로 흡입하여야 한다.

9.4 공기압 장치

9.4.1 공기압 장치의 응용

압축공기에 의해 작동되는 공기압 장치(pneumatic system)는 대기 중의 공기를 흡입하여 압축공기를 만드는 공기압축기(air compressor), 가압된 공기를 저장한 후 이물질 등을 제거하여 공기압 회로 내로 공기를 공급해주는 공기탱크 및 공기정화장치, 압축공기의 유량, 압력 및 방향 등을 조절하는 제어장치 그리고 공기압 기구들에 동력을 제공하는 공압 작동기(pneumatic actuator)로 구성되어 있다. 공압 작동기에는 압축공기의 에너지를 기계적인 직선운동으로 변환시켜주는 공압 실린더, 회전운동으로 변화시키는 공압 모터 및 요동운동으로 변환시키는 다양한 기계장치들이 있다.

공기압 장치를 주로 사용하는 분야는 소인(stamping), 천공(punching), 조립, 리벳 및 재료 가공 그리고 자동화 설비 등으로 매우 다양하다. 압축공기의 압력 범위는 일반적으로 550~850 kPa(계기압)이고, 일정 수준의 압력을 항상 유지하고 있는 공기탱크로부터 공급된다. 표 9.2는 690 kPa(계기압)에서 작동하도록 설계된 여러 가지 공기압 기구들의 표준 유량을 나타내고 있다.

한편 그림 9.13은 복동식 공압 실린더의 내부 구조를 보여주고 있다. 이 공압 실린더의 최대 작동 압력은 1.72 MPa인데, 피스톤 직경이 38 ~ 200 mm 범위이고 행정 길이는 25 ~ 460 mm 범위에서 사용된다.

예제 9.2에서는 이러한 공압 실린더의 피스톤이 왕복운동하면서 망치 또는 스테이플러(stapler)와 같은 공기압 기구를 구동할 때 소요되는 공기 유량을 살펴본다.

표 9.2 공압 공구의 표준 유량 (작동압력 : 690 kPa)

공기압 기구	표준 유량(m^3/min)
호이스트	0.14
도료 분무기	0.28
임펙트 렌치	0.28
햄머기	0.57
분쇄기	0.85
연마기	0.13
로터리 천공기	1.70
피스톤 천공기	2.26

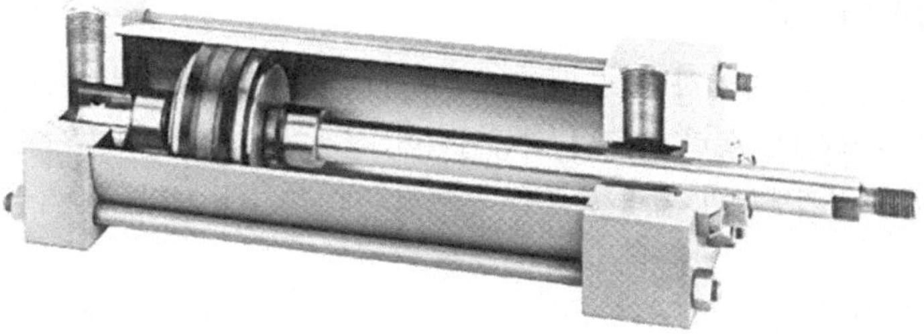

그림 9.13 복동식 공압 실린더

【예제 9.2】

복동식 공압 실린더의 피스톤 직경은 50 mm이고 행정 길이는 160 mm이다. 이 공압 실린더가 27℃에서 680 kPa(계기압)의 압축공기를 사용하여 공기압 기구를 구동하는데, 피스톤이 1분에 30회 왕복 운동하는 경우 표준 상태에서 소모한 공기유량을 결정하라. 피스톤 로드의 단면적은 무시한다.

☞ 풀이

먼저 공압 실린더의 피스톤이 30 cycles/min로 작동하면서 소모한 실제 공기유량 Q_{act}를 구한다.

$$\begin{aligned} Q_{act} &= 2 \times \text{피스톤 단면적} \times \text{피스톤 행정} \times \text{1분당 사이클수} \\ &= 2 \times \frac{\pi \times 0.05^2}{4} \times 0.16 \times 30 = 1.885 \times 10^{-2}\ \mathrm{m^3/min} \end{aligned}$$

실제 공기유량은 계기압 680 kPa 및 온도 27℃의 조건이므로, 식 (9.4)을 사용하여 표준 상태의 공기 소모 유량 Q_{std}로 환산한다.

$$\begin{aligned} Q_{std} &= Q_{act} \times \frac{P_{act}}{101.3} \times \frac{288}{T_{act}} \\ &= 1.885 \times 10^{-2} \times \frac{101.3 + 680}{101.3} \times \frac{288}{27 + 273} = 0.14\ \mathrm{m^3/min} \end{aligned}$$

9.4.2 공기압 장치의 성능

공기압 동력장치의 성능을 분석할 때 공기탱크로부터 동력 공구까지의 관로에서 발생하는 압력손실을 결정하는 것이 중요하다. 동력 공구의 작동압력이 설계치보다 작을 경우 성능에 악영향을 주게 되는데, 이러한 문제는 공기탱크의 압력 수준을 높여서 사용하거나 보다 큰 직경의 관로를 사용하여 해결할 수 있다.

압력손실을 계산할 때 공기 압력 혹은 온도 변화가 관로에서 크게 발생하는 경우 이상기체의 법칙에 의해 공기 밀도의 변화를 고려해야 한다. 압력 변화가 공기탱크 압력의 10% 미만인 경우, 밀도의 변화는 무시할 수 있다. 대체적으로 공기탱크 압력의 10~30% 사이의 압력 변화의 경우 압축공기의 평균 밀도는 허용할만한 수준의 정확도로 사용할 수 있다. 하지만 압력 변화가 30% 이상이거나 현저한 온도 변화가 발생할 때는 압축성 유동의 설계 기준을 참고해야 한다. 아울러 공기압 장치의 관로에서 압력손실을 분석할 때 밸브 및 관이음 부품들의 부차손실을 고려해야 할 필요가 있다. 이러한 목적을 위해 여러 가지 유형의 밸브 및 관이음 부품들에 대한 대표적인 손실계수는 제7장의 표 7.2에서 보여주고 있다.

한편 가정 및 빌딩의 환기, 난방 및 공기조화 장치에서 공기 수송관로로서 사각형 판금 도관(duct)이 광범위하게 사용된다. 이러한 장치에서 팬 및 송풍기는 비교적 낮은 압력의 공기를 여러 갈래의 도관을 통해 각 방으로 공급하는데 사용된다. 각 방에 공기를 적절히 공급하고 장치의 요구조건에 부합하기 위해서는 적절한 팬 혹은 송풍기를 선택하기 위한 사전 분석이 필요하다. 이러한 환기, 난방 및 공기조화장치의 각 도관에서 유량을 구하는 것은 제7장에서 설명한 복합관로의 해석방법을 사용하여 해결할 수 있다.

9.5 음속 및 마하수

9.5.1 압력파의 속도

유체 속에서 어떠한 교란으로 발생되는 압력파는 강체(rigid body)에서와 같이 무한한 속도를 갖지 않고 유한한 속도로 전파된다. 그림 9.14와 같이 유로의 단면적이 A일 때, 연속방정식은 다음과 같이 나타낼 수 있다.

$$\rho VA = (\rho + d\rho)(V + dV)A \tag{9.6}$$

또한 그림 9.14에서 점선으로 표시된 검사체적에 대하여 운동량방정식을 적용하면

$$PA - (P + dP)A = \rho VA(V + dV - V) \tag{9.7}$$

가 된다. 그리고 식 (9.6)과 (9.7)로부터 ρdV를 소거하면 다음의 식을 얻는다.

$$V = \sqrt{\frac{dP}{d\rho}} \tag{9.8}$$

그러므로 정상 유동에서 미소 교란 혹은 급격한 변화는 유로에서 특정속도 $V = \sqrt{dP/d\rho}$가 존재할 때만 일어날 수 있다. 이 특정속도를 매질 내에서의 음속이라 하며, 유체 내에서의 음속은 체적탄성계수와 밀접한 관계가 있다.

한편 식 (2.12)로부터 체적탄성계수는 다음과 같다.

$$E_v = \frac{dP}{-dV/V} = \rho\frac{dP}{d\rho} \tag{9.9}$$

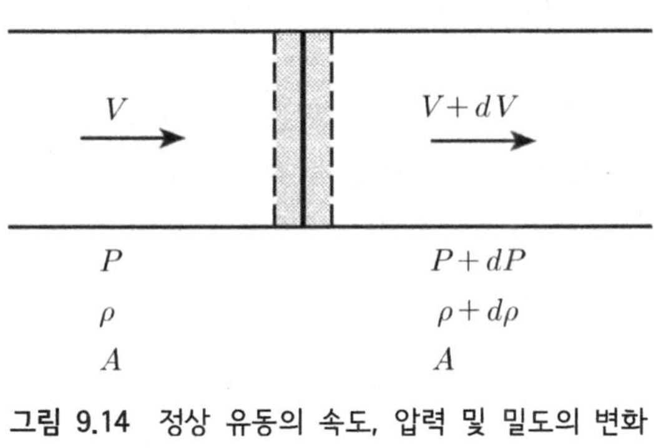

그림 9.14 정상 유동의 속도, 압력 및 밀도의 변화

식 (9.9)를 식 (9.8)에 대입시켜 정리하면, 유체 내에서 교란에 의하여 생긴 압력파의 전파속도인 음속(acoustic speed) a를 얻을 수 있다.

$$a = \sqrt{\frac{E_v}{\rho}} \tag{9.10}$$

위의 식 (9.10)은 액체 또는 기체 내에서 모두 적용된다.

9.5.2 기체의 체적탄성계수와 음속

극히 작은 압력파로 인한 기체의 체적 변화 또는 밀도 변화는 마찰이 없는 가역 단열과정(reversible adiabatic process)으로 볼 수 있다. 이상기체(ideal gas)의 등엔트로피 과정(isentropic process)은 현저한 양의 열이 주위에서 기체로 더해지거나 제거되지 않고 매우 빠르게 일어나는 과정이므로, 다음과 같이 나타낸다. 여기서 등엔트로피 지수 k는 주어진 기체에서 일정하다.

$$Pv^k = \frac{P}{\rho^k} = C(\text{일정}) \tag{9.11}$$

그러므로 $P = C\rho^k$이고, 이를 미분하면 다음과 같다.

$$\frac{dP}{d\rho} = Ck\rho^{k-1} = \frac{kP}{\rho}$$

다시 이를 식 (9.9)에 대입하여 정리하면

$$E_v = \rho\frac{dP}{d\rho} = \rho\frac{kP}{\rho} = kP \tag{9.12}$$

가 된다. 단열과정일 때 이상기체의 체적탄성계수 E_v는 기체의 압력에 등엔트로피 지수 k를 곱한 크기와 같고, 단위는 압력의 단위와 같다. 여기서 압력 P는 절대압력임을 유의하여야 한다.

기체의 체적탄성계수를 식 (9.10)에 대입시키면, 음속은 다음과 같다.

$$a = \sqrt{\frac{E_v}{\rho}} = \sqrt{\frac{kP}{\rho}} \tag{9.13}$$

만일 압력파가 전파되는 기체를 이상기체로 취급할 수 있다면, $P/\rho = RT$이므로 기체 내에서의 음속 a는 다음 식으로 계산된다.

$$a = \sqrt{kRT} \tag{9.14}$$

여기서 T는 기체의 절대온도(K)이고, R은 기체상수(J/kg·K)이다.

【예제 9.3】

온도가 15℃일 때, 1 atm에서 물에서의 음속과 공기에서의 음속을 비교하라. 물의 체적탄성계수 $E_v = 2.14\ \text{GPa}$이고, 공기의 기체상수 $R = 287\ \text{J/kg·K}$이다.

☞ 풀이

물에서의 음속은 식 (9.10)을 사용하여 구한다.

$$a = \sqrt{\frac{E_v}{\rho}} = \sqrt{\frac{2.14 \times 10^9}{999.1}} = 1463.53\ \text{m/s}$$

그리고 공기에서의 음속은 식 (9.14)를 사용하여 구한다.

$$a = \sqrt{kRT} = \sqrt{1.4 \times 287 \times (273 + 15)} = 340.17\ \text{m/s}$$

동일한 압력 및 온도 조건에서 음속은 매질에 따라 많은 차이가 있음을 알 수 있다.

9.5.3 마하수

기체역학에서 고속 유동을 다룰 때 우리는 오스트리아의 물리학자 Ernst Mach가 도입한 마하수(Mach number)를 사용하게 된다. 이때 마하수 M은 음속(a)에 대한 물체 또는 유체 속도(V)의 비로 정의한다.

$$M = \frac{V}{a} \tag{9.15}$$

그리고 유체의 유동속도는 다음과 같이 3가지로 분류한다.

$M < 1$: 아음속(subsonic velocity)

$M = 1$: 음속(sonic velocity)

$M > 1$: 초음속(supersonic velocity)

다음 절에서 논의하지만, 음속의 기체 속도는 노즐에서 쉽게 얻을 수 있다.

【예제 9.4】

상용 제트 여객기가 외기온도가 -52℃인 11000 m 고도에서 600 km/h의 속도로 비행하고 있다. 이 제트 여객기의 마하수를 구하라.

☞ 풀이

먼저 식 (9.14)를 사용하여 주어진 온도에서 공기 중의 음속을 구한다.

$$a = \sqrt{kRT} = \sqrt{1.4 \times 287 \times (-52 + 273)} = 298.0 \text{ m/s}$$

그리고 식 (9.15)를 사용하여 마하수를 구할 수 있다.

$$M = \frac{V}{a} = \frac{600 \times 10^3 / 3600}{298.0} = 0.56$$

마하수가 1보다 작으므로 여객기는 아음속으로 비행한다. 여객기가 음속으로 비행하려면 298 m/s 또는 1072.8 km/h의 속도로 비행하여야 한다.

9.6 등엔트로피 유동

압축성 유체가 유관(stream tube) 속을 정상상태로 흐르고 있을 때, 압력 및 온도 변화도 고려한 에너지 방정식을 알아보자. 열역학 제1법칙은 에너지 보존법칙으로 다음과 같이 나타낸다.

$$\int_1^2 dq + \int_1^2 dw = \int_1^2 de \tag{9.16}$$

식 (9.16)에서 유관의 단면 1과 2 사이에 단위 질량당 유체에 가해진 열전달이나 외부일이 없다면, 에너지방정식은 다음과 같이 정리된다.

$$\begin{aligned}\int_1^2 de &= 0 \\ &= (u_2 - u_1) + \left(\frac{P_2}{\rho_2} - \frac{P_1}{\rho_1}\right) + \left(\frac{V_2^2}{2} - \frac{V_1^2}{2}\right) + g(z_2 - z_1)\end{aligned} \tag{9.17}$$

여기서 u는 유체의 단위 질량당 내부에너지이며, 엔탈피의 정의에서

$$h = u + \frac{P}{\rho} \tag{9.18}$$

이다. 그리고 위치에너지의 차이는 다른 항에 비하여 작기 때문에 무시하면, 식 (9.17)은 다음과 같이 정리된다.

$$(h_2 - h_1) + \left(\frac{V_2^2}{2} - \frac{V_1^2}{2}\right) = 0 \tag{9.19}$$

9.6.1 축소 노즐에서의 유동

마찰이 없는 등엔트로피 유동은 실제 유체의 경우에서는 불가능한 이상적인 유동이다. 하지만 유동 과정에서 마찰이나 전달되는 일(work) 또는 열(heat)이 없다면 압축성 유동의 계산을 상당히 단순화 시킬 수 있다.

그림 9.15는 가압된 기체로 채워진 커다란 압력용기에 연결된 축소 노즐을 보여주고 있다. 축소

노즐은 기본적으로 단면적이 유동 방향으로 감소하는 관이며, 반대로 확대 노즐의 단면적은 유동 방향으로 증가한다. 고압용기 내의 기체 속도는 무시할 수 있고($V_1 \approx 0$), 기체 압력은 P_1, 온도는 T_1 그리고 밀도는 ρ_1이다. 그리고 외부에 해당하는 변수들은 각각 P_2, T_2 및 ρ_2이다. 축소 노즐의 단면적은 부드럽게 줄어들고 용기 내의 기체 압력이 외부 압력보다 크므로($P_1 > P_2$), 가압된 기체의 속도는 노즐의 끝단에 도달할 때까지 지속적으로 증가하다가 최대 속도 V_2로 외부에 유출된다.

그림 9.15에 나타낸 노즐을 통한 흐름은 유동거리가 매우 짧아서 마찰손실은 무시할 수 있고 온도 기울기도 작아 열전달을 무시할 수 있으므로 등엔트로피 유동에 근접한다. 따라서 식 (9.19)로부터 용기 내의 기체 속도는 무시하고 $\Delta h = C_p \Delta T$이므로 노즐 출구에서 유속은 다음과 같다.

$$V_2 = \sqrt{2(h_1 - h_2)} = \sqrt{2C_p(T_1 - T_2)} \tag{9.20}$$

여기에 정압비열과 기체상수의 관계 $C_p = kR/(k-1)$를 대입하면 다음과 같다.

$$V_2 = \sqrt{\frac{2kR}{k-1}(T_1 - T_2)} = \sqrt{\frac{2kRT_1}{k-1}\left(1 - \frac{T_2}{T_1}\right)} \tag{9.21}$$

그리고 노즐을 통한 흐름이 등엔트로피 과정이라면, 관계식 $Pv^k = C$ 및 이상기체 상태방정식 $Pv = RT$로부터 온도와 압력의 관계는 다음과 같다.

$$\frac{T_2}{T_1} = \left(\frac{P_1}{P_2}\right)^{\frac{1-k}{k}} = \left(\frac{P_2}{P_1}\right)^{\frac{k-1}{k}} \tag{9.22}$$

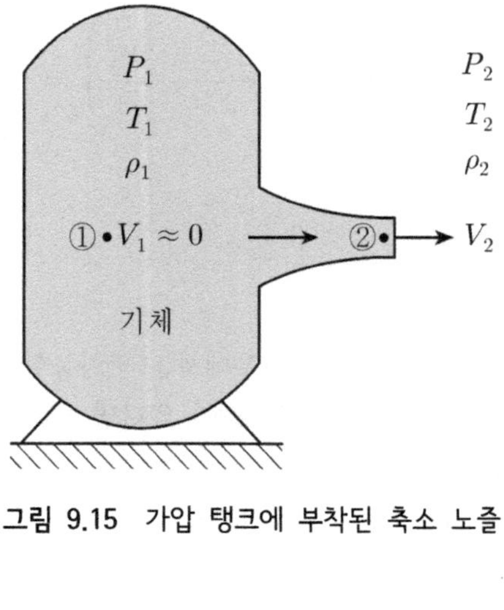

그림 9.15 가압 탱크에 부착된 축소 노즐

이상기체 상태방정식 및 식 (9.22)를 식 (9.21)에 대입시키면, 상류와 하류의 압력비를 사용하여 노즐 출구에서 유속 V_2를 구할 수 있다.

$$V_2 = \sqrt{\frac{2P_1}{\rho_1}\left(\frac{k}{k-1}\right)\left[1 - \left(\frac{P_2}{P_1}\right)^{\frac{k-1}{k}}\right]} \tag{9.23}$$

여기서 압력은 절대단위로 나타내야 한다. 참고로 기체의 비열비 k는 공기, 수소, 질소 및 산소의 경우 1.4, 이산화탄소 및 메탄의 경우 1.3 그리고 헬륨은 1.66이다.

한편 노즐을 통해 유출되는 기체의 질량 유량은 노즐 출구에서의 유동조건에 따라 다음과 같이 결정된다.

$$\dot{m} = \rho_2 A_2 V_2 \tag{9.24}$$

따라서 식 (9.23)과 (9.24)를 결합하면 질량 유량을 편리하게 구할 수 있다.

$$\dot{m} = A_2\sqrt{2\rho_1 P_1\left(\frac{\rho_2}{\rho_1}\right)^2\left(\frac{k}{k-1}\right)\left[1 - \left(\frac{P_2}{P_1}\right)^{\frac{k-1}{k}}\right]} \tag{9.25}$$

한편 등엔트로피 과정에서 밀도와 압력의 관계는 다음과 같다.

$$\frac{\rho_2}{\rho_1} = \left(\frac{P_2}{P_1}\right)^{1/k} \tag{9.26}$$

따라서 이를 식 (9.25)에 대입하여 정리하면 노즐을 통한 질량 유량의 식을 얻게 된다.

$$\dot{m} = A_2\sqrt{2\rho_1 P_1\left(\frac{k}{k-1}\right)\left[\left(\frac{P_2}{P_1}\right)^{\frac{2}{k}} - \left(\frac{P_2}{P_1}\right)^{\frac{k+1}{k}}\right]} \tag{9.27}$$

9.6.2 정체 조건

그림 9.15와 같은 압력용기에서 축소 노즐을 통한 기체의 단열 유동과정을 고려하면, 식 (9.21)은 다음과 같이 다시 쓸 수 있다.

$$T_1 = T_2 + \frac{k-1}{kR}\frac{V_2^2}{2} \tag{9.28}$$

여기서 용기 내의 기체 속도 $V_1 \approx 0$이므로, 각 항들은 다음과 같다.

T_1 : 전온(total temperature) 또는 정체온도(stagnation temperature)

T_2 : 정온(static temperature)

$\frac{k-1}{kR}\frac{V_2^2}{2}$: 동온(dynamic temperature)

식 (9.28)은 기체가 비점성인 경우는 물론 점성인 경우에도 적용되는데, 점성 기체인 경우 마찰손실에 의해 잃은 에너지는 열로 변환되어 다시 회수되기 때문이다. 실제로 물체가 단열조건에서 고속으로 이동할 때, 그 동온은 경계층에서의 온도상승으로 나타나는데, 인공위성의 표면온도가 높게 상승하는 것도 이와 같은 이유에서이다. 그리고 유동하는 기체 속에 온도계를 삽입하여 계측한 온도는 전온으로, 정온보다 동온만큼 높다. 일반적으로 정온은 계측할 수 없는데, 유동하는 기체의 유속과 같은 속도로 온도계를 이동시켜 온도를 측정해야하기 때문이다.

한편 압축성 유체의 단열 유동에서 비점성 기체는 마찰손실이 없으므로 전압(total pressure)은 일정하나, 점성 기체인 경우에는 전압이 감소한다.

【예제 9.5】

온도가 30℃인 대기 중을 음속으로 운동하는 물체의 표면 온도증가는 최대 얼마인가? 공기의 기체상수 $R = 287\ \mathrm{J/kg\cdot K}$이고 비열비 $k = 1.4$이다.

☞ 풀이

공기 중에서의 음속은 식 (9.14) 그리고 단열조건의 이론상 표면온도 증가는 식 (9.28)로 계산할 수 있다.

$$V = a = \sqrt{1.4 \times 287 \times (273 + 30)} = 348.92\ \mathrm{m/s}$$

$$\Delta T = T_1 - T_2 = \frac{k-1}{kR}\frac{V_2^2}{2} = \frac{1.4-1}{1.4 \times 287} \times \frac{348.92^2}{2} = 60.6\ \mathrm{K}$$

9.6.3 임계 조건

식 (9.25) 및 (9.27)에서 상류 압력에 대한 하류 압력의 비(P_2/P_1)가 감소할 때, 노즐 출구에서 유속과 질량 유량이 증가함을 알 수 있다. 예를 들어, 유동이 없는 상태($V_2 = 0$, $\dot{m} = 0$)의 초기에는 압력비 P_2/P_1는 극댓값 1을 갖는다. 그리고 노즐 외부의 압력 P_2를 배압(back pressure)이라고 부르는데, 배압을 낮추면 압력비 P_2/P_1도 점진적으로 감소한다. 그러나 배압이 어느 한계까지 낮아질 경우, 노즐 출구에서의 유속이 최대 속도인 음속과 같아지고, 유속이 최대치인 음속에 도달하는 상태를 임계 상태라고 한다. 이 때 노즐 출구에서 임계 상태의 압력, 온도 및 밀도를 각각 P_c, T_c 및 ρ_c라고 하면, 식 (9.23)의 노즐 출구에서 유속 V_2는 식 (9.13)의 음속과 같다. 즉, $V_2^2 = a_c^2$이므로

$$\frac{2P_1}{\rho_1}\left(\frac{k}{k-1}\right)\left[1 - \left(\frac{P_c}{P_1}\right)^{\frac{k-1}{k}}\right] = \frac{kP_c}{\rho_c} \tag{9.29}$$

이다. 한편 등엔트로피 관계식 $\rho_c/\rho_1 = (P_c/P_1)^{1/k}$에서

$$\frac{P_1}{\rho_1} = \frac{P_1}{\rho_c}\left(\frac{P_c}{P_1}\right)^{1/k}$$

이고, 이 관계식을 식 (9.29)에 대입하여 정리하면 노즐 출구에서의 임계 압력비(critical pressure ratio)는 다음과 같다.

$$\frac{P_c}{P_1} = \left(\frac{2}{k+1}\right)^{\frac{k}{k-1}} \tag{9.30}$$

그리고 등엔트로피 관계식 $T_c/T_1 = (P_c/P_1)^{(k-1)/k}$ 및 $\rho_c/\rho_1 = (P_c/P_1)^{1/k}$에서 임계 온도비 및 임계 밀도비는 각각 식 (9.31) 및 (9.32)과 같이 유도된다.

$$\frac{T_c}{T_1} = \frac{2}{k+1} \tag{9.31}$$

$$\frac{\rho_c}{\rho_1} = \left(\frac{2}{k+1}\right)^{\frac{1}{k-1}} \tag{9.32}$$

9.6.4 임계 상태의 유량

상류와 하류의 압력비 P_2/P_1를 임계값 이하로 낮추어도 그 변화는 상류에 전파되지 않고 노즐 내의 흐름은 변화하지 않는다. 따라서 노즐 출구의 유속이 음속 이상으로 증가하지 않는 초킹(choking) 현상이 발생하게 된다. 식 (9.30)에서 임계 압력비는 주어진 기체에서 상수인 비열비 k에만 의존함을 알 수 있다. 그러므로 공기인 경우 $k = 1.4$이므로, 임계 압력비는 0.5283이다. 따라서 하류 압력 $P_2 \le 0.5283P_1$ 또는 상류 압력 $P_1 \ge 1.893P_2$일 때, 노즐 출구의 유속은 임계 상태인 음속과 같다. 이는 임계 압력비의 식 (9.30)을 식 (9.23)에 대입하면 노즐 출구에서 유속은 최대 속도인 음속임을 알 수 있다.

$$V_{2,\max} = \sqrt{\frac{kP_1}{\rho_1}\left(\frac{2}{k+1}\right)} = \sqrt{\frac{kP_c}{\rho_c}} = \sqrt{kRT_1\left(\frac{2}{k+1}\right)} = \sqrt{kRT_c} \tag{9.33}$$

임계 상태에서 노즐을 통한 최대 질량 유량도 임계 압력비의 식 (9.30)을 식 (9.27)에 대입하여 얻게 된다.

$$\begin{aligned}\dot{m}_{\max} &= \rho_c A_2 V_{2,\max} = A_2\sqrt{k\rho_1 P_1\left(\frac{2}{k+1}\right)^{\frac{k+1}{k-1}}} \\ &= A_2\sqrt{k\rho_c P_c} = \rho_c A_2\sqrt{\frac{kP_c}{\rho_c}} = \rho_c A_2\sqrt{kRT_c}\end{aligned} \tag{9.34}$$

【예제 9.5】

차량용 고압용기에 200 atm(절대압), 15℃의 압축천연가스(CNG)를 충전하려고 한다. 고압용기 내의 가스 압력이 1 atm에서 200 atm(절대압)까지 상승할 때, 천연가스의 주입 속도 및 질량 유량을 구하고 그림으로 나타내라. 가스 주입기의 노즐 안지름은 12 mm이며, 천연가스의 기체 상수 $R = 461.9\ \mathrm{J/kg\cdot K}$이고 비열비 $k = 1.3$이다.

☞ 풀이

주입 압력(상류 압력)이 20.265 MPa(절대압)일 때, 노즐 출구에서 임계 압력

$$P_c = P_1 \times \left(\frac{2}{k+1}\right)^{\frac{k}{k-1}} = 20.265\times10^6 \times \left(\frac{2}{1.3+1}\right)^{\frac{1.3}{1.3-1}} = 11.059\ \mathrm{MPa}$$

이다. 그러므로 고압용기 내의 천연가스 압력(배압)이 임계치인 11.059 MPa(절대압) (=10.958 MPa, 계기압)에 도달할 때까지는 음속 유동이다. 유속 및 유량은 각각 식 (9.33) 및 (9.34)를 사용하여 계산한다. 그리고 용기 내의 압력이 임계 압력 이상으로 상승하면, 유속 및 유량은 각각 식 (9.23) 및 (9.27)을 사용하여 계산한다.

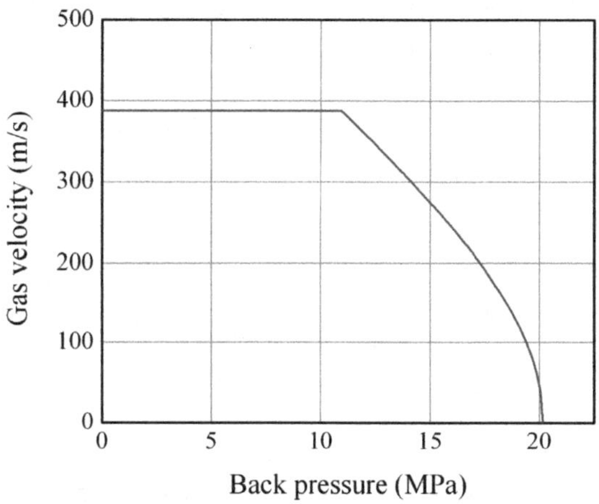

그림 9.16 예제 9.5의 풀이 배압에 따른 유속 변화

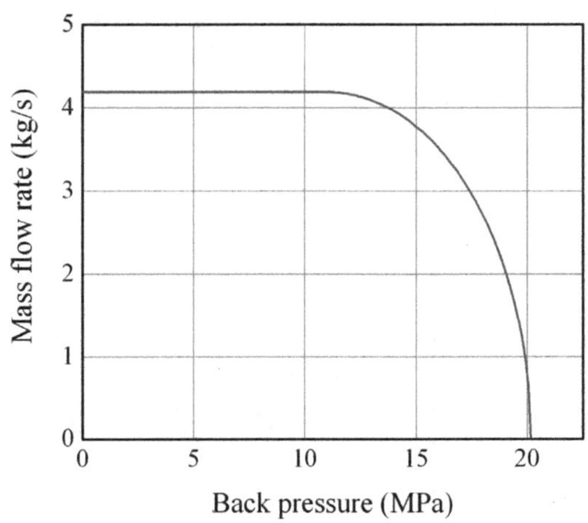

그림 9.17 예제 9.5의 풀이 배압에 따른 유량 변화

【예제 9.6】

고압의 부탄(C_4H_{10}) 가스를 안지름 2.5 mm인 노즐을 통해 연소실에 분사시키려고 한다. 가스의 온도는 15℃이고, 가스 압력은 0에서 200 kPa(계기압)까지 변화할 때 노즐 출구의 유속 및 질량 유량을 구하고 그림으로 나타내라. 연소실 내의 압력은 100 kPa(절대압)로 일정하고, 부탄 가스의 기체상수 $R = 143\ \mathrm{J/kg \cdot K}$이며 비열비 $k = 1.19$이다.

☞ 풀이

노즐 출구의 압력이 배압인 100 kPa일 때 임계 상태에 이르는 상류 압력(고압용기 내의 가스압력)은 식 (9.30)을 사용하여 다음과 같이 구한다.

$$P_1 = \frac{P_2}{\left(\dfrac{2}{k+1}\right)^{\frac{k}{k-1}}} = \frac{100 \times 10^3}{\left(\dfrac{2}{1.19+1}\right)^{\frac{1.19}{1.19-1}}} = 176.546\ \mathrm{kPa}$$

따라서 분사 압력이 낮을 때는 노출 출구에서 분사 속도가 아음속이므로, 유속 및 유량은 각각 식 (9.23) 및 (9.27)을 사용하여 계산한다. 하지만 부탄 가스의 압력이 176.55 kPa(절대압)(= 75.22 kPa,계기압) 이상으로 상승하면, 임계 유동이므로 유속 및 유량은 각각 식 (9.33) 및 (9.34)를 사용하여 계산한다.

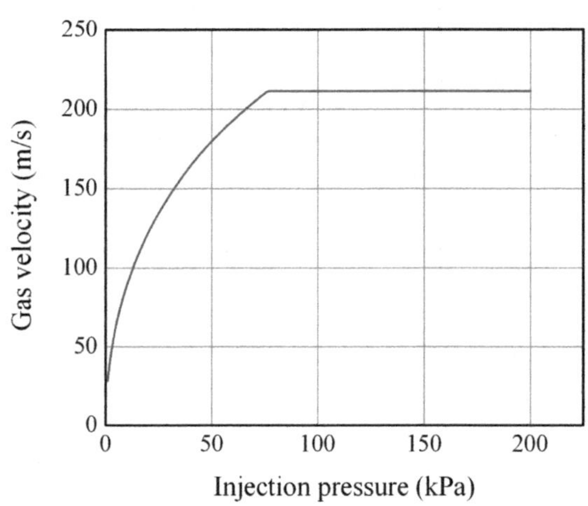

그림 9.18 예제 9.6의 풀이 분사 압력에 따른 유속 변화

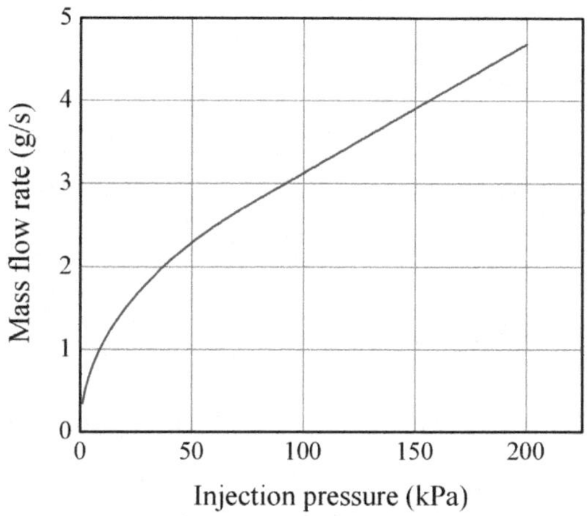

그림 9.19 예제 9.6의 풀이
분사 압력에 따른 유량 변화

예제 9.6의 경우는 예제 9.5와 다르게, 하류 압력(배압)이 일정하고 상류 압력이 증가하는 경우이다. 이 때 유속은 최대 속도인 음속으로 제한되지만 유량은 지속적으로 증가한다. 노즐 출구에서 최대 속도의 식 (9.33)은 온도만의 함수이므로, 상류 압력에 관계없이 유속은 음속이다.

$$V_{2,\max} = \sqrt{kRT_c} \quad \rightarrow \quad V_{2,\max} \propto \sqrt{T_1}$$

그러나 식 (9.34)에서 최대 질량 유량은 밀도와 온도의 함수이므로, 상류 압력이 상승하면 밀도와 더불어 질량 유량도 증가한다.

$$\dot{m}_{\max} = \rho_c A_2 \sqrt{kRT_c} \quad \rightarrow \quad \dot{m}_{\max} \propto \frac{P_1}{\sqrt{T_1}}$$

9.6.5 축소-확대 노즐

축소 노즐에서는 아음속 유동을 음속 이상으로 가속시킬 수 없지만, 그림 9.20과 같은 축소-확대 노즐(convergent-divergent nozzle 또는 de Laval nozzle)을 사용하면 기체의 속도를 초음속으로 가속시킬 수 있다. 이러한 축소-확대 노즐은 미사일이나 로켓 등 빠른 속도로 분사 추진이 필요한 기구에서 활용된다.

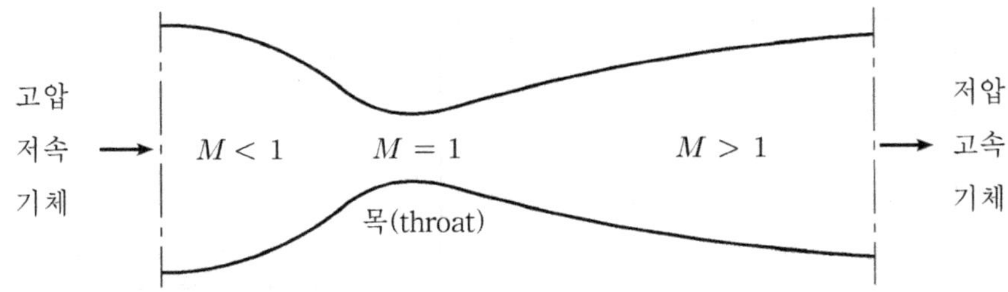

그림 9.20 초음속 유동이 만들어지는 축소-확대 노즐

그림 9.20에서와 같이 고압의 기체가 아음속($M<1$)으로 노즐에 유입될 때, 노즐의 축소부에서 단면적이 감소함에 따라 기체의 속도는 높아지고 압력은 저하된다. 그리고 압력비가 목(throat) 부분에서 최저치에 도달하는데, 이 때 기체의 속도는 음속($M=1$)에 도달할 수 있다.

목 부분을 통과하여 확대부로 흐르는 기체의 속도는 배압(하류 압력)에 따라 가속 또는 감속된다. 확대부의 하류 압력이 목 부분의 압력보다 높으면, 확대부에서 유속은 점차 저하되고 압력은 배압과 같아진다. 만약 목 부분의 압력이 임계압력보다 높으면 벤투리관에서와 같은 유동이 형성된다.

하지만 목 부분의 압력이 임계압력보다 낮고 확대부의 하류 압력보다 높으면, 목 부분에서 유속은 음속에 이른다. 그리고 확대부를 따라 흐르면서 배압이 낮으므로 기체의 속도는 초음속($M>1$)으로 변하고, 등엔트로피 유동과 다른 충격파가 발생하기도 한다. 이러한 초음속 유동은 본 교재의 범위를 벗어나므로 참고문헌을 참조하기 바란다.

연습문제 및 해설

9.1 직경 50 mm의 피스톤과 행정 길이 25 mm인 복동 공기 실린더가 1분당 80회 왕복 운동하는데, 작동 압력은 600 kPa(계기압)이다. 101.3 kPa, 15℃의 표준 대기 상태의 공기 100 m^3를 소모하는데 소요되는 시간을 구하라. 피스톤 로드의 단면적은 무시하고, 작동온도는 일정하다고 가정한다.

【해설】 복동 실린더이므로, 1회전에 2회 송출

$$Q_{act} = 2AV = 2 \times \frac{\pi \times 0.05^2}{4} \times 0.025 \times \frac{80}{60} = 1.309 \times 10^{-4} \text{ m}^3/\text{s}$$

$$Q_{std} = Q_{act} \times \frac{P_{act}}{101.3}$$

$$= 1.309 \times 10^{-4} \times \frac{101.3 + 600}{101.3} = 9.062 \times 10^{-4} \text{ m}^3/\text{s}$$

$$t = \frac{100}{9.062 \times 10^{-4}} = 110350.92 \text{ s} = 30.65 \text{ hr}$$

9.2 고압용기 내의 공기 온도 및 압력이 각각 40° C 및 700 kPa(계기압)일 때, 공기압 장치의 공기 사용량이 10 m^3/min이다. 압축기는 이 공압장치에 표준 대기 상태(15℃, 101.3 kPa)의 공기를 얼마나 많이 공급해야 하는가?

【해설】 표준 대기와 실제 운전조건에서 공기의 질량 유량은 동일

$$\dot{m}_{air} = \rho_{std}\, Q_{std} = \rho_{act}\, Q_{act}$$

$$Q_{std} = Q_{act} \times \frac{P_{act}}{101.3} \times \frac{288}{T_{act}}$$

$$= 10 \times \frac{700 + 101.3}{101.3} \times \frac{288}{273 + 40} = 72.78 \text{ m}^3/\text{min}$$

9.3 외기 압력 100 kPa에서 압축기를 구동하는데 필요한 실제 동력은 20 kW, 압축기의 효율은 75% 그리고 풍량이 4 m^3/min일 때, 송출 압력을 구하라. 공기의 압축과정은 단열과정으로 가정한다.

【해설】 압축기 효율은 단열효율을 의미하며, 풍량은 압축기로 유입되는 유량(Q_{in})을 의미한다.

$$L_{ad} = \eta_c\, L_s = 0.75 \times 20 = 15 \text{ kW}$$

$$L_{ad} = \frac{P_{in}Q_{in}}{60}\left(\frac{k}{k-1}\right)\left[\left(\frac{P_{out}}{P_{in}}\right)^{(k-1)/k} - 1\right]$$

$$P_{out} = P_{in} \times \left[1 + \frac{60\,L_{ad}}{P_{in}\,Q_{in}} \times \frac{k-1}{k}\right]^{\frac{k}{k-1}}$$

$$= 100 \times \left[1 + \frac{60 \times 15 \times 10^3}{100 \times 10^3 \times 4} \times \frac{1.4-1}{1.4}\right]^{\frac{1.4}{1.4-1}}$$

$$= 568.33\,\text{kPa}(\text{절대압}) = 468.33\,\text{kPa}(\text{계기압})$$

9.4 그림 9.21과 같이 수평 도관(400 mm × 200 mm)을 통해 3.5 kPa(계기압), 60℃의 공기를 두 지류로 전달한다. 지류 A는 중간에 완전히 개방된 댐퍼(부차손실계수 $K_l = 0.20$)가 설치된 직선 도관(duct)으로 필요시 공기유동을 제한하기 위해 부분적으로 닫힌다. 그리고 지류 B에는 두 개의 90° 엘보($K_l = 0.22$)와 완전히 개방된 댐퍼($K_l = 0.20$)가 설치되어 있다. 각 지류는 유량조절기($K_l = 0.3$)를 이용하여 공기실로 공급되는 공기의 유량을 조절할 수 있도록 되어 있으며, 공기실의 출구에도 유량조절기($K_l = 0.3$)가 설치되어 있다. 모든 도관은 매끄러운 판금재이고 표면거칠기는 0.15 mm이다. 이 공기장치의 풍량이 50 m^3/min일 때, 송풍기의 축동력을 구하라. 송풍기 효율은 60%이다.

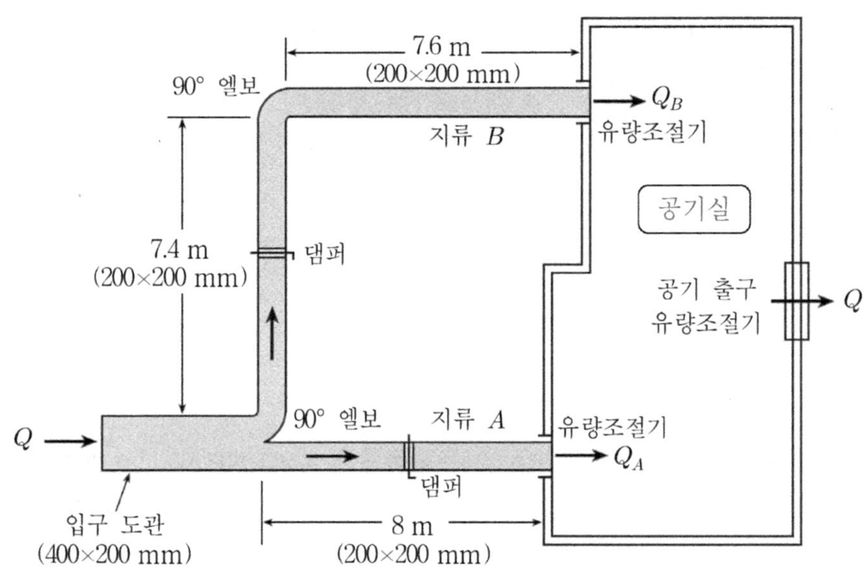

그림 9.21 문제 9.4의 설명도

【해설】 공기는 압축성유체이지만, 작동압력이 높지 않으므로 비압축성유체로 간주하여 계산한다. 그리고 병렬 관로에서 압력강하는 동일하므로 지류 A와 지류 B의 손실수두를 각각 계산하여 큰 값을 택한다. 여기에서 입구 도관의 길이는 무시한다.

$$P_{in} = 3500\,\mathrm{Pa},\ T_{in} = 60℃,\ \nu_{air} = 1.89\times10^{-5}\,\mathrm{m^2/s}$$

$$\rho_{air} = \frac{101325 + 3500}{287\times(273+60)} = 1.097\,\mathrm{kg/m^3}$$

$$\gamma_{air} = 1.097\times9.8 = 10.75\,\mathrm{N/m^3}$$

$$Q = Q_A + Q_B$$

$$\Delta P_A = \Delta P_B$$

$$V = \frac{Q}{A} = \frac{50/60}{0.4\times0.2} = 10.417\,\mathrm{m/s}$$

(a) 지류 A에서

$$V_A = \frac{Q/2}{A_A} = \frac{50/(2\times60)}{0.2\times0.2} = 10.417\,\mathrm{m/s}$$

$$D_{h,A} = \frac{4A_A}{P_A} = \frac{4\times0.2\times0.2}{2\times(0.2+0.2)} = 0.2\,\mathrm{m}$$

$$Re_A = \frac{D_{h,A}V_A}{\nu_{air}} = \frac{0.2\times10.417}{1.89\times10^{-5}} = 110232.8$$

$$\frac{\epsilon}{D_{h,A}} = \frac{0.15}{200} = 0.00075$$

Moody 선도에서 $f \approx 0.0205$

$$h_A = \left(f_A\frac{L_A}{D_{h,A}} + K_D + K_Q\right)\times\frac{V_A^2}{2g} + K_Q\frac{V^2}{2g}$$

$$= \left(0.0205\times\frac{8}{0.2} + 0.2 + 0.3\right)\times\frac{10.417^2}{2\times9.8} + 0.3\times\frac{10.417^2}{2\times9.8}$$

$$= 8.969\,\mathrm{m}$$

(b) 지류 B에서

$$V_B = V_A = 10.417\,\mathrm{m/s}$$

$$D_{h,B} = D_{h,A} = 0.2\,\mathrm{m}$$

$$f_B = f_A \approx 0.0205$$

$$h_B = \left(f_B\frac{L_B}{D_{h,B}} + 2K_e + K_D + K_Q\right)\times\frac{V_B^2}{2g} + K_Q\frac{V^2}{2g}$$

$$= \left(0.0205 \times \frac{15}{0.2} + 2 \times 0.22 + 0.2 + 0.3\right) \times \frac{10.417^2}{2 \times 9.8} + 0.3 \times \frac{10.417^2}{2 \times 9.8}$$
$$= 15.377 \text{ m}$$

(c) 지류 B의 손실수두가 지류 A보다 크므로, h_B로 계산

$$L_a = \gamma_{air} h_B Q = 10.75 \times 15.377 \times \frac{50}{60} = 137.752 \text{ W}$$

$$L_s = \frac{L_a}{\eta} = \frac{137.752}{0.6} = 229.59 \text{ W}$$

작동 압력 및 압력강하가 높지 않으므로 밀도의 변화는 무시할 수 있고, 비압축성 유동으로 간주하여도 최종 결과는 유사하다.

9.5 산소(O_2) 가스가 고압용기(220 kPa,계기압)에서 내경 5 mm의 연결관을 통해 저압용기(90 kPa,계기압)로 흘러 들어가고 있다. 연결관의 길이는 4.5 m이고, 관마찰계수 $f = 0.016$인 경우에 (a) 유속 및 (b) 질량 유량을 구하라. 산소의 기체상수 $R = 260$ J/kg·K, 비열비 $k = 1.4$, 가스 온도는 20℃로 일정하다. 그리고 유동손실을 고려한 압축성유체의 등엔트로피 유동식은 다음과 같으며, h는 산소의 단위질량당 엔탈피를 의미한다.

$$h_2 - h_1 + f \frac{L}{D} \frac{V^2}{2} = 0$$

【해설】 임계조건의 압력

$$P_2 = 90 + 101.325 = 191.325 \text{ kPa(절대압)}$$

$$P_{2,c} = P_1 \times \left(\frac{2}{k+1}\right)^{\frac{k}{k-1}} = (101.325 + 220) \times \left(\frac{2}{1.4+1}\right)^{\frac{1.4}{1.4-1}}$$
$$= 169.75 \text{ kPa} < 191.325 \text{ kPa}$$

하류 압력이 임계치보다 높으므로, 유동상태는 아음속 유동이다.

(a) 문제에서 주어진 식으로부터 관로 끝단의 유속

$$V = \sqrt{\frac{2}{f} \times \frac{D}{L} \times (h_1 - h_2)} = \sqrt{\frac{2}{f} \times \frac{D}{L} \times C_p \times (T_1 - T_2)}$$
$$= \sqrt{\frac{2}{f} \times \frac{D}{L} \times \frac{kRT_1}{k-1} \times \left(1 - \frac{T_2}{T_1}\right)}$$

등엔트로피 관계식 $\left(\frac{T_2}{T_1}\right)^k = \left(\frac{P_2}{P_1}\right)^{(k-1)}$

$$V = \sqrt{\frac{2}{f}\frac{D}{L}\frac{kRT_1}{k-1}\times\left[1-\left(\frac{P_2}{P_1}\right)^{\frac{(k-1)}{k}}\right]}$$
$$= \sqrt{\frac{2}{0.016}\times\frac{0.005}{4.5}\times\frac{1.4\times 260\times 293}{1.4-1}\times\left[1-\left(\frac{191.325}{321.325}\right)^{\frac{(1.4-1)}{1.4}}\right]}$$
$$= 71.406\ \mathrm{m/s}$$

(b) 연결관 입구 및 출구 측의 밀도

$$\rho_1 = \frac{P_1}{RT_1} = \frac{321.325\times 10^3}{260\times(273+20)} = 4.218\ \mathrm{kg/m^3}$$

$$\rho_2 = \rho_1\times\left(\frac{P_2}{P_1}\right)^{1/k} = 4.218\times\left(\frac{191.325}{321.325}\right)^{1/1.4} = 2.913\ \mathrm{kg/m^3}$$

$$\dot{m}_{O_2} = \rho_2 A V = 2.913\times\frac{\pi\times 0.005^2}{4}\times 71.406 = 4.084\times 10^{-3}\ \mathrm{kg/s}$$

9.6 온도가 25℃인 질소 가스가 흐르는 관로 속에 설치된 온도계로 측정한 정체온도가 40℃이다. 질소의 정압비열 $C_p = 1042\ \mathrm{J/kg\cdot K}$일 때, 질소 가스의 유동속도는 얼마인가?

【해설】 유체의 흐름이 정지된 지점(정체점)에서 운동에너지는 등엔트로피 압축에 의해 내부에너지로 변환되어 정적 엔탈피(static enthalpy)로 부가된다.

$$V = \sqrt{2C_p\Delta T} = \sqrt{2\times 1042\times(40-25)} = 176.8\ \mathrm{K}$$

9.7 온도가 20℃일 때, 공기와 메탄 가스 중에서 소리의 전파 속도를 비교하라. 공기의 비열비와 기체상수는 각각 $k=1.4$ 및 $R=287\ \mathrm{J/kg\cdot K}$이고, 메탄의 경우는 각각 $k=1.3$ 및 $R=518\ \mathrm{J/kg\cdot K}$이다.

【해설】

(a) 공기 $a_{air} = \sqrt{1.4\times 287\times(273+20)} = 343.11\ \mathrm{m/s}$

(b) 메탄 $a_{CH_4} = \sqrt{1.3\times 518\times(273+20)} = 444.19\ \mathrm{m/s}$

9.8 표준 온도 압력(STP)인 0℃, 1 atm의 대기 상태에서 자동차가 시속 60 km 및110 km의 속도로 운행할 때, 마하수로 환산하라.

【해설】 음속 $a = \sqrt{1.4 \times 287 \times 273} = 331.197\ \mathrm{m/s}$

(a) $M = \dfrac{V}{a} = \dfrac{60 \times 10^3 / 3600}{331.197} = 0.05$

(b) $M = \dfrac{V}{a} = \dfrac{110 \times 10^3 / 3600}{331.197} = 0.09$

9.9 고압 용기에 압력이 300 kPa(계기압)이고 온도가 30℃인 압축공기가 채워져 있다. 이 용기에 장착된 축소 노즐을 통해 공기가 외부로 배출된다면, 노즐 출구에서 초킹(choking) 현상이 발생하게 되는 임계 압력은 얼마인가?

【해설】 하류 압력이 임계 압력보다 낮으면 초킹(choking) 현상이 발생하게 된다.

$$P_{2,c} = P_1 \times \left(\frac{2}{k+1}\right)^{\frac{k}{k-1}} = (101.325 + 300) \times \left(\frac{2}{1.4+1}\right)^{\frac{1.4}{1.4-1}}$$

$$= 212.01\ \mathrm{kPa}(\text{절대압}) = 110.69\ \mathrm{kPa}(\text{계기압})$$

9.10 문제 9.9에서 축소 노즐의 출구 단면적이 $100\ \mathrm{cm^2}$이고, 배압(외부 압력)이 각각 (a) 0 kPa, (b) 100 kPa 및 (c) 200 kPa(계기압)인 경우, 노즐 출구에서 공기의 유속 및 질량 유량을 구하라.

【해설】 $P_1 = 401325\ \mathrm{Pa}$(절대압), $T_1 = 303\ \mathrm{K}$, $A_2 = 0.01\ \mathrm{m^2}$

$$\rho_1 = \frac{P_1}{R T_1} = \frac{401325}{287 \times 303} = 4.615\ \mathrm{kg/m^3}$$

(a) $P_2 = 101325\ \mathrm{Pa}$(절대압)

$$\frac{P_2}{P_1} = \frac{101325}{401325} = 0.253 < 0.528 \quad ☞ \text{ 임계조건 : 음속}$$

$$V_{2,\max} = \sqrt{k R T_{2,c}} = \sqrt{k R T_1 \times \left(\frac{2}{k+1}\right)}$$

$$= \sqrt{1.4 \times 287 \times 303 \times \frac{2}{1.4+1}} = 318.52\ \mathrm{m/s}$$

$$\dot{m}_{\max} = \rho_{c,2} A_n V_{2,\max} = A_2 \sqrt{k \rho_1 P_1 \left(\frac{2}{k+1}\right)^{\frac{k+1}{k-1}}}$$

$$= 0.01 \times \sqrt{1.4 \times 4.615 \times 401325 \times \left(\frac{2}{1.4+1}\right)^{\frac{1.4+1}{1.4-1}}}$$

$$= 9.32\ \mathrm{kg/s}$$

(b) $P_2 = 201325\ \mathrm{Pa}$(절대압)

$$\frac{P_2}{P_1} = \frac{201325}{401325} = 0.502 < 0.528$$ ☞ 임계조건 : 음속

$$V_{2,\max} = 318.52\ \mathrm{m/s}$$

$$\dot{m}_{\max} = 9.32\ \mathrm{kg/s}$$

(c) $P_2 = 301325\ \mathrm{Pa}$(절대압)

$$\frac{P_2}{P_1} = \frac{301325}{401325} = 0.751 > 0.528$$ ☞ 아음속

$$V_2 = \sqrt{\frac{2P_1}{\rho_1}\left(\frac{k}{k-1}\right)\left[1-\left(\frac{P_2}{P_1}\right)^{\frac{k-1}{k}}\right]}$$

$$= \sqrt{\frac{2 \times 401325}{4.615} \times \left(\frac{1.4}{1.4-1}\right) \times \left[1-\left(\frac{301325}{401325}\right)^{\frac{1.4-1}{1.4}}\right]}$$

$$= 218.76\ \mathrm{m/s}$$

$$\dot{m} = A_2\sqrt{2\rho_1 P_1\left(\frac{k}{k-1}\right)\left[\left(\frac{P_2}{P_1}\right)^{\frac{2}{k}}-\left(\frac{P_2}{P_1}\right)^{\frac{k+1}{k}}\right]}$$ 또는

$$\rho_2 = \rho_1 \times \left(\frac{P_2}{P_1}\right)^{1/k} = 4.615 \times \left(\frac{301325}{401325}\right)^{1/1.4} = 3.761\ \mathrm{kg/m^3}$$

$$\dot{m} = \rho_2 A_2 V_2 = 3.761 \times 0.01 \times 218.76 = 8.23\ \mathrm{kg/s}$$

9.11 그림 9.22와 같은 대형 압축공기 탱크에 장착된 축소 노즐을 통해 공기가 200 m/s의 속도로 방출된다. 외부 압력(배압)을 구하라.

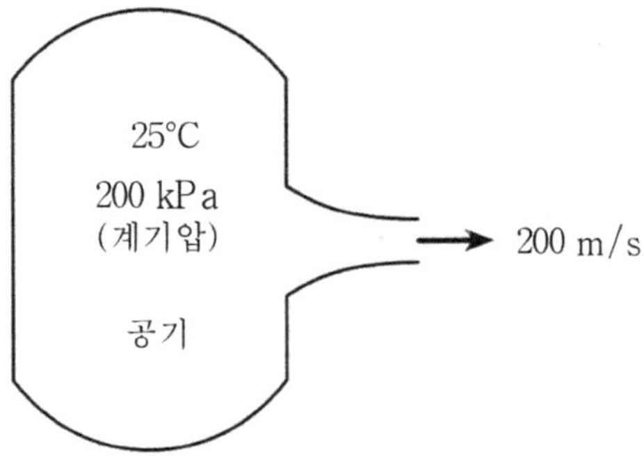

그림 9.22 문제 9.11의 설명도

【해설】 $P_1 = 301325$ Pa(절대압), $T_1 = 298$ K의 조건에서 최대 속도

$$V_{2,\max} = \sqrt{kRT_{2,c}} = \sqrt{kRT_1 \times \left(\frac{2}{k+1}\right)}$$

$$= \sqrt{1.4 \times 287 \times 298 \times \frac{2}{1.4+1}} = 315.88 \text{ m/s}$$

따라서 200 m/s의 유출 속도는 아음속이다.

$$V_2 = \sqrt{\frac{2P_1}{\rho_1}\left(\frac{k}{k-1}\right)\left[1 - \left(\frac{P_2}{P_1}\right)^{\frac{k-1}{k}}\right]}$$

$$= \sqrt{2RT_1\left(\frac{k}{k-1}\right)\left[1 - \left(\frac{P_2}{P_1}\right)^{\frac{k-1}{k}}\right]}$$

$$P_2 = P_1 \times \left(1 - \frac{V_2^2}{2RT_1}\frac{k-1}{k}\right)^{\frac{k}{k-1}}$$

$$= 301325.0 \times \left(1 - \frac{200^2}{2 \times 287 \times 298} \times \frac{1.4-1}{1.4}\right)^{\frac{1.4}{1.4-1}}$$

$$= 236551.03 \text{ Pa (절대압)} = 135226.03 \text{ Pa (계기압)}$$

$$\frac{P_2}{P_1} = \frac{236551.03}{301325} = 0.7623 > 0.528$$ 이므로, 해는 합당하다.

9.12 문제 9.11에서 질량 유량이 46 g/s일 때, 노즐 출구의 안지름을 얼마로 하는 것이 적당한가?

【해설】 등엔트로피 팽창과정으로 가정

$$T_2 = T_1 \times \left(\frac{P_2}{P_1}\right)^{\frac{k-1}{k}} = 298 \times \left(\frac{236551.03}{301325}\right)^{\frac{1.4-1}{1.4}} = 278.09\ \text{K}$$

$$\rho_2 = \frac{P_2}{RT_2} = \frac{236551.03}{287 \times 278.09} = 2.964\ \text{kg/m}^3$$

$$A_n = \frac{\dot{m}}{\rho_2 V_2} = \frac{46 \times 10^{-3}}{2.964 \times 200} = 7.76 \times 10^{-5}\ \text{m}^2$$

$$D_n = \sqrt{\frac{4A}{\pi}} = \sqrt{\frac{4 \times 7.76 \times 10^{-5}}{\pi}} \times 1000 = 9.94\ \text{mm} \approx 10\ \text{mm}$$

9.13 그림 9.23과 같이 압력용기 ①의 압축 수소가스(H_2)를 용기 ②에 충전시키려고 하는데, 두 압력용기는 안지름 1.0 mm인 축소 노즐로 연결되어 있다. 용기 ①의 용적은 300 ℓ, 초기 압력은 97 MPa(계기압)이고 온도는 -30℃이다. 그리고 용기 ②의 용적은 50 ℓ, 초기 압력 8 MPa(계기압), 온도 15℃이다. 충전과정에서 아무런 유동손실이 없고 두 용기 내의 가스 온도 변화도 없다면, 용기 ②의 압력이 48 MPa(계기압)로 상승하였을 때, 다음을 구하라. 수소의 비열비 $k = 1.4$이고 기체상수 $R = 4124$ J/kg·K이다.

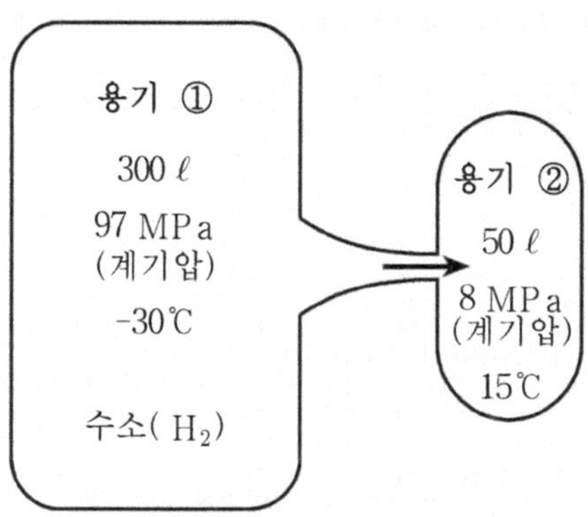

그림 9.23 문제 9.12의 설명도

(a) 용기 ②에 충전된 수소 질량
(b) 용기 ①의 최종 압력
(c) 노즐 출구에서 유속

(d) 평균 질량 유량
(e) 충전 시간

【해설】 등엔트로피 과정으로 가정
(a) 용기 ②에 충전된 수소 질량

$$\Delta m = \frac{\Delta P_2 \times V_2}{R_{H_2} T_2} = \frac{40\times10^6 \times 50\times10^{-3}}{4124 \times 288} = 1.684\ \mathrm{kg}$$

(b) 용기 ①의 최종 압력

$$\Delta m = \frac{\Delta P_1 \times V_1}{R_{H_2} T_1} = 1.684\ \mathrm{kg}$$

$$\Delta P_1 = \frac{1.684 \times 4124 \times (273-30)}{300\times10^{-3}} = 5625301\ \mathrm{Pa}$$

$$P_{1,e} = P_{1,s} - \Delta P_1 = 101325 + 97\times10^6 - 5625301(\text{절대압})$$

$$= 91.476\ \mathrm{MPa}(\text{절대압}) = 91.375\ \mathrm{MPa}(\text{계기압})$$

(c) 노즐 출구에서 유속

$$P_{2,c} = P_{1,e} \times \left(\frac{2}{k+1}\right)^{\frac{k}{k-1}} = 91.476\times10^6 \times \left(\frac{2}{1.4+1}\right)^{\frac{1.4}{1.4-1}}$$

$$= 48.325\ \mathrm{MPa}(\text{절대압}) = 48.224\ \mathrm{MPa}(\text{계기압})$$

이는 용기 ②의 최종압력 48 MPa보다 크므로, 노즐 출구는 임계조건이다.

$$V_{2,\max} = \sqrt{k R_{H_2} T_1 \left(\frac{2}{k+1}\right)} = \sqrt{1.4 \times 4124 \times 243 \times \frac{2}{1.4+1}}$$

$$= 1081.274\ \mathrm{m/s}$$

(d) 평균 질량 유량

$$\rho_{1,s} = \frac{P_{1,s}}{R_{H_2} T_1} = \frac{101325 + 97\times10^6}{4124 \times 243} = 96.895\ \mathrm{kg/m^3}$$

$$\rho_{1,e} = \frac{P_{1,e}}{R_{H_2} T_1} = \frac{91.476\times10^6}{4124 \times 243} = 91.281\ \mathrm{kg/m^3}$$

$$\rho_{2,c} = \frac{\rho_{1,s} + \rho_{1,e}}{2} \times \left(\frac{2}{k+1}\right)^{\frac{1}{k-1}}$$

$$= \frac{96.895 + 91.281}{2} \times \left(\frac{2}{1.4+1}\right)^{\frac{1}{1.4-1}} = 59.646\ \mathrm{kg/m^3}$$

$$\dot{m} = \rho_{2,c} A_n V_{2,\max} = 59.646 \times \frac{\pi \times (1.0 \times 10^{-3})^2}{4} \times 1081.274$$

$$= 50.653 \times 10^{-3}\ \mathrm{kg/s}$$

음속 유동에서 유량계수는 0.98 정도이므로, 실제 유량은 다소 줄어든다.

(e) 충전 시간

$$t_c = \frac{\Delta m}{\dot{m}} = \frac{1.684}{50.653 \times 10^{-3}} = 33.25\ \mathrm{s}$$

10 외부 유동

10.1 외부 유동의 개요

흐르는 유체 속에 물체가 잠겨 있거나 정지하고 있는 유체 속을 물체가 움직일 때, 유체의 점성에 의하여 물체의 표면에는 힘이 가해진다. 이러한 유체 속에 잠겨 있는 물체 주위의 유동을 외부 유동(external flow)이라 하며, 항공기, 자동차, 골프공 및 빌딩 주위의 공기 유동 그리고 잠수함, 선박 및 교각 주위의 물의 유동이 포함된다.

일반적으로 외부 유동에 의해 유체가 물체에 가하는 힘은 항력(drag force)과 양력(lift force)이라는 두 개의 성분으로 나눠진다. 그림 10.1은 익형(aerofoil) 주위를 흐르는 공기를 보여주고 있는데, 양력은 유체의 접근방향과 수직한 방향으로 작용한다. 반면에 항력은 유체의 접근 방향과 같은 방향인 수평으로 작용한다.

자동차나 항공기와 같은 수송기계의 경우 항력을 통상적으로 공기저항이라고 부른다. 공기저항은 수송기계의 추진장치에 의해 극복되어야 하며, 따라서 연료소비율을 저감시키기 위해 항력을 최소화하는 것이 바람직하다. 그러므로 자동차의 경우 공기저항을 낮추어 주행 연비를 향상시키기 위하여 자동차 차체를 공기역학을 고려한 유선형으로 만든다. 그리고 항공기의 경우는 날개에서 동체를 부양시켜 적절히 비행할 수 있는 양력을 얻도록 한다.

물체 주위의 외부 유동은 매우 복잡하여 대부분의 설계 정보는 물체의 실물 크기 혹은 축척 모델의 실험을 통해 얻는다. 이러한 실험의 대부분은 자동차, 항공기, 자전거, 빌딩 및 도시의 일부분과 같은 장치의 모델이 들어 있는 풍동 터널(wind tunnel)에서 수행된다. 그리고 선박, 잠수함, 다리 교각 등과 같은 물체 주위의 유동과 관련된 실험에는 수조와 예인 장치가 사용된다.

그림 10.2는 항공기 모델을 풍동 실험하는 모습을 보여주고 있는데, 이러한 모델을 사용한 풍동 실험을 통해 유체 기류에서 여러 가지 속도와 받음각 등으로 유체 속에 잠겨있는 물체의 양력과 항력을 구할 수 있다. 아울러 항공기와 같이 물체 주변의 유체가 기체이고, 마하수 0.3 이상의 고속유동의 경우에는 기체의 압축성을 고려해야 한다. 따라서 이러한 분야는 기체역학에서 보다 상세하게 다룬다.

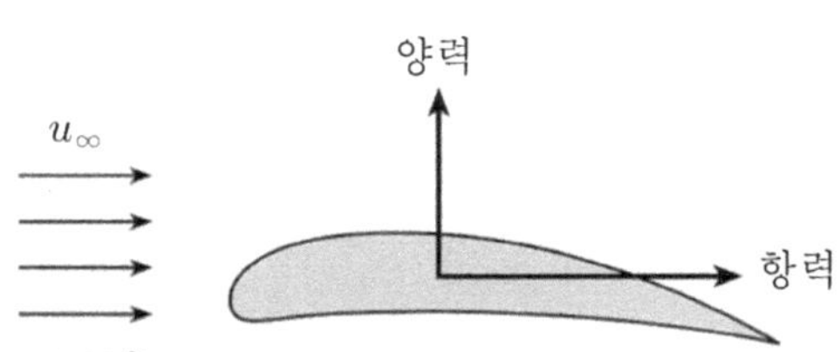

그림 10.1 익형 외부 유동에 의한 항력 및 양력

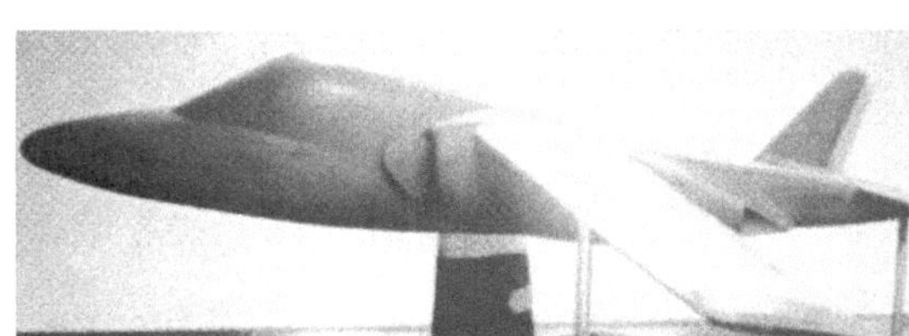

그림 10.2 항공기 모델의 풍동 실험

10.2 항력

10.2.1 압력 항력

유체가 잠겨있는 물체 주위를 흐를 때 유체는 주어진 거리에 걸쳐 물체의 표면에 부착하게 된다. 그림 10.3(a)는 원기둥 주위의 유체 흐름을 묘사하고 있는데, 원기둥에 접근하는 유체 입자는 지점 A에서 속도 u로 수평 중심선에서 원기둥과 충돌하여 정지한다. 그 결과 유체 입자의 운동에너지는 정체점 A에서 완전히 압력에너지로 변환된다.

지점 A의 압력은 두 점간의 베르누이 방정식을 적용하여 지점 ①의 자유 기류 압력과 비교할 수 있다.

$$\frac{P_1}{\rho g} + \frac{u_1^2}{2g} + z_1 = \frac{P_A}{\rho g} + \frac{u_A^2}{2g} + z_A$$

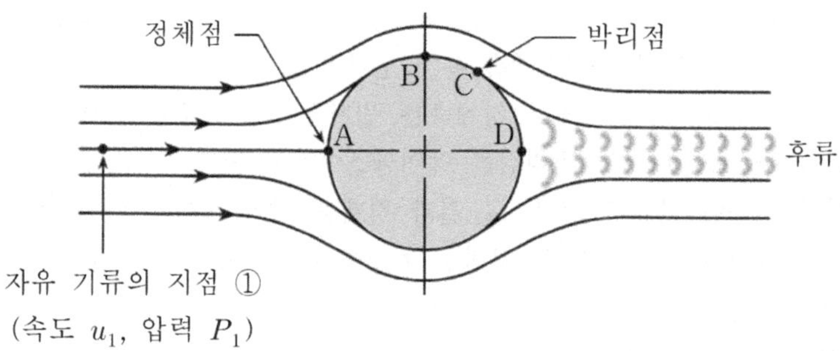

(a) 원기둥 주위의 유체 유동

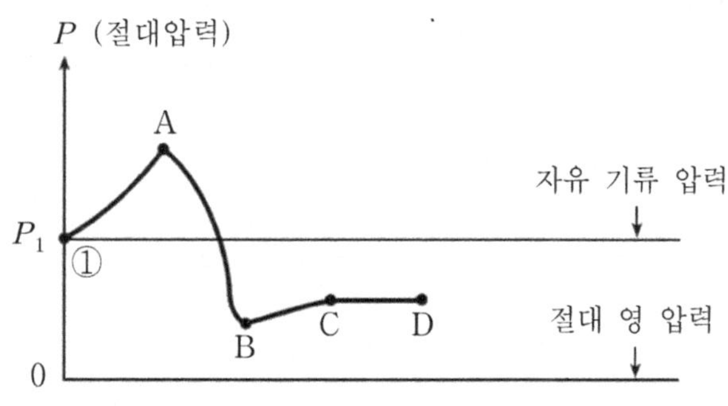

(b) 자유 기류 지점 ①로부터의 압력분포

그림 10.3 원기둥 주위의 유체 유동 및 압력분포

수평 유동이므로 $z_1 = z_A$이고, 정체점 A에서 유속 $u_A = 0$이므로, P_A에 대하여 풀면

$$P_A = P_1 + \frac{\rho u_1^2}{2} \tag{10.1}$$

이다. 여기서 P_1은 자유 기류의 지점 ①에서의 정압(static pressure)이고 $\rho u_1^2 / 2$은 동압(dynamic pressure)이다. 그리고 P_A는 전압(total pressure) 또는 정체압(stagnation pressure)이라 하고, 자유 기류의 정압과 동압을 합한 것과 같다. 그러므로 지점 A에서의 압력은 원기둥 표면에 있는 다른 지점에서의 압력보다 높다. 또한 그림 10.3(b)에서 보는 바와 같이, 자유 기류의 압력보다 높다.

그림 10.3(a)의 원기둥 표면 부근에서는 유체 점성의 영향으로 속도기울기가 존재하여 경계층(boundary layer)이라고 부르는 유체의 얇은 층이 형성된다. 경계층의 두께는 명확하지 않지만 자유 기류 속도에 대한 경계층 내의 속도가 99%가 되는 지점까지의 유체층 두께를 의미하며, 물체의 항력 및 물체 표면과 유체 사이의 대류 열전달량을 구하기 위하여 중요하다.

경계층 내의 압력분포는 자유 기류의 압력분포와 일치하지만, 경계층 내에서는 마찰손실에 의해 압력강하가 일어난다. 그러나 어느 지점에 이르면 하류의 압력보다 낮아지게 되는 역압력구배(adverse pressure gradient)가 형성되어 상류에서 계속 유체 입자가 흘러 들어오고 하류에서도 유체입자가 역류된다. 결국 그림 10.3(a)의 지점 C에서 경계층은 원기둥 표면으로부터 이탈하는데, 이를 박리점(separation point)이라고 부른다. 이 박리점은 레이놀즈수가 커지면 뒤쪽으로 밀려난다. 레이놀즈수가 크면 경계층 내의 흐름이 난류가 되고, 그 결과 경계층 내외의 유체 입자들이 서로 혼합되고 경계층 밖에서 에너지가 유입되기 때문이다. 그리고 원기둥의 후면에서는 회전방향이 서로 반대인 2열의 후류(wake)가 만들어진다.

그림 10.3(b)에서 보는 바와 같이, 원기둥과 접촉하고 있는 후류구역 중심(지점 D)의 압력이 정체점(지점 A)에서의 압력보다 훨씬 낮고, 원기둥 전면(AB면) 위의 평균 압력이 후면(BCD면) 위의 평균 압력보다 훨씬 높다. 이러한 원기둥 전면과 후면 사이의 압력 차이로 인해 원기둥에 항력이 작용하게 된다. 이 항력은 압력 차이에 의한 것이므로 압력 항력(pressure resistance)이라고 부른다. 압력 항

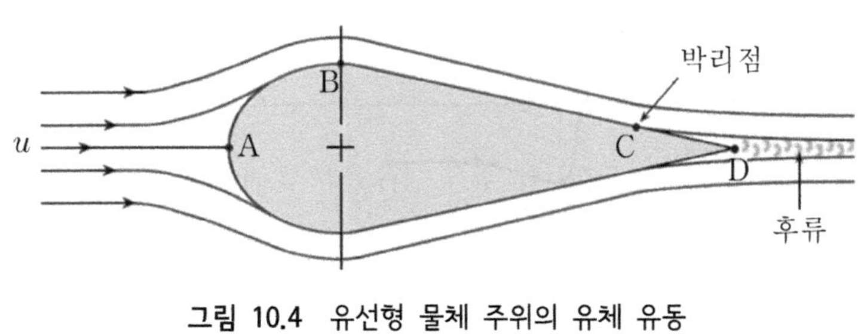

그림 10.4 유선형 물체 주위의 유체 유동

력은 물체에 직각으로 작용하므로 물체의 운동을 저지하며, 따라서 물체의 운동에 대한 저항력으로 작용한다.

물체에 대한 압력 항력은 후류의 크기에 따라 증가한다. 원기둥과 같은 뭉뚝한 물체에서는 커다란 크기의 후류가 생성되는데, 후류의 크기는 물체의 모양을 유선형으로 하여 크게 감소시킬 수 있다. 다시 말하여 예리한 모서리를 둥글게 하고 전면 수직 길이에 비해 유선 방향의 길이를 길게 함으로써 박리가 일어나는 점을 늦출 수 있고, 후류의 크기도 작아진다. 일반적으로 가느다란 날개 형태의 물체는 원기둥보다 얇은 평판에 가까운 항력계수를 가진다.

그림 10.4는 원기둥의 뒤쪽 부분을 테이퍼(taper) 형상으로 대체하였을 때의 외부 유동 양상을 보여주고 있다. 이러한 유선형 물체에서 유체는 지점 C까지 박리되지 않는다. 그 결과 훨씬 작은 크기의 후류가 형성되므로 압력 항력도 그 만큼 작아진다. 압력 항력은 종종 물체의 모양 혹은 형태에 의해 크게 영향을 받으므로 형상 항력(form resistance)이라고도 부른다.

10.2.2 총 항력

유체 속에 잠겨있는 물체에 작용하는 총 항력(F_D)은 압력 항력과 유체의 점성에 의한 마찰 항력의 합과 같다.

$$F_D = F_{D\,pressure} + F_{D\,friction} \tag{10.2}$$

압력 항력을 구하기 위해서는 물체의 전체 표면에 걸쳐서 항력 방향에서의 압력분포를 면적 적분해야 한다. 또한 마찰 항력을 구하기 위해서는 항력 방향에서의 전단응력 분포에 대한 유사한 적분이 필요하다. 이러한 적분을 수행하기 위한 기하학적인 모델을 그림 10.5에 예시하였으며, 유체 속에 잠긴 물체의 미소 표면적(dA)에 작용하는 압력 항력(PdA)과 전단력($\tau\, dA$)을 보여주고 있다.

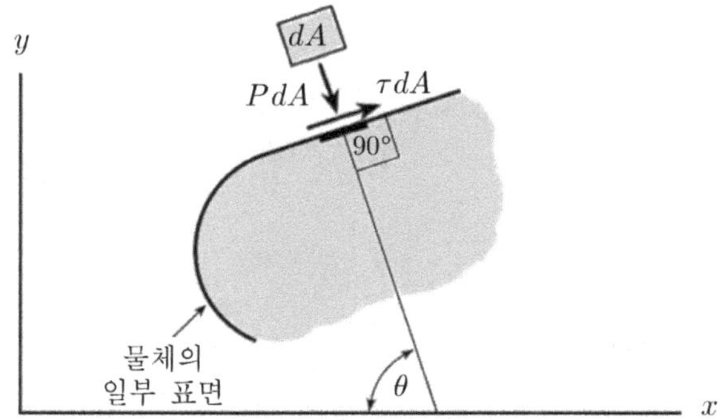

그림 10.5 미소 표면에 작용하는 압력 및 전단력

총 항력을 구하기 위한 적분을 수학적으로 나타내면 식 (10.3)과 같으며, 여기서 θ는 항력의 작용 방향인 수평(x)축과 면적 dA에 수직 연장선 사이의 각도이다.

$$F_D = \int P\cos\theta\, dA + \int \tau \sin\theta\, dA \qquad (10.3)$$

식 (10.3)의 적분을 수행하기 위해서는 물체 표면에서 위치의 함수로서 법선 압력 P와 접선 전단 응력 τ 사이의 수학적 관계를 구할 필요가 있다. 부가하여, 물체의 모양 또한 수학적으로 나타내야 한다. 이러한 3가지 함수관계를 구하기는 지극히 어려우며, 특히 복잡한 형상의 물체인 경우에는 더욱 더 그러하다. 그러므로 총 항력은 실험적으로 항력계수를 도입하여 구하는데, 보통 풍동실험에서 축척 모델을 사용하는 것으로 대체한다.

10.2.3 총 항력 및 항력계수

실제 움직이는 유체에 잠겨있는 물체의 항력은 압력 항력과 마찰 항력을 구별하여 구하기 곤란하므로, 다음과 같은 경험식을 사용하여 총 항력을 구할 수 있다.

$$F_D = C_D A_D \frac{\rho u^2}{2} \text{ [N]} \qquad (10.4)$$

여기서 C_D는 항력계수(drag coefficient), A_D는 유동방향과 직각을 이루는 물체의 전면 투영면적(frontal area, m^2), ρ는 유체의 밀도(kg/m^3) 그리고 u는 유체의 자유 흐름 속도(m/s)이다.

식 (10.4)에서 $\rho u^2/2$은 베르누이 방정식으로부터 유도되는 동압이며, 유체의 단위 체적 당 운동어너지이다. 따라서 동압과 전면 투영면적의 곱은 힘(저항력)과 같으므로, 항력계수는 무차원 매개변수이며 실험을 통해 구한다.

$$C_D = \frac{F_D}{A_D \times \dfrac{\rho u^2}{2}} \qquad (10.5)$$

10.2.4 레이놀즈수와 항력계수

균질 유체 속에 잠겨있고 마하수 0.5 이하의 속도로 이동하는 물체의 경우 항력계수는 물체의 형상, 물체 표면의 거칠기 및 유동의 레이놀즈수 등에 따라 좌우된다. 그림 10.6은 매끄러운 원기둥 및

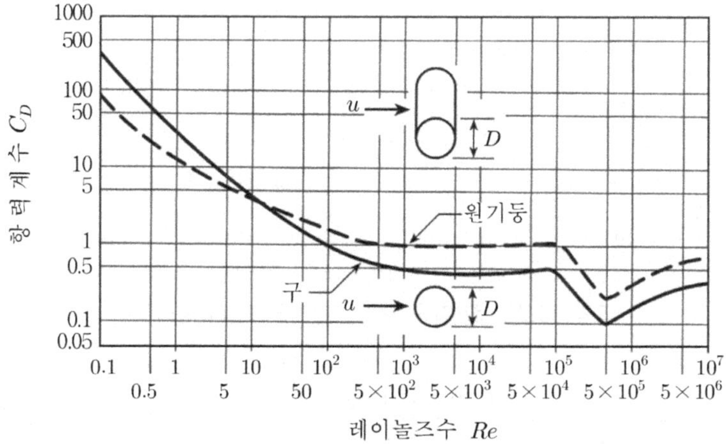

그림 10.6 매끄러운 원기둥 및 구의 항력계수

구(sphere)에서 레이놀즈수의 함수로서 항력계수를 보여주고 있다. 원기둥 또는 구의 경우 레이놀즈수는 지름 D에 기초하고 있으며, 레이놀즈수 1000~100000 범위에서 항력계수 C_D의 값은 기본적으로 일정하다.

하지만 레이놀즈수가 4×10^5 부근에서 항력계수가 갑자기 떨어지는 것을 주목하게 된다. 경계층이 난류가 되기 때문에 항력계수는 원기둥의 경우 약 0.2이고, 매끄러운 구의 경우는 약 0.1까지 떨어진다. 이러한 운동으로 경계층 유동 박리가 원기둥 혹은 구 표면의 훨씬 하류에서 발생한다. 그 결과 작은 크기의 후류가 압력 항력을 감소시킨다. 비록 난류에 의해 마찰 항력이 증가하지만, 원기둥 및 구와 같이 비교적 뭉뚝한 물체의 경우 대부분의 총 항력은 압력에 의해 좌우되며 총 항력의 작은 부분만이 전단응력의 영향을 받으므로 항력계수가 크게 떨어지는 일이 발생한다.

유동 방향과 수직하게 위치한 평판과 같이 극단적으로 뭉뚝한 물체에서 유동은 경계층이 층류 혹은 난류이건 간에 판의 가장자리에서 박리된다. 따라서 지극히 뭉뚝한 물체의 항력계수는 레이놀즈수에 좌우되지 않는다.

경계층이 난류가 될 때 구의 항력계수가 현저하게 떨어지는 것은 거친 표면을 얻기 위해 골프공에 만들어진 오목한 홈(dimple)의 영향으로 설명이 된다. 그림 10.7은 매끄러운 구와 표준 골프공의 경우 레이놀즈수 $10^4\sim10^7$의 범위에서 항력계수의 변화를 보여주고 있다.

표준 골프공의 경우 매끄러운 구의 경우보다 낮은 레이놀즈수에서 난류가 발생하고, 항력계수는 약 4×10^4의 레이놀즈수에서 약 0.5에서 0.25까지 감소한다. 이 레이놀즈수는 실제 잘 맞은 골프공의 경우보다 낮다. 표준 대기 조건에서 공기의 밀도는 $1.225\ \mathrm{kg/m^3}$이며, 점성계수는 $1.789\times10^{-5}\ \mathrm{Pa\cdot s}$이다. 예를 들어, 골프공의 지름이 4.32 cm(1.7 in)이고, 잘 맞은 골프공의 초기속도는 대략 60 m/s이므로 이러한 조건에서 초기 레이놀즈수는 다음과 같다.

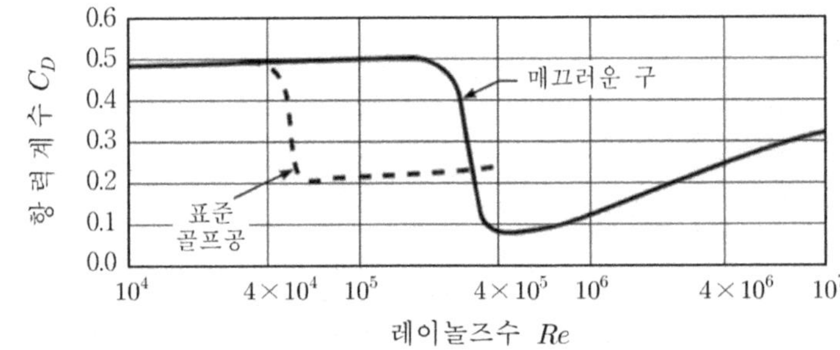

그림 10.7 매끄러운 구와 표준 골프공의 항력계수

$$Re = \frac{\rho D u}{\mu} = \frac{1.225 \times 4.32\times10^{-2} \times 60}{1.789\times10^{-5}} = 1.775\times10^5$$

이 레이놀즈수는 4×10^4보다 훨씬 크며, 여기서 표준 골프공의 경우 난류가 발생한다. 반면에 매끄러운 구의 경우는 레이놀즈수가 약 4×10^5에 도달할 때까지 난류가 발생하지 않는다. 레이놀즈수 4×10^5은 135 m/s의 속도에 해당하며, 이는 잘 맞은 골프공의 속도보다 훨씬 높다. 그러므로 표준 골프공은 135 m/s에서 13.5 m/s의 속도로 날아가는 동안 동일한 속도 범위에서 날아가는 매끄러운 구와 비교하여 50% 정도의 작은 항력계수를 갖는다. 13.5 m/s 이하의 속도일 때는 표준 골프공이나 매끄러운 구 모두 동일한 수준의 항력계수를 갖는다. 하지만 13.5 m/s 이상의 속도에서는 항력계수의 커다란 차이로 인해 매끄러운 구의 비거리는 대략 140 m에 불과하지만, 잘 맞은 표준 골프공의 비거리는 230 m 정도에 이른다.

10.2.5 여러 가지 형상의 물체에 대한 항력계수

표 10.1은 여러 가지 단순한 형상의 물체에 대한 특정 레이놀즈수에서의 항력계수 값을 제공하고 있다. 유동 방향과 수직하게 정렬된 평판과 같이 매우 뭉뚝한 물체의 경우 레이놀즈수가 주어지지 않는다. 매우 뭉뚝한 물체에서 유동 박리는 언제나 동일한 위치에서 발생하며, 그러므로 항력계수는 레이놀즈수에 좌우되지 않는다.

표 10.1 여러 가지 형상의 물체에 대한 항력계수

형 상	항력계수(C_D)	레이놀즈수
낙하산 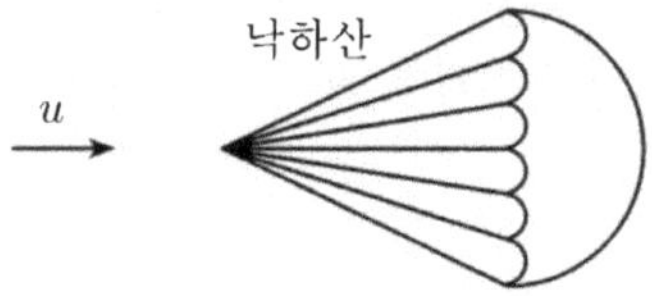	1.35	
반원형의 원주 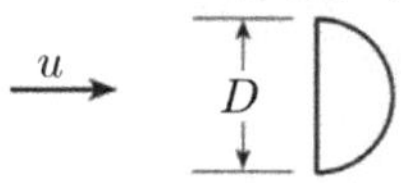	2.15	$Re > 10^4$
	1.15	$Re > 10^4$
직사각형 평판 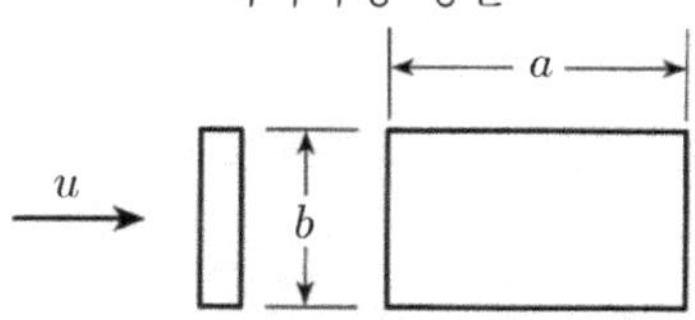	a/b | C_D | a/b | C_D 1 | 1.16 | 25 | 1.57 4 | 1.17 | 50 | 1.76 8 | 1.23 | 〉100 | 2.00	
원판 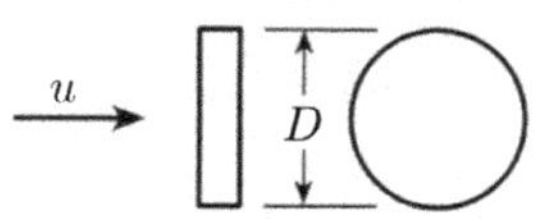	1.1	$Re > 10^3$
반구 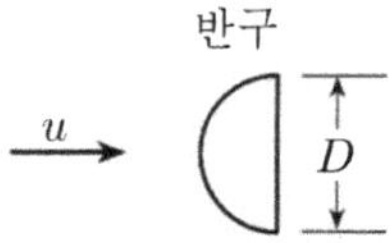	0.38	$Re > 10^4$
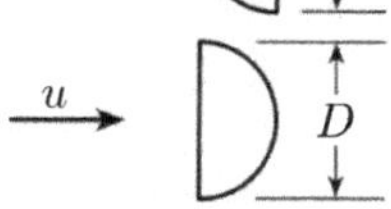	1.4	$Re > 10^4$
원추 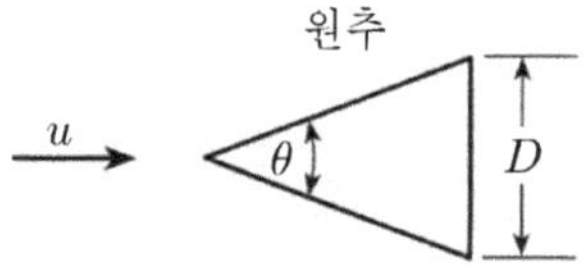	θ(각도) | C_D 10° | 0.30 30° | 0.55 60° | 0.80	$Re > 10^4$
익형 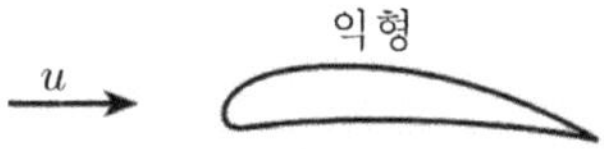	0.05	$Re > 10^5$

【예제 10.1】

정상적으로 펴진 상태의 낙하산 지름이 4 m이고 항력계수가 1.35인 경우, 펴진 낙하산으로 낙하하는 사람의 속도를 구하라. 공기 밀도는 0.91 kg/m^{3}이고 사람과 낙하산의 질량은 95 kg이다. 또한 낙하산이 펴지지 않을 경우, 이 사람의 속도는 얼마가 되는가? 사람의 항력계수는 1.1이고, 전면 투영면적은 0.19 m^{2}이다.

☞ 풀이

(가) 낙하산이 펴진 경우 항력은 낙하산의 펴진 면적에 비례하고, 사람과 낙하산의 무게를 합한 것은 항력과 같다. 따라서 펴진 낙하산의 경우, 낙하하는 속도는 다음과 같다.

$$F = mg = C_D \times A_c \times \frac{\rho u_c^2}{2}$$

$$u_c = \sqrt{\frac{2mg}{C_D \times A_c \times \rho}} = \sqrt{\frac{2 \times 95 \times 9.8}{1.35 \times \frac{\pi \times 4^2}{4} \times 0.91}} = 10.98 \text{ m/s}$$

(나) 낙하산이 펼쳐지지 않은 경우 항력은 사람의 전면 투영면적에 비례하므로, 사람의 낙하 속도는 다음과 같다.

$$F = mg = C_D \times A_m \times \frac{\rho u_m^2}{2}$$

$$u_m = \sqrt{\frac{2mg}{C_D \times A_m \times \rho}} = \sqrt{\frac{2 \times 95 \times 9.8}{1.1 \times 0.19 \times 0.91}} = 98.95 \text{ m/s}$$

그러므로 낙하산이 펴지지 않을 경우 낙하 속도는 펴진 경우에 비하여 9배 정도 크다.

10.3 자동차의 공기저항

10.3.1 자동차의 항력계수

1970년대 2차례의 세계적인 에너지 위기 이후로 자동차 산업계에서는 연료소비율을 개선하기 위한 많은 연구를 수행하였고, 항력 감소가 주행 연비를 개선시키는 가장 효과적인 방법 중의 하나임을 알게 되었다. 이러한 인식으로 자동차 공기역학 분야가 에너지 절약의 차원에서 매우 중요하게 다루어지게 되었다. 실제로 50 km/h 이상의 고속에서 공기역학 디자인이 주행 연비 측면에서 매우 유리하고, 전방 후드(hood or bonnet) 가장자리 혹은 범퍼(bumper)에 조금만 변화를 주어도 자동차의 항력계수에서 현저한 차이가 날 수 있다.

차체 형상을 정교하게 튜닝(tuning)하거나 항력이 최소화되도록 차체 형상을 유선형으로 설계하는 것을 기류 관리(airflow management)라고 한다. 이러한 목적을 달성하기 위해 자동차 제조자들은 풍동연구에 착수하여 여러 가지 차체 형상을 시험하는 노력을 기울이게 되었다. 현재 복잡한 형상의 차체 주위의 기류 양상을 정확하게 예측할 수 있는 컴퓨터 모델은 존재하지 않으며, 수치해석을 통해 어느 정도 공기 저항을 예측할 수는 있지만 대부분 풍동실험의 결과에 의존한다. 풍동실험에 의해서만 항력을 정확하게 구할 수 있으며, 공기 저항을 줄이기 위하여 차체 형상을 개선하는데 필요한 정보를 얻을 수 있다. 그림 10.8은 풍동실험에서 차체를 시험하는 예를 보여주고 있으며, 연기가 차체 주변의 기류 양상을 가시화하는데 사용된다.

그림 10.9는 1920~1990년대의 자동차 항력계수의 저감에 관한 시대별 경향을 보여주고 있다. 1920년대에는 항력계수가 0.8이었으나 1990년대 0.3으로 항력계수가 상당히 지속적으로 낮아지고 있는 것을 알 수 있다. 자동차에서 공기 저항의 대부분은 압력 항력에 기인하므로, 형상을 유선형으로 만들면 항력계수를 현저히 낮출 수 있다. 예를 들어, 1920년대 Vintage 자동차는 상자(box) 형태이지만, 요즈음 생산되는 승용차는 모두 유선형이며 항력계수는 0.3 미만이다. 하지만 항력계수를 낮

그림 10.8 차체 주변의 유동 양상을 가시화하는 풍동실험의 예

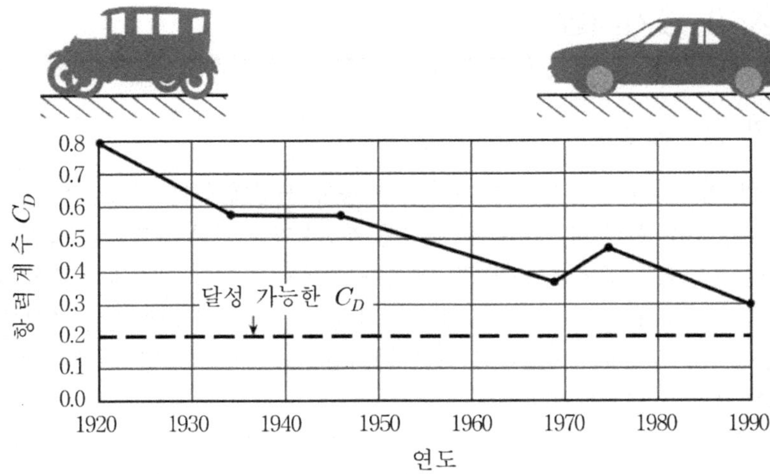

그림 10.9 자동차 항력계수의 시대별 변화

출 수 있는 여지는 아직도 남아있으며, 앞으로 보다 공기역학 측면을 고려하여 차체를 설계한다면 0.2의 항력계수가 달성될 수 있을 것으로 예상된다.

화물차의 경우는 항력계수가 0.6~1.0 사이이다. 이렇게 범위가 넓은 것은 트럭 형상에서 여러 가지로 달라진 형태의 차종이 있기 때문이다. 화물차의 경우 운전실의 디자인과 공기 편향장치(air deflector)를 사용하여 항력계수를 어느 정도 낮출 수 있겠지만, 항력계수 0.4의 값이 트럭 및 버스와 같은 상용차의 현실적인 목표로 간주된다.

10.3.2 항력계수와 주행 연비

그림 10.10은 전형적인 소형 승용차의 항력계수가 0.46에서 0.39로 달라질 때, 항력계수가 주행 연비에 미치는 영향을 보여주고 있다. 자동차 속도 65 km/h에서 리터당 주행거리(km/ℓ)의 개선은 대략 7.7%(= (19.5 − 18.1)/18.1)이며, 140 km/h에서 리터당 주행거리의 개선은 약 20.7% (= (7.0 − 5.8)/5.8)이다. 그러므로 저속일 때보다 고속에서 항력계수 감소에 따른 주행 연비의 향상 효과가 큰 것을 알 수 있다.

평탄한 도로에서 자동차가 일정한 속도를 운행하는데 필요한 동력은 두 가지 성분으로 이루어진다. 하나는 공기역학적 항력을 극복하는데 필요한 동력이고, 다른 하나는 타이어와 도로 사이에서 구름 저항을 극복하는데 필요한 동력이다. 그림 10.11에서 보는 바와 같이, 구름 저항을 극복하는데 필요한 동력은 속도에 따라 선형적으로 변한다. 그러나 공기 저항을 극복하는데 필요한 동력은 속도의 3승에 비례하여 증가한다. 따라서 작은 속도의 증가가 공기 저항을 극복하는데 필요한 동력을 크게 증가시키게 된다.

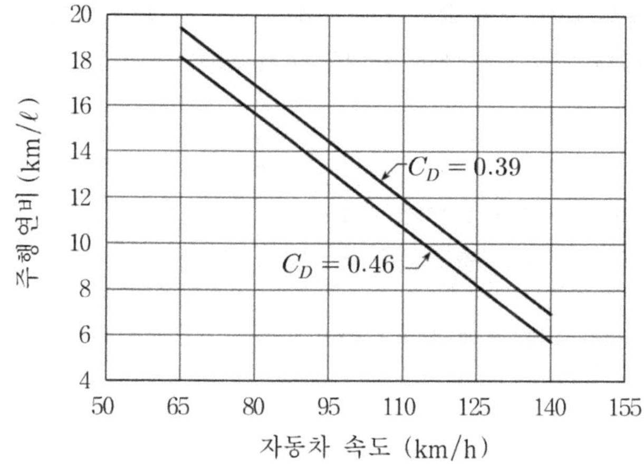

그림 10.10 소형 승용차의 항력계수 대비 주행 연비

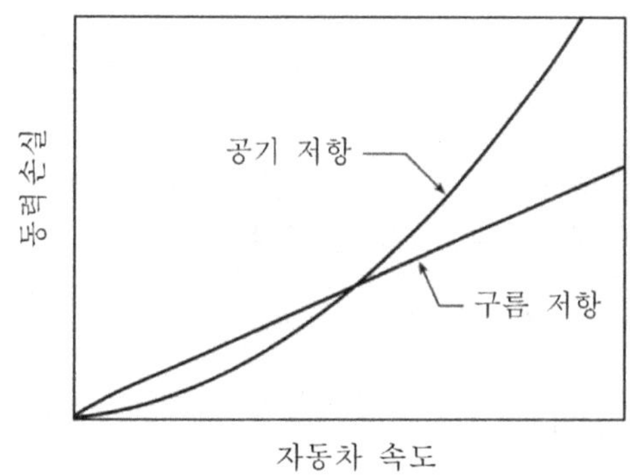

그림 10.11 자동차의 저항에 의한 동력손실

표 10.2 일반적인 크기의 자동차 전면 투영면적

차량 종류	전면 투영면적(m^2)
경형 자동차	2.0
소형 자동차	2.2
중형 자동차	2.4
대형 자동차	2.6

그림 10.11에서 예시한 바와 같이, 구름 저항에 의한 동력 손실은 저속에서 우세하지만 공기 저항에 따른 동력 손실은 고속에서 지배적이다. 자동차의 공기 저항은 자동차의 전면 투영면적에 비례하는데, 표 10.2는 4가지 일반적인 자동차의 전면 투영면적을 제공하고 있다. 자동차 크기 및 그에 따

른 전면 투영면적에 영향을 주는 요소에는 승용차 좌석 용량, 운전 시야각, 차체 형상의 매력 및 트랙션, 코너링 및 측풍 효과와 같은 안정성과 관련한 고려사항이 포함된다.

【예제 10.2】

자동차의 전면 투영면적이 2.25 m^2이고 항력계수는 0.35이다. 이 자동차가 바람이 없는 표준 대기 상태에서 95 km/h로 운행하고 있을 때, 다음을 구하라.

(가) 공기역학적 항력

(나) 공기역학적 항력을 극복하는데 필요한 동력

☞ 풀이

(가) 공기역학적 항력은 식 (10.4)를 사용하여 구한다.

$$u = \frac{95 \times 10^3}{3600} = 26.389\ \mathrm{m/s}$$

$$F_D = C_D A_D \frac{\rho u^2}{2} = 0.35 \times 2.25 \times \frac{1.225 \times 26.389^2}{2} = 335.89\ \mathrm{N}$$

(나) 동력은 항력과 속도의 곱과 같다. 그러므로 바람이 없는 조건에서 공기역학적 항력을 극복하는데 필요한 동력은 운행 속도의 3승에 비례한다.

$$L_D = F_D \times u = C_D A_D \frac{\rho u^2}{2} \times u = C_D A_D \frac{\rho u^3}{2}$$

$$= 0.35 \times 2.25 \times \frac{1.225 \times 26.389^3}{2} = 8.86\ \mathrm{kW}$$

10.4 고속 효과

10.4.1 압축성 유동

앞에서 기술한 내용은 비압축성 유동에만 적용할 수 있다. 그러므로 마하수가 0.5 이하인 액체 유동 혹은 기체 유동으로 제한된다. 대부분 고속으로 움직이는 물체의 항력계수는 마하수 약 0.5 이상에서 증가하기 시작하고, 음속에 도달할 때 현저히 상승한다. 음속에 도달하거나 초과할 때 항력계수가 크게 증가하는 것은 충격파의 형성에 의한 것이다. 음속 및 초음속의 경우 물체의 속도는 음속과 같거나 초과한다. 그러므로 유체는 유동 경로에서 물체의 존재를 나타내는 압력파 신호를 받을 수 없으므로, 유체는 접근하는 물체 주위의 유동에 대해 즉각적인 대응이 불가능하다. 그 결과로 압력파의 속도와 같은 변수가 갑자기 변하는 유동장의 경우 매우 좁은 구역에서 충격파가 형성된다.

마하수에 따른 항력계수의 변화는 뭉뚝한 돌출부와 예리한 돌출부를 가진 물체에서 서로 다르다. 그림 10.12는 두부(head)가 납작한 원기둥과 두부가 뾰족한 원추형 돌출부를 가진 원기둥의 항력계수를 비교한 것으로, 각 원기둥의 축은 유동 방향으로 향한다. 그림에서 보는 바와 같이, 두부가 뾰족한 원기둥의 경우 마하수가 약 1.2일 때 항력계수가 최대로 커지고, 마하수가 초음속 구역으로 점진적으로 증가할 때 항력계수가 작아지는 것을 알 수 있다. 그러나 두부가 납작한 원기둥의 경우 음

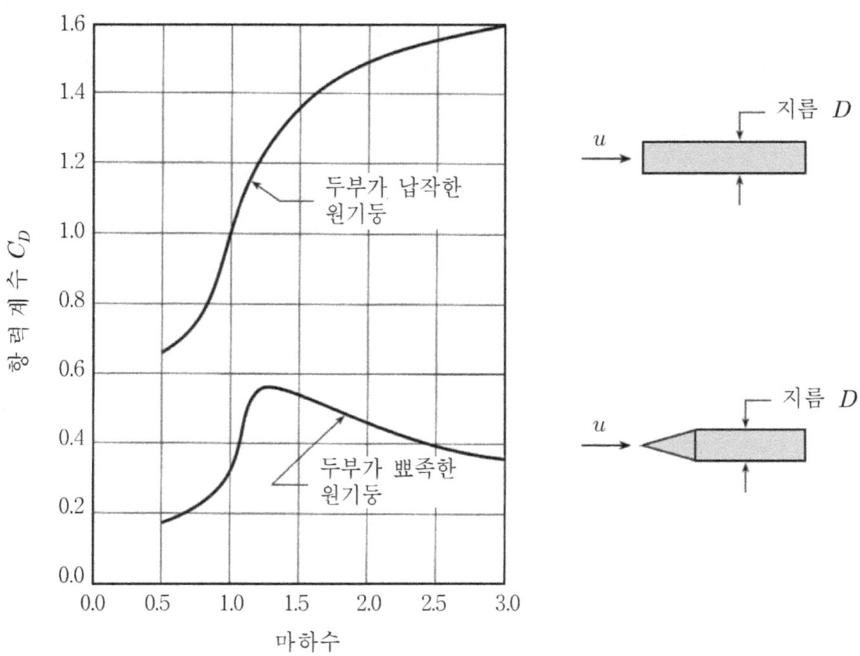

그림 10.12 두부 형상이 다른 물체에서 마하수 대비 항력계수

속 1.0을 넘어 마하수가 증가할 때도 항력계수는 지속적으로 증가한다.

이와 같은 항력계수의 변화는 충격파가 어떻게 형성되며 그 결과 유동 박리가 어떻게 일어나는가에 따라 달라진다. 항공기에서 이러한 유동 양상이 동체 형상 디자인에 어떻게 영향을 주는가를 살펴볼 수 있다. 따라서 아음속 항공기에서는 동체 기수(nose)와 항공기 날개의 앞부분을 둥글게 한다. 하지만 대조적으로 초음속 항공기의 경우는 동체 기수와 날개 앞부분을 뾰족하게 하는 것이다. 초음속으로 이동하는 물체에 대한 보다 자세한 내용은 기체역학의 참고문헌을 참조하기 바란다.

10.4.2 공동현상

물체가 액체를 통과하여 움직일 때 정압이 떨어지거나 액체 압력이 포화증기압 이하로 떨어지면 국소적으로 액체는 비등하고 기포가 생성된다. 생성된 기포들의 모임인 공동(cavity)은 물체가 높은 압력 구역으로 움직일 때 속도가 감소하면서 붕괴될 수 있다. 그 결과 내파가 1 GPa에 이르는 매우 큰 국소 압력이 만들어지고, 증기 거품이 물체 표면 가까이에서 붕괴될 때 물체 표면에 심한 충격을 주어 점식(pitting)과 같은 표면 손상을 입히게 된다.

이러한 공동현상(cavitation)이 문제가 되는 기기에는 펌프 임펠러, 선박의 프로펠러 및 방향타, 수중익(hydrofoil) 등이 포함된다. 수중익은 선체의 항력을 감소시키기 위해 선체를 수면 밖으로 부양시키는데 사용되는데, 이의 형상이 익형이다. 잠겨있는 물체의 항력은 식 (10.4)에 의해 유체 밀도에 비례한다. 그러므로 수중익에 대한 항력은 선체가 수면 밖으로 부양되고 공기에 의해 완전히 둘러싸여질 때 크게 감소된다. 그러나 수중익에서 증기 거품이 형성되면 수면 밖으로 선체를 부양시킬 때 성능에 역효과를 줄 수 있다.

10.5 익형의 양력 및 항력

10.5.1 대칭형 익형

유체 기류 속에 잠긴 대칭형 물체가 대칭축의 방향으로 움직이면 항력은 받지만 양력은 만들어지지 않는다. 그러나 물체가 대칭형이 아닌 경우는 양력도 함께 받는다. 익형은 그림 10.13과 같이 양력은 만들어지면서 항력을 최소로 하기 위해 박리가 일어나지 않도록 특별히 설계된 유선형 물체이다.

익형에서 표면 전단응력은 양력에 거의 기여를 하지 않는다. 그 대신에 대부분의 양력은 표면 압력분포로부터 야기된다. 그림 10.13(a)는 수평으로 위치한 대칭형 익형을 보여주고 있다. 이 대칭의 결과로 표면 압력분포는 그림 10.13(b)에서와 같이, 상부와 하부 표면에서 모두 동일하다. 유동 박리가 지점 C에서 일어나는 경우, 지점 C에서 익형 후연까지 점선으로 나타낸 곡선이 실제 표면 압력곡선이다. 공기역학적으로 설계된 유선형 익형의 경우 지점 C는 후연에 가까이 위치한다. 따라서 전연(지점 A)에서 후연(지점 D)까지 압력강하는 작아지고, 항력은 최소로 발생하게 된다. 지점 B와 B'는 익형의 최대 두께뿐만 아니라 최소 압력점을 나타낸다.

익형이 그림 10.14(a)에서 보는 바와 같이 유체의 유동방향과 익형의 골격선 사이의 받음각(angle of attack) α가 주어지면 상부 표면을 흐르는 유체는 하부 표면을 따라 흐르는 유체보다 더 높은 속도로 이동하게 된다. 그 결과 그림 10.14(b)에서 보는 바와 같이, 상부 표면과 하부 표면 사이에 압력 차이가 발생한다. 이 압력 차이는 베르누이 방정식과 일치하며 베르누이 효과라고 부른다.

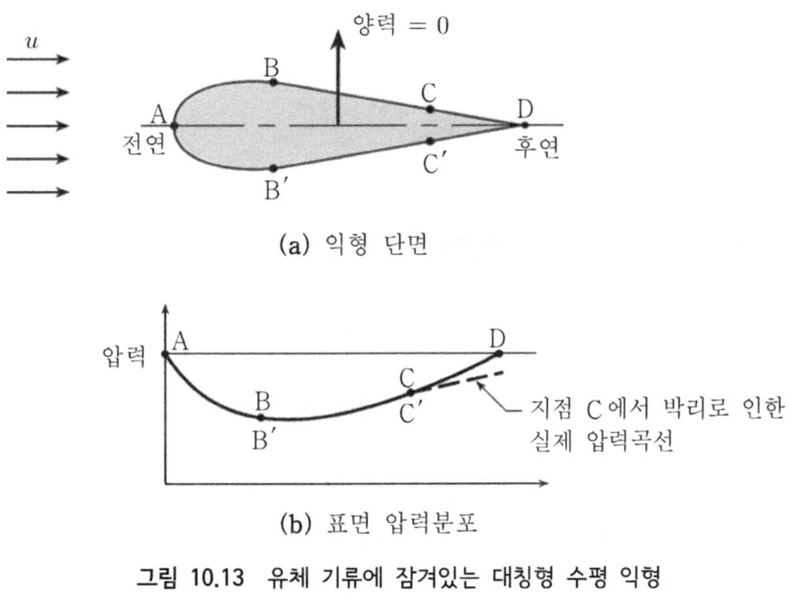

그림 10.13 유체 기류에 잠겨있는 대칭형 수평 익형

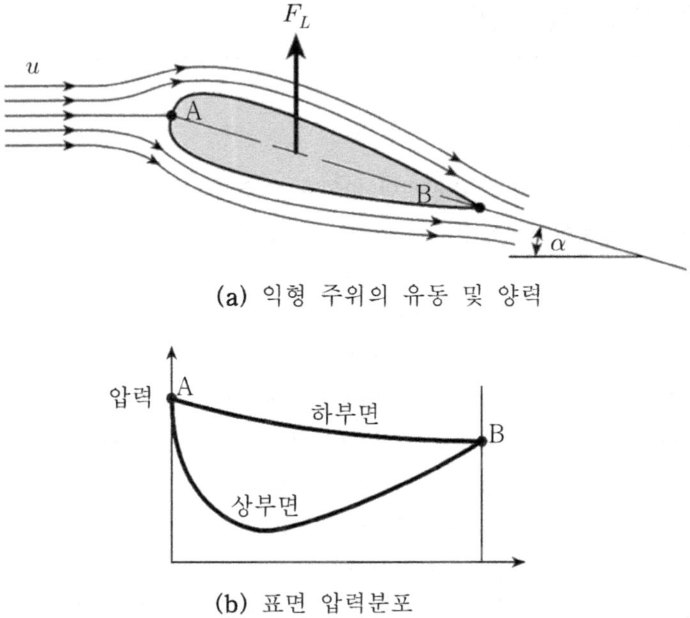

그림 10.14 받음각이 α인 대칭형 익형

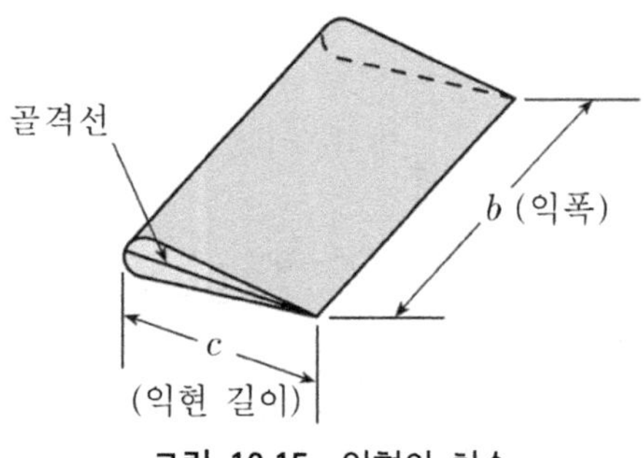

그림 10.15 익형의 치수

익형의 상부와 하부로 흐르는 기류의 압력 차이에 의해 발생한 상향 양력 F_L은 다음과 같다.

$$F_L = C_L A_L \frac{\rho u^2}{2} \tag{10.6}$$

식 (10.6)에서 C_L은 양력계수로서 익형의 형상 및 받음각(α)에 따라 달라진다. 그리고 A_L은 특별한 언급이 없으면 양력이 작용하는 방향에 수직인 투영면적이다.

하지만 익형의 경우 NACA의 익형 자료를 주로 이용하는데, 기준면적 A는 그림 10.15에 나타낸

익폭 b(span length)와 익현 길이 c(chord length)의 곱으로 정의하는 면적(plane area)이다. 따라서 NACA 익형의 양력 및 항력은 다음과 같이 각각 양력계수 및 항력계수를 사용하여 구한다.

$$F_L = C_L A \frac{\rho u^2}{2} \tag{10.7}$$

$$F_D = C_D A \frac{\rho u^2}{2} \tag{10.8}$$

10.5.2 익형의 실속점

받음각이 없는 대칭형 익형의 경우 양력이 발생되지 않으므로 양력계수는 0과 같다. 하지만 받음각이 최대 18°까지 커질 때 양력계수는 선형적으로 증가한다. 받음각이 0°로부터 커질수록, 기류의 흐름에서 익형 윗면으로부터 박리되는 지점은 후연부와 매우 가까운 지점에서 익형의 전연부로 이동한다. 따라서 항력 및 항력계수가 증가하고, 그림 10.16과 같이 점진적으로 커다란 후류가 만들어진다.

받음각이 보다 더 커지면 기류의 박리 지점은 궁극적으로 익형의 전연부로 접근하여 커다란 후류 구역과 접촉하고 있는 익형의 전체 상부 표면을 떠난다. 이 조건에 도달할 때 박리구역의 압력이 자유 기류의 수준과 거의 같아지게 된다. 그 결과 박리점이 익형의 전연부에 접근할 때 양력계수가 급격히 감소하기 시작한다. 이에 해당하는 양력의 감소로 인하여 실속(stall)이라고 부르는 조건이 만들어지며, 실속은 익형의 기능이 저하되거나 상실되는 현상이다.

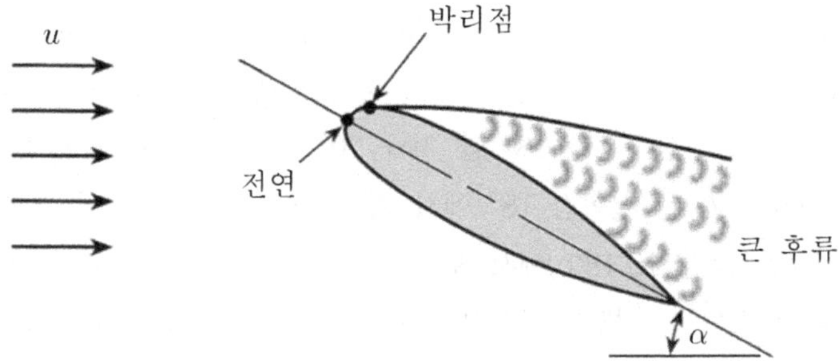

그림 10.16 익형의 전연 부근에서 박리되는 기류

10.5.3 곡률을 갖는 익형

대칭형 익형과 달리 곡률을 갖는 익형의 경우는 그림 10.17에서 보여주는 바와 같이 0° 의 받음각에서도 양력이 만들어지며, 정(+)의 양력계수를 갖는다. 이 특수한 익형은 받음각이 -2° 인 경우 0의 양력계수를 가지며, 0° 의 받음각에서 0.3의 양력계수를 갖는다. 곡률을 갖는 익형에서 전연(A)과 후연(B) 사이의 중심 곡선(점선)을 골격선(camber line)이라고 부른다. 그리고 익현(chord) 또는 익현 길이(chord length)는 전연과 후연의 직선거리이다.

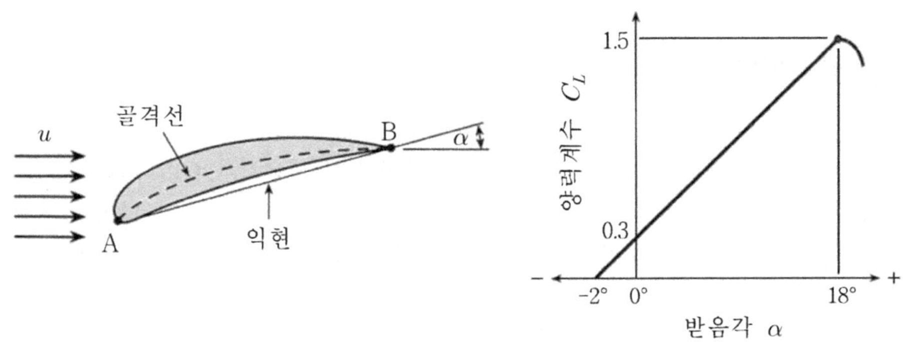

그림 10.17 곡률을 갖는 익형 및 양력계수

10.5.4 익형의 성능곡선

받음각이 커지면 항력이 증가하므로 항력계수가 받음각의 변화에 따라 어떻게 변하는가를 아는 것이 또한 중요하다. 그림 10.18(a)는 전형적인 익형의 받음각 대비 양력계수 및 항력계수 곡선을 보여주고 있다. 받음각이 -2° 에서 실속점인 18° 를 지나 20° 까지 증가할 때 항력계수 C_D는 지속적으로 커진다. 하지만 양력계수 C_L은 실속점 18° 에서 최고치에 이르고 급격히 작아진다.

이와 유사한 선도이지만 그림 10.18(b)에서 보는 바와 같은 항력계수 대비 양력계수 곡선을 사용할 수도 있다. 이 선도는 곡선의 수많은 지점에서 식별된 받음각 α값에 대한 항력계수 C_D 대비 양력계수 C_L의 선도이다.

그림 10.18의 계수 곡선을 사용할 때 C_L/C_D의 비가 최대로 되는 받음각은 그림 10.18(b)의 C_L/C_D 대 α의 값을 사용하여 쉽게 구할 수 있다. 식 (10.7) 및 (10.8)에 의해 $C_L/C_D = F_L/F_D$이므로 C_L/C_D 대 α곡선은 주어진 익형의 F_L/F_D 대 α곡선과 같다. 그림 10.18에서 나타낸 익형의 성능곡선을 받음각 α에 대한 F_L/F_D 곡선으로 그림 10.19에서 다시 보여주고 있으며, 최댓값의 F_L/F_D을 만드는 받음각이 익형의 주요 작동점이다.

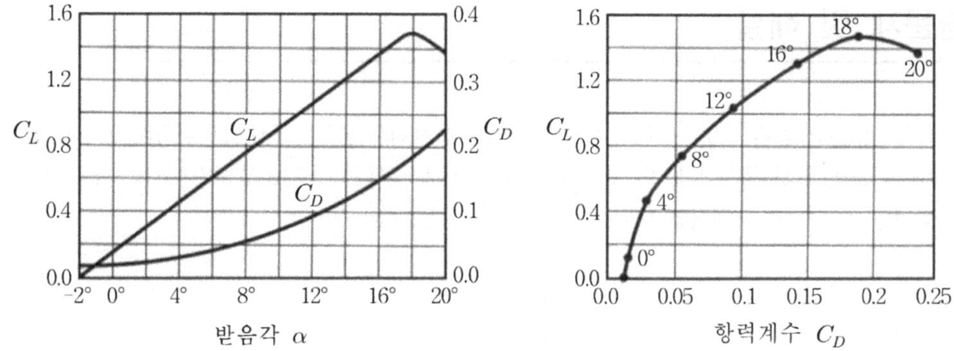

(a) 받음각 대비 양력계수 및 항력계수 (b) 항력계수 대비 양력계수

그림 10.18 전형적인 익형의 성능 곡선

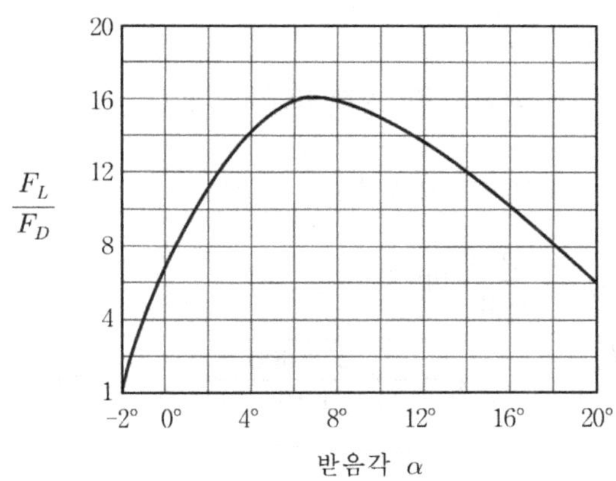

그림 10.19 전형적인 익형의 받음각 대비 계수비

【예제 10.3】

비행기의 질량은 20000 kg이고, 착륙할 때 날개의 총 면적은 85.5 m^2이며 양력계수는 1.4이다. 대기의 밀도 $\rho = 1.23\ kg/m^3$일 때 최소 착륙속도를 구하라.

☞ 풀이

착륙할 때 만들어지는 양력은 비행기의 중량과 같다. 그러므로 식 (10.7)에 의해

$$F_{L,\min} = W = C_L A \frac{\rho u_{\min}^2}{2}$$

$$u_{\min} = \sqrt{\frac{2W}{C_L A \rho}} = \sqrt{\frac{2 \times 20000 \times 9.8}{1.4 \times 85.5 \times 1.23}} = 51.6\ m/s$$이다.

연습문제 및 해설

10.1 그림 10.20과 같이 3 m × 3 m 사각형 표지판이 세워져 있다. 표지판을 바닥에 고정시키기 위한 밑부분의 얇은 판은 무시하고, 이 표지판을 기울이는데 필요한 풍속은 얼마인가? 표지판은 600 N의 힘에 견딜 수 있도록 설계되었고, 대기의 밀도 $\rho_a = 1.23\ \mathrm{kg/m^3}$이다.

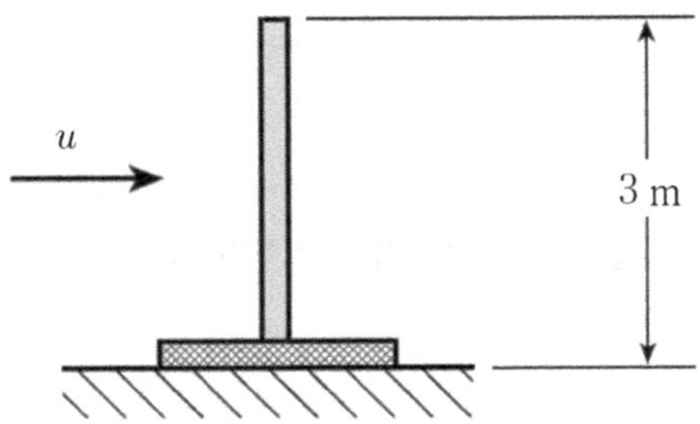

그림 10.20 문제 10.1의 설명도

【해설】 평판의 항력계수 $C_D = 1.16$ (표 10.1 참조)

항력 $F_D = C_D A_D \dfrac{\rho_a u^2}{2}$이므로,

$$u = \sqrt{\frac{2F_D}{\rho_a C_D A_D}} = \sqrt{\frac{2 \times 600}{1.23 \times 1.16 \times 3 \times 3}} = 9.67\ \mathrm{m/s}$$

10.2 그림 10.21과 같이 저수탑은 원통형 기둥의 상부에 부착된 구로 근사할 수 있다. 표준 대기(1 atm 15℃)의 바람이 15 m/s로 불 때, 저수탑이 기우는 것을 방지하는데 필요한 저항모멘트를 구하라.

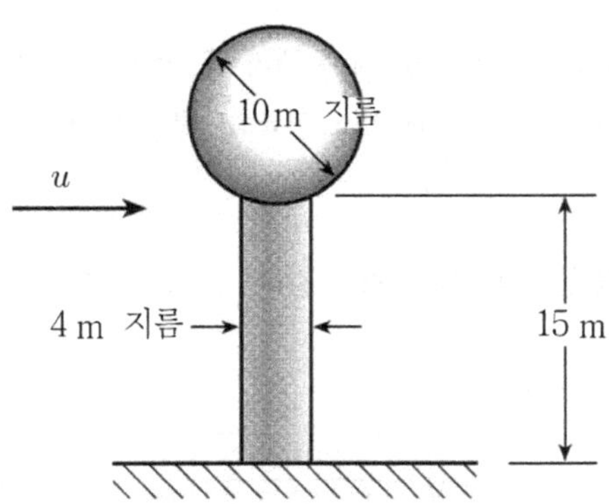

그림 10.21 문제 10.2의 설명도

【해설】 상부의 구와 받침 기둥을 나누어 계산한다.

표준 대기(1 atm, 15℃)의 밀도 $\rho_a = 1.226\ \mathrm{kg/m^3}$

동점성계수 $\nu_a = 1.465\times10^{-5}\ \mathrm{m^2/s}$

(a) 상부 구에 대하여

$$Re_1 = \frac{Du}{\nu_a} = \frac{10\times15}{1.465\times10^{-5}} = 1.024\times10^7$$

그림 10.6에서 $C_D \approx 0.4$ 읽음

$$F_{D,1} = C_D A_D \frac{\rho_a u^2}{2} = 0.4\times\frac{\pi\times10^2}{4}\times\frac{1.226\times15^2}{2} = 4.333\ \mathrm{kN}$$

(b) 하부 기둥에 대하여

$$Re_2 = \frac{Du}{\nu_a} = \frac{4\times15}{1.465\times10^{-5}} = 4.096\times10^6$$

그림 10.6에서 $C_D \approx 0.6$ 읽음

$$F_{D,2} = C_D A_D \frac{\rho_a u^2}{2} = 0.6\times4\times15\times\frac{1.226\times15^2}{2} = 4.965\ \mathrm{kN}$$

(c) 모멘트의 합

$$\sum M = F_{D,1}\times h_1 + F_{D,2}\times h_2$$
$$= 4.333\times\left(15+\frac{10}{2}\right) + 4.965\times\frac{15}{2} = 123.9\ \mathrm{kN\cdot m}$$

10.3 대형 트럭이 10 m/s로 불어오는 맞바람을 받으며 25 m/s의 속도로 평평한 도로를 따라 운행하고 있다. 트럭의 항력계수는 0.75이고 전면 투영면적이 8.0 $\mathrm{m^2}$이다. 대기 밀도 $\rho_a = 1.23\ \mathrm{kg/m^3}$에서 공기역학적 항력을 극복하는데 얼마나 많은 동력이 필요한가?

【해설】 상대속도는 25 m/s(차속) + 10 m/s(맞바람)

$$F_D = C_D A_D \frac{\rho_a u^2}{2} = 0.75\times8.0\times\frac{1.23\times(25+10)^2}{2} = 4.52\ \mathrm{kN}$$
$$L_D = F_D\times V = 4520\times25 = 113\ \mathrm{kW}$$

10.4 비행기의 동체를 유선형으로 하면 동일한 전면 투영면적에서 항력계수가 15% 감소된다. 동일 동력을 사용하는 경우 항공기 속도가 얼마나 증가하는가?

【해설】 공기 항력을 극복하는데 필요한 동력은 속도의 3승에 비례한다.

$$L_D = F_D \times u = C_D A_D \frac{\rho_a u^2}{2} \times u = C_D A_D \frac{\rho_a u^3}{2}$$

$$u_2 = u_1 \times \left(\frac{C_{D,1}}{C_{D,2}}\right)^{1/3} = u_1 \times \left(\frac{1}{0.85}\right)^{1/3} = 1.0557\,u_1$$

속도는 5.57% 증가한다.

10.5 그림 10.22에서 보이는 4개의 중공 반구(hollow half-sphere)로 만들어진 풍속계는 축 베어링에 의해 지지되는 중심축을 중심으로 돌고 있다. 풍속은 매우 강한 태풍에 해당하는 $44\ \mathrm{m/s}$일 때, 풍속계 축의 회전 토크를 구하라. 속이 빈 반구의 항력계수는 아래 그림과 같이 방향에 따라 각각 1.42 및 0.38이다. 대기의 밀도는 $1.12\ \mathrm{kg/m^3}$이고, 중공 반구 A와 C 그리고 반구 지지대의 저항 효과는 무시한다.

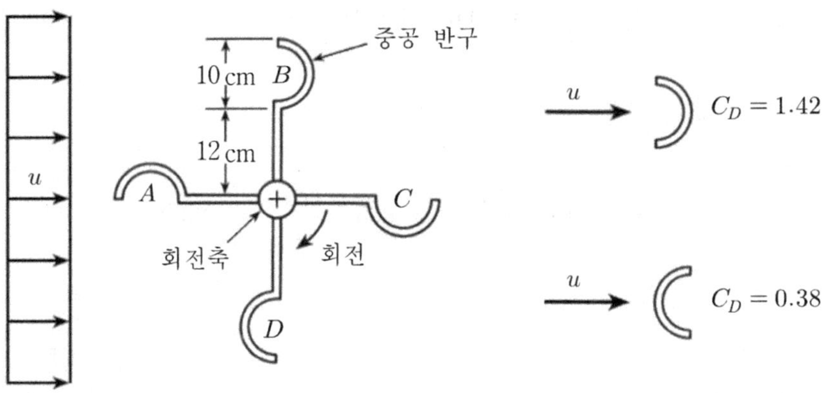

그림 10.22 문제 10.5의 설명도

【해설】 중공 반구 B와 D의 효과만 고려한다.

$$F_B = C_D A_D \frac{\rho_a u^2}{2} = 1.42 \times \frac{\pi \times 0.1^2}{4} \times \frac{1.12 \times 44^2}{2} = 12.091\ \mathrm{N}$$

$$F_D = C_D A_D \frac{\rho_a u^2}{2} = 0.38 \times \frac{\pi \times 0.1^2}{4} \times \frac{1.12 \times 44^2}{2} = 3.236\ \mathrm{N}$$

$$T = (F_B - F_D) \times R = (12.091 - 3.236) \times \left(0.12 + \frac{0.1}{2}\right) = 1.51\ \mathrm{N \cdot m}$$

10.6 그림 10.23에서 보는 바와 같이, 경주용 자동차의 스포일러(spoiler)가 두 개의 원통형 지지대에 의해 차에 부착되어 있다. 스포일러의 목적은 양력이 하향으로 작용하게 하여 고속에서 접지력을 높여 조향 성능을 개선시키는 것이다. 따라서 역전 익형(inverted aerofoil)이 사용된다. 스포일러의 폭은 1.4 m, 익현 길이는 0.6 m, 양력계수는 −1.5이다. 바람이 없는 상태에서 자동차의 속도가 280 km/h일 때, 양력을 구하라. 대기 밀도 $\rho_a = 1.23\ \mathrm{kg/m^3}$이다.

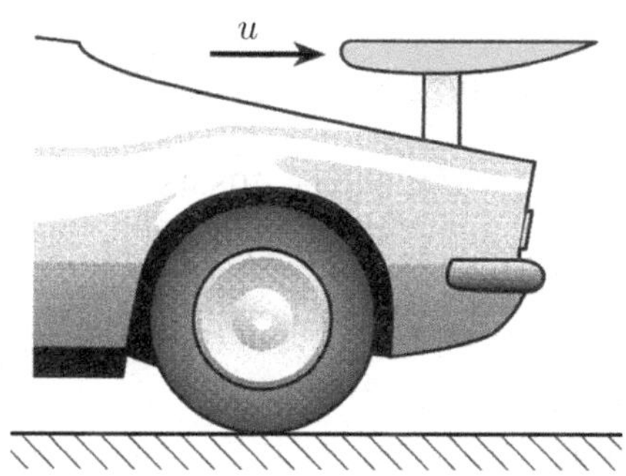

그림 10.23 문제 10.6의 설명도

【해설】 바람이 없는 조용한 대기 중에서 차량 속도는 공기 속도와 같다.

$$u = 280\ \mathrm{km/h} = \frac{280 \times 10^3}{3600} = 77.778\ \mathrm{m/s}$$

$$F_L = C_L A \frac{\rho_a u^2}{2} = -1.5 \times 0.6 \times 1.4 \times \frac{1.23 \times 77.778^2}{2} = -4.69\ \mathrm{kN}$$

역전 익형이므로 양력은 하향으로 작용한다.

10.7 그림 10.24에서 보는 바와 같이 폭과 높이가 2 m인 정사각형 평판이 20 m/s의 속력으로 바람이 없는 대기 중을 수평과 15°의 각을 이루면서 움직이고 있다. 대기 밀도 $\rho_a = 1.23\ \mathrm{kg/m^3}$, 항력계수 $C_D = 0.2$ 그리고 양력계수 $C_L = 0.72$일 때 다음을 구하라.

(a) 평판에 작용하는 합력
(b) 평판에 작용하는 접선력
(c) 평판의 구동력

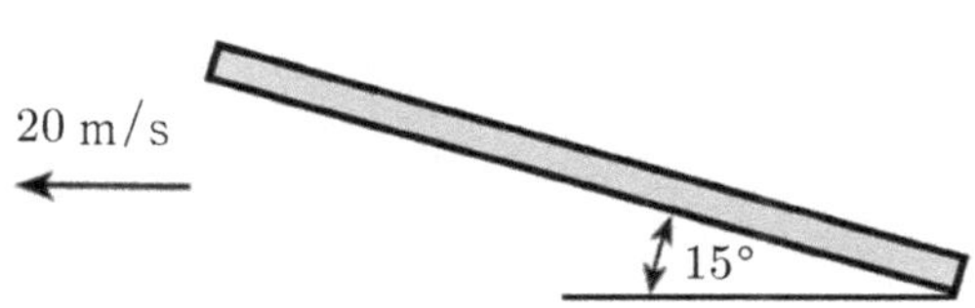

그림 10.24 문제 10.7의 설명도

【해설】 익형과 같은 얇은 물체에 대한 항력과 양력 계산에는 일반적으로 물체의 전방 면적(frontal area) 대신에 평면도 면적(platform area)을 사용한다. 그리고 항력계수 및 양력계수는 물체의 형상, 표면거칠기, 레이놀즈수, 받음각 등에 영향을 받는 실험상수이다.

(a) 항력, 양력 및 합력

$$F_D = C_D A \frac{\rho_a u^2}{2} = 0.2 \times (2\times2) \times \frac{1.23\times20^2}{2} = 196.8\ \mathrm{N}$$

$$F_L = C_L A \frac{\rho_a u^2}{2} = 0.72 \times (2\times2) \times \frac{1.23\times20^2}{2} = 708.48\ \mathrm{N}$$

$$R = \sqrt{F_D^2 + F_L^2} = \sqrt{196.8^2 + 708.48^2} = 735.31\ \mathrm{N}$$

(b) 합력의 방향

$$\theta = \tan^{-1}\left(\frac{708.48}{196.8}\right) = 74.476°$$

평판에 작용하는 접선력

$$F_s = R\times\cos(\theta+\alpha) = 735.31\times\cos(74.476°+15°) = 6.72\ \mathrm{N}$$

(c) 평판 이동에 필요한 동력

$$L = F_D\times V = 196.8\times20 = 3936\ \mathrm{W}$$

부록

A.1 물의 물리적 성질

A.2 공기의 물리적 성질

A.3 기체의 물리적 성질

A.4 도심 및 관성모멘트

A.1 물의 물리적 성질 (표준대기압 조건)

온 도 T (℃)	밀도 ρ (kg/m^3)	점성계수 μ (Pa·s)	동점성계수 ν (m^2/s)	포화증기압 P_v (kPa)	체적탄성계수 E_v (N/m^2)
0	999.9	1.792×10^{-3}	1.792×10^{-6}	0.61	2.04×10^9
5	1000.0	1.519×10^{-3}	1.519×10^{-6}	0.87	2.06×10^9
10	999.7	1.308×10^{-3}	1.308×10^{-6}	1.23	2.11×10^9
15	999.1	1.140×10^{-3}	1.141×10^{-6}	1.71	2.14×10^9
20	998.2	1.005×10^{-3}	1.007×10^{-6}	2.33	2.20×10^9
25	997.1	0.894×10^{-3}	0.897×10^{-6}	3.17	2.22×10^9
30	995.7	0.801×10^{-3}	0.804×10^{-6}	4.24	2.23×10^9
35	994.1	0.723×10^{-3}	0.727×10^{-6}	5.49	2.24×10^9
40	992.2	0.656×10^{-3}	0.661×10^{-6}	7.37	2.27×10^9
45	990.2	0.599×10^{-3}	0.605×10^{-6}	9.59	2.29×10^9
50	988.1	0.549×10^{-3}	0.556×10^{-6}	12.33	2.30×10^9
55	985.7	0.506×10^{-3}	0.513×10^{-6}	15.73	2.31×10^9
60	983.2	0.469×10^{-3}	0.477×10^{-6}	19.92	2.28×10^9
65	980.6	0.436×10^{-3}	0.444×10^{-6}	25.00	2.26×10^9
70	977.8	0.406×10^{-3}	0.415×10^{-6}	31.16	2.25×10^9
75	974.9	0.380×10^{-3}	0.390×10^{-6}	38.54	2.23×10^9
80	971.8	0.357×10^{-3}	0.367×10^{-6}	47.34	2.21×10^9
85	968.6	0.336×10^{-3}	0.347×10^{-6}	57.81	2.17×10^9
90	965.3	0.317×10^{-3}	0.328×10^{-6}	70.10	2.16×10^9
95	961.9	0.299×10^{-3}	0.311×10^{-6}	84.51	2.11×10^9
100	958.4	0.284×10^{-3}	0.296×10^{-6}	101.33	2.07×10^9

A.2 공기의 물리적 성질 (표준대기압 조건)

온 도 T (℃)	온 도 T (K)	밀도 ρ (kg/m^3)	점성계수 μ (Pa·s)	동점성계수 ν (m^2/s)
-50	223.15	1.582	1.46×10^{-5}	0.921×10^{-5}
-40	233.15	1.514	1.51×10^{-5}	0.998×10^{-5}
-30	243.15	1.452	1.56×10^{-5}	1.08×10^{-5}
-20	253.15	1.394	1.61×10^{-5}	1.16×10^{-5}
-10	263.15	1.342	1.67×10^{-5}	1.24×10^{-5}
0	273.15	1.292	1.72×10^{-5}	1.33×10^{-5}
10	283.15	1.247	1.76×10^{-5}	1.42×10^{-5}
20	293.15	1.204	1.81×10^{-5}	1.51×10^{-5}
30	303.15	1.164	1.86×10^{-5}	1.60×10^{-5}
40	313.15	1.127	1.91×10^{-5}	1.69×10^{-5}
50	323.15	1.092	1.95×10^{-5}	1.79×10^{-5}
60	333.15	1.060	2.00×10^{-5}	1.89×10^{-5}
70	343.15	1.030	2.05×10^{-5}	1.99×10^{-5}
80	353.15	1.000	2.09×10^{-5}	2.09×10^{-5}
90	363.15	0.973	2.13×10^{-5}	2.19×10^{-5}

A.3 기체의 물리적 성질 (표준 대기 조건)

기체	화학식	분자량 M (kg/kmol)	기체상수 R (J/kg·K)	정압비열 C_p (J/kg·K)	비열비 k (m^2/s)
공기	-	28.96	287.0	1004.0	1.40
수소	H_2	2.0	4124.0	14210.0	1.40
산소	O_2	32.0	259.8	921.6	1.40
아르곤	Ar	39.94	208.1	520.3	1.67
이산화탄소	CO_2	44.0	188.9	841.8	1.29
일산화탄소	CO	28.0	296.8	1041.0	1.40
질소	N_2	28.0	296.8	1042.0	1.40
헬륨	He	4.0	2077.0	5193.0	1.67
수증기	H_2O	18.0	461.5	1872.0	1.33

A.4 도심 및 관성모멘트

(1) 도심 : 평면의 중심

면적, 체적 또는 질량의 모멘트는 어떤 축에 대한 힘의 모멘트를 계산하는 방법과 유사하게 구할 수 있다.

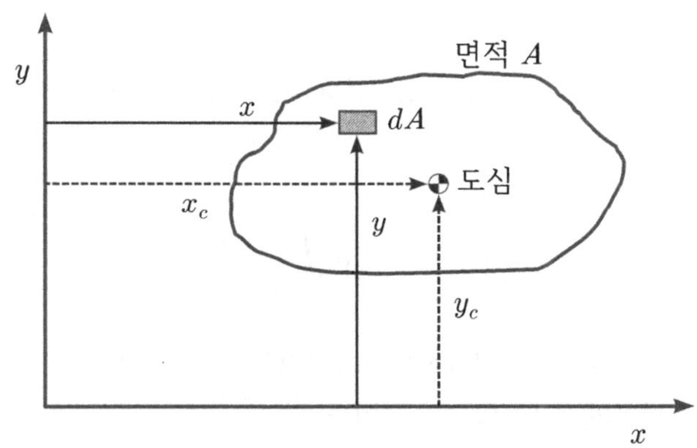

그림 A.1 평판의 도심

먼저 그림 A.1에서 y축에 대한 면적 A의 모멘트는

$$\int_A x\,dA \tag{a.1}$$

로 나타내며, 적분은 전체 면적에 걸쳐 수행한다. 여기서 만약 모멘트가 0이 되는 평행축($x = x_c$)이 존재한다면, 식 (a.1)은 다음과 같다.

$$\int_A (x - x_c)\,dA = 0$$

이를 풀어서 정리하면

$$\int_A x\,dA - \int_A x_c\,dA = \int_A x\,dA - x_c\int_A dA = 0$$

$$\int_A x\,dA - x_c A = 0$$

이다. 따라서 중심축 x_c에 대하여 정리하면 식 (a.2)와 같다. 이는 그림 A.1에 나타낸 것과 같이 y축에서 도심까지의 거리이다.

$$x_c = \frac{1}{A}\int_A x\,dA \tag{a.2}$$

그리고 중심축 y_c에 대하여도 마찬가지로 정리하면 식 (a.3)과 같으며, 이는 x축에서 도심까지의 거리이다.

$$y_c = \frac{1}{A}\int_A y\,dA \tag{a.3}$$

중심축이 만나는 점, 즉 x_c와 y_c의 교차점을 그 면적의 도심(centroid)이라 한다. 그리고 도심을 통과하는 임의 축에 대한 면적의 1차 모멘트는 0이다.

도심을 구하는 방법과 유사하게, 체적의 중심까지 거리(체적중심)도 체적 V의 1차 모멘트를 계산하여 식 (a.4)와 같이 구해진다.

$$x_V = \frac{1}{V}\int_V x\,dV \tag{a.4}$$

또한 물체의 질량중심도 같은 방법으로 식 (a.5)와 같이 계산된다.

$$x_m = \frac{1}{m}\int_m x\,dm \tag{a.5}$$

그러므로 밀도가 균일한 물체에서는 체적중심 및 무게중심(center of gravity)이 일치한다.

(2) 관성모멘트

관성모멘트(moment of inertia)는 면적의 2차 모멘트(second moment)라 하며, 그림 A.1에서 수평축인 x축에서 면적 A의 2차 모멘트는 다음과 같다.

$$I_x = \int_A y^2 \, dA \tag{a.6}$$

면적 A의 관성모멘트는 dA가 양의 수이므로 항상 양수(+)이다. 그리고 평행축의 원리를 사용하여 모멘트를 취하는 축을 x축에 평행한 축으로 이동시킬 때, 도심을 통과하는 G축에 대한 면적 A의 관성모멘트는

$$\begin{aligned} I_G &= \int_A (y - y_c)^2 \, dA \\ &= \int_A y^2 dA - 2y_c \int_A y \, dA + y_c^2 \int_A dA \end{aligned} \tag{a.7}$$

여기서 $\int_A y^2 dA = I_x$, $\int_A y \, dA = y_c A$ 그리고 $\int_A dA = A$이므로, 식 (a.7)은 다음과 같이 정리된다.

$$I_G = I_x - y_c^2 A \quad \text{또는} \quad I_x = I_G + y_c^2 A \tag{a.8}$$

즉, 임의 수평축에 대한 면적의 관성모멘트는 도심을 통과하는 관성모멘트(I_G)에 x축에서 도심까지의 거리(y_c)의 제곱에 면적 A의 곱을 더한 것이다. 표 4.1에는 몇 가지 일반적인 평면에 대한 관성모멘트 I_G의 계산식들이 있다.

찾아보기

(ㄱ)

각운동량의 원리 215
검사체적 136
경계층 370
경사 마노미터 66
경심(Metacenter) 109
계기압력 14, 62
공동현상 304, 382
관 노즐(pipe nozzle) 157
관 오리피스(pipe orifice) 158
관성모멘트 91, 92, 397
국제단위계(SI단위) 6, 7
글로브밸브 263, 267
급축소관 부차손실 258
급확대관 부차손실 255
기압계 16
기체상수 27, 396
기하학적 상사 308

(ㄴ)

난류 속도분포 246
난류, 난류 유동 170, 218, 235
뉴턴 유체 30, 37
뉴턴의 점성법칙 29, 239

(ㄷ)

단열 공기동력 337
단위(unit) 6
Darcy-Weisbach 방정식 244
대기압 15
도심(center of area) 89, 92, 397
동압 150, 370
동점성계수 33, 394
등가 길이 268
등엔트로피 과정 342

(ㄹ)

레이놀즈수(Reynolds number) 154, 235

(ㅁ)

마노미터(manometer) 63
마찰계수 244
마찰손실 251
　난류 마찰손실 246
　층류 마찰손실 238
마하수(Mach number) 343
무디 선도(Moody's diagram) 249
밀도 20, 28

(ㅂ)

박리점 370, 385
받음각 384, 387
베르누이(Bernoulli) 방정식 141
벤투리관(Venturi tube) 152
벤투리관 속도계수 155
병렬 관로 270
부력 101
부차손실 255
비속도(specific speed) 312
비압축성 유체 4, 51
비열비 337, 394
비중 21
비중계 106

비중량 20
비체적 21

(ㅅ)
사이펀(siphon) 147
상대적 정지 111
상사법칙 308
속도 수두 142
속도기울기 30, 246
속도수두 255
손실수두 162, 243, 255
송풍기 330
수력반경, 수력직경 251
수축계수 159, 259
실속(stall) 385

(ㅇ)
아르키메데스(Archimedes) 101
압력 14
압력 수두 52, 142
압력중심 90
압축기 205, 333
액주계 62
양력, 양력계수 368, 384
에너지방정식 162
역학적 상사 308
연속방정식 136
완전기체, 이상기체 27
용적형 펌프 290
운동량 방정식 192
운동량 수정계수 218
원심펌프 215, 300
원형(prototype) 308
위치 수두 143
유량계수 157, 159
유체형 펌프 291
음속 341, 343
익형(aerofoil) 368
임계 조건 349
입구 손실계수 261
입구길이 260

(ㅈ)
전 수두, 총 수두 143
전단응력 2
전압, 정체압력 150
전온, 정체온도 348
절대단위계 6
절대압력 14, 62
절대온도 19
점성계수 32
점성유체 233
점진 축소관 259
점진 확대관 257
정상 유동 136
정압 150
정압관 149
정온 348
제트 엔진 205
중량 유량 138
직렬 관로 265
진공압력 15
질량 유량 138

(ㅊ)
차압 액주계 66
차원(dimension) 6
천이 유동 236
체적 유량 139
체적탄성계수 25, 342, 394
초음속 344, 353
초킹(choking) 328, 350
축류형 302, 329
축소-확대 노즐 353

출구 손실 262
충격량 192
층류, 층류 유동 234

(ㅌ)

터빈 유량계 161
터빈(turbine) 167
토리첼리(Torricelli) 16, 145
투영면적 372, 384

(ㅍ)

파스칼(Pascal)의 원리 48
팬(fan) 329
펌프(pump) 165
평균속도 170, 218, 240
포화증기압 304, 394
표면거칠기, 표면조도 247
표준대기압 15
풍력 터빈 212
프로펠러 208
피에조미터(piezometer) 62
피토-정압관 149

(ㅎ)

Hagen-Poiseullie의 방정식 241
항력, 항력계수 369, 372
회전계 115
회전력(torque) 215
회전차 301, 332
후류(wake) 370

유체역학

발 행 일 2025년 2월 10일 발행
저 자 최인수
발 행 인 송기수
발 행 처 도서출판 GS인터비전
편 집 인 송진우
편 집 처 도서출판 GS인터비전
표지디자인 디자인붐
인 쇄 처 트윈벨미디어
등 록 번 호 제 25100-2016-000050 호
전 화 02-976-7898
팩 스 02-6468-7898
이 메 일 gsinter7@gmail.com
홈 페 이 지 gsintervision.kr
주 소 서울 은평구 증산로 15길 69, 2층
I S B N 979-11-5576-505-0(93550)

정가 35,000원

도서출판 GS인터비전